Damascynclito Medeiros

Eletrônica Moderna Básica

EDITORA
CIÊNCIA MODERNA

Editor: Paulo André P. Marques
Produção Editorial: Dilene Sandes Pessanha
Capa: Equipe Ciência Moderna
Diagramação: Equipe Ciência Moderna
Copidesque: Equipe Ciência Moderna

FICHA CATALOGRÁFICA

***MENEZES,* Damascynclito Medeiros Moureira de.**

Eletrônica Moderna Básica

Rio de Janeiro: Editora Ciência Moderna Ltda., 2022.

1. Eletrônica
I — Título

ISBN: 978-65-5842-200-6 CDD 621.381

Editora Ciência Moderna Ltda.
R. Alice Figueiredo, 46 – Riachuelo
Rio de Janeiro, RJ – Brasil CEP: 20.950-150
Tel: (21) 2201-6662/ Fax: (21) 2201-6896
E-MAIL: LCM@LCM.COM.BR
WWW.LCM.COM.BR **08/22**

À Minha Filha Helen.

PREFÁCIO

Este é um curso básico e atualizado de Eletrônica Moderna Básica destinado a alunos de graduação de Engenharia Eletrônica, Elétrica e demais cursos técnicos avançados.

Os capítulos foram elaborados a guisa de aulas, em linguagem clara e concisa com o intuito de proporcionar ao leitor o autoaprendizado.

Esta Eletrônica Moderna Básica é conhecimento indispensável à formação Técnico-científica de que se dedica a tecnologia das comunicações, informática e computação, presentes no contexto sociocultural da atualidade.

O Autor
Agosto de 2007

Sumário

1 – INTRODUÇÃO À ELETRÔNICA MODERNA

1.1. Introito

A Eletrônica é o ramo da eletricidade que trata de forma mais específica dos processos de produção, condução e controle da corrente eletrônica de pequena intensidade em dispositivos eletrônicos.

Os dispositivos eletrônicos originais, descobertos no início do século XX, foram as válvulas termoeletrônicas, depois chamadas de válvulas eletrônicas; as primeiras foram os díodos[1] de vácuo, seguido dos tríodos, pêntodos etc. Em 1947-8, o físico anglo-americano William Bradford Shockley (1910- 1989) descobre o transistor de semicondutor, e em 1949 o físico japonês Leo Esaki (1925-...) concebe o díodo túnel (sua tese de doutoramento; manufaturado em 1957), ambos construídos de cristais de estado sólido, iniciando assim a eletrônica dos semicondutores.

A tecnologia eletrônica preside todos os processos de geração e controle e transmissão de sinais eletromagnéticos que são convertidos em informações nos sistemas de comunicações. Contudo, no início, a tecnologia das válvulas eletrônicas legou importantes descobertas, como rádio, televisão, telefonia e os primeiros computadores, que datam de 1939. Com a uniformização das técnicas de manufatura dos dispositivos semicondutores na década de 1950, aqueles aparelhos foram aperfeiçoados, possibilitando o aparecimento do rádio portátil e de outros como calculadoras digitais, microcomputadores, sistemas de instrumentação de navegação terrestre, espacial, industrial, etc.

1.2. Fundamento da Eletrônica

Os elétrons são os entes básicos da eletrônica, entendidos, sob os pressupostos da física clássica, como partículas subatômicas fundamentais do átomo (junto com os prótons e nêutros) portadoras de carga elétrica negativa, e representam cerca de 0,05 % da massa restante do átomo, distribuídos em camadas ou órbitas (K, L, M, N, O, P e Q), compondo a eletrosfera que limita o volume atômico. Representa-se por e^- a carga elétrica natural do elétron e o módulo dela pelo símbolo, e, $e = 1{,}602\ 177\ 33 \times 10^{-19}$ C, e a sua massa por m_e,

[1] Diz-se também diodo(s), de uso já vulgarizado.

$m_e = 9{,}109\ 389\ 7\text{x}10^{-31}$ kg, sendo estes valores constantes universais.

Em eletrônica costuma-se expressar a energia ou trabalho elétrico em eletro-Volt, abrevia-se eV, e define-se 1eV = $1{,}602\ 177\ 33\text{x}10^{-19}$ C x 1V = $1{,}602\ 177\ 33\text{x}10^{-19}$ J.

1.3. O Começo da Eletrônica

As válvulas eletrônicas foram concebidas a partir dos tubos de Crookes ou tubos de raios catódicos, em que uma ampola de vidro resistente e com alto vácuo (ou a baixa pressão) possui duas placas condutoras fixas que se defrontam, chamadas de elétrodos[2]. A negativa é denominada cátodo (C), e a positiva recebe o nome ânodo ou placa (P), termo este mais preferido, compondo um circuito elétrico, Fig. 1.1.

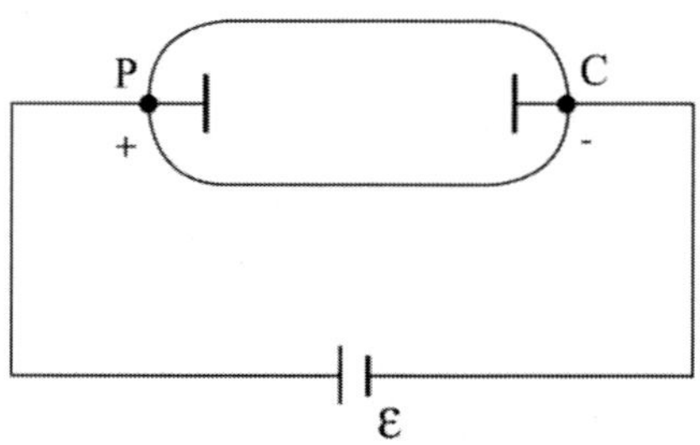

Figura 1.1

O estudo de díodos e tríodos a vácuo (pêntodos, etc.) constituiu o começo da Eletrônica, que foi chamada de Eletrônica dos dispositivos a vácuo. Não obstante eles não serem mais usados na prática, a teoria que lhes foi desenvolvida tornou-se paradigma para o desenvolvimento subsequente da teoria dos dispositivos semicondutores, que inscreve a nova Eletrônica dos dispositivos semicondutores ora denominada Eletrônica Moderna. Com o fito de preservar o legado científico da velha Eletrônica, oferecemos no Apêndice 1 um breve estudo dos dispositivos a vácuo juntamente com as principais aplicações deles decorrentes.

[2] Diz-se também eletrodo(s), de uso já vulgarizado.

2 - SEMICONDUTORES. DÍODOS DE SEMICONDUTORES

Entre as substâncias condutoras e as isolantes existe uma classe de substâncias de estado sólido que é enquadrada como semicondutoras, as quais, adequadamente manipuladas, apresentam comportamento elétrico intermediário entre condutores e isolantes. Os semicondutores detêm estrutura cristalina cujos átomos estão interligados por laços covalentes e apresentam resistividade da ordem de 10^{-1} Ω.m e 10^{2} Ω.m, e diminui com a elevação da temperatura. Com técnica adequada faz-se a união de dois ou mais semicondutores compondo pequenas estruturas denominadas dispositivos semicondutores, cujos principais são os díodos e os transistores de semicondutores.

2.1. Semicondutores

Os semicondutores usados na eletrônica são o Silício, $_{14}Si$, e o Germânio, $_{32}Ge$, ambos com quatro elétrons de valência, por isso, quadrivalentes (pertencentes ao grupo 14 da tabela periódica), os quais não dispõem de elétrons livres a 0K, comportando-se como isolantes, e como tais não liberam nem capturam elétrons. Na verdade, à temperatura ambiente, admite-se que existe 1 elétron livre em cada 10 milhões de átomos, o que implica a correspondente formação de íons positivos chamados de buracos ou lacunas (gap, em inglês), termo este mais preferido, que permanecem presos à estrutura cristalina do semicondutor, mas, como se verá mais adiante, elas se comportam como se fossem cargas elétricas positivas em movimento.

Nota: Depois do Oxigênio, o Silício é o elemento mais abundante na natureza (representa 95% da crosta terrestre) sob a forma de compostos oxigenados: Sílica (dióxido de Silício, SiO_2) como areia, cristal de rocha, quartzo, ágata, opala, etc., e nos silicatos como a argila ou barro, e nos sais ortossilicatos, formados dos ácidos ortocilícicos (H_4SiO_4), nos metassilícatos, derivados dos ácidos metassilícicos (H_3SiO_3), e nos polissilicatos, oriundos dos ácidos polissilícicos. O Silício existe também nas fibras vegetais e nos tecidos conectivos animais, inclusive humano. Por sua parte, o Germânio é mais raro e encontra-se em combinação com o enxofre e minérios de Zinco.

Por conseguinte, o primeiro passo consiste em extrair o Silício ou o Germânio dos referidos compostos e torná-los puros a fim de transformá-los em monocristais. O Si tem ponto de fusão em 1.410°C, enquanto o ponto de fusão do Ge é de 937,5°C. O processo de fabricação de uma lâmina de semicondutor requer a sua fusão metalúrgica e resfriamento controlado, quando é então aplicada a técnica de crescimento, onde a lâmina é lentamente tracionada para formar um estrato planar ou lingote cilíndrico que é depois cortado em finas lâminas, com diamante.

A ação térmica num semicondutor provoca nele o aparecimento de três fenômenos básicos: (1°) movimento desordenado de elétrons que criam as lacunas; (2°) difusão que desconcentra e distribui ambos os portadores no seio do cristal; e (3°) recombinação de elétrons com lacunas, que faz cessar o processo inicial. Os semicondutores puros são chamados semicondutores intrínsecos. Na verdade, o semicondutor intrínseco possui a ínfima impureza na proporção de 1 átomo "impuro" para a porção de 10^{10} átomos puros.

Para usar o semicondutor com um conveniente grau de condutância, imiscui-se nele uma pequena quantidade de substância chamada de dopadora ou impureza, distribuída uniformemente. Se ela fornece elétrons livres, é denominada impureza doadora, porém se ela cria lacunas é dito impureza aceitadora, as quais possibilitam a formação de dois tipos de semicondutores nomeados de semicondutor tipo n e semicondutor tipo p, a seguir estudados.

[1] Semicondutor tipo n:

Para formar o semicondutor tipo n, usa-se o Silício, ${}_{14}Si$, e o Germânio, ${}_{32}Ge$, como já dissemos, quadrivalentes, adicionado a substância pentavalente (do grupo 15 da tabela periódica) como impureza doadora, como o Arsênio, ${}_{33}As$, Antimônio, ${}_{51}Sb$ ou Fósforo, ${}_{15}P$; cada uma destes elementos dispõe de 5 elétrons de valência, e ira fornecer 1 elétron/átomo na proporção de 1 átomo pentavalente para a porção de 10^7 a 10^8 átomos de substância quadrivalente; e à temperatura ambiente, a mistura quadrivalente-pentavalente, representada na fig. 2.1, dispõe de elétrons livres como portadores majoritários e lacunas como portadores minoritários, de carga elétrica positiva.

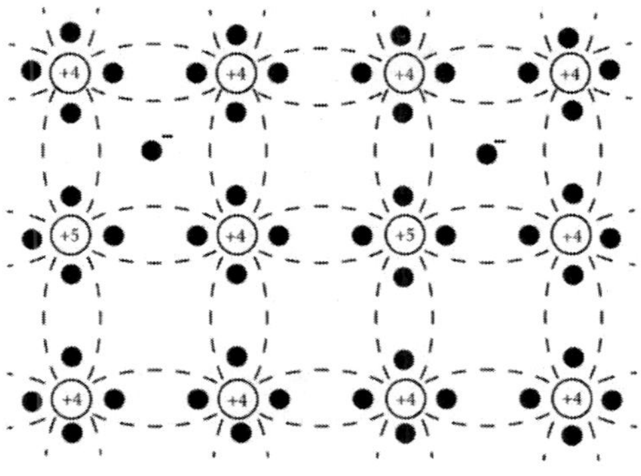

Fig. 2.1

[2] Semicondutor tipo p:

Para formar o semicondutor tipo p, usa-se Silício, $_{14}Si$, e o Germânio, $_{32}Ge$, quadrivalentes, adicionado a substância trivalente (grupo 13 da tabela periódica) como impureza aceitadora, como o Boro, $_{5}B$, Gálio, $_{31}Ga$, ou Índio, $_{49}In$, onde cada átomo trivalente, tendo 3 elétrons de valência, vai gerar uma lacuna; e a mistura, quadrivalente-trivalente, ilustrada na fig. 2.2, apresenta lacunas como portadores majoritários e elétrons livres como portadores minoritários.

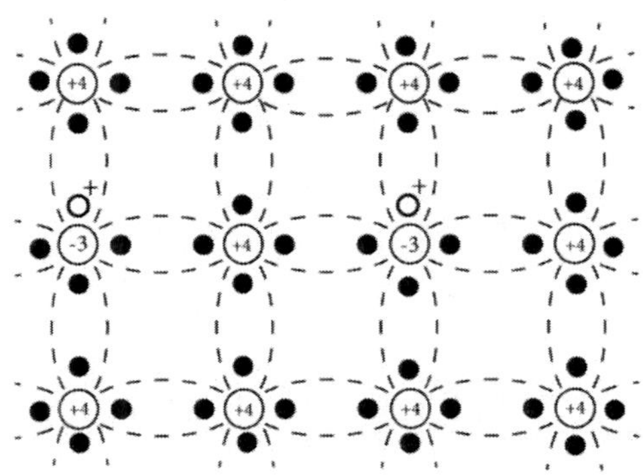

Fig. 2.2

2.2. Banda de Energia

Como é sabido, relativamente ao núcleo do átomo os elétrons ocupam níveis discretos de energia, separados por intervalos de energia chamados de níveis proibidos, onde não existem elétrons, pelo princípio de Pauli, fig.

2.3(a). Contudo, para átomos agrupados e enfileirados, formando um cristal, como no condutor, os níveis energéticos individuais dos elétrons se somam formando zonas quase contínuas de energia que são chamadas de bandas de energia (que se dividem em subníveis finos), fig. 2.3(b), onde, da mais externa à mais interna, tem-se: a banda de condução, BC, parcialmente cheia de elétrons livres, precedida de um intervalo de energia ou banda proibida (ordem de 10^{-2} eV), BP, vazia de elétrons, abaixo da qual se situa a banda de valência, BV. No isolante ou dielétrico, fig. 2.4, a BC é vazia de elétrons; a BP possui maior intervalo de energia que a do condutor (da ordem de 10 eV) e a sua BV está totalmente completa, por isso, diz-se também banda completa.

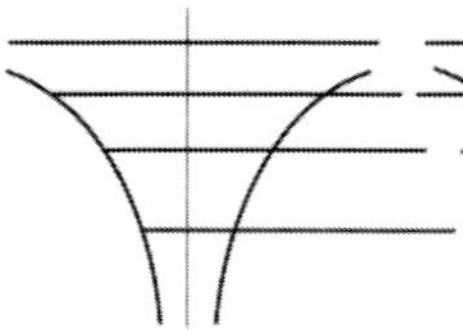

Fig. 2.3(a)

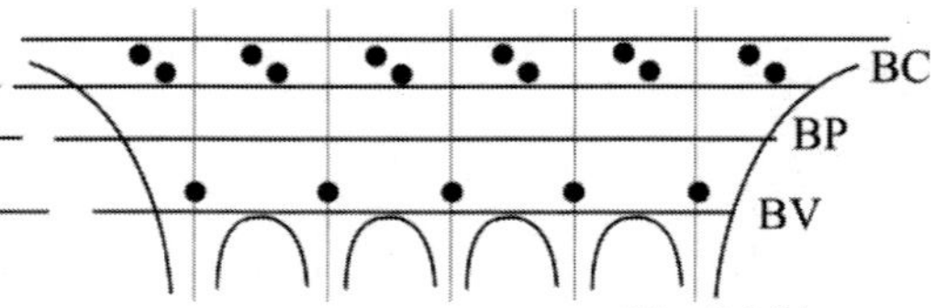

Fig. 2.3(b)

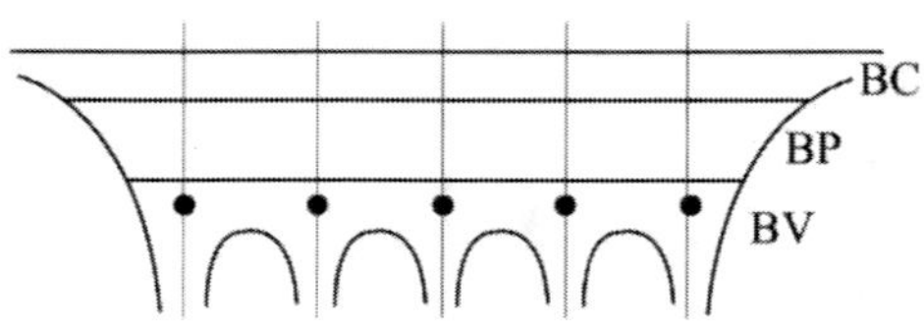

Fig. 2.4

Para o semicondutor, a BP é relativamente exígua e detém intervalo de energia da ordem de 1 eV (Ge, 0,67 eV; e Si, 1,10 eV) à temperatura ambiente; sob a mesma condição, o semicondutor tipo n, fig. 2.5(a), possui os elétrons decorrentes da impureza usada na BC e são majoritários em relação às lacunas da BV; já para o semicondutor tipo p, fig. 2.5(b), a situação se inverte: há mais lacunas na BV e elétrons minoritários na BC.

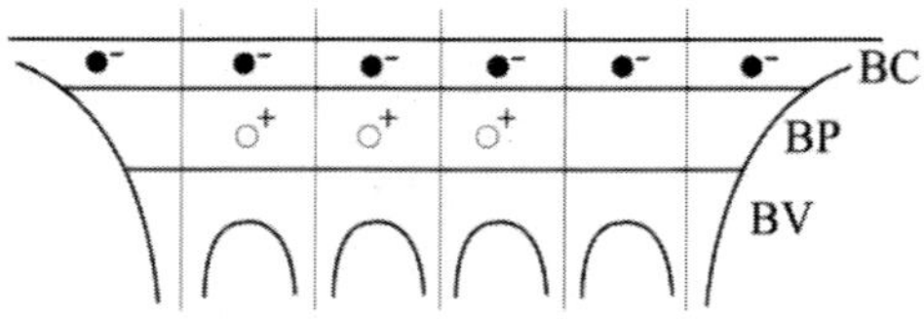

Fig. 2.5 (a)

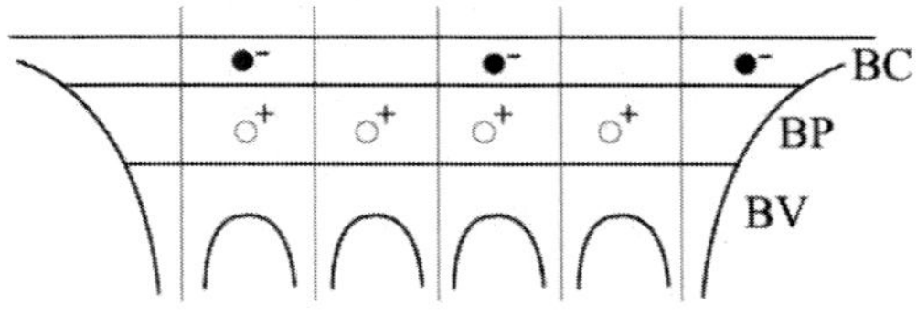

Fig. 2.5 (b)

Um cristal de semicondutor é representado por uma pequena placa. Quando ele é submetido a um campo elétrico, origina-se no seu seio uma corrente eletrônica constituída de elétrons, representados pelo símbolo, $\bullet^-$, e outra de lacunas, pelo símbolo, o^+, que se movem em sentidos opostos, fig. 2.6.

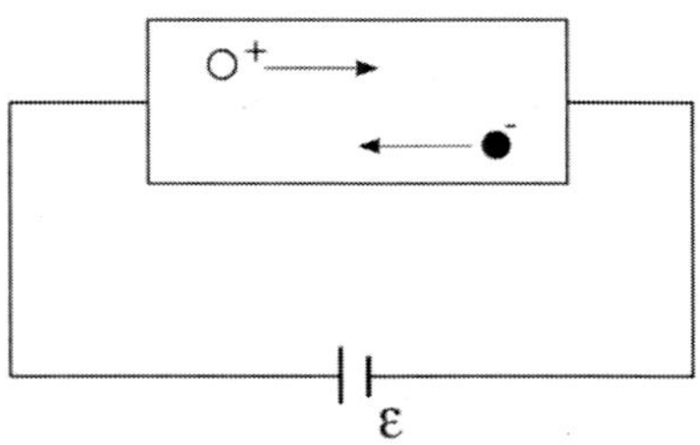

Fig. 2.6

[1] Mobilidade

A velocidade média relativa com que elétrons e/ou lacunas se movem é proporcional ao campo elétrico aplicada, ou seja,

$$\mathbf{v} = (\mu_n + \mu_p)\mathbf{E} \tag{2.1a}$$

onde o coeficiente, μ_j = v/E, é chamado de mobilidade elétrica, cuja unidade SI é o $m^2/V.s$ e dimensão: $[\mu] = M^{-1}\ I\ T^{-4}$. A mobilidade elétrica do Ge para elétrons é 0,36 m / V·s e para lacunas, 0,18 m^2 / V·s; já a do Si para elétrons é 0,12 m2/V.s e 0,025 m2/V.s para lacunas.

[2] Condutividade. Lei de Ohm Microscópica

Com elétrons e lacunas, a densidade de carga elétrica total é $\mathbf{J}_t = \mathbf{J}_e + \mathbf{J}_g$; e por ser $\mathbf{J}_j = N_j q_j \mathbf{v}$, j = n ou p; e levando-a em (2.1a), obtemos,

$$\mathbf{J}_t = N_j q_j (\mu_n + \mu_p)\mathbf{E} \qquad (2.1b)$$

Onde, N número da portadores por unidade de volume, q portador, e (2.1b) é chamada de lei de Ohm microscópica; e pondo $N_j q_j \mu = \sigma_j$, também anotamos,

$$J_t = \sigma_j E \qquad (2.1c)$$

A unidade SI da condutividade é Siemens/metro, S/m ou o mho/metro, Ω^{-1}/m. Dimensão: $[\sigma] = L^{-3} M^{-1} I^2 T^{-3}$.

2.3. Junção p-n. Díodo de Semicondutor

Juntando-se uma placa de cristal de semicondutor tipo p com outra placa igual de semicondutor tipo n mediante a união das suas superfícies de contato, obtém-se a união ou junção p-n, fig. 2.7(a), que estrutura um novo monocristal que passa a ser chamado díodo de junção ou díodo semicondutor, ou apenas díodo, com representação física e símbolo a seta cheia, fig. 2.7(b), que funciona de forma símile ao díodo de vácuo: conduz corrente eletrônica quando diretamente polarizado (ânodo ligado ao polo positivo da bateria e o cátodo ao polo negativo); e (quase) não conduz corrente eletrônica quando inversamente polarizado, situação em que se diz que ele está "em corte".

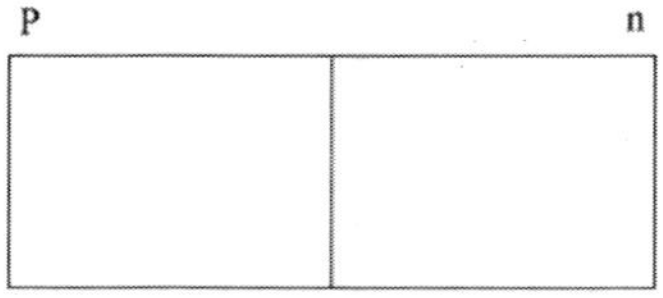

Fig. 2.7 (a)

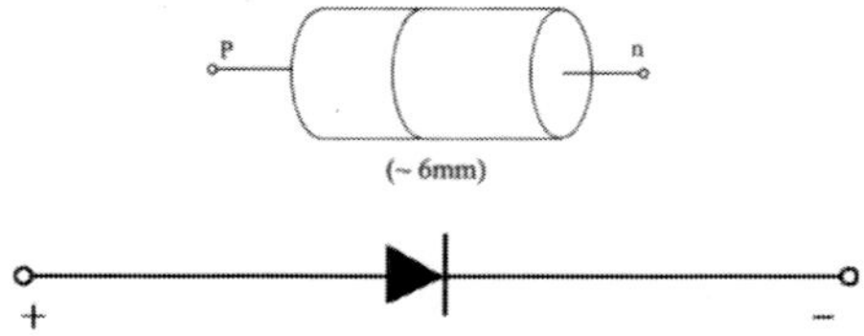

Fig. 2.7 (b)

Como iremos notar, o estudo do díodo de junção desenvolve-se tomandocomo paradigma o díodo de vácuo, ressalvada as suas peculiaridades. Assim éque no díodo de junção, sob tensão externa e à temperatura ambiente, manifestam-se os fenômenos transitórios:

(1) de difusão através da junção: elétrons concentrados na região n migram para a região p através de processo de difusão, à guisa de difusão de gás, enquanto lacunas concentradas na região p difundem-se à região n. Quantitativamente, define-se concentração como a acumulação de portadores por unidade de volume, $c_j = N_j/V_j$, e a difusão, que é o processo inverso ou de desconcentração, é definida como o gradiente de concentração, $D_j = dc_j/dx$; nestas definições aplica-se j = p para lacunas e j = n para elétrons; (2) de recombinações: durante o processo, elétrons da região n migram à região p recombinando-se com lacunas, de igual modo lacunas da região ppassam à região n recombinando-se com elétrons, até que cessem os portadores de cargas móveis, fora da junção.

(3) Potencial de Barreira: no final do processo, o lado n da junção fica positiva porque átomos doadores perdem eletrons, e ficam íons positivos; o lado p da junção fica negativo, já que átomos aceitadores ganham elétons e tornam-se íons negativos, de modo que a junção é ampliada de uma faixa exígua (da ordem de 1μm[1] de espessura), sem portadores móveis, chamada de zona de depleção, onde se estabelece um campo elétrico **E** , fig.2.8, e deste um potencial de barreira V_o (ordem de 10^{-1} V), que passa a repelir igualmente ambos os portadores, mantendo o equilibrio elétrico aí, a guisa da carga espacial do díodo de vácuo.

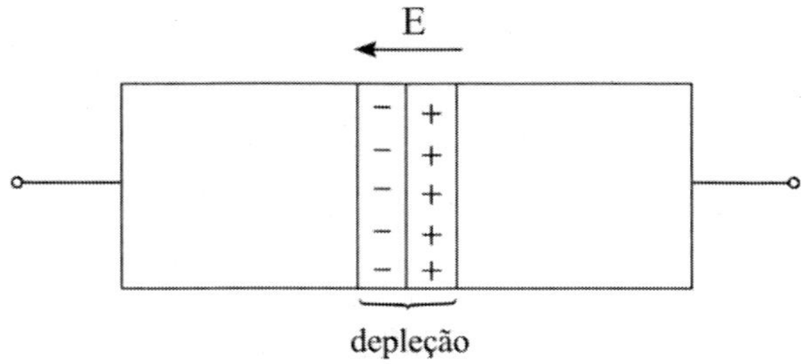

Fig. 2.8

---

[1] O micrômetro, 1 μm = 10^{-6} m; o prefixo micro formam os submúltiplo do ampère, o microampère, 1μA = 10^{-6} A ,do volt, o microvolt 1 μV = 10^{-6} μ, etc.conforme a 13ª CGPM de 1967 (resolução 7).

Conectando uma fonte externa,V > 0V, ao díodo de modo que o terminal positivo seja ligado ao lado p, ele ficará diretamente polarizado; a barreira de potencial enfraquece, reduz a zona de depleção e baixa a impedância, fig. 2.9, havendo a formação de corrente de difusão I que é a soma da corrente de lacunas que se dirige à região p, $I_{pp,}$ mais a parte dela cujas lacunas se recombinam na região n, $I_{pn;}$ e como I deve manter-se constante, ela também é igual à soma da corrente de elétrons que se desloca da região n, $I_{nn,}$ mais a parte de elétrons que se recombinam na região p, $I_{np,}$

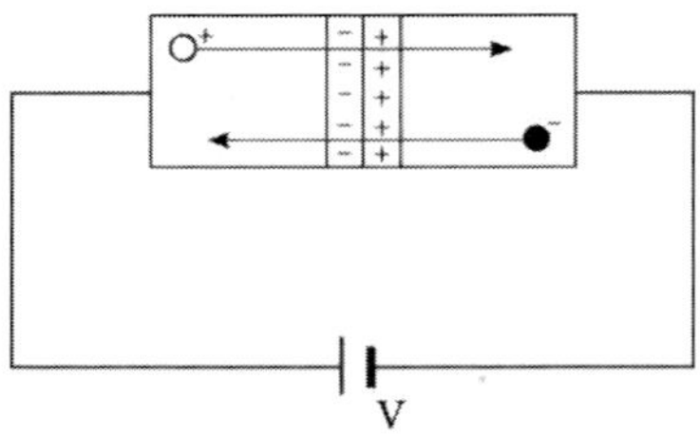

Fig. 2.9

$$I = I_{pp} + I_{pn} = I_{nn} + I_{np} \qquad (2.3a)$$

As correntes de recombinações, I_{pp} e I_{nn} são funções das suas respectivas densidades de carga e da distância à junção; e de igual modo, as correntes de recombinações I_{pn} e I_{np} decaem exponencialmente à medida que se afastam da junção, fig. 2.10. E como I é constante também na junção, igualmente devemos ter I = I_{pn} (0) + I_{np}(0).

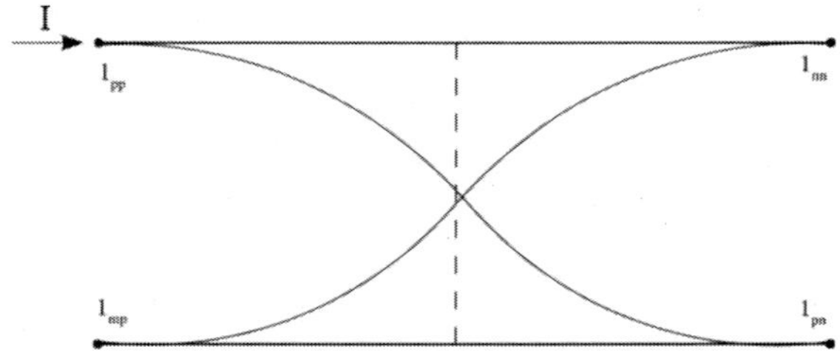

Fig. 2.10

Com a fonte externa,V < 0V, conectada ao díodo de forma que o terminal positivo seja ligado ao lado n, o díodo fica reversamente polarizado; a barreira de potencial se fortalece, amplia a zona de depleção e eleva a impedância, fig. 2.11, impedindo que portadores majoritários cruzem-na. Enquanto isso, portadores minoritários deslocam-se à junção atravessando a barreira de potencial originando a corrente de saturação inversa I_o que entra na composição da corrente de difusão, dada por expressão símile de (1.1a) [Apêndice 1], chamada de equação Boltzmann do díodo,

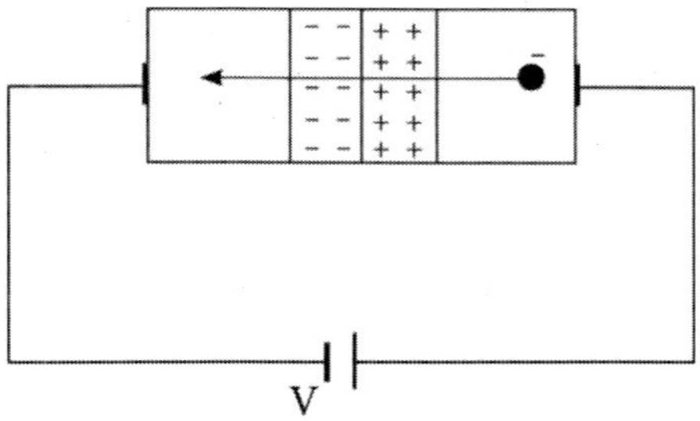

Fig. 2.11

$$I = I_o\,(e^{V/\eta kT} - 1) \qquad (2.3b)$$

onde k = 1,380 658x10^{-23} J/K ≅ 8,617x10^{-5} e V/K é a constante de Boltzmann, como já vimos; T a temperatura absoluta; e = 1,602 177 33x10^{-19} C é o valor absoluto da carga do elétron; V é a tensão sobre o díodo; e η é um fator de correção, $\eta = 1$ para o Ge e $\eta = 2$ para o Si. Para tornar (2.3b) mais expedita, usa-se fazer kT = V_T, em eV, chamada de tensão equivalente de temperatura ou tensão termodinâmica, e temos

$$I = I_o\,(e^{V/\eta V_T} - 1) \qquad (2.3c)$$

onde $V_T \cong 8{,}617 \times 10^{-5}$ (eV/K)T ≅ T/11.604 (eV). Para a temperatura ambiente, T = 300 K, e tem-se, $V_T \cong 0{,}026$ V e $1/V_T \cong$ 38,7/V.

Vejamos algumas observações importantes decorrentes da análise de (2.3c): (1) na polarização direta, sempre que $V \gg V_T$, $e^{V/\eta V_T} \gg 1$, despreza-se 1; (2) na polarização inversa, quando $|-V| > V_T$, $e^{-V/\eta V_T} \to 0$, que é desprezada, e tem-se, $I_o = -I$; (3) experimentalmente verifica-se que a corrente de saturação inversa dobra de valor para cada aumento de 10°C de temperatura Celsius; assim sendo, com I_{o1} e I_{o2} nas respectivas temperaturas θ_1 e θ_2, sendo $\theta_2 > \theta_1$, comprova-se a relação

$$\frac{I_{o2}}{I_{o1}} = 2^{(\theta_2 - \theta_1)/10} \qquad (2.3d)$$

O comportamento geral do díodo é dado pela curva característica tensão-corrente, fig. 2.12, que nos permite fazer rápida análise: para a tensão direta V > 0V e a corrente direta I > 0A, o potencial de barreira diminui, deixando passar maior número de elétrons e/ou lacunas através da junção, aumentando exponencialmente a corrente de difusão; para V = 0V, I = 0 A, o potencial de barreira não é afetado; contudo, com a tensão reversa V < 0V, o potencial de barreira aumenta e, não obstante, flui através da junção uma pequena corrente $-I_o$ composta de portadores minoritários da região n para p, já identificada como corrente de saturação inversa[1] (de 1μA a 10^2μA para Ge; e de 1nA a 1μA para o Si). Se a tensão negativa continua a crescer, a estabilidade do díodo tem um valor limite, chamado de tensão reversa de ruptura ou Zener, V_Z, acima da qual se intensifica o efeito Joule (o Ge suporta até 100 ºC e o Si, cerca de 200 ºC) até a junção ser destruída. Quando isto ocorre, os enlaces covalentes são desfeitos e o semicondutor converte-se num condutor. O fenômeno é chamado de ruptura por avalanche (breackdown, em inglês).

[1] Existe uma pequena corrente de fuga sobre a superfície do díodo devido a imperfeições ali existentes, que aumenta com a temperatura, que é da ordem do pA, e que será por ora ignorada.

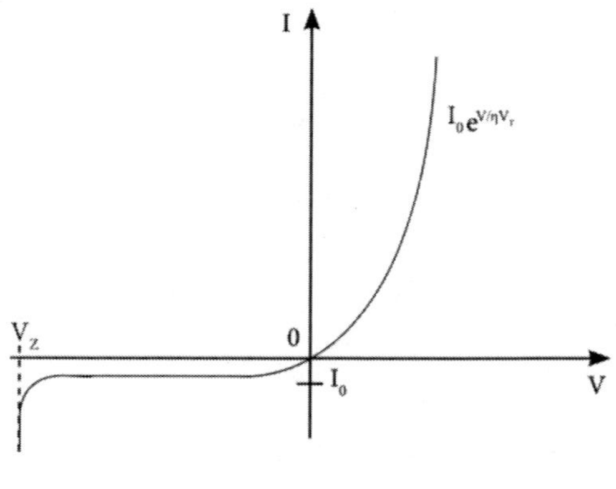

Fig. 2.12

Exemplo 2.1

. Determinar a corrente de difusão do díodo de Ge à temperatura de 27 ºC, soba tensão elétrica de 0,3 V e corrente de saturação de 0,2 pA.

Sendo T = 27 + 273 = 300 K, $1/V_T \approx 38{,}7/V$; e por (2.3c) com η = 1, virá,

$$I = (\,0{,}2\text{x}10^{-12}\ \text{A})\,(e^{0{,}3\text{x}38{,}7} - 1) \approx 22\ \text{nA}$$

Para $V_D = -\,0{,}3$ V, virá,

$$I = (\,0{,}2\text{x}10^{-12}\ \text{A})\,(e^{-0{,}3\text{x}38{,}7} - 1) = -\,0{,}2\ \text{pA}$$

O díodo ideal é simbolizado pela seta vazia, fig. 2.13(a). Na análise em circuito eletrônico ele se comporta como uma chave ideal controlada por tensão: quando diretamente polarizado, é uma chave fechada de impedância nula e equivale a curto-circuito; com polaridade reversa, é uma chave aberta de impedância infinita, e equivale ao circuito aberto, fig. 2.13(b). Na prática, contudo, o díodo real, polarizado inversamente, apresenta resistência elétrica da ordem do MΩ.

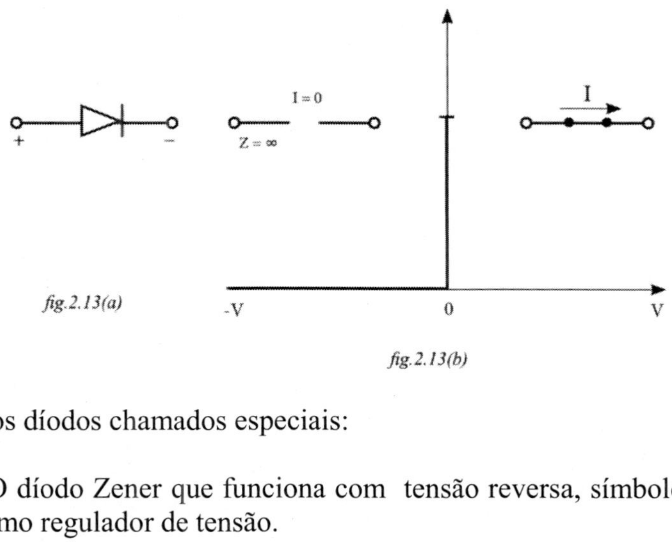

fig.2.13(a)

fig.2.13(b)

Outros díodos chamados especiais:

(1) O díodo Zener que funciona com tensão reversa, símbolo, fig. 2.14, usado como regulador de tensão.

(2) Díodo Túnel (p: Ge+Ga e n: Sn+As), símbolo, fig. 2.15, que usa alta dopagem (1 elétron de impureza para cada 1.000 elétrons puros) em junção muito exígua (ordem de 10^{-2} μm), possibilitando que a corrente eletrônica atravessem-na ignorando a barreira de potencial (daí o efeito de túnel); o efeito macroscópico manifesta-se quando a corrente aumenta e a tensão diminui, ocasionando uma região em que a resistência passa a ter valor

negativo ao invés de positivo, como era de se esperar.

(3) Díodo LED (de Light Emitting Diode, descoberto em 1961), símbolo, fig. 2.16(a), emite fótons de luz monocromática na junção, quando elétrons da BC decai para a BV, com intensidade luminosa da ordem de 10^{-3} candelas e tensão de 1,6V, que é ocasionada pela passagem de corrente elétrica; o LED tem ampla aplicação em mostradores eletrônicos.

(4) Fotodíodo é um díodo de junção (conectada à pequena lente onde incide luz monocromática) em invólucro transparente, que ao receber fótons na junção produz corrente reversa (da ordem do μA), símbolo, fig. 2.16(b). Mais detalhes destes díodos serão dados no final da seção.

(5) Díodo policristal formado da junção de um condutor (Al) com um semicondutor (Si), de portadores quentes, como o díodo Schottky, fig. 2.17.

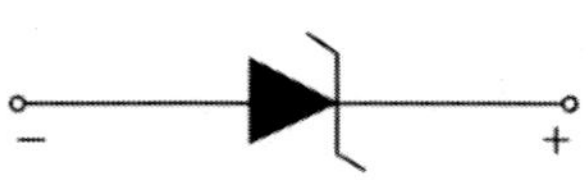

fig.2.14

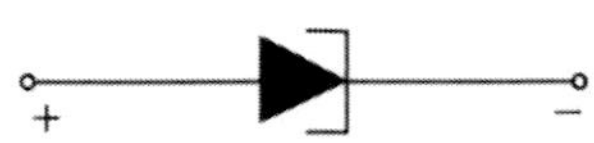

fig.2.15

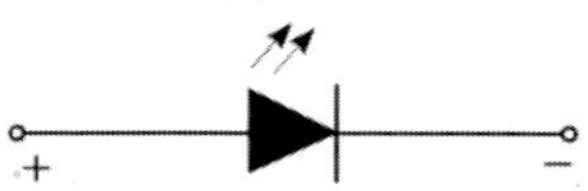

fig.2.16(a)

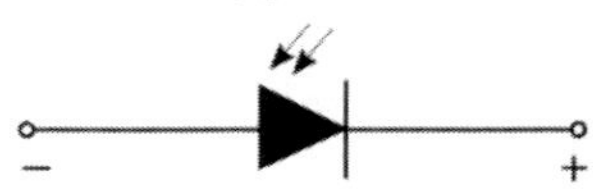

fig.2.16(b)

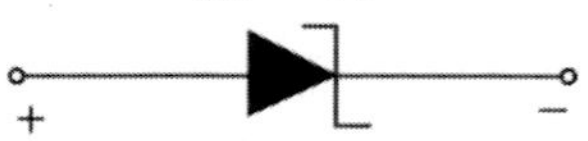

fig.2.17

Comercialmente os díodos são codificados por duas letras maiúsculas seguidas de três ou quatro algarismos, por exemplo, AY 126, a 1ª letra refere-se a sua natureza, A designa o Germânio, a 2ª letra denota a função que exerce, Y díodo retificador; e número 126 é um controle do fabricante, sem significado físico. BX 202, o B designa o Silício e X, díodo multiplicador.

No que se segue, estaremos adotando a nomenclatura padrão recomendada pelo Instituto de Engenheiros Eletricistas e Eletrônicos (IEEE): para a componente CA (corrente ou tensão elétrica) referida a dado terminal B, por exemplo, será anotada pela letra minúscula y pertinente afetada de índice minúsculo, y_b, e o seu valor eficaz ou rms pela letra maiúscula pertinente afetada de índice minúsculo, Y_b ($=Y_{b(max)}/\sqrt{2}$), de modo que um sinal senoidal será denotado por, y_b = Y_b senωt; juntando-se-lhe a componente CC, Y_B, compondo a quantidade elétrica (corrente ou tensão) instantânea total em B, anotada pela letra minúscula afetada de índice maiúsculo, y_B, isto é,

$$\underset{\text{(total)}}{y_B} = \underset{\text{(cc)}}{Y_B} + \underset{\text{(ca)}}{i_b}$$

ou também,

$$\underset{\text{(total)}}{y_B} = \underset{\text{(cc)}}{Y_B} + \underset{\text{(eficaz)}}{I_b \,\text{sen}\,\omega t}$$

Se o circuito eletrônico pode ser entendido como um sistema de duas portas, chamado de quadripolo, fig. 2.18, as quantidades elétricas referidas à entrada recebem o índice "i " (de input, em inglês) e as da saída, "o" (de output, em inglês), para as quais anotamos os valores instantâneos totais, y_i e y_o, e os seus valores eficazes respectivos, Y_i e Y_o.

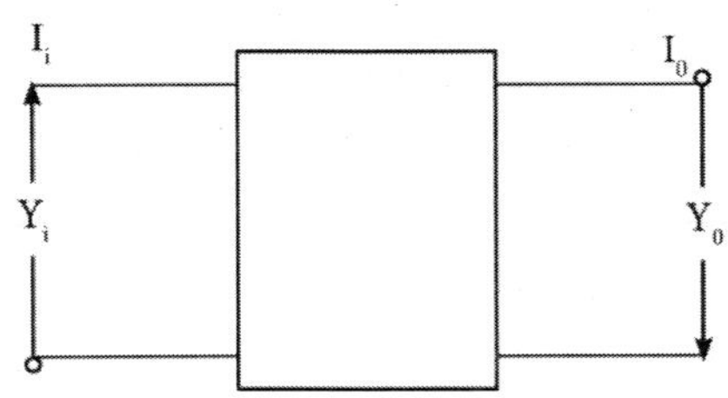

Fig. 2.18

2.4. Análise Gráfica do Díodo de Junção

Seja o circuito eletrônico composto de um díodo polarizado pela fonte de tensão, V_{DD}, e em série com a resistência de carga, R_L, fig. 2.19; pela lei das tensões de Kirchhoff (abrevia-se LTK), temos

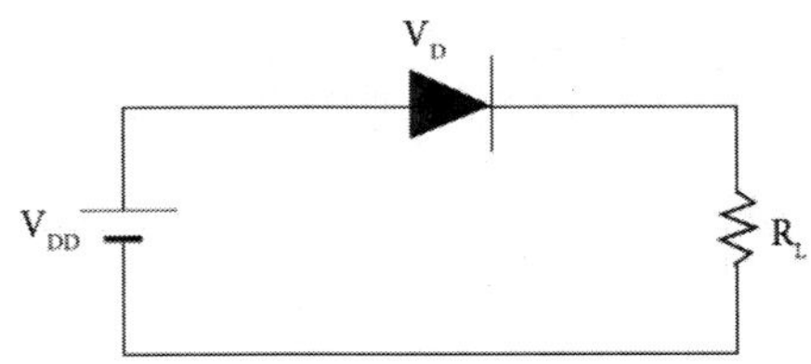

Fig. 2.19

$$V_{DD} = V_D + R_L\, I_D \tag{2.4a}$$

Donde

$$I_D = -\frac{V_D}{R_L} + \frac{V_{DD}}{R_L} \tag{2.4b}$$

que é a equação da reta de carga estática, de inclinação tg $\theta = -1/R_L$, a qual plotada no gráfico da fig. 2.20 intercepta os eixos coordenados nos pontos, $I_D = V_D/R_L$ e V_{DD}, e a curva característica do díodo, no ponto quiescente $Q(V_Q, I_Q)$, que oferece a resistência aparente direta (que é ôhmica),

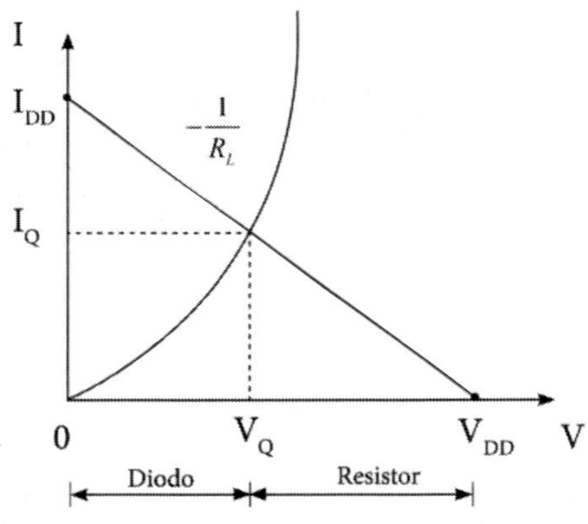

Fig. 2.20

$$R_Q = \frac{V_Q}{I_Q} \tag{2.5a}$$

assim como em torno de Q define-se a resistência dinâmica (não ôhmica),

$$r_D = \left.\frac{dV}{dI}\right|_Q \tag{2.5b}$$

Para efeito de gráfico, usa-se a forma incremental, $r_D = \Delta V/\Delta I$. Igualmente define-se a condutância dinâmica, $g = 1/r_D = dI/dV$; e também, $g \cong \Delta I/\Delta V$. Diferenciando (2.3c) e levando acima, podemos concluir,

$$r_D = \frac{\eta V_T}{I_o\, e^{V/\eta V_T}} = \frac{\eta V_T}{I + I_o} \qquad (2.5c)$$

E como vimos, à temperatura ambiente, T = 300 K, $V_T \cong 0{,}026$ V, e quando I_o puder ser desprezada diante de I, (2.5c) passa a ser dada por

$$r_D = \eta \frac{26\text{ mV}}{I(\text{mA})} \qquad (2.5d)$$

É interessante notar que, variando as condições do circuito externo, altera-se o funcionamento do díodo, mudando tanto a reta de carga como a posição do ponto quiescente. Por exemplo, variando V_{DD} ($V_{DD1} < V_{DD2} < V_{DD3}$) com R constante, têm-se os pontos de operação deslocados de Q, junto com a reta de carga que passa a ser chamada de reta de carga dinâmica, fig. 2.21(a); por outro lado, variando R ($R_1 > R_2 > R_3$) com V_{DD} constante, altera-se a inclinação da reta de carga estática, fig. 2.21(b).

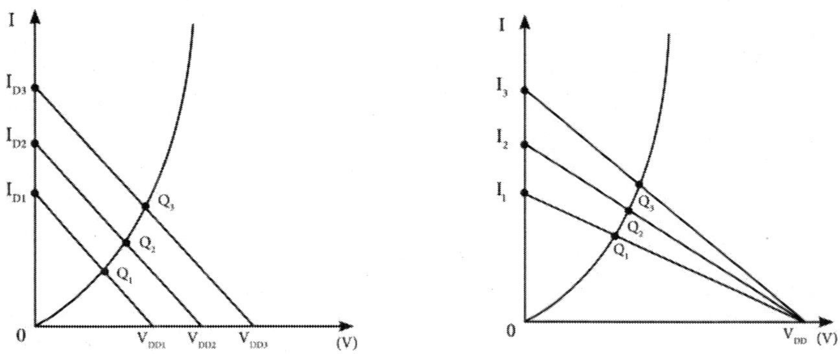

Fig. 2.21(a) *Fig. 2.21(b)*

Exemplo 2.2

. O circuito eletrônico da fig. 2.22, o díodo é excitado pela a fonte de tensão alternada, $v_t = 0{,}5$ sen ωt junto com a fonte de tensão constante de 2V.

Na curva característica do díodo, fig. 2.23, elegeu-se Q (1 V; 15 mA). Achar as tensão e corrente do díodo pelos métodos gráfico e analítico.

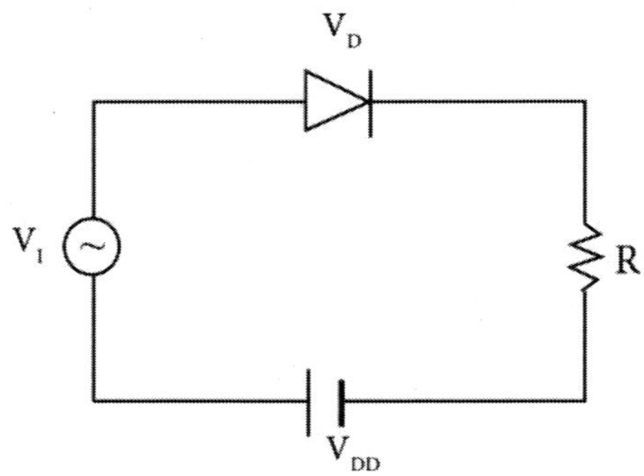

Fig. 2.22

A tensão instantânea total de entrada é a superposição das duas tensões dadas, $v_i = V_{DD} + v(t)$, ou melhor,

$$v_i = 2 + 0{,}5 \text{ sen } \omega t \text{ (V)} \qquad (1)$$

Para t = 0, tem-se, $V_{DD} = 2$ V; e do gráfico da fig.2.23, tiramos, $I_D = 30$ mA, com estes valores, traça-se a reta de carga estática que contém Q, assim como $R_Q = 200/3\ \Omega$; do mesmo gráfico, temos os valores mínimos, $V_{min} = 1{,}5$ (V) e máximo, $V_{max} = 2{,}5$ (V), e as respectivas correntes $I_{min} = 22{,}5$ mA e $I_{max} = 37{,}5$ mA, com as quais se traçam as retas de carga dinâmica, cujas interseções respectivas com a curva característica do díodo fornecem os pontos de trabalho, deslocados, Q_1 (0,76 V; 11 mA) e Q_2 (1,24V; 19 mA).

Junto ao gráfico da fig. 2.23 estão esboçadas as componentes C.A. da tensão e corrente alternadas do díodo, ou seja, $v_d = 0{,}24$ sen ωt (V) e $i_d = 4$ sen ωt (mA),

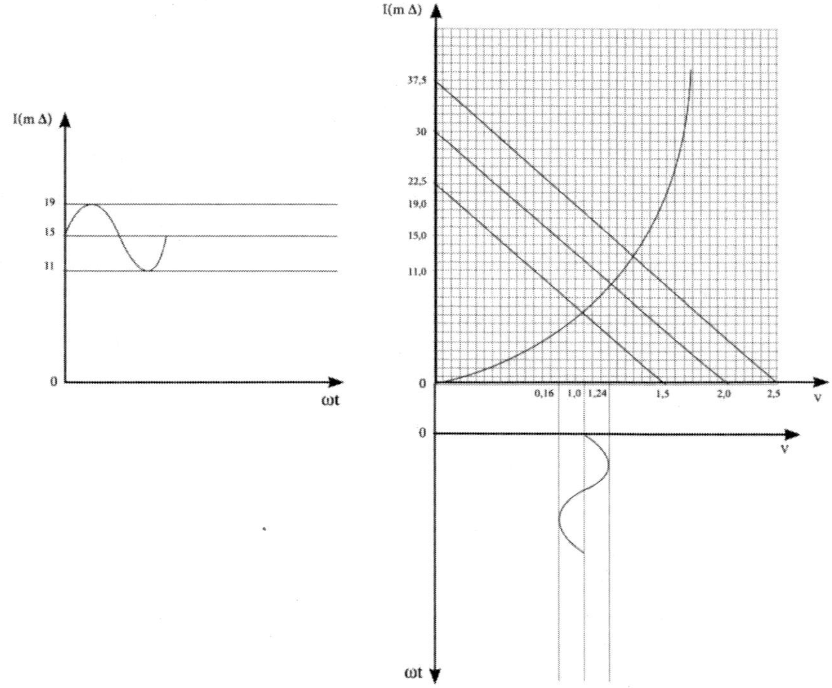

Fig. 2.23

Do gráfico tiramos a tensão instantânea no díodo

$$v_D = 1{,}0 + 0{,}24 \text{ sen } \omega t \ \ (V) \qquad (2)$$

assim como a corrente instantânea no díodo

$$i_D = 15 + 4 \text{ sen } \omega t \ \ (mA) \qquad (3)$$

E a cada instante temos, $v_D = v_i - i_D R$, isto é,

$$v_D = 2 + 0{,}5 \text{ sen } \omega t - i_D \frac{200}{3} \Omega$$

No caso, para $i_D = 15 + 4$ sen ωt (mA), virá

$$v_D = 2 + 0{,}5 \text{ sen } \omega t \text{ (V)} - (15 + 4 \text{ sen } \omega t \text{ mA}) \frac{200}{3} \Omega$$

que confirma (2). Também da fig. 2.23 tiramos a resistência de dinâmica,

$$r_D = \frac{\Delta v_d}{\Delta i_d} = \frac{(1{,}24 - 0{,}76)\text{V}}{(19 - 11)10^{-3} \text{ A}} = 60 \ \Omega$$

E podemos confirmar a componente variável da corrente do díodo,

$$i_d = \frac{0{,}5 \text{ sen } \omega t \text{ (V)}}{(200/3 + 60) \ \Omega} \cong 4 \text{ sen } \omega t \text{ (mA)}$$

2.5. Linearização da Curva Característica. Circuitos Equivalentes

Um díodo real tem circuito equivalente quando a resposta deste é a reprodução daquele, sem distorção. Usam-se os modelos seguintes:

[1] Técnica de aproximação linear para a tensão constante, chamada de tensão de polarização: 1º) a curva característica do díodo é o trecho linear representado pelo segmento vertical ao eixo V, fig. 2.24(a), para o qual o díodo tem tensão constante, $V_{\lambda,}$ chamada de tensão limiar de condução (de 0,2 V a 0,3 V para o Ge; e de 0,6 V a 0,7 V para o Si), e equivale a uma força contra-eletromotriz, e abaixo da qual o díodo não entra em estado ligado; 2º) a curva característica do díodo é um segmento inclinado, e o díodo é substituído pela V_λ mais a resistência dinâmica, r_D (vide item 2.4), fig. 2.24(b). Nestes modelos indica-se a continuidade da resistência dinâmica com a linha tracejada usualmente chamada de "joelho". Na fig. 2.25 são indicadas as curvas características do Ge e do Si.

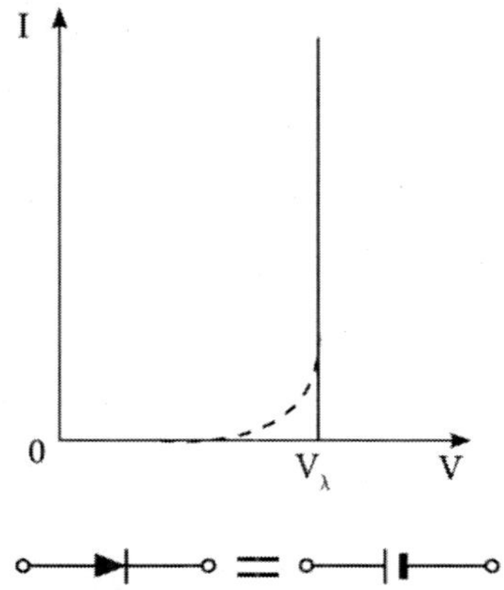

fig.2.24(a)

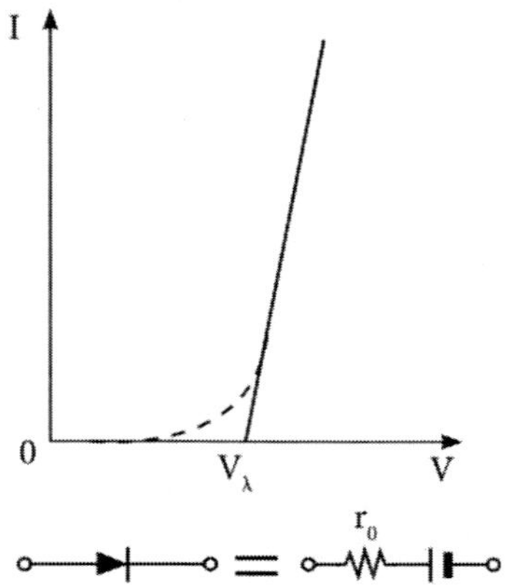

fig.2.24(b)

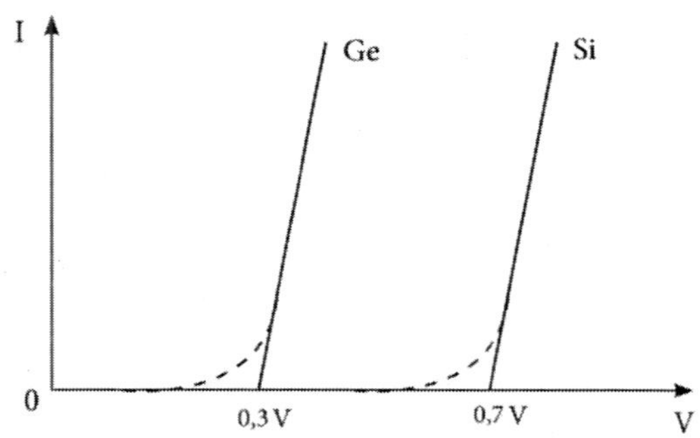

fig.2.25

[1] Técnica de pequenos sinais é aplicada quando a fonte de alimentação é alternada, que depende da frequência, casos em que se têm baixa ou média frequência ($f \leq 100$ kHz) e, portanto, dois tipos de circuitos equivalentes:

(1) No díodo real polarizado diretamente, aparece momentaneamente o efeito capacitivo devido à difusão na junção, por isso, de capacitância de difusão, $C_D = dQ/dV$ (ordem do μF), dQ e dV são as variações respectivas de carga e tensão na junção. Nestes casos, o díodo é substituído pela resistência dinâmica, r_D, em paralelo com capacitância de difusão, C_D, fig. 2.26(a); na baixa frequência, $r_D >> C_D$, e o circuito equivalente reduz-se à impedância dinâmica, fig. 2.26(b).

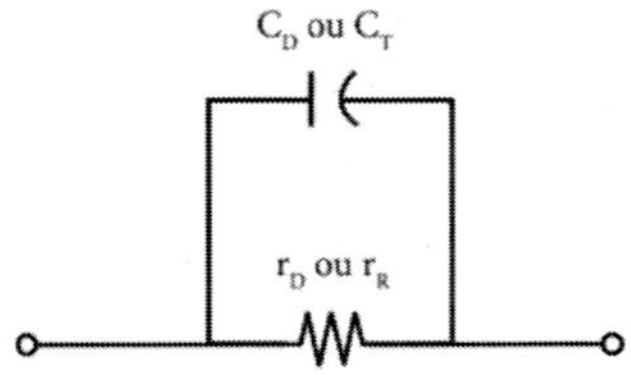

fig.2.26(a)

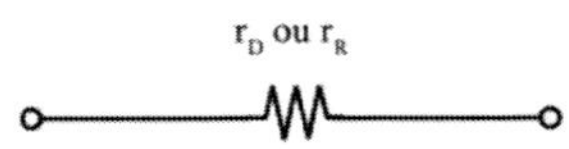

fig.2.26(b)

(2) No díodo real polarizado inversamente, o efeito capacitivo é reforçado na região de depleção, originando a capacitância de transição (de depleção, de junção ou de carga espacial, para a qual C_D é desprezada), $C_T = dQ/dV$ (ordem do pF; segue-se, $i = C_T\ dV/dt$), com a resistência reversa, r_R, (ordem do M Ω) em paralelo a ela, mesma fig. 2.26(a); na baixa frequência, $r_R >> C_T$., mesma fig. 2.26(b). O díodo que opera na condição de C_T é chamado de varicap, voltcap ou varactor, símbolo, fig. 2.27.

Fig. 2.27

Exemplo 2.3

. Seja o díodo do circuito eletrônico da fig. 2.28(a), de tensão limiar, V_λ = 0,7 V, e demais dados nele indicados: (1) calcular a corrente do díodo usando os recursos analítico e gráfico; (2) supondo o díodo ideal, achar a corrente em causa.

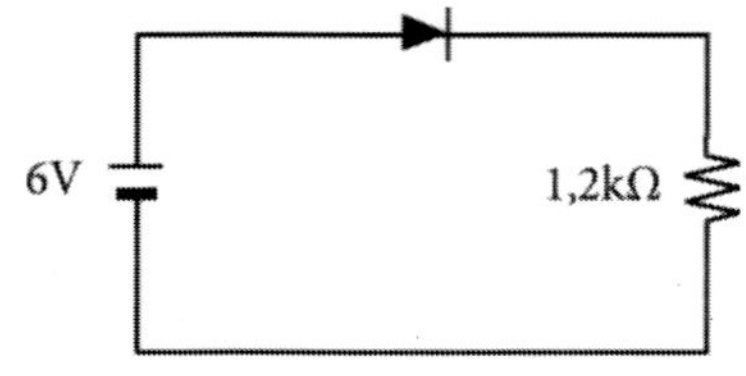

Fig. 2.28(a)

(1) Usando a aproximação linear com o díodo substituído pela tensão limiar, V_λ = 0,7 V, temos o circuito equivalente na fig. 2.28(b), para o qual a 2ª lei de Kirchhoff oferece,

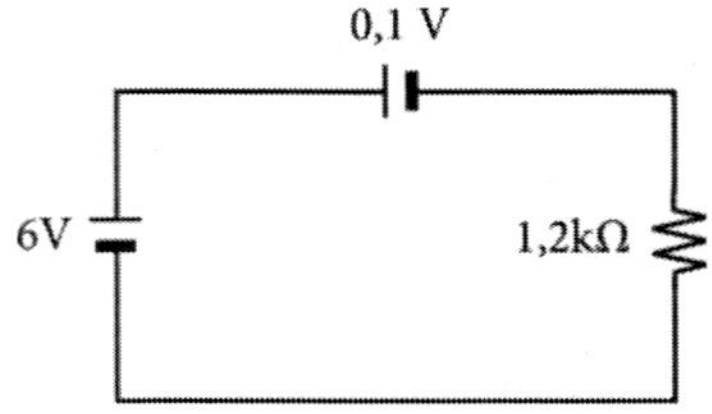

Fig. 2.28(b)

$$I_D = \frac{(6 - 0{,}7)\ V}{1{,}2\ k\,\Omega} \cong 4{,}42\ mA$$

Na fig. 2.28(c) estão esboçadas a curva característica e reta de carga, esta determinada pelos pontos 5 mA e 6V, bem como o ponto de operação ou quiescente Q (4,42 mA; 0,7 V).

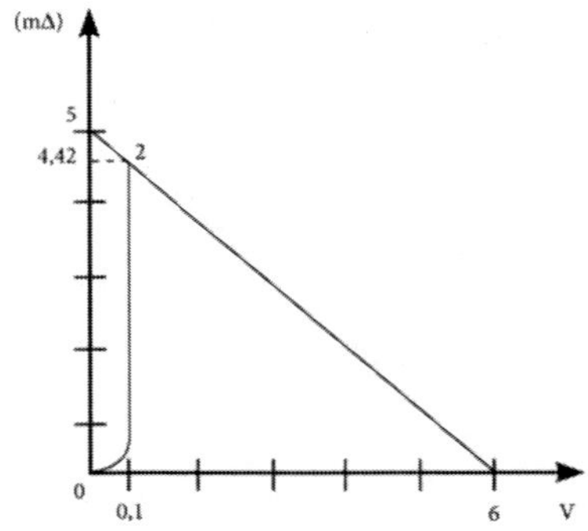

Fig. 2.28(c)

(2) Para o díodo ideal temos, I_D = 6 V/1,2 kΩ = 5 mA, para $V_D \geq 0$ V, que locados no gráfico respectivo, fig. 2.28(d), vê-se que o Q (5 mA; $V_D \geq 0$) recai sobre as correntes.

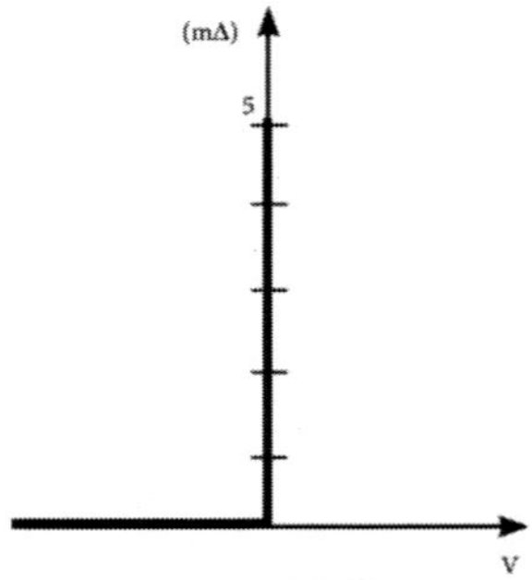

Fig. 2.28(d)

Exemplo 2.4

. O díodo do circuito eletrônico da fig. 2.29(a), alimentado pela fonte de tensão total, $v_t = 1 + 0,5 \text{ sen } \omega t$ e resistência de carga de 80 Ω, tem a curva característica aproximada na fig. 2.29(b). Determinar as tensão e corrente do díodo, a tensão sobre a carga.

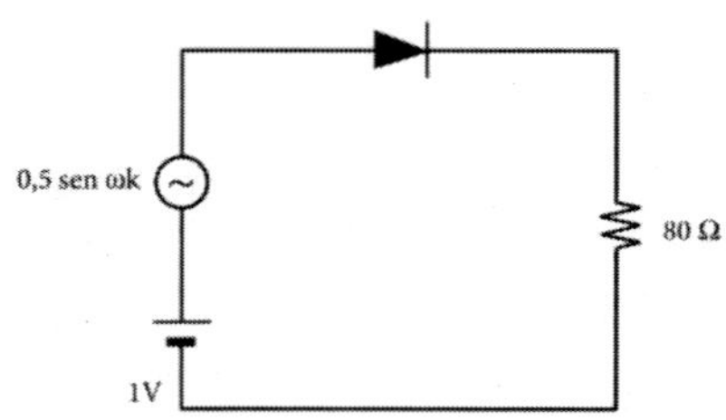

fig.2.29(a)

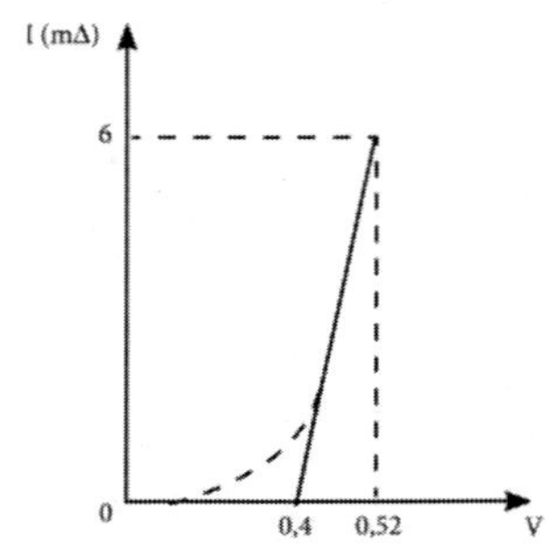

fig.2.29(b)

Da fig. 2.29(b), $V_\lambda = 0,4$ V, e tira-se, $r_D = (0,52 - 0,4)\text{V}/0,006 \text{ A} = 20\ \Omega$; então, o circuito equivalente do díodo é dado na fig. 2.29(c); e as tensão e corrente do díodo são dadas como se segue,

$$i_D = \frac{(1 + 0,5 \text{ sen } \omega t - 0,4)\text{V}}{(80 + 20)\ \Omega} = 6 + 0,005 \text{ sen } \omega t \quad (\text{mA})$$

$$v_D = 0,4 + 20(0,006 + 0,005 \text{ sen } \omega t) = 0,52 + 0,1 \text{ sen } \omega t \quad (\text{V})$$

$$v_o = 80(0,006 + 0,005 \text{ sen } \omega t) = 0,48 + 0,4 \text{ sen } \omega t \quad (\text{V})$$

Exemplo 2.5

. O díodo do circuito eletrônico alimentado pela fonte de tensão total, $v_t = 2 + 0{,}4$ sen $2x10^8$ t (V) e resistência de carga de 80 Ω, é substituído pelo díodo ideal, de resistência dinâmica, $r_D = 80\ \Omega$ em paralelo com um capacitor de difusão, de capacitância, $C_D = 2{,}5x10^{-10}$ F. Admitindo que $I_{dm} = 12{,}5$ (mA), determinar a corrente do díodo.

Convindo transformar a tensão alternada de entrada à forma fasorial, temos $\mathbf{V}_i = 0{,}4\ \underline{|0^o}$ (V). A impedância do díodo será

$$\mathbf{Z}_D = \frac{r_D\,(1/j\omega C_D)}{r_D + (1/j\omega C_D)} = \frac{r_D}{1 + j\omega C_D\, r_D}$$

substituindo os dados, virá

$$\mathbf{Z}_D = \frac{80\ \Omega}{1 + (2x10^8\ \text{Hz})\,(2{,}5x10^{-10}\ \text{F})(80\ \Omega)} = 4{,}71 - j18{,}82 \approx 19{,}40\ \underline{|-75{,}95^\circ}\ (\Omega)$$

Donde a corrente elétrica, fasorial, do díodo,

$$\mathbf{I}_D = \frac{0{,}4\ \underline{|0^\circ}\ (\text{V})}{65{,}97\ \underline{|-75{,}95^\circ}} \cong 20{,}62\ \underline{|75{,}95^\circ} \qquad (\text{mA})$$

E convertendo-a ao domínio do tempo,

$$i_d = 3{,}5\ \text{sen}\,(2x10^8 t - 75{,}95^\circ) \qquad (\text{mA})$$

$$i_D = 12{,}5 + 3{,}5\ \text{sen}\,(2x10^8 t - 75{,}95^\circ) \quad (\text{mA})$$

2.6. Díodos em Circuitos Elétricos

O díodo integrado num circuito elétrico é um bipolo. Os díodos podem ser ligados em série (para divisão de tensão), fig. 2.30(a); em paralelo (para divisão de corrente), fig. 2.30(b); e em série-paralelo.

fig.2.30(a)

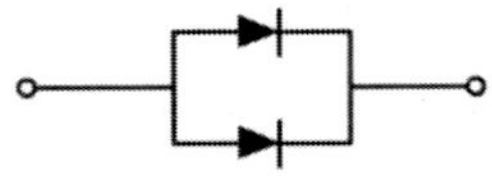

fig.2.30(b)

Exemplo 2.5

. Sejam dois díodos D_1 de Ge e D_2 de Si associados em série no circuito eletrônico da fig. 2.31(a), com demais dados indicados, achar a corrente nos díodos e a tensão de saída. O que acontecerá se invertermos o sentido do díodo D_2 no circuito?

O circuito eletrônico da fig. 2.31(a) é a forma simplificada do circuito eletrônico da fig. 2.31(b), donde podemos concluir que

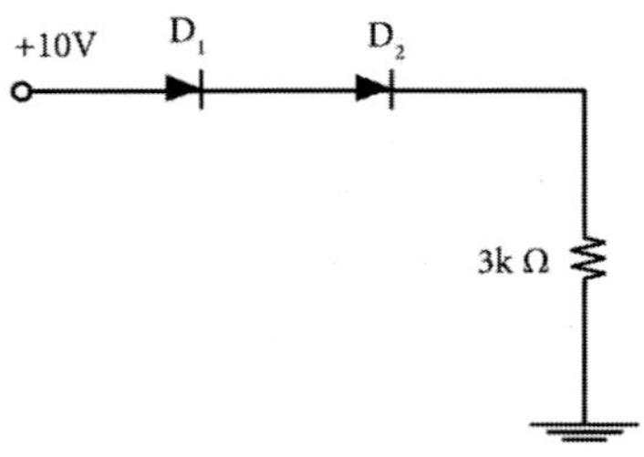

fig.2.31(a)

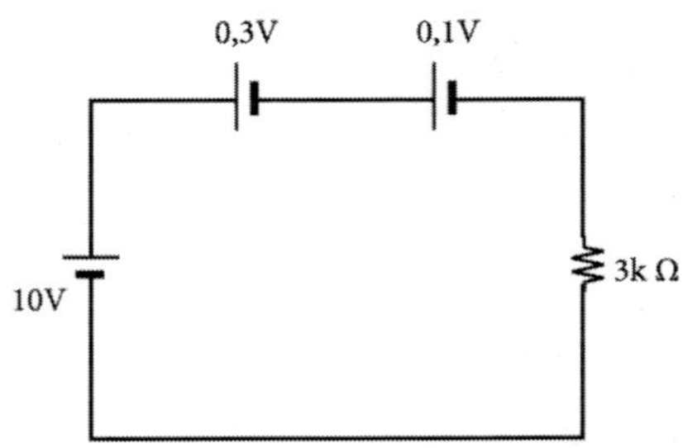

fig.2.31(a)

$$I = \frac{(10 - 0{,}3 - 0{,}7)V}{3\ k\Omega} = 3{,}0\ mA$$

$$V_s = (3\ k\Omega)(3\ m) = 9\ V$$

Invertendo o díodo D_2, este fica em estado desligado ou em corte, contudo, para ele, V_{D2} = 9 V, enquanto para o díodo D_1, V_{D1} = 0 V, isto é, ele se comporta como um díodo ideal, fig. 2.31(c).

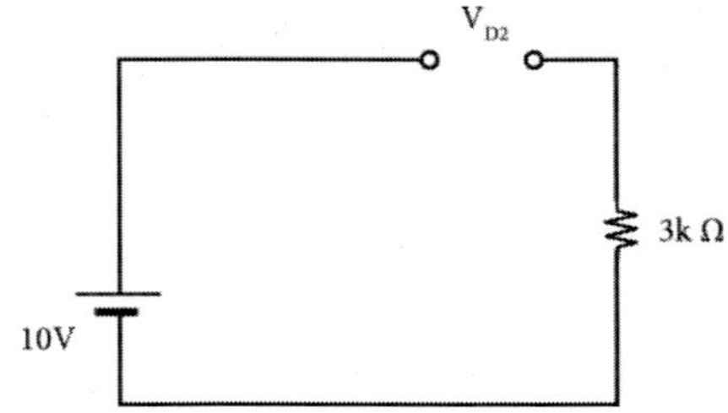

Fig.2.31 (c)

Exemplo 2.6

. Sejam dois díodos $D_1 = D_2$ associados em paralelo no circuito eletrônico da fig. 2.32(a), com demais dados ali indicados. Achar as correntes neles se os díodos são de Ge. O que acontecerá com a corrente de cada díodo se um díodo de Ge for invertido? E se D_2 for substituído por um díodo de Si?

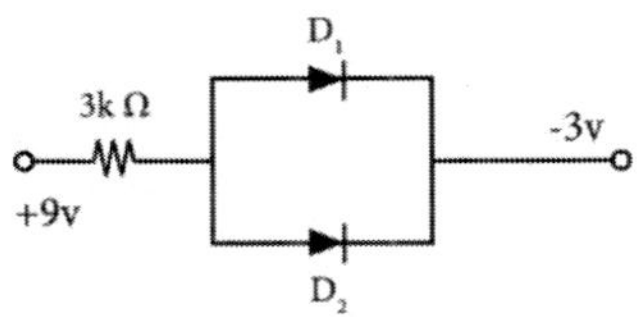

Fig.2.32 (a)

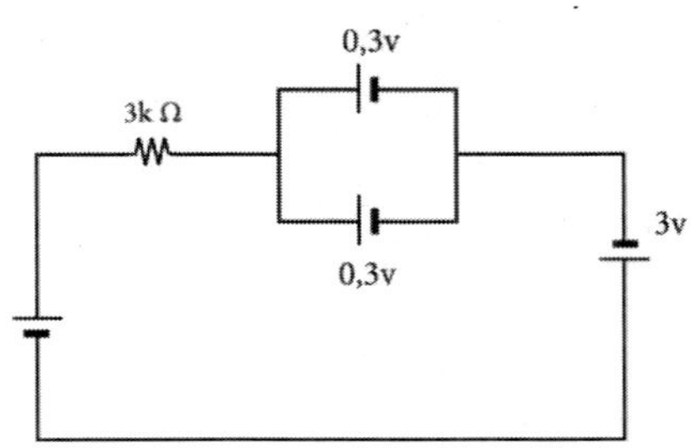

Fig.2.32 (b)

Colocando o circuito eletrônico dado na forma usual, fig. 2.32(b), temos

$$I = \frac{(9 - 0{,}3 + 3)V}{3\ k\Omega} = 3{,}9\ mA$$

E, por conseguinte,

$$I_{D1} = I_{D2} = \frac{3{,}9\ mA}{2} = 1{,}95\ mA$$

Contudo, com D_2 invertido, fig. 2.32(c), este ficará desligado, $I_{D2} = 0$ mA, e tem-se, $I_{D1} = 3{,}9$ mA, fig. 2.32(d).

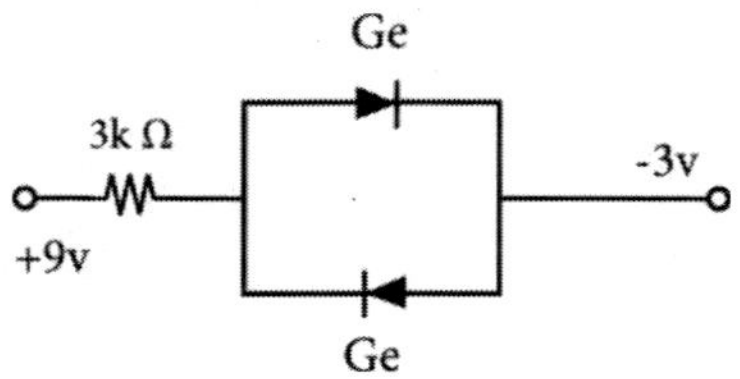

Fig.2.32 (c)

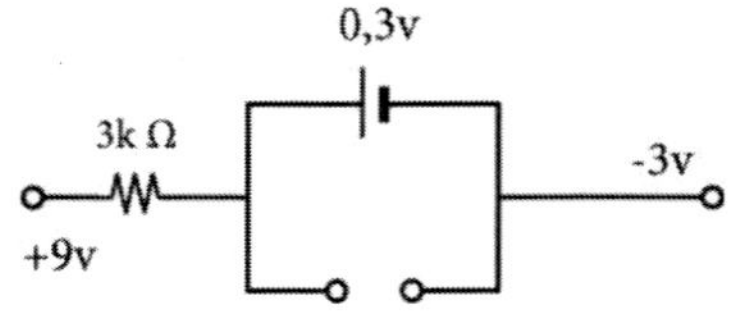

Fig.2.32 (d)

Substituindo D_2 por um díodo de Si, fig. 2.32(e), este também ficará em desligado, pois quando a tensão entre eles atingir o valor de 0,3 V, que permanecerá constante, D_2, comportar-se-á como um circuito aberto como na fig. 2.32(d).

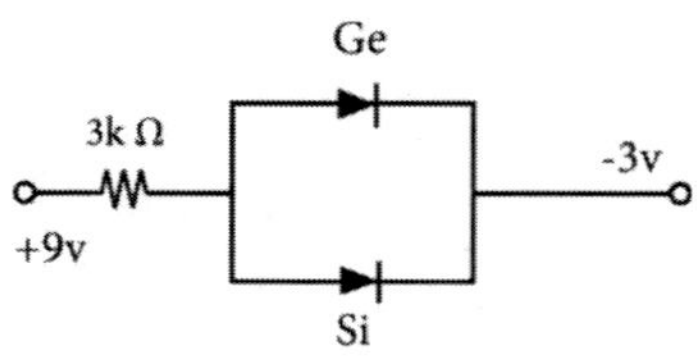

Fig.2.32 (e)

À guisa de revisão:

(1) O valor médio, contínuo, ou componente contínua de uma função periódica Y(t) (tensão ou corrente), de período T, anota-se por Y_{CC} e é definido por

$$Y_{CC} = \frac{1}{T} \int_o^T Y(t)\, dt \qquad (2.6b)$$

Graficamente a integral representa a área sobre a curva Y(t) que é dividida pelo período.

Exemplo 2.7

. Para a senoide, $Y(t) = Y_m$ sen ωt, de período T, $Y_{CC} = 0$, fig. 2.33. Contudo, para T/2, por (2.6b), temos

$$Y_{CC}\,(T/2) = \frac{1}{T/2} \int_o^{T/2} Y_m \text{ sen } \omega t\, dt$$

Fazendo a mudança de variável, pondo $\omega t = (2\pi/T)t = \theta$, por diferenciação tem-se $dt = d\theta\ (T/2)\pi$; donde os novos limites: $t = 0$, $\theta = 0$ e $t = T/2$, $\theta = \pi$, que levados à expressão supra, temos

$$Y_{CC}\ (T/2) = \frac{1}{\pi} Y_m \int_o^{\pi} \text{sen}\ \theta d\theta = \frac{2}{\pi} Y_m \cong 0{,}637\ Y_m \qquad (2.6b)$$

(2) O valor eficaz de uma função periódica Y(t) (tensão ou corrente) de período T, anota-se por Y_{ef}, e é definida como

$$Y_{ef} = \sqrt{\frac{1}{T}\int_0^T \left[Y(t)^2\right] dt} \qquad (2.6c)$$

Também anota-se Y_{rms} quando é chamado de valor médio quadrático (rms, do inglês, root mean square).

Para a senoide, $Y(t) = Y_m$ sen ωt, de período T, aplicando a definição (2.6c), após fazer a mudança de variáveis como acima, e tendo em conta que $\text{sen}^2\ \theta = (1 - \cos\theta)/2$, após operações, obtém-se

$$Y_{ef} = \frac{Y_m}{\sqrt{2}} \cong 0{,}707\ Y_m \qquad (2.6d)$$

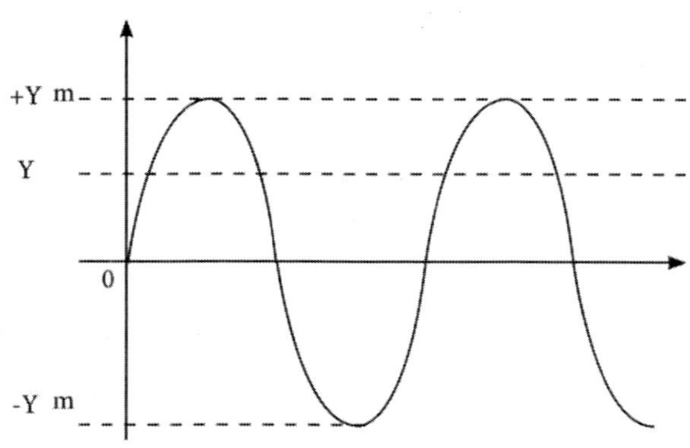

Fig.2.33

Valor assinalado na linha tracejada da fig. 2.33. O valor eficaz é importante porque os instrumentos de medida elétricas fornecem apenas valores eficazes. Para se medir a tensão de um díodo[2] integrante de um circuito elétrico com um voltímetro, liga-se o terminal (+) deste com o cátodo e o terminal (-) com o ânodo.

Vejamos a seguir as principais aplicações de díodos em circuitos eletrônicos:

[1] Díodo de Junção como Retificador

Quando se intercala um ou mais díodos num circuito elétrico com fonte de tensão alternada, a resposta da saída é uma onda de tensão (e corrente) de mesma frequência, mas de forma diferente, isto é, retificada. Com díodos semicondutores, podem-se realizar as retificações seguintes:

(1) Retificador de Meia Onda

O circuito retificador de meia onda é composto do secundário de um transformador de tensão alternada, $v_i = V_m$ sen ωt, de entrada, com o díodo considerado ideal, fig. 2.34(a). O díodo conduz durante os semiciclos positivos, e a resposta de saída é a onda de corrente (ou tensão) de mesma frequência, unidirecional, descontínua e pulsante, assinada na fig. 2.34(b), sob as condições

$$\begin{aligned} i_o &= I_m \text{ sen } \omega t \qquad \text{para } 0 \le \omega t \le \pi \\ i_o &= 0 \qquad \text{para } \pi < \omega t < 2\pi \end{aligned} \tag{2.6a}$$

onde $I_m = V_m/R$ é a corrente máxima ou de pico.

---

[2] O díodo fora do circuito não oferece tensão elétrica em seus terminais.

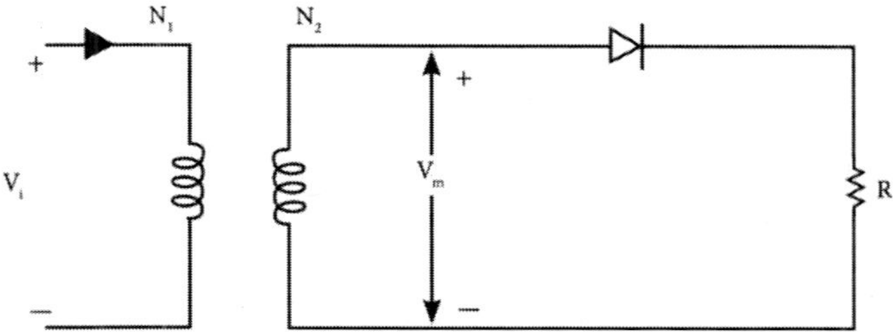

Fig.2.34(a)

Usando a definição (2.6b), é fácil comprovar que a componente contínua de saída é $I_{CC} = I_m/\pi$, assinalada na fig. 2.34(b). Note-se, ademais, que $V_{CCo} = I_{CC} R = V_m/\pi$.

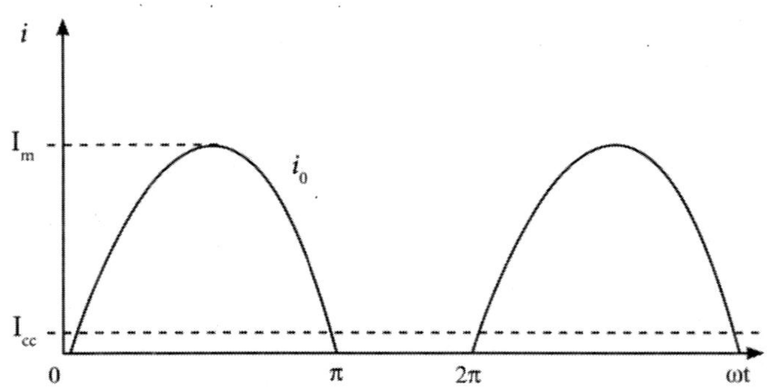

Fig.2.34(b)

Com o díodo real, de tensão limiar V_λ e resistência dinâmica r_D, o pulso da fig. 2.34(b) fica deslocado de V_λ, desde a origem. As componentes contínuas da tensão de saída e corrente são:

$$V_{CCo} = \frac{1}{\pi}(V_m - V_\lambda) \tag{2.6b}$$

$$I_{CC} = \frac{(V_m - V_\lambda)}{\pi (r_D + R)} \tag{2.6c}$$

O díodo é fabricado sob condição de suportar determinada corrente direta máxima e dada tensão de polarização inversa chamada de tensão de pico inversa, V_{PI}, que no caso, fig. 2.34(c), tem-se $V_{PI} \geq |-V_m| \geq V_m$.

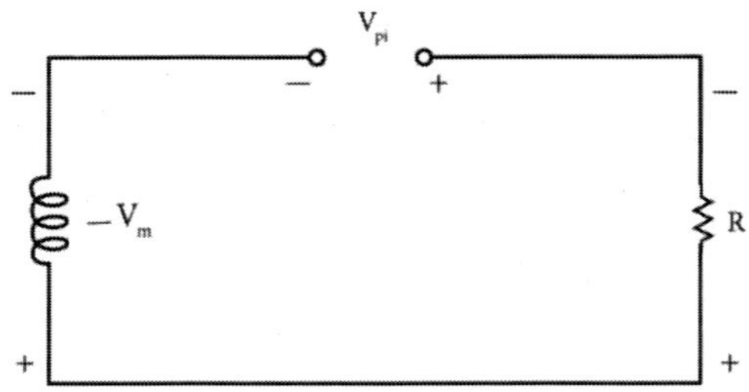

Fig.2.34(c)

Exemplo 2.8

. Para a tensão de entrada, $v_i = 110$ sen ωt, do circuito eletrônico da fig. 2.34(a), fazer a comparação da componente contínua da tensão de saída do díodo real de $V_\lambda = 0{,}7$ V, com a do díodo ideal.

Com o díodo real, $V_\lambda = 0{,}7$ V, temos

$$V_{CCo} = \frac{1}{\pi}(110 - 0{,}7)V \cong 34{,}76 \text{ V}$$

com o díodo ideal, $V_\lambda = 0$,

$$V'_{CCo} = 0{,}318\ (110 \text{ V}) = 34{,}98 \text{ V}$$

Comparando os resultados, virá

$$\frac{V'_{CCo}}{V_{CCo}} = \frac{34{,}98 \text{ V}}{34{,}76 \text{ V}} \cong 1{,}006$$

ou seja, com o díodo ideal a componente contínua da tensão de saída é apenas de 0,6 % maior do que a do díodo real, o que justifica o uso do díodo ideal como uma aproximação aceitável no circuito retificador de meia onda.

Quando se usa o circuito retificador de meia onda, é útil ter-se uma estimativa do grau de estabilidade da tensão de saída com respeito à tensão de entrada. Então, define-se regulador de tensão, Reg, como a relação da variação das tensões de entrada, v_i (que é sem carga), e de saída, v_o (com carga), pela tensão de saída, usualmente expressa pelos seus respectivos valores contínuos,

$$Reg = \frac{V_{CCi} - V_{CCo}}{V_{CCo}} \qquad (2.7a)$$

Para a regulagem de tensão aplicada ao circuito eletrônico da fig. 2.34(a), substitui-se o díodo real pelo díodo ideal mais a resistência dinâmica r_D, e temos, $V_{CCi} = V_m/\pi$ e $V_{CCo} = V_m R/\pi\ (r_D + R)$, que levados acima e operando obtemos

$$Reg = \frac{r_D}{R} \qquad (2.7b)$$

para o resultado em porcentagem, multiplicá-lo por 100.

(2) Retificador de Onda Completa

O circuito retificador de onda completa é composto do secundário de um transformador de tap central, de tensão alternada, $v_i = V_m$ sen ωt, com dois díodos em paralelos, considerados ideais, fig. 2.35(a). O circuito retificador pode ser considerado desdobrado em malhas, de forma que, durante o 1° meio ciclo, o díodo D_1 conduz a corrente i_1, enquanto o díodo D_2 fica em corte; e no 2° meio ciclo seguinte a situação inverte-se, díodo D_2 conduz a corrente i_2, enquanto o díodo D_1 fica em corte; a combinação das duas correntes chamadas de corrente de carga, $i = i_1 + i_2$, compõe a corrente retificada completa, fig. 2.35(b), onde estão indicadas as componentes máxima e contínua. Note-se ademais que $I_{CC} = 2I_m/\pi$, $V_{CCo} = I_{CC}R = 2V_m/\pi$, e também, $V_{PI} \geq 2\ V_m$, fig. 2.35(c). Para o díodo real, $V_{CCo} = 2(V_m - V_\lambda)/\pi$.

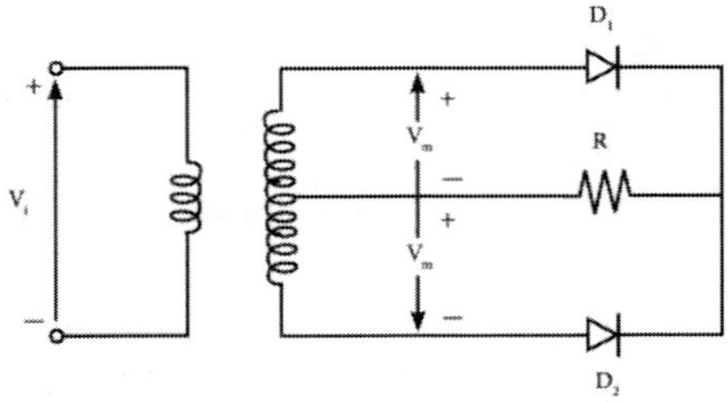

Fig.2.35(a)

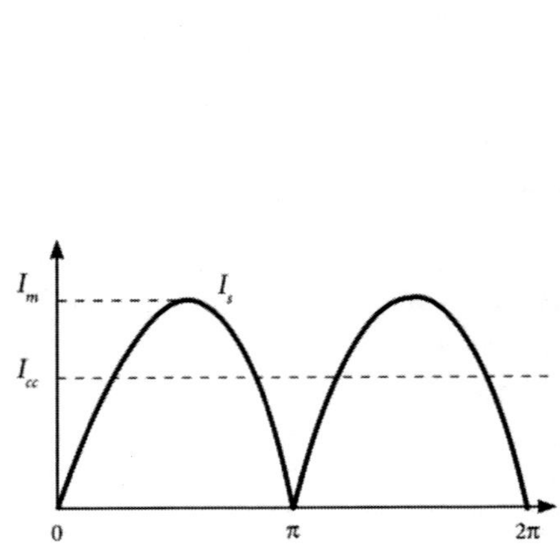

Fig.2.35(b)

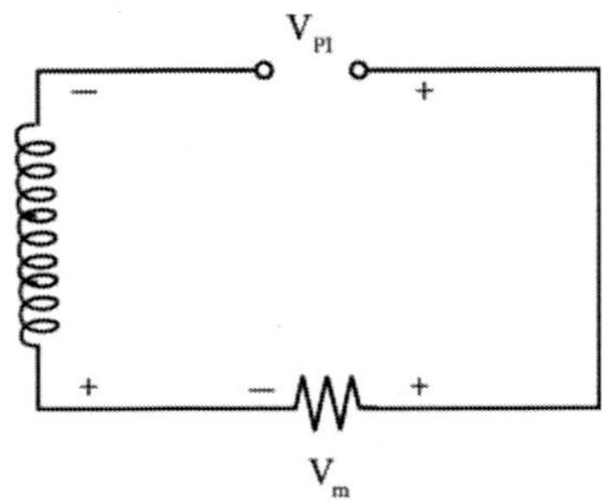

Fig.2.35(c)

(3) Ponte Retificadora

Seja uma ponte retificadora composta de quatro díodos ideais em paralelos dois a dois, com secundário do transformador sem tape, que substituiremos pela de tensão alternada, $v_i = V_m$ sen ωt, fig. 2.36(a). Durante o 1° meio ciclo os díodos D_1 e D_3 conduzem, caminho tracejado na fig. 2.36(b), enquanto os díodos D_2 e D_4 ficam em corte; no 2° meio ciclo, a situação se inverte e os díodos D_2 e D_4 conduzem enquanto os díodos D_1 e D_3 ficam em corte. A retificação é mesma dada pela onda pulsante da fig. 2.35(b). Aqui temos $V_{CCo} = 2V_m/\pi$, $V_{PI} \geq V_m$, fig. 2.36(c). Para o díodo real temos $V_{CCo} = 2(V_m - V_\lambda)/\pi$.

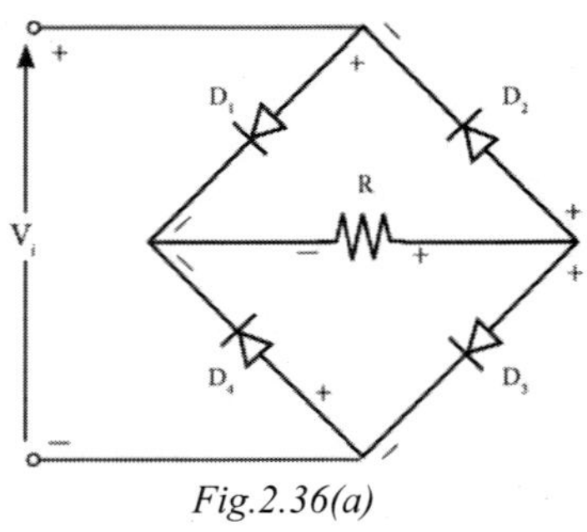

Fig.2.36(a)

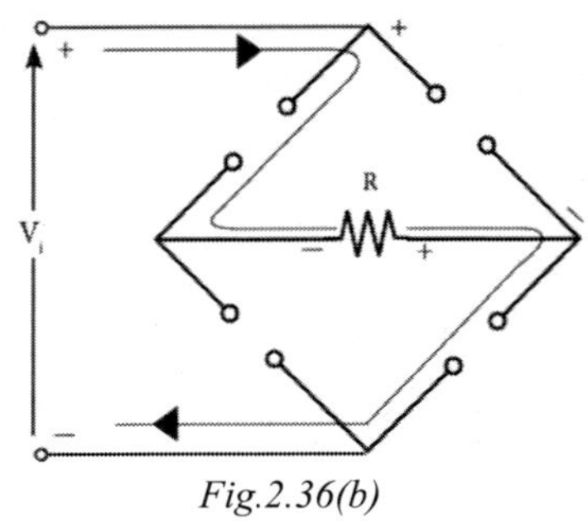

Fig.2.36(b)

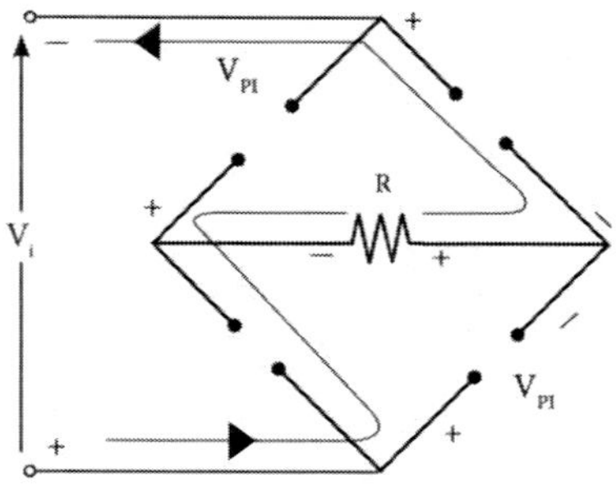

Fig.2.36(c)

Exemplo 2.9

. Para a tensão de entrada, V_{CCi} = 110 V, da ponte retificadora da fig. 2.36(a), com díodos reais de V_{λ} = 0,7 V, calcular a componente contínua da tensão de saída.

Conforme a última expressão retro, temos

$$V_{CCo} = \frac{2}{\pi}(110 - 0{,}7)V \cong 69{,}58\ V$$

[2] Circuito Retificador de Pico

Seja o circuito retificador de meia onda, de tensão de entrada, $v_i = V_m$ sen ωt, no qual a resistência de carga R é substituída por um capacitor de capacitância C, fig. 2.37(a). Admitindo inicialmente o capacitor descarregado, durante o 1° quarto de ciclo o díodo conduz, enquanto o capacitor carrega-se à medida que a tensão de entrada v_i cresce positivamente entre suas placas até atingir o valor de pico $V_C = V_m$, no tempo t_1 = T/4. A partir do instante imediatamente posterior a t_1 , que é o ponto de corte, o díodo passa a comporta-se como um circuito aberto ou de resistência infinita. E como o capacitor não tem como descarregar-se, mantém, daí por diante, a tensão de saída $V_{Co} = V_m$, constante, fig. 2.37(b). O capacitor, com efeito, funciona como um filtro, não deixando passar harmônicos da tensão de entrada, e estabiliza a tensão de saída no valor de pico. Para este caso, é fácil ver que $V_{PI} \geq 2\ V_m$, que é alcançada no tempo t_2 assinalado na fig. 2.37(b).

É interessante apreciarmos as principais variações do circuito da fig. 2.37(a), que se podem fazer com o circuito retificador de pico:

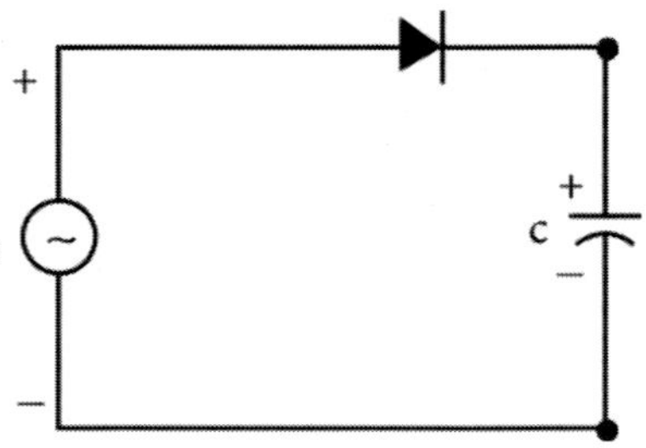

Fig.2.37(a)

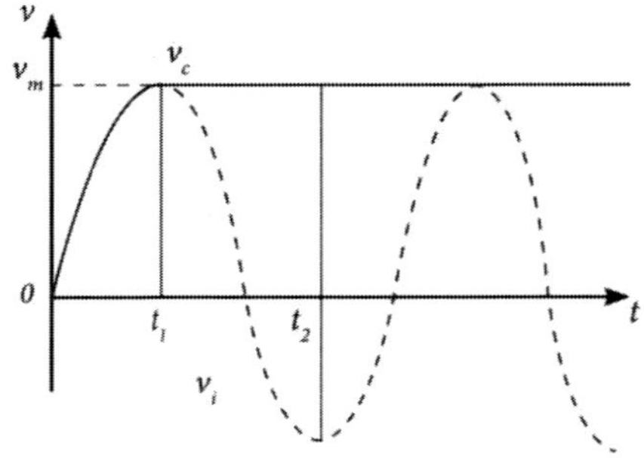

Fig.2.37(b)

(1) Circuito Fixador de Díodo

Seja circuito em referência em que permutamos as posições do capacitor de capacitância C e do díodo, fig. 2.38(a). Carregado o capacitor, no tempo t_1, a tensão elétrica nos seus bornes mantém-se constante, $V_C = V_m$, enquanto a tensão do díodo é negativa e dada por, $-v_D = -v_i + V_m$, fig. 2.38(b), onde podemos notar que a tensão de pico do díodo tem o valor zero, não obstante ter a mesma forma da tensão de entrada, porém deslocada de $-V_m$ em relação ao eixo t. Para este caso também temos $V_{PI} = V_m$. Este tipo de circuito é usado em sistemas de televisão.

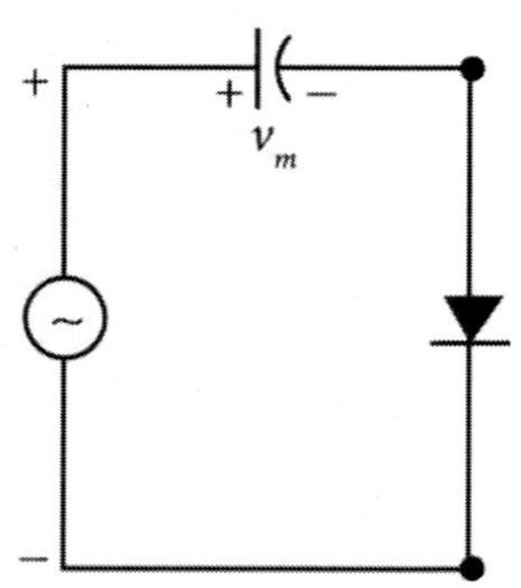

Fig.2.38(a)

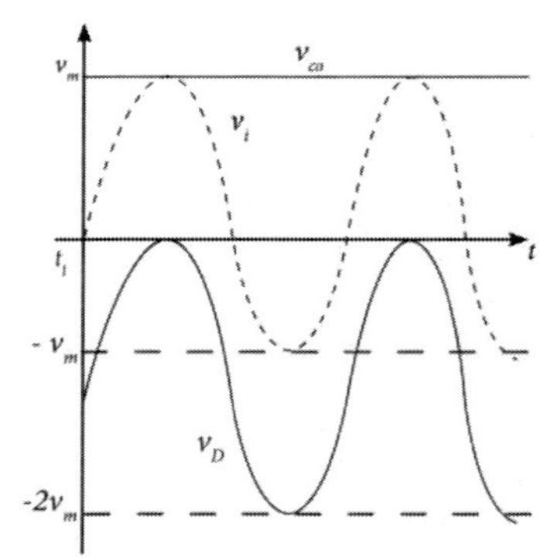

Fig.2.38(b)

(2) Circuito Retificador de Ondulação

Seja o mesmo circuito em questão onde o capacitor está associado em paralelo com a resistência de carga R, fig. 2.39(a). O capacitor carrega-se no intervalo de tempo $t_1 - 0$, enquanto o díodo conduz, e entra em corte no instante t_1, ponto de corte, fig. 2.39(b), quando a tensão no capacitor é igual à tensão de saída, $V_C = v_o$, ou seja,

$$v_o = V_m \text{ sen } \omega t \qquad \text{para} \quad 0 \leq t < t_1 \qquad (2.8a)$$

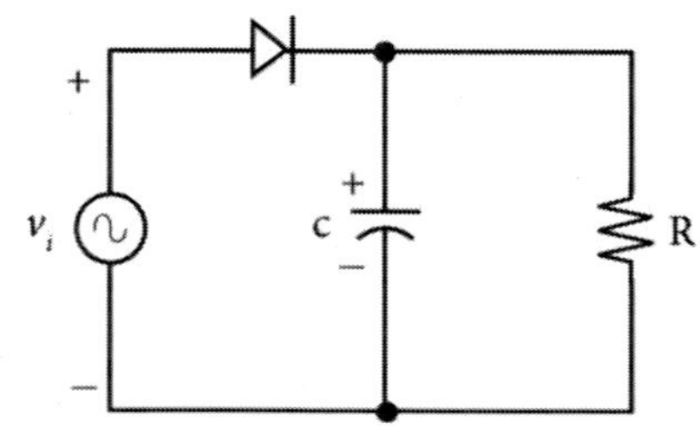

Fig.2.39(a)

Com o díodo em corte a tensão nele se torna negativa, $v_D < 0$, enquanto o capacitor descarrega-se através do resistor no intervalo de tempo $t_2 - t_1$, e a tensão no capacitor, $v_C = v_o$, decai exponencialmente, fig. 2.39(b),

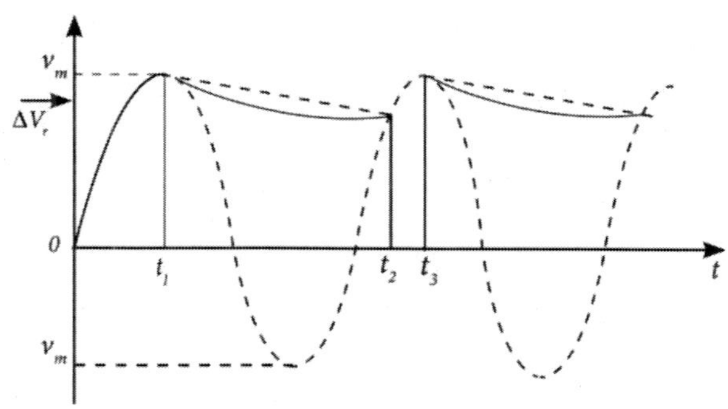

Fig.2.39(b)

$$v_o = v_i\,(1 - e^{-(t - t_1)/RC}) \quad \text{para} \quad t_1 \leq t < t_2 \qquad (2.8b)$$

A partir do instante t_2 o díodo volta a conduzir durante o intervalo de tempo, $t_3 - t_2$, enquanto o capacitor recarrega-se novamente, reiniciando novo ciclo, fig. 2.39(b), onde a curva resultante é chamada de onda modulada ou de ripple (em inglês) e a variação da tensão de descarga total do capacitor, medida entre os pontos limiar de condução e de corte recebe o nome de tensão de modulação ou de ripple, Δv_r, de valor médio, $\Delta v_r/2$. Para um valor grande de C em que se tem $\omega CR >> 1$, a curva pode ser tomada como o segmento de reta, de inclinação, $\Delta v_r/T = V_m/RC$, fig. 2.39(b); para $t = t_1$, tem-se, $\omega t_1 \cong \pi/2$ e $v_o \cong V_m$, do modo que a componente contínua da tensão de saída é dada por,

$$V_{CCo} = V_m - \frac{\Delta v_r}{2} \qquad (2.9a)$$

ou tendo em conta que $\Delta v_r = V_m/f\,RC$, f é a frequência natural da tensão entrada; então, também, temos

$$V_{CCo} = V_m\left(1 - \frac{1}{2fRC}\right) \qquad (2.9b)$$

Por outro lado, sendo $t_2 - t_1 = \cong T$, o tempo total de descarga do capacitor, assim como, $\Delta v_r = I_{CC}/fC$, e a equação supra toma a forma alternativa,

$$V_{CC} = V_m - \frac{I_{CC}}{2fC} \qquad (2.8c)$$

Para o circuito retificador de meia onda é útil comparar a variação máxima da tensão de saída com a componente contínua da tensão de entrada. Com esse propósito, define-se fator de modulação ou de ripple, F_r, como a relação da tensão ripple, Δv_r, pela componente contínua da tensão de saída, V_{CCo}, ou seja,

$$F_r = \frac{\Delta v_r}{V_{CCo}} \qquad (2.9a)$$

Para o circuito da fig. 2.39(a), substituindo os valores indicados, operando e desprezando 1/2 , obtemos

$$F_r \cong \frac{1}{fRC} \qquad (2.9b)$$

Obviamente, multiplicando por 100 tem-se o resultado em porcentagem. Para o circuito retificador de onda completa, usando raciocínio análogo, pode-se concluir que, $t_2 - t_1 \cong T/2$, que altera, $\Delta V_r = I_{CC}/2fC$, e subsequentemente as fórmulas deduzidas.

Exemplo 2.10

. Seja o circuito da fig. 2.39(a) com o díodo ideal, $v_i = 9 \text{ sen } (10^6 t)$ (V), R = 100 Ω, C = 1μ F. O capacitor está descarregado em t = 0 e carregado em t = 2 ms. Calcular (1) a tensão de saída em t = 2 ms; (2) a tensão de ripple; (3) a componente contínua; (4) o fator de ripple.

Temos, inicialmente: RC = (100Ω)(10^{-6} Hz) = 10^{-4} s, ωt = (10^6 rad/s)x ($2x10^{-3}$ s) = $2x10^3$ rad e f = 10^6 /2π Hz. Então, usando as fórmulas supra, temos:

$$v_o = 9 \text{ sen } (2.000 \text{ rad}) (1 - e^{-(0,002 \text{ s}/ 0,0001 \text{ s})}) \cong 8,37 \quad (V)$$

$$\Delta v_r = \frac{9 \text{ V}}{(10^6/2\pi \text{ Hz})(10^{-4} \text{ s})} \cong 0,57 \quad (V)$$

$$V_{CCo} = 9 \text{ V}(1 - \frac{1}{2x10^2/2\pi}) \cong 8,72 \quad (V)$$

$$F_r = \frac{1}{100/2\pi} \cong 0,06$$

(3) Circuito Multiplicador de Tensão

Ampliando a estrutura básica do circuito fixador de díodo com mais um díodo D_2 série com capacitor C_2 de saída, como na fig. 2.40(a), tem-se um circuito dobrador de tensão. Se a tensão de entrada é $v_i = V_m$ sen ωt, durante o 1º semiciclo o díodo D_1 conduz, o díodo D_2 fica em corte enquanto o capacitor C_1 carrega-se até atingir o valor máximo, $V_C = V_m$; no 2º semiciclo, o díodo D_1 fica em corte, o díodo D_2 conduz, enquanto o capacitor C_2 carrega-se até atingir o valor $V_C = V_m$. A tensão do díodo é senoidal de valor de pico igual a $-2V_m$, fig. 2.40(b). Ampliando essa estrutura com o acréscimo de mais um capacitor C_3 e um díodo D_3, verifica-se que a tensão do díodo triplicará, $-3V_m$; o processo pode ser novamente ampliado de modo a se ter quadruplicada a tensão com o acréscimo de um díodo D_4, e assim por diante. Este tipo de circuito é usado em sistemas de gravadores e radiorreceptores.

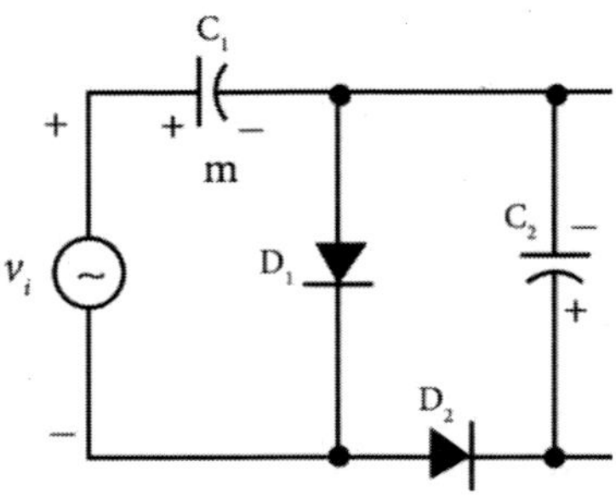

Fig.2.40(a)

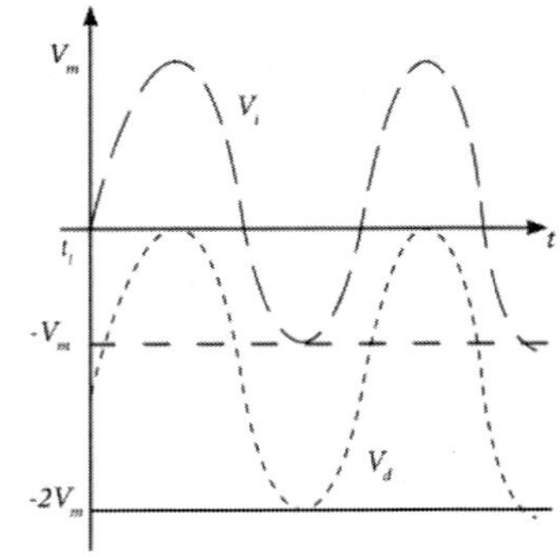

Fig.2.40(b)

[3] Circuitos Limitadores

Este tipo de circuito eletrônico é utilizado em controle de sistema mecânico para limitar movimento, por exemplo, com a parada final. Eles são de dois tipos: circuito ceifador e circuito grampeador, a seguir estudados.

(1) Circuito Ceifador

Como o próprio nome diz, ele ceifa ou corta na saída o sinal de entrada. O circuito ceifador é chamado de positivo ou negativo conforme corte o sinal positivo ou negativo da saída. Ele também é dito em série ou paralelo quando o díodo está em série ou paralelo com a tensão de entrada. O circuito ceifador mais simples é o retificador de meia onda, como vimos. É usual associar-se uma fonte de tensão CC independente, em série ou paralelo com a tensão de entrada. Vejamos dois exemplos típicos.

Exemplo 2.11

. Seja o circuito ceifador de tensão de entrada, $v_i = 15$ sen ωt (V), com díodo ideal em série com a bateria $V_s = 5$ V e resistências R de saída, fig. 2.41(a). Esboçar curva da tensão de saída.

Na análise que se segue, toma-se, $v_i = V_m = 15V$, no caso, e usa-se $V_s = 5$ V como tensão de transição para a qual i = 0. Então, para $V_m > 5$ V, o díodo conduz, fica em curto-circuito, a tensão de saída é $v_o = V_R = V_m - V_s = 10V$; para $V_m = 5$ V, o díodo não conduz, fica em circuito aberto, e como não há corrente em R ou $V_R = 0$, e a tensão de saída é $v_o =$ 0 (V), indicando que a parte negativa da senoide foi totalmente cortada, fig. 2.41(b), que é a curva do circuito ceifador negativo.

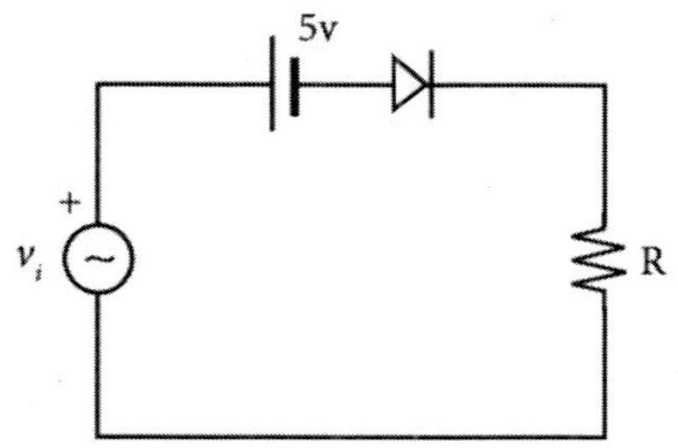

Fig.2.41(a)

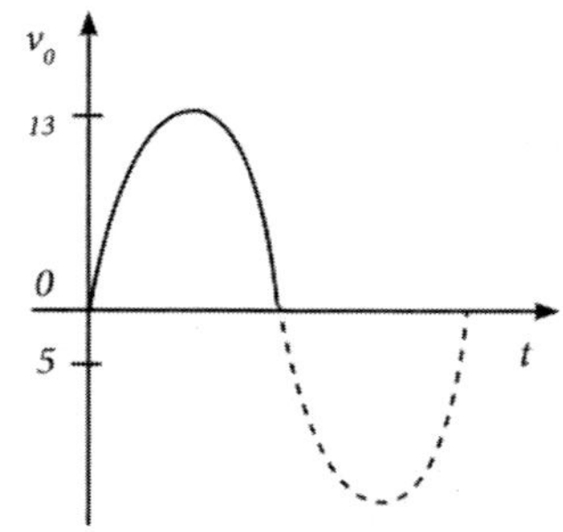

Fig.2.41(b)

Exemplo 2.12

. Seja o circuito ceifador de tensão de entrada, v_i = 20 sen ωt (V), com resistências R, com um díodo ideal em paralelo com a bateria V_s = 10 V, fig. 2.42(a). Esboçar a curva da tensão de saída.

Para $v_i = V_m > 10$ V, tem-se $v_o = V_m - V_s = 10$V; contudo, para $V_m = V_s$ = 10 V, o díodo não conduz, fica em circuito aberto; e como não há corrente em R ou $V_R = 0$, e a tensão de saída é v_o = 0 (V), conforme gráfico da fig. 2.42(b), onde a parte ceifada indica que trata-se de um circuito ceifador positivo.

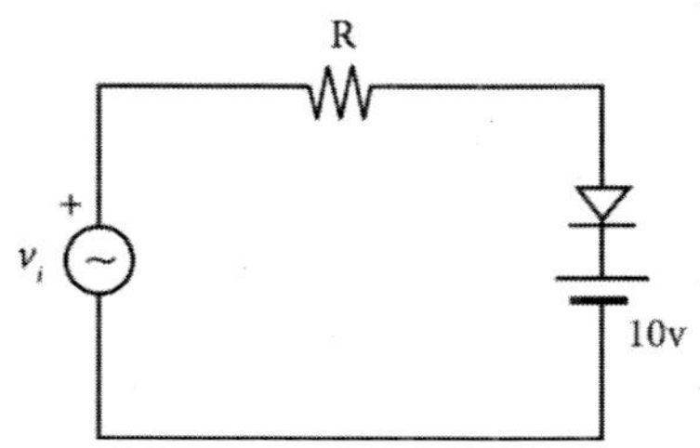

Fig.2.42(a)

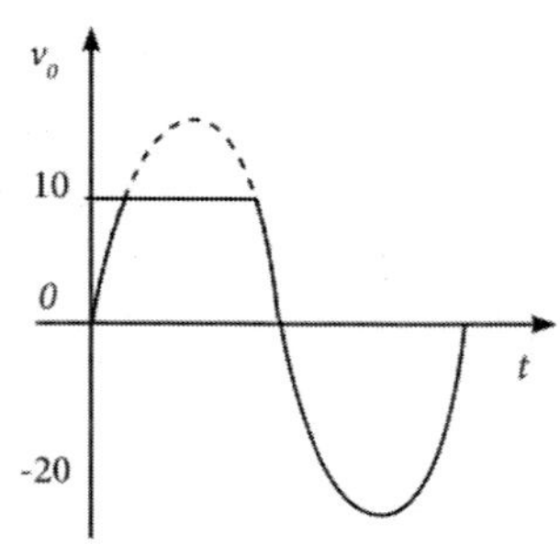

Fig.2.42(b)

Obviamente, combinando convenientemente o díodo, R e V_s, para dada v_i, outras modalidades de circuitos ceifadores são possíveis.

(2) Circuito Grampeador

O circuito eletrônico é dito grampeador porque grampeia ou fixa o sinal de saída num nível CC, o sinal de entrada que é usualmente uma onda periódica quadrada. A sua estrutura básica é mesma do circuito fixador de díodo acrescida de resistência R na saída em paralelo com o díodo ideal, fig. 2.43, que pode estar associado em série com uma fonte de tensão CC. Elege-se R e C de modo que a constante de tempo capacitiva τ seja significativa diante de 1 semiciclo T/2, ou seja, $\tau = RC >> T/2$, o que permite ao capacitor carregar-se ou descarregue-se em 5T, conforme as curvas respectivas das fig. 2.44(a, b), durante o qual a tensão do capacitor não sofre mudança significativa. Vejamos dois exemplos típicos.

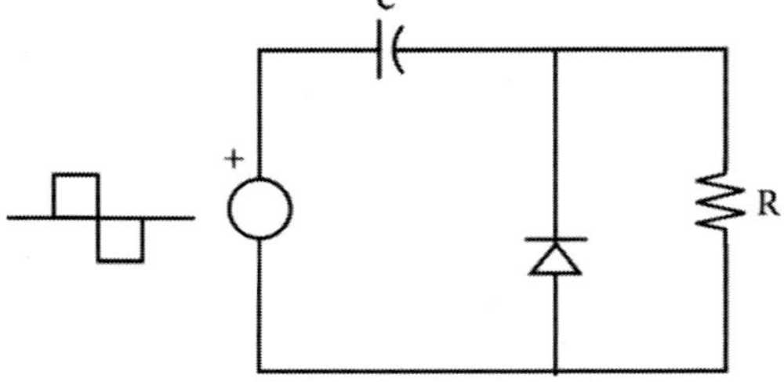

Fig.2.43

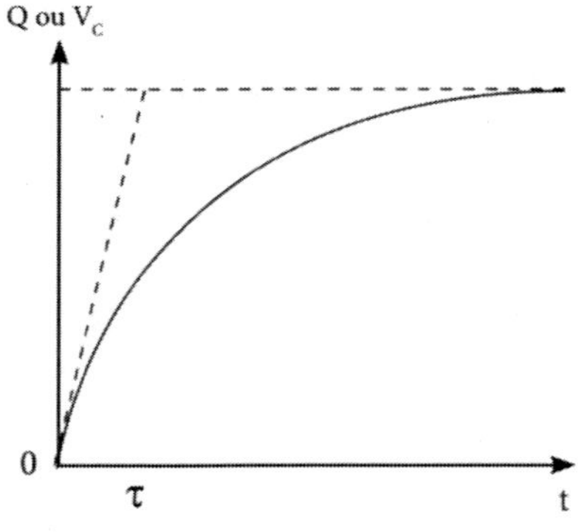

Fig.2.44(a)

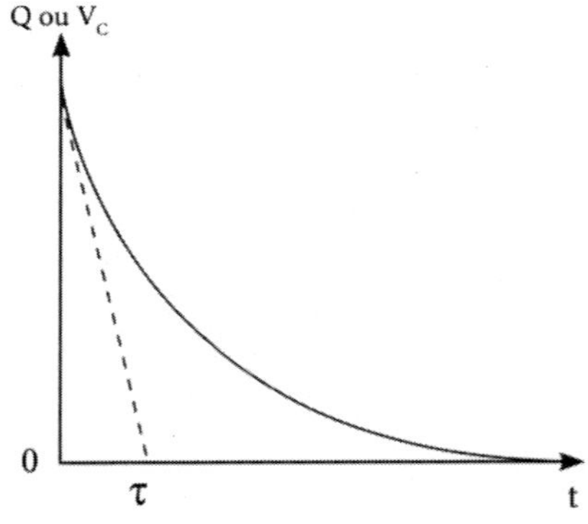

Fig.2.44(b)

Exemplo 2.13

. Seja o circuito grampeador cuja tensão de entrada é a onda quadrada com $V_m = 6$ V, fig. 2.45(a), com capacitor de capacitância $C = 1,5\ \mu F$, um díodo ideal associado em paralelo com a resistência $R = 200\ k\Omega$, fig. 2.45(b). Esboçar o gráfico da tensão de saída. Supor $T/2 = 1$ ms.

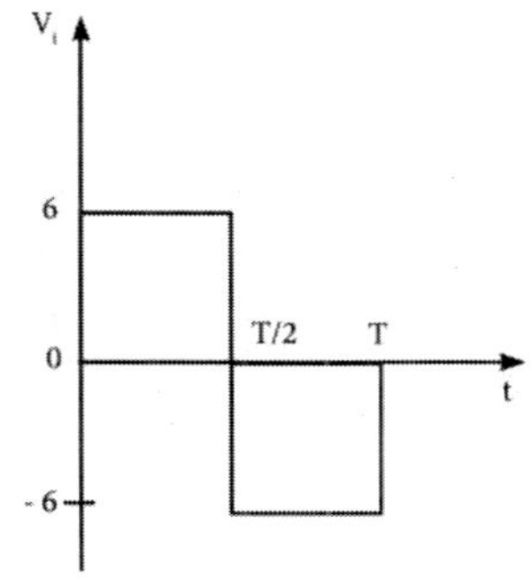

Fig.2.45(a)

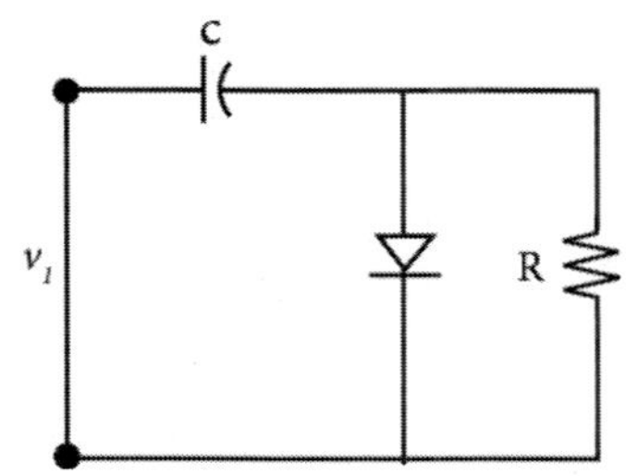

Fig.2.45(b)

De início, temos, τ = RC = ($2x10^5$ Ω)(1,5x10^{-6} F) = 0,3s e 5τ = 1500 ms. No 1° semiciclo o díodo conduz, fica em curto-circuito, o capacitor carrega-se no lapso de tempo T/2 = 1ms, assumindo a tensão $V_C = V_m$ = 6 V; e como não há corrente, V_R = 0, a tensão de saída é v_o = 0; no 2° semiciclo o díodo não conduz, fica em circuito aberto, o capacitor descarrega-se no mesmo lapso de tempo través do resistor R que passa a ter a tensão V_R = - 6 V, e portanto a tensão de saída é v_o = (- 6 – 6)V = - 12 V, como no gráfico da fig. 2.45(c).

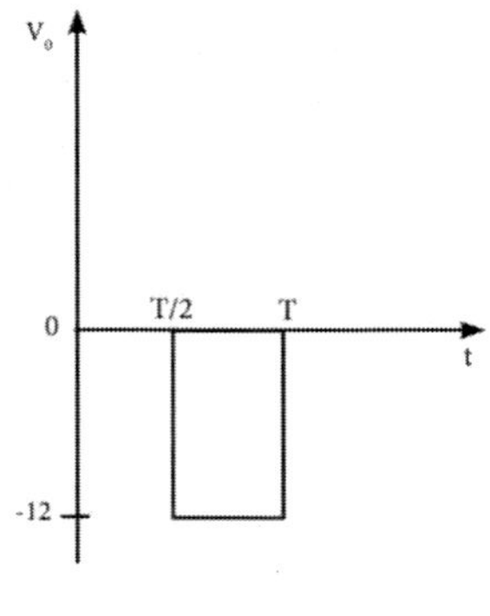

Fig.2.45(c)

Exemplo 2.14

. Seja o circuito grampeador cuja tensão de entrada é a onda quadrada com v_m = 5 V, fig. 2.46(a), com capacitor de capacitância C = 1 μF, um díodo ideal associado em paralelo com a resistência R = 200 kΩ, fig. 2.46(b). Achar a tensão de saída. Supor T/2 = 1 ms.

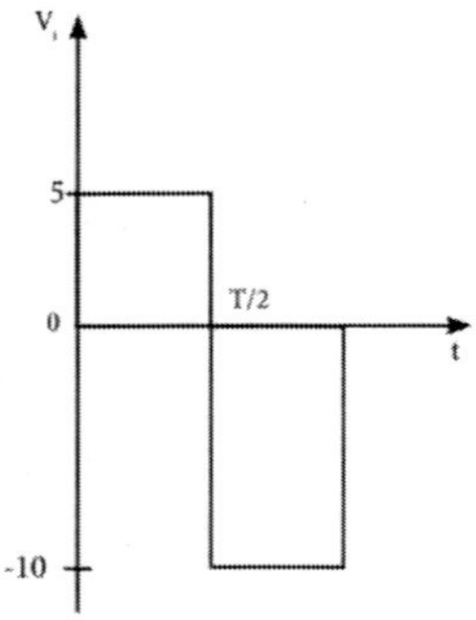

Fig.2.46(a)

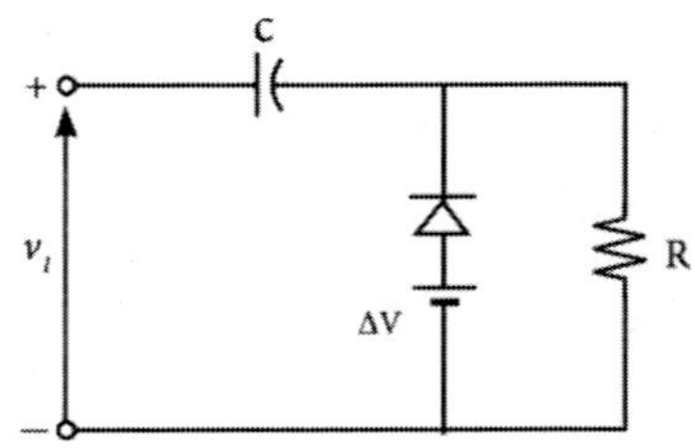

Fig.2.46(b)

Inicialmente, temos τ = RC = ($2x10^5$ Ω)($1x10^{-6}$ F) = 0,2s e 5τ = 200 ms. No 1° semiciclo ou T/2, díodo não conduz, fica circuito aberto, o capacitor não se carrega e v_o = 0 V; no 2° semiciclo, a tensão de entrada muda para v_i = - 10V, o díodo conduz, fica em curto-circuito, a tensão de saída é v_o = 4V e o capacitor carrega-se em 200 ms, quando a sua tensão assume o valor

$$V_C = v_i + v_o = 10\text{ V} + 4\text{ V} = 14\text{ V}$$

No 3°semiciclo o díodo não conduz, fica em circuito aberto, o capacitor descarrega-se sobre o resistor R, no mesmo lapso de tempo, e a tensão de saída é dada por

$$v_o = v_i + V_C = 5\text{ V} + 14\text{ V} = 19\text{ V}$$

conforme o gráfico na fig. 2.46(c).

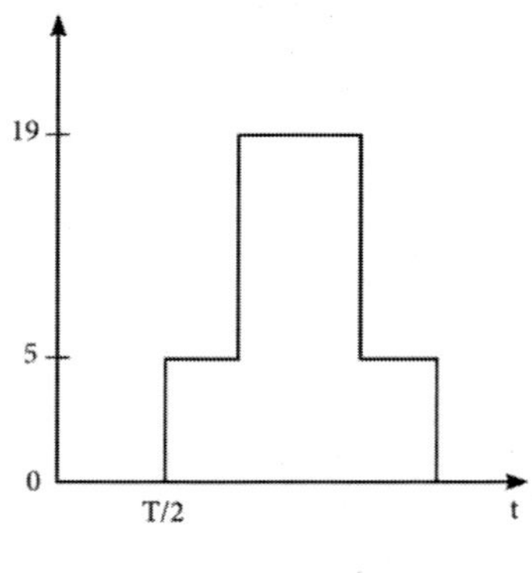

Fig.2.46(c)

[4] Circuitos Especiais

Vamos estudar dois circuitos eletrônicos com díodos especiais.

(1) Díodo Zener, símbolo ora repetido na fig. 2.47(a), de polarização inversa; quando ele conduz (o sentido da corrente convencional é contrario ao da seta) equivale a uma fonte de tensão ideal V_z, fig. 2.47(b); e quando diretamente polarizado comporta-se como um circuito aberto, fig. 2.47(b). Em geral ter-se-ia a fonte de tensão associada a uma resistência dinâmica r_z, de modo que $v_z = V_z + r_z I_z$; contudo, como r_z é muito menor que a resistência externa (da ordem de 10 Ω), toma-se $v_z = V_z \cong V_{ruptura}$ com $0{,}1\, I_z \leq i_z \leq I_z$.

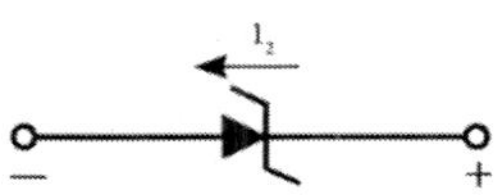

Fig.2.47(a)

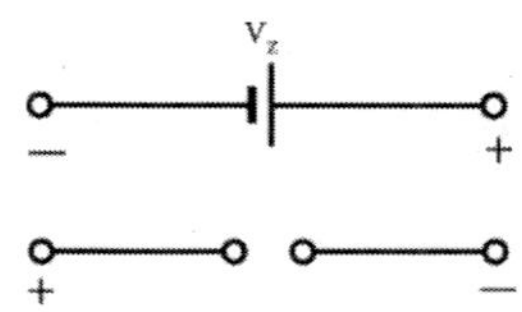

Fig.2.47(b)

Em circuito eletrônico com díodo Zener convém verificar previamente o seu estado de condução que é feito calculando-se a tensão de saída v_o' (ora chamada de tensão de teste) com ele retirado do circuito, observando-se: se $v_o' < V_z$, ele conduz e prossegue-se a análise substituindo-o pela fonte de tensão V_z; no caso de $v_o' \geq V_z$ ele não conduz, circuito aberto, requerendo para a sua condução que a resistência de saída seja ajustada.

O díodo Zener é usado em circuitos reguladores de tensão quando a tensão de entrada sofre variações. Vejamos dois exemplos típicos.

Exemplo 2.14

. Seja o circuito regulador com a tensão de entrada de 20 V, resistência R_s = 500 Ω e resistência de saída, R_L = 1,5 kΩ, em paralelo com o díodo Zener de 12 V, fig. 2.48(a). Achar a tensão de saída, as correntes dos ramos e a potência dissipada pelo díodo Zener.

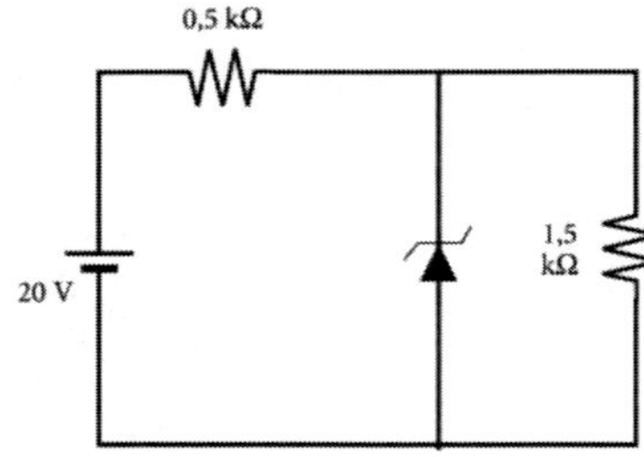

Fig.2.48(a)

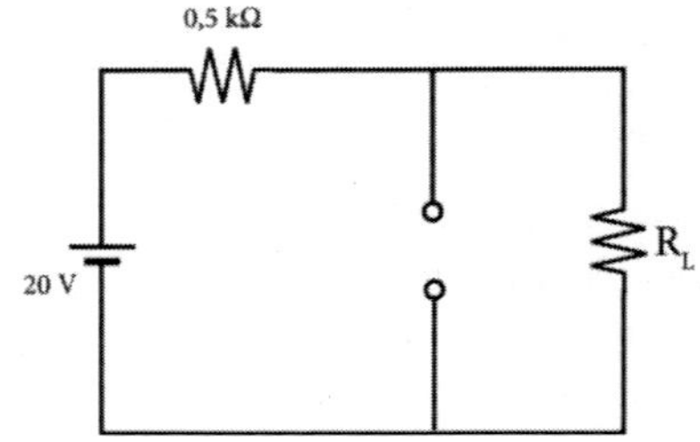

Fig.2.48(b)

Com o díodo Zener retirado do circuito e aplicando a regra do divisor de tensão, fig. 2.48(b), temos

$$v_o' = \frac{1{,}5\ k\Omega}{(0{,}5 + 1{,}5)\ k\Omega} 20\ V = 15\ V$$

E como $v_o' > V_z$, o díodo Zener conduz, e prossegue-se a análise como se segue: aplicando a LTK a fig. 2.48(c), obtemos

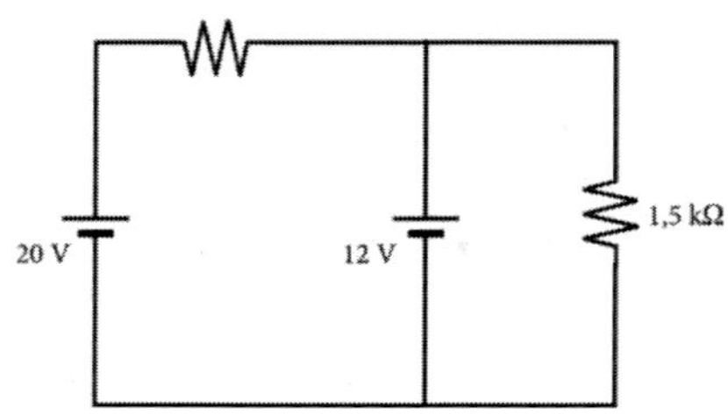

Fig.2.48(c)

$$(0{,}5\ k\Omega)\ I = 20\ V - 12\ V$$

donde

$$I = \frac{8\ V}{0{,}5\ k\Omega} = 16\ mA$$

$$I_L = \frac{12\ V}{1{,}5\ k\Omega} = 8\ mA \quad e \quad I_Z = 8\ mA$$

E a potência dissipada,

$P_{Z(max)} = (12\ V)(8\ mA) = 96\ mW$

Exemplo 2.15

. No circuito regulador de tensão, fig. 2.49, a tensão de entrada é $V_i = 15 \pm 10\ \%\ (V)$, a tensão de saída é estabilizada em $V_Z = V_L = 9\ V$, pelo díodo Zener, sobre a resistência de carga, $R_L = 40\ \Omega$. Supondo que $50\ mA \leq I_Z \leq 250\ mA$, dimensionar a resistência R_i que mantém a tensão de saída estabilizada. Achar também a potência máxima do díodo Zener.

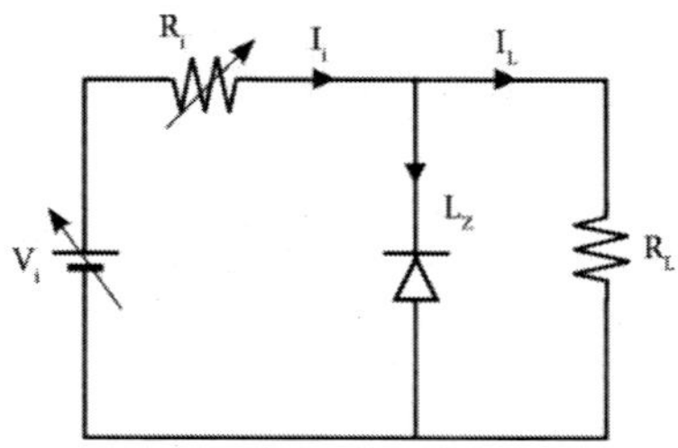

Fig.2.49

Aplicando a LTK ao circuito da fig. 2.49, temos

$$V_i = R_i\, I_i + V_Z = R_i(I_Z + I_L) + V_Z,$$

Donde

$$R_i = \frac{V_i - V_Z}{I_Z + I_L}$$

Para $V_{i(max)} = (1{,}1)(15V) = 16{,}5\ V$, sendo $I_L = 9V/40\Omega = 0{,}225\ A$ e a corrente máxima, $I_{Z(max)} = 0{,}250\ A$, para a expressão supra, temos

$$R_{i(min)} = \frac{(16{,}5\ - 9)V}{(0{,}225 + 0{,}250)\ A} \cong 15{,}79\ \Omega$$

Para $V_{i(min)} = (0{,}9)(15V) = 13{,}5\ V$, segue-se a corrente mínima sobre R_i,

$$I_{i(min)} = \frac{(13{,}5 - 9)\ V}{15{,}79\ \Omega} \cong 0{,}285\ A$$

E, portanto, $I_Z = I_{i(min)} - I_L = 285\ mA - 225\ mA = 60\ mA$, que satisfaz o limite inferior, ou seja, $I_Z = 60\ mA > 50\ mA$.

$$P_{Z(max)} = (9\ V)(0{,}250\ A) = 2{,}25\ W$$

A tensão V_z do díodo Zener aumenta com a temperatura. Então para uma variação de tensão ΔV_z tem-se a correspondente variação de temperatura $\Delta\theta$, de modo a definir-se o coeficiente de temperatura, C_θ, por

$$C_\theta = \frac{1}{V_z}\frac{\Delta V_z}{\Delta\theta} \qquad (2.10a)$$

com C_θ em (°C^{-1}). Supondo que $V_z = 12$ V aumente para $V_z = 12{,}4$ V elevando a temperatura de 20°C para 70°C, então, temos

$$C_\theta = \frac{1}{12V}\frac{0{,}4\ V}{(70 - 20)°C} \cong 6{,}66 x 10^{-4} °C^{-1}$$

(2) Díodo Emissor de Luz, LED, símbolo ora repetido na fig. 2.50(a) de polarização direta que conduz e equivale a uma fonte de tensão de 1,6 V, fig. 2.50(b), desprezada a resistência dinâmica; e se reversamente polarizado, comporta-se como um circuito aberto.

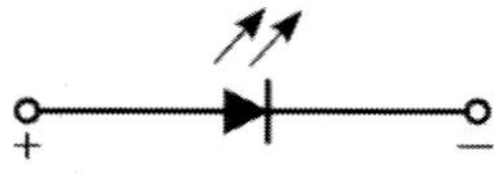

Fig.2.50(a)

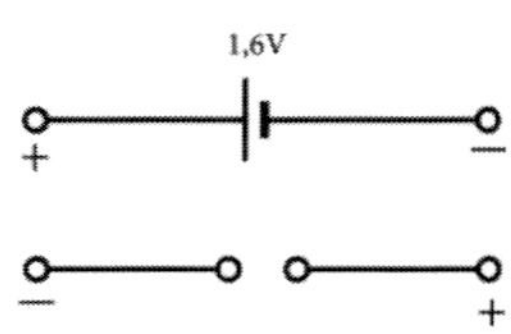

Fig.2.50(b)

Os LEDs são formados de semicondutores de Ge ou Si com As, Ga (fosfeto de Gálio, GaP) e/ou P (Arsenieto de Gálio, GaAsP); polarizados diretamente, manifestam o fenômeno de eletroluminescência, ou seja, de emissão de luz, até o presente conseguiu-se as tonalidades vermelha, azul, verde, alaranjado e branco. Verifica-se que a intensidade luminosa I_v por ele emitida é proporcional à corrente i_{LED}, ou seja, $I_v = a\ i_{LED}$. Por exemplo, para o valor típico, $i_{LED} = 50$ mA, tem-se $I_v = 2x10^{-3}$ cd (candela) e, portanto, a = $2x10^{-3}$ cd/$50x10^{-3}$ A = 0,04 cd/A. Os LEDs têm potência elétrica da ordem de 10 mW a 10^2 mW e vida média da ordem de 10^5 horas.

Exemplo 2.16

. Seja o circuito eletrônico de tensão entrada de 10 V, com díodo LED associado à série com a resistência R, fig. 2.51, calcular a corrente i_{LED} se a intensidade luminosa é 1,2 mcd, bem como o valor da resistência R.

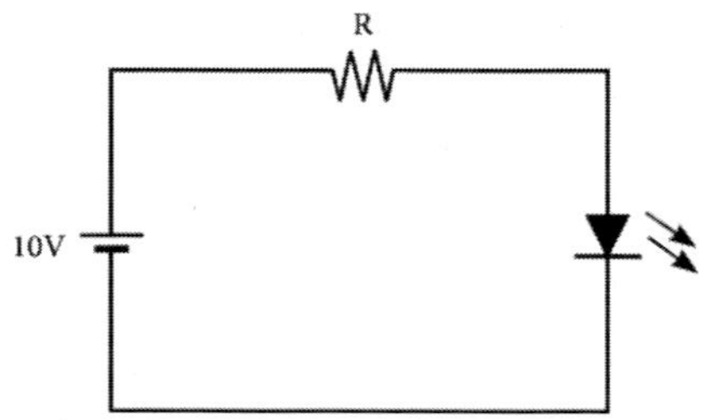

Fig.2.51(a)

De $I_v = 0{,}04$ (cd/A) i_{LED} temos

$$i_{LED} = \frac{1{,}2x10^{-3}\ cd}{0{,}04\ cd/A} = 30\ mA$$

Aplicando ao circuito a 2ª de Kirchhoff ou Lei da Tensão de Kirchhoff, ora abreviada por LTK, podemos concluir que

$$R = \frac{10\ V - 1{,}6\ V}{30\ mA} = 280\ \Omega$$

A tensão de ruptura do díodo LED é cerca de 3,2 V; para evitar que isto aconteça, é prática usar-se um díodo Zener em série com ele, de modo que o ânodo de um esteja em conexão com o cátodo do outro (setas em oposições).

Exemplo 2.17

. Seja o circuito eletrônico de tensão entrada de 9 V, com um díodo Zener de tensão de $V_z = 6$ V em série com um díodo LED e uma resistência R = 200 Ω de saída, fig. 2.52, achar a corrente $i_{LED,}$ bem como a intensidade luminosa emitida pelo díodo LED.

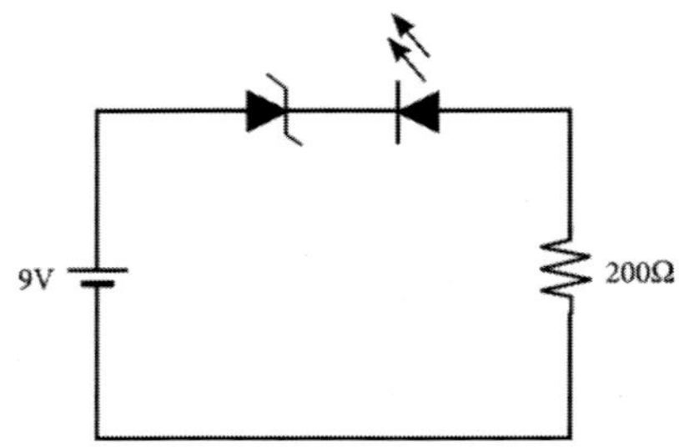

Fig.2.52

Aplicando ao circuito a LTK, podemos concluir que

$$i_{LED} = \frac{(9 + 1{,}6 - 6)\text{ V}}{0{,}200\text{ k}\Omega} = 23\text{ mA}$$

Donde

$$I_V = 0{,}04\text{ (cd/A)(23 mA)} = 0{,}92\text{ mcd}$$

LEDs associados em série e/ou paralelo são usados como mostradores luminosos com tempo de resposta da ordem do ns, a exemplo dos mostradores de relógios e calculadoras digitais. Com sete LEDs iguais associados em paralelo com ânodos em comum (e respectivas resistências), fig. 2.53(a), estrutura-se um indicador de sete segmentos que são designados pelas letras maiúsculas, A, B, C, D, E, F e G, onde cada LED acionado (aterrado) produz um segmento luminoso[3], fig. 2.53(b), com os quais se pode formar os dígitos de 0 a 9, assim como as letras minúsculas c, b, d ou maiúsculas. Por exemplo, acionando-se os LEDs A, B, C, D, E e F, forma-se o dígito 0; acionando-se

---

[3] Este recurso também é usado no displey de cristal líquido, LCD (do inglês, Liquid Crystal Display), que funciona com menor potência elétrica (ordem do μ W), porém alimentado por fonte externa.

os LEDs B e C, forma-se o dígito 1; acionando-se os LEDs A, B, G, E e D, forma-se o dígito 2, e assim por diante.

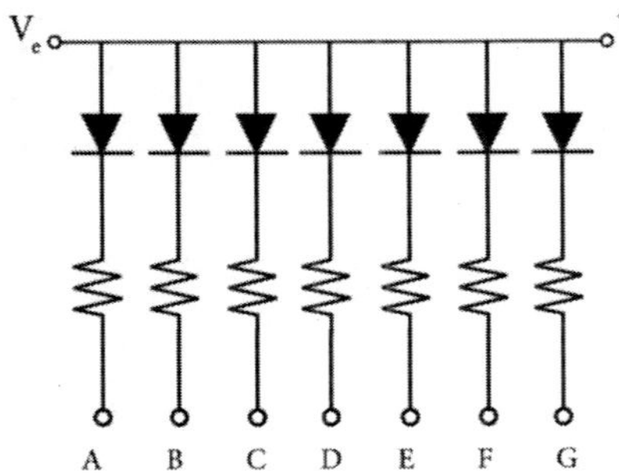

Fig.2.53(a)

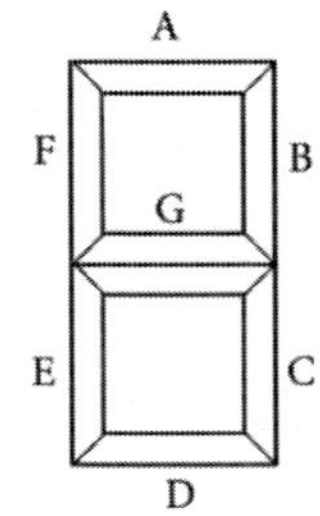

Fig.2.53(b)

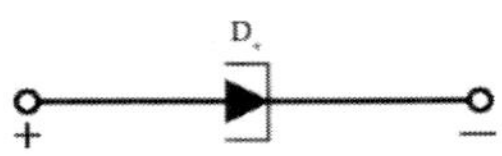

Fig.2.54(a)

(3) Díodo Túnel, D_T, símbolo repetido na fig. 2.54(a), de polarização direta quando integrado em circuito, fig. 2.54(b), oferece a curva característica, fig. 2.54(c), na qual entre o pico P e o vale V forma-se a região de instabilidade onde ocorre resistência negativa R_T assim como a corrente de túnel I_T (cujo produto R_T I_T não cumpre a lei de tensão de Kirchhoff); fora destes pontos tem-se duas regiões de estabilidade: de O a V, tem-se a corrente direta, e em P os valores típicos de picos de tensão e corrente, $I_P = 1$ mA e $V_P = 1{,}0$ V, que confere ao D_T uma baixa potência, $P_T = 1{,}0$ mW; do ponto V para cima, tem-se a corrente de difusão. Na região de instabilidade a corrente de túnel I_T cresce à medida que V_T decresce, e vice-versa, de modo que não há como estabelecer nela o ponto Q. Para compensar a região de instabilidade, usar-se associar ao D_T uma indutância adequada (da ordem de nH), fig. 2.55(a), com a qual o circuito torna-se um oscilador de pulso, fig. 2.55(b), e o D_T passa a funcionar como chave rápida (de ordem do ns), característica esta aproveitada para usá-lo como temporizador.

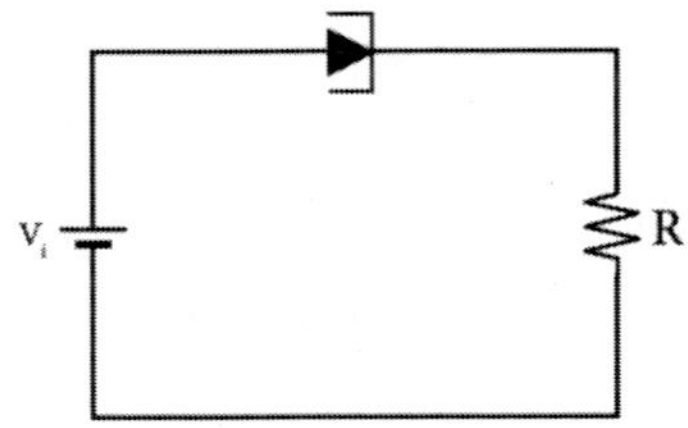

Fig.2.54(b)

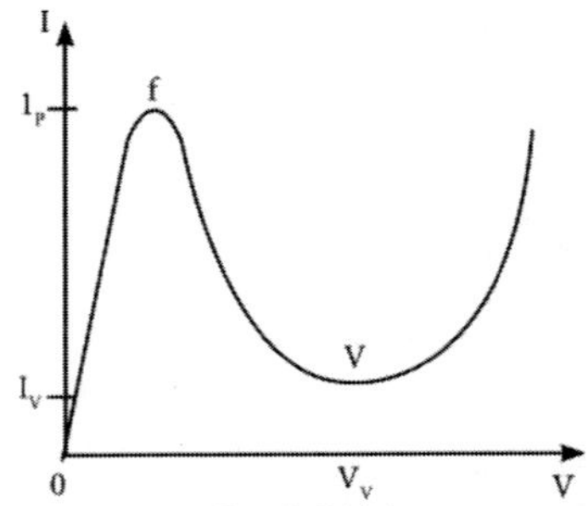

Fig.2.54(c)

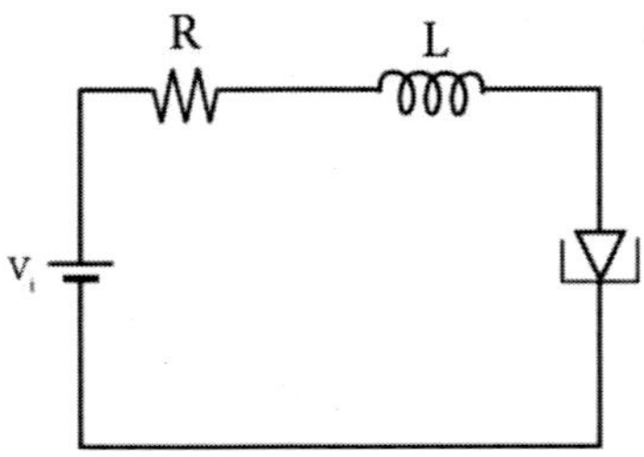

Fig.2.55(a)

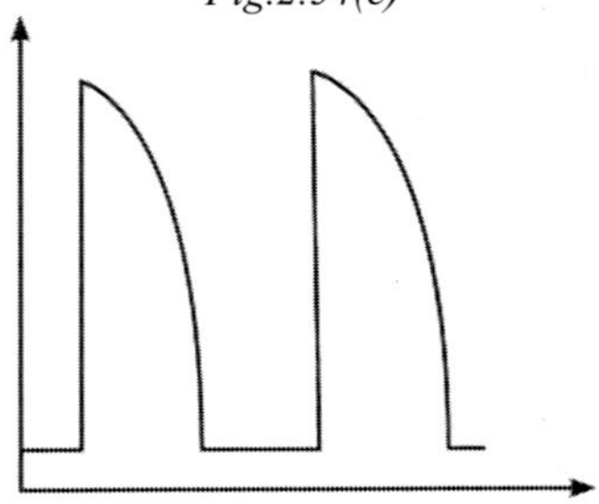

Fig.2.55(b)

(4) Fotodíodo, símbolo repetido na fig. 2.56(a), de polarização reversa cuja corrente reversa total é a soma da produzida pela incidência de luz (fótons) na junção, I_j, mais a corrente reversa de saturação, I_o, da equação (2.3c). A iluminação incidente é medida em lux[4] = $\ell m/m^2$ [1 ℓm = cd/m^2 = 1,464 mW/m^2, e lux, anota-se, lx; vide item 20.3 da nossa Mecânica 2], cuja curva característica é dada na fig. 2.56(b), onde a região acima da curva de 10,8 k lx (corrente de difusão) é chamada de corrente escura, que é a corrente reversa que persiste após o corte da luz incidente.

[4] Fora do SI usa-se o $\ell m/pé^2$ chamado de foot-candles, fc, e por extensão o metro-candela, que entendemos serem designações incorretas.

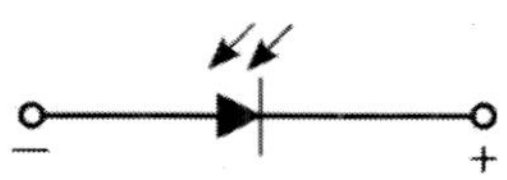

Fig.2.56(a)

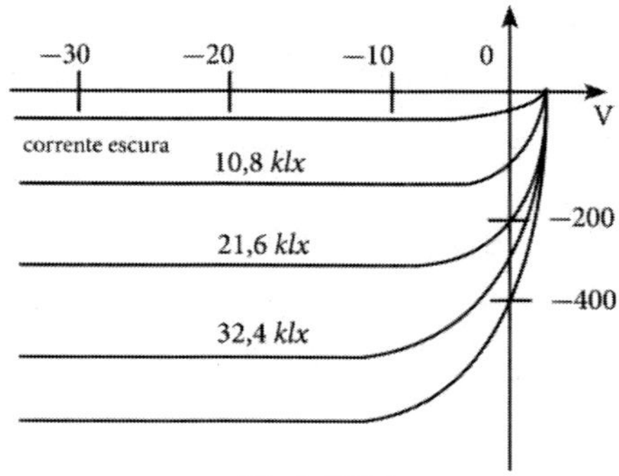

Fig.2.56(b)

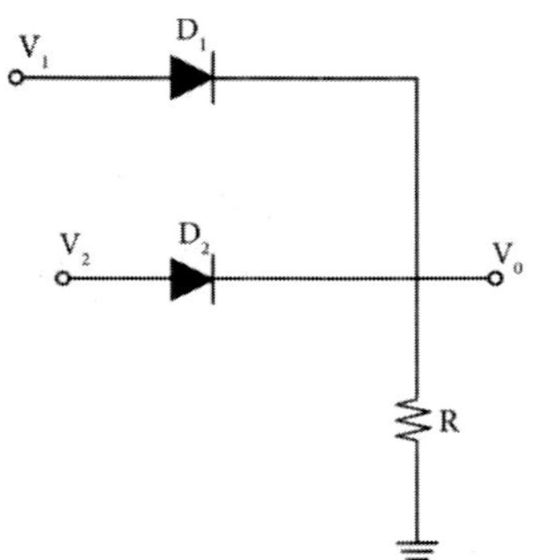

Fig.2.57(a)

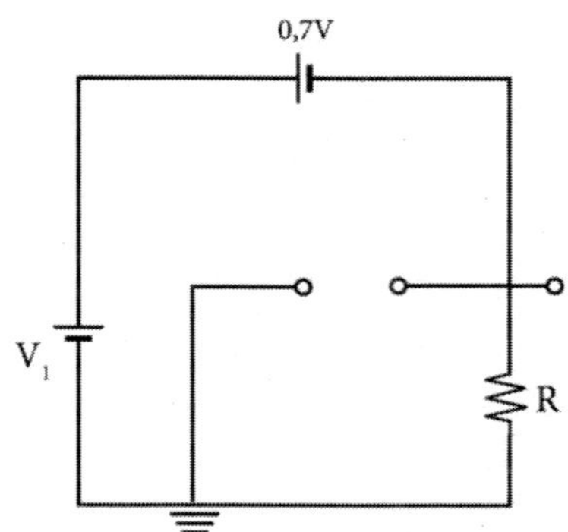

Fig.2.57(b)

(5) Portas Lógicas[5] são os circuitos eletrônicos com entradas em vários níveis que têm uma única saída com onda composta; no caso, aplicadas a díodos, elas são de dois tipos: (1º) porta OU (OR) em lógica positiva[(2)] com dois ou mais díodos em paralelo (setas de mesmo sentido, conectados a um resistor de saída, fig. 2.57(a), tem na saída o sinal mais positivo, bloqueando os demais sinais de entrada; no caso, se $V_1 > 0$ V, é o mais positivo, D_1 está conduzindo e D_2 não está, $V_1 = 0$V, como na fig. 2.57(b). (2º) porta E (AND) em lógica positiva[6] com dois ou mais díodos em paralelos conectados a uma fonte de tensão independente V, junto com um resistor, fig. 2.58(a), tem na saída o sinal de entrada não bloqueado; no caso, se $V_2 > 0$ é o sinal não bloqueado, D_2 conduz e D_1 não conduz, circuito equivalente da fig. 2.58(b).

[5] Num estudo mais aprofundado o funcionamento delas é explicado usando a lógica booleana.

[6] Invertendo os díodos, tem-se a porta OU/E em lógica negativa.

No que se segue estaremos desprezando as resistências das fontes diante da resistência externa. Vejamos os exemplos.

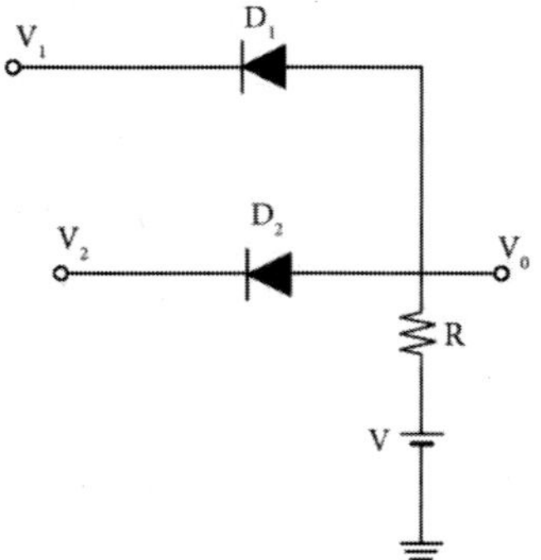

Fig.2.58(a)

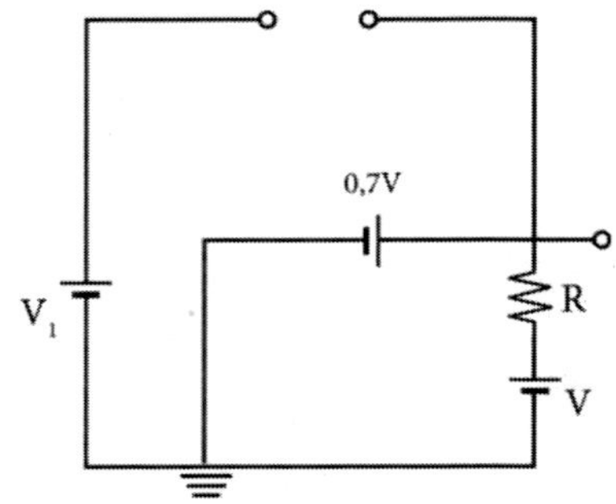

Fig.2.58(b)

Exemplo 2.18

. Para a porta OU da fig. 2.57(a), com $V_1 = 9$ V, $V_2 = 0$ V, com $v_{D1} = v_{D2} = 0{,}7$ V e R = 2,5 k Ω, desprezadas demais resistências, achar a tensão de saída, bem como a corrente no circuito.

Admitindo D_1 conduzindo, $v_{D1} = 0{,}7$V e D_2 não conduzindo, fig. 2.57(b), a tensão de saída será

$$V_o = 9\text{ V} - 0{,}7\text{ V} = 8{,}3\text{ V}$$

E a corrente no circuito,

$$I = \frac{8{,}3\text{ V}}{2{,}5\text{ k}\Omega} = 3{,}32\text{ mA}$$

Exemplo 2.19

. Para a porta E da fig. 2.58(a), com, $V_2 = 12$ V, $V_1 = 0$ V, V = 12 V, com $v_{D1} = v_{D2} = 0{,}7$ V e R = 2 k Ω, achar a tensão de saída e a corrente no circuito.

Supondo D_2 conduzindo, $v_{D2} = 0{,}7$V, e D_1 não conduzindo, fig. 2.58(b), a tensão de saída será $V_o = v_{D2} = 0{,}7$ V; e a tensão sobre R será

$$V_R = 12\text{ V} - 0{,}7\text{ V} = 11{,}3\text{ V}$$

E a corrente no circuito,

$$I = \frac{12 - 0,7 \text{ V}}{2 \text{ k}\Omega} = 5,65 \text{ mA}$$

.. ..

Exercícios:

1) No circuito da fig. P2-1, a tensão de entrada é uma onda quadrada de 12 V de pico positivo e o díodo é ideal. Achar a corrente e a tensão de saída.
R. 4,8 mA e 9,6 V.

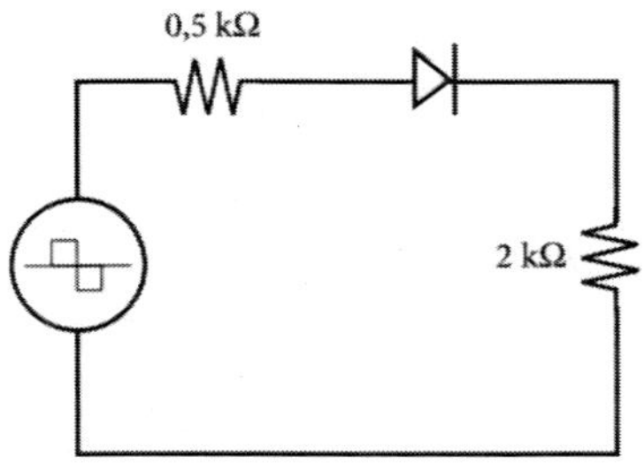

Fig.P2-1

2) No circuito da fig. P2-2, a tensão de entrada é uma onda quadrada de 10 V de pico positivo. Calcular as correntes e a tensão de saída: (1) se o díodo é ideal; (2) se o díodo é de Si.
R. 50 mA e 10 V; 34,875 mA e 6,975 V.

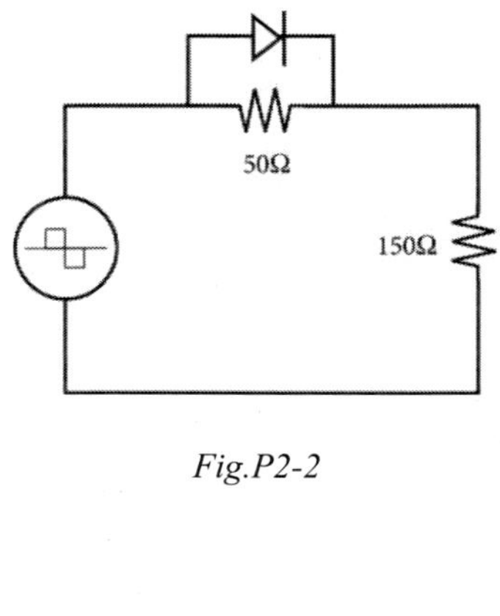

Fig.P2-2

3) No ponte da fig. P2-3 a tensão de entrada é $v_i = 90$ sen ωt. Calcular as correntes nos ramos e a tensão de saída.
R. 24 mA, 12 mA e 60 sen ωt (V).

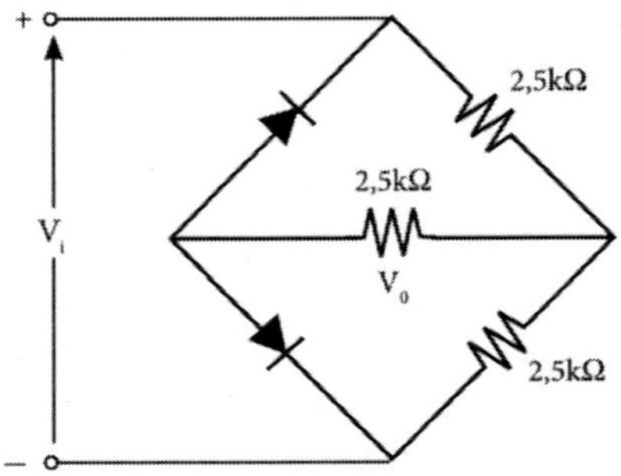

Fig.P2-3

4) No circuito grampeador da fig. P2-4, com entrada em onda quadrada de 10 V de pico positivo e f = 1 kHz, achar os picos da onda de saída e 5τ.
R. 6,3 V, - 16,3 V e 10 ms.

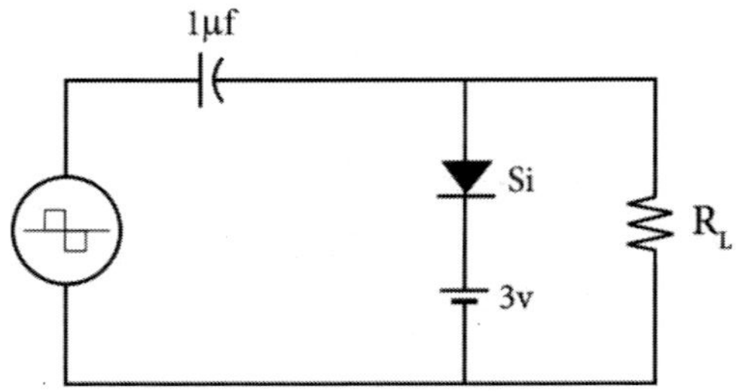

Fig.P2-4

5) No circuito da fig. P2-5, a tensão de entrada é $V_i = 12$ V e a tensão de saída é $v_o = V_Z = 8$ V, regulada para a corrente máxima $I_{Z(max)} = 40$ mA. Achar os valores de R_S que mantêm a tensão de saída estabilizada.
R. $100\ \Omega \leq R_S \leq 1000\ \Omega$.

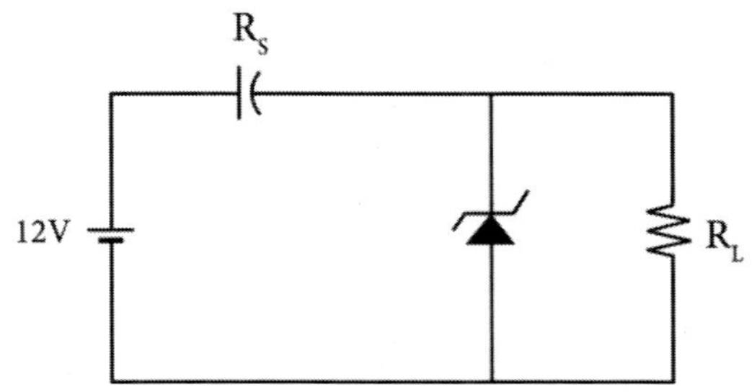

Fig.P2-5

6) Para a porta OU da fig. P2-6, com $V_1 = 10$ V, $V_2 = V_3 = 5$ V com $v_{D1} = v_{D2} = v_{D2} = v_{D3} = 0{,}7$ V e $R = 2{,}5\ k\ \Omega$, achar a tensão de saída, bem como a corrente no circuito.
R. 0,7 V e 3,72 mA.

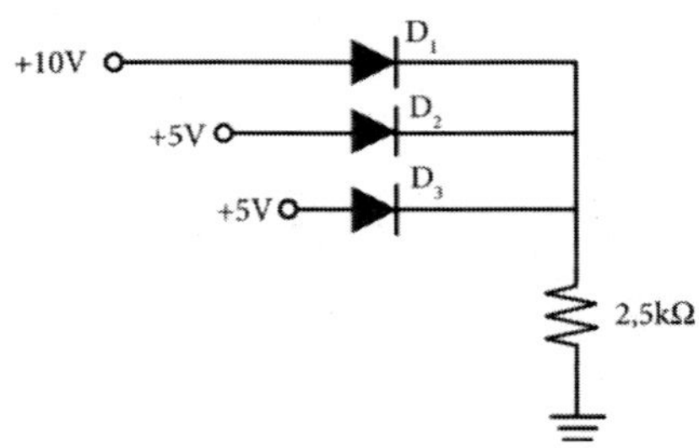

Fig.P2-6

7) Para a porta E da fig. P2-7, com $V_1 = 10$ V, $V_2 = 5$ V, $V = 10$ V, com $v_{D1} = v_{D2} = 0{,}7$ V e $R = 2\ k\ \Omega$, achar a tensão de saída e a corrente no circuito.
R. 5,7 V e 2,15 mA.

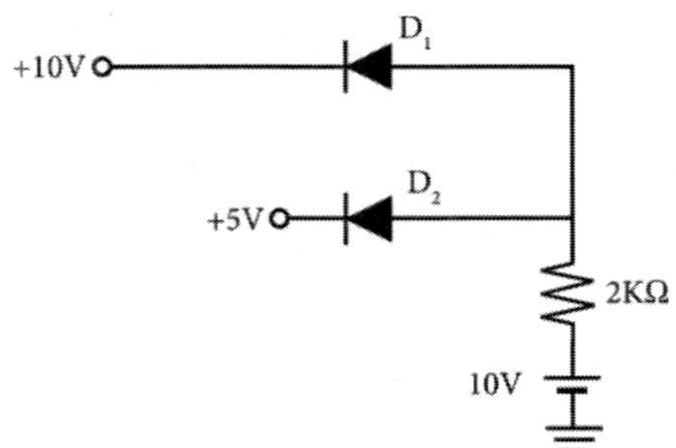

Fig.P2-7

3 – TRANSISTOR BIPOLAR DE JUNÇÃO

Como vimos, em 1947-8 Shockley (1910-.1989) descobre como combinar cristais de Ge para compor um tríodo de semicondutores, do tipo p-n-p ou n-p-n, capaz de funcionar de forma símile ao tríodo de vácuo, isto é, ser capaz de retificar e ampliar ondas ou sinais elétricos, tendo a vantagem de ser ele uma peça minúscula em relação à válvula. Esse dispositivo depois recebeu o nome de transistor de semicondutor ou transistor bipolar[1] de junção, abrevia-se, TBJ (ou BJT, do inglês bipolar junction transistor). Na mesma época, os físicos norte-americanos John Bardeen (1908-1991) e Walter House Brattain (1902-1987) também estavam trabalhando em projetos análogos com Si, sendo os três considerados os descobridores do transistor, pelo qual receberam juntos o prêmio Nobel de Física de 1956. A partir de 1950 os transistores começaram a ser fabricados comercialmente, passando a substituir as válvulas que precisavam ser aquecidas, e logo foram aplicados a aparelhos de rádios que se tornaram portáteis, televisores e computadores, como hoje conhecemos.

3.1. Transistor Bipolar de Junção

Com a união de três cristais de Si ou Ge adequadamente dopados, estrutura-se um pequeno bloco de semicondutor (com cerca de 3,8mm de comprimento e 1mm de espessura para o molde de crescimento[2]) de duas junções e três terminais, chamado de transistor bipolar de junção, no qual o bloco do meio, de ínfima espessura (cerca de 25 μm), é chamado de base comum B, e os contíguos a ele, respectivamente denominados emissor E e coletor C. A união dos três cristais possibilita dois tipos de transistores, o tipo p-n-p, representado no esquema da fig. 3.1(a) e em símbolo[3], fig. 3.1(b), e o tipo n-p-n no esquema da fig. 3.2(a) e símbolo da fig. 3.2(b). A fig. 3.2(c) ilustra o aspecto físico desse tipo encapsulado, de referência comercial 2N... .

---

[1] O termo foi composto da expressão "transfer resistor", alusão à corrente que se transfere ao resistor de saída; bipolar refere-se aos dois tipos de portadores: elétrons e lacunas.

[2] Existem também os moldes de liga, difusão e epitaxial.

[3] Usa-se também suprimir o círculo para simplificar.

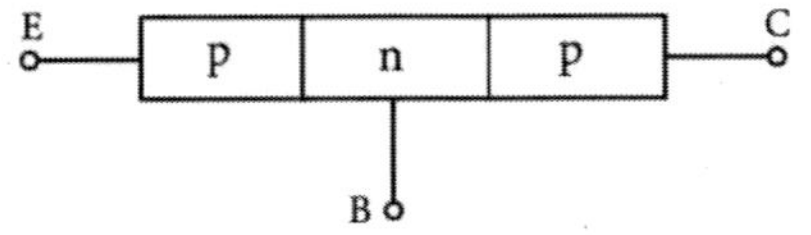

Fig. 3.1(a)

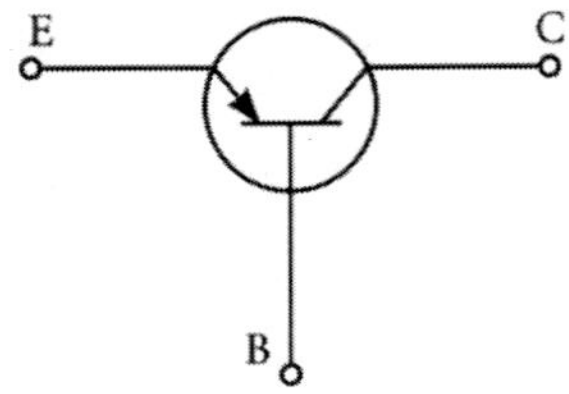

Fig. 3.1(b)

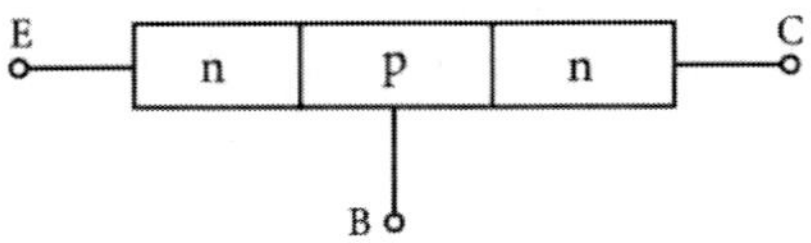

Fig. 3.2(a)

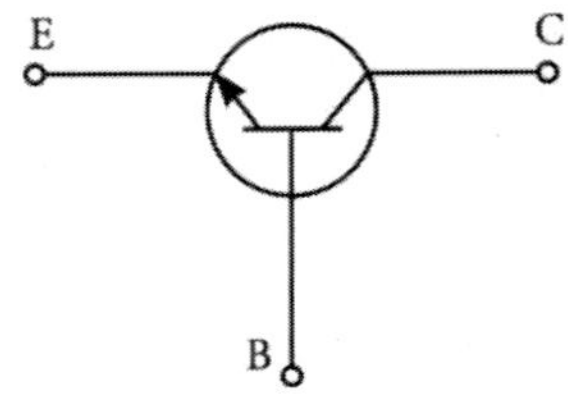

Fig. 3.2(b)

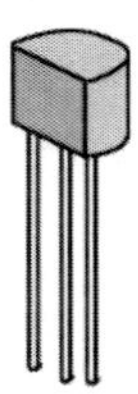

Fig. 3.2(c)

Pela sua própria estrutura, vê-se que o transistor pode ser entendido como formado de dois díodos em oposições que se interpenetram parcialmente na região do meio. No transistor p-n-p, o díodo pn tem o cátodo como parte do díodo np. Isto significa que no transistor à temperatura ambiente acontecem igualmente os fenômenos de concentração, difusão e recombinações de portadores, sem no entanto produzir uma corrente elétrica líquida. E como iremos notar, o estudo do transistor, não obstante as suas peculiaridades, segue o paradigma desenvolvido para o tríodo de vácuo.

3.2. Polarização de Transistor

Como no tríodo de vácuo, a polarização do transistor requer duas fontes de tensões constantes para polarizá-lo, V_{EE} e V_{CC}, a seguir indicadas. No transistor n-p-n, de configuração ou conexão de base comum, abrevia-se BC, fig.3.3(a), temos: a junção emissor-base está polarizada diretamente enquanto a junção coletor-base, pn, polarizada reversamente, fig.3.3(a), onde a seta grande indica os portadores majoritários e a seta fina, os minoritários. Na fig.3.3(b) estão indicadas as correntes elétricas do circuito externo I_E , I_C e I_B , com os setidos convencionais, e as tensões entre os terminais na ordem CBE, são indicadas pelas letras maiúsculas pertinentes subscritas ao simbolo V, e temos: atensão coletor-base, V_{CB} , a tensão base-emissor, V_{BE} e a tensão coletor-emissor, V_{CE} , tal que $V_{CE} = V_{CB} + V_{BE}$. No ponto B, a guisa do nó, temos: $I_E = I_B + I_C$, ou alternativamente, como $I_E = I_B + I_C = 0$, que é a lei dos nós de Kirchhoff, e independe da configuração do transistor.

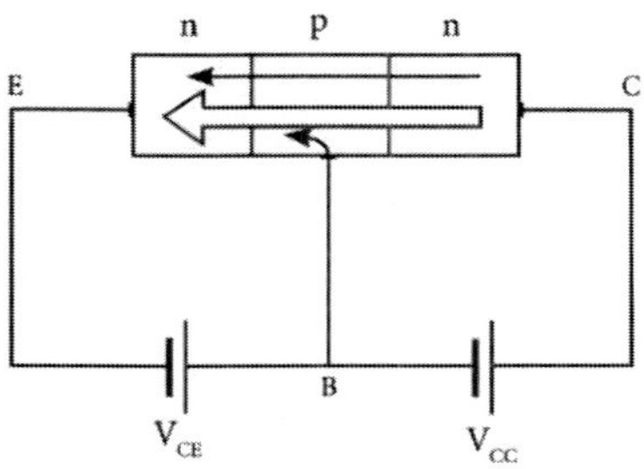

Fig. 3.3(a)

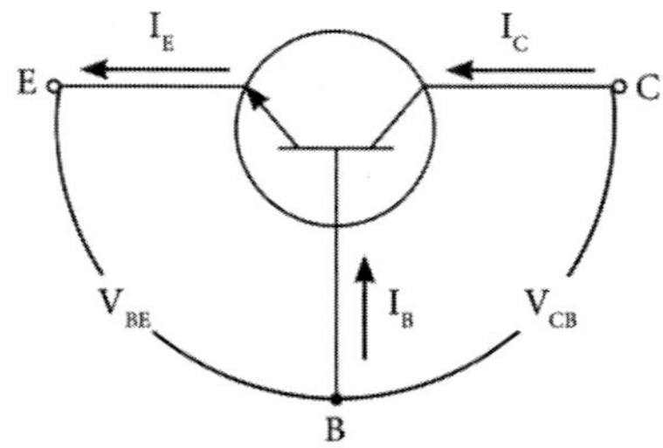

Fig. 3.3(b)

De modo análogo, para o transistor p-n-p, na conexão BC, fig. 3.4(a), temos: a junção emissor-base está diretamente polarizada enquanto a junção coletor-base, inversamente polarizada, e as correntes elétricas do circuito externo, I_E, I_C e I_B, com os sentidos convencionais indicados na fig. 3.4(b).

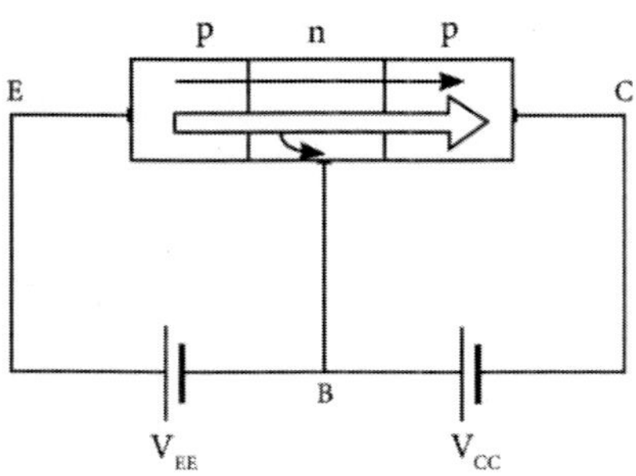

Fig. 3.4(a)

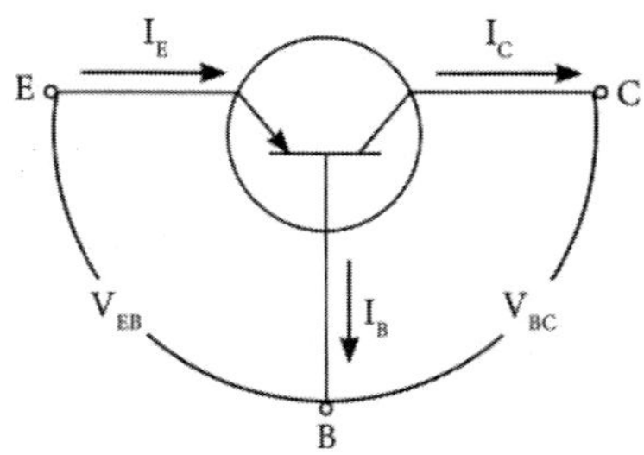

Fig. 3.4(b)

Para o transistor p-n-p, de configuração em BC, fig. 3.4(a,b), estão indicadas as tensões e as correntes respectivas.

No transistor polarizado, internamente tem efeito o processo de difusão de portadores e das correntes dela decorrentes. A base é de propósito exígua e pouco dopada para possibilitar que a maior parte de portadores majoritários cruzem-na do emissor para o coletor. Já junção emissor-base J_E, tem uma zona de depleção mais estreita, que permite que maior número de portadores majoritários não-recombinadas passem à região do coletor, enquanto a junção coletor-base J_C, de zona de depleção mais ampla, reduz a passagem de portadores minoritários para a região do emissor. Nas junções sob polarização reversa manifestam-se as corrente de saturação reversa do coletor e do emissor, respectivamente denotadas por I_{CBO} (ordem de μA) e por I_{CEO} (ordem de nA). É bom lembrar que em qualquer tipo de corrente existem sempre as componente p e n, ou seja, $I_j = I_{pj} + I_{nj}$. No transistor tipo p-n-p polarizado diretamente a maior parte da corrente de emissor, $I_E = I_{pE} + I_{nE}$, alcança o coletor (cerca de 96 a 98 %), enquanto a fração restante (cerca de 2 a 4 %) passa à base. A corrente de coletor é dada por $I_C = I_{CBO} + \alpha\, I_E$, onde α é a fração das lacunas da região E que atingiu a região C, a seguir definida; e a corrente de base, $I_B = I_E - I_C$.

3.3. Configurações de Transistores

Além de transistor em configuração de base comum, BC, abordado acima, existem mais duas configurações, a saber: transistor em emissor comum, EC, exemplificada no tipo n-p-n das fig. 3.5(a,b), de uso mais geral, e o transistor de configuração de coletor comum, CC, no tipo p-n-p, fig. 3.6(a,b), de uso mais restrito. No que se segue considere-se aterrado o nó de cada configuração.

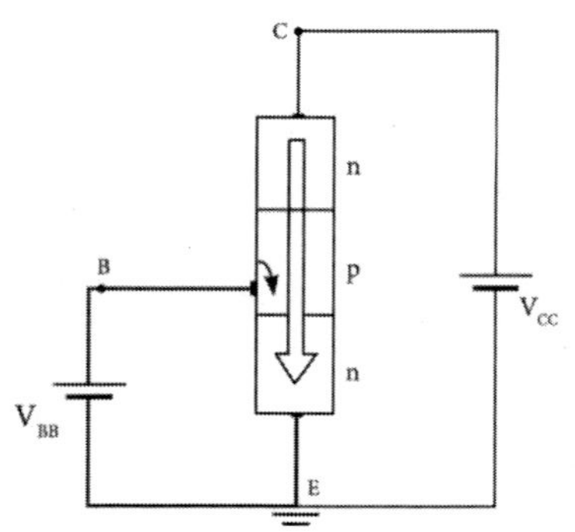

Fig. 3.5(a)

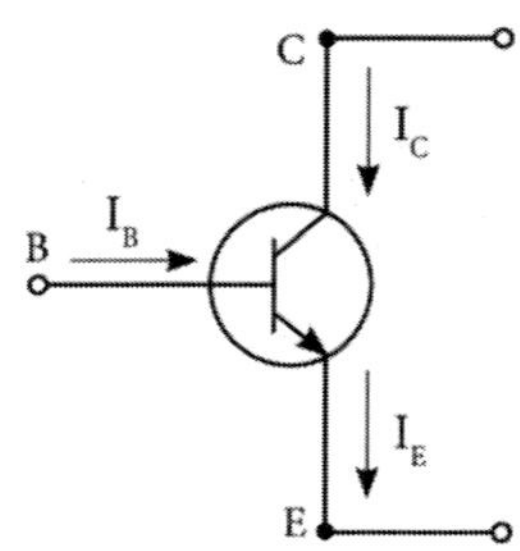

Fig. 3.5(b)

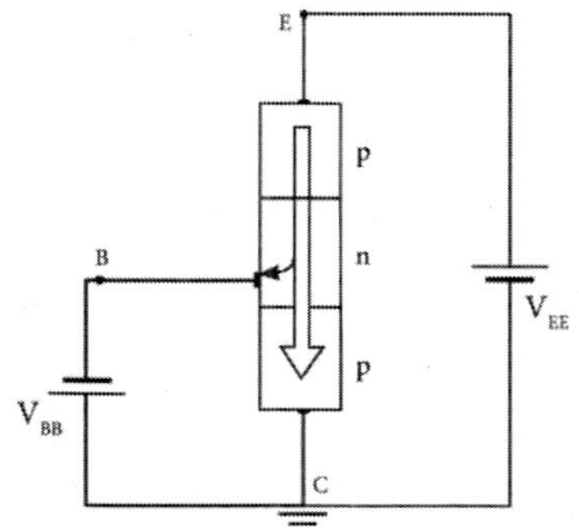

Fig. 3.6(a)

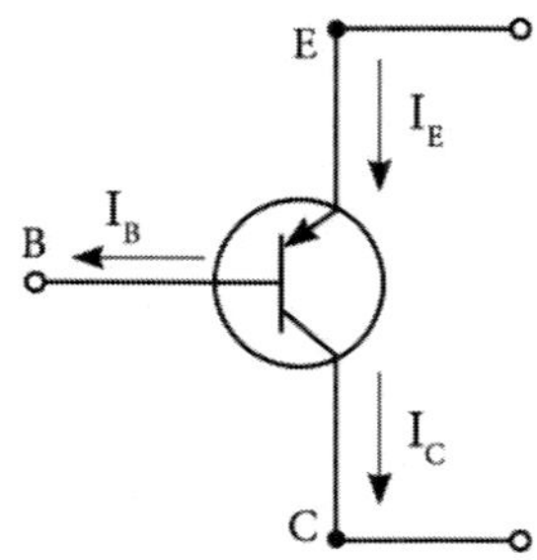

Fig. 3.6(a)

[1] Transistor em Configuração de Base Comum

O transistor (p-n-p ou n-p-n) de configuração base-comum, BC, fig 3.7. pode ser considerado um quadripolo que tem uma excitação de entrada ou acionamento e uma resposta de saída, para as quais são estabelecidas as curvas características tensão-corrente.

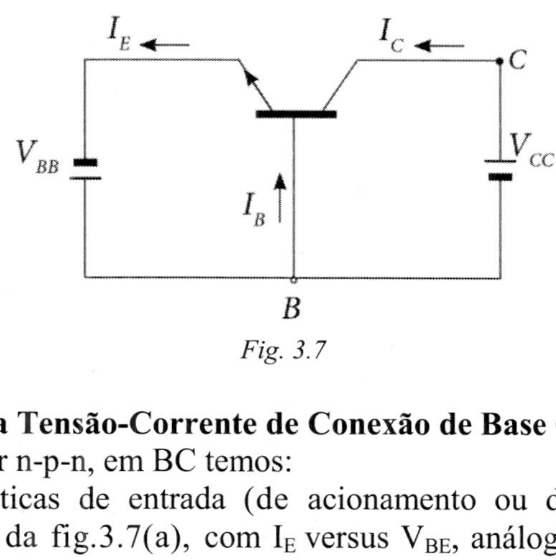

Fig. 3.7

(1) Característica Tensão-Corrente de Conexão de Base Comum

Para o trasistor n-p-n, em BC temos:

1ª) Características de entrada (de acionamento ou de emissor) estão dadas no grafico da fig.3.7(a), com I_E versus V_{BE}, análoga à do díodo, com linearização de $V_{BE} = V_\lambda$ (= 0,7 V Si e 0,3 V Ge) e V_{CB} com familia de curvas. Para dado valor de V_{BE} levanta-se a vertical que intercepta a curva de V_{CB} , cujo ponto projetado no eixo I_E, oferece o valor da corrente. Para o transistor p-n-p o gráfico com I_E versus V_{EB} , $V_{EB} = - V_{BE}$ e $V_{BC} = - V_{CB}$.

Para o transistor n-p-n, temos:

1ª) A curva característica de entrada ou acionamento ou de emissor é análoga à do díodo, com I_E versus $V_{BE,}$ fig. 3.7(a), com linearização de $V_{BE} = V_\lambda$ (= 0,7 V Si e 0,3 V Ge) e V_{CB} como parâmetro. No transistor p-n-p teremos o gráfico com I_E versus V_{EB} , $V_{EB} = - V_{BE}$ e $V_{BC} = - V_{CB}$ como parâmetro.

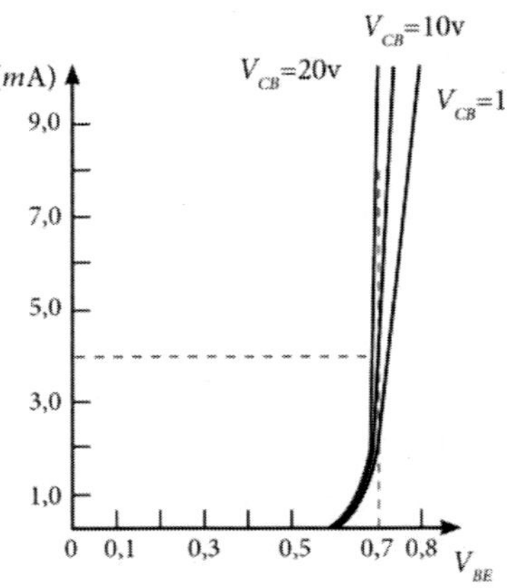

Fig. 3.7(a)

2ª) Caractaristicas de saída (ou de coletor) estão dadas no grafico da fig3.7(b) de I_C versus V_{CB}, com a familia de curvas I_E , sensivelmente paralelas, a partir do eixo de $V_{CB.}$ Nele se distinguem três regiões: (i) região ativa: delineada pelo conjunto das curvas de I_E, desde $I_E = 0$, para cima onde $I_C \approx I_E$; (ii) região de saturação: $V_{CB} = 0V$ e $I_C = 0$ V. com a origem estendida à esquerda; e (iii) região de corte: desde $I_C = I_E = 0$ (curva vazante a V_{CB}) para baixo, e I_{CBO} é a corrente reversa (abaixo definida) na pequena faixa rasante ao eixo $V_{CB.}$ No transistor n-p-n, teremos o mesmo gráfico com I_C versus V_{BC} .

• Corrente de saturação reversa

No transistor n-p-n , sob polarização reversa, com o emissor aberto, circula do coletor para a base a corrente reversa, I_{CBO} ("O" de open, aberto, da ordem de μA) de elétrons gerados termicamente; de igual forma, no transsistor p-n-p, I_{CBO}, será corrente reversa de lacunas. No processo a corrente do coletor, I_C , é incrementada da parcela, αI_E (α dá a fração de I_E e tem valores de 0,95 a 0,998), de modo que a corrente no coletor é dada por,

$$I_C = \alpha\, I_E + I_{CBO} \qquad (3.1)$$

e independe da configuração do transistor. Como já aludimos, I_{CBO}, está na região de corte, delimitada pela curva $I_E = 0$ mA, razante ao eixo V_{CB}.

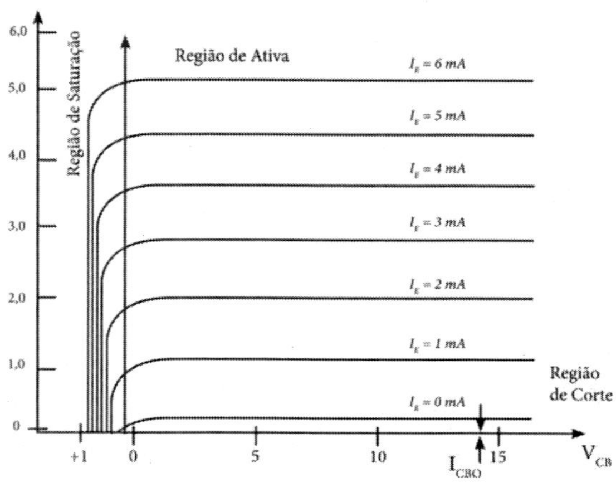

Fig. 3.7(b)

(2) Fator de Amplificação de Corrente em Base Comum

Verifica-se que uma pequena variação da corrente de emissor causa variação na corrente de coletor, indicando que esta é controlada por aquela. Então, define-se fator de amplificação (ou ganho) de corrente em base comum, símbolo α, como

$$\alpha = \left.\frac{\Delta I_C}{\Delta I_E}\right|_{VCB\, =\, cte} \qquad (3.1a)$$

onde é adimensional. Para pequenos sinais a.c., $\alpha = \partial i_C/\partial i_E$, com v_{CB} = cte. No ponto de polarização α é definido simplismente por,

$$\alpha = \frac{I_C}{I_E} \qquad (3.1b)$$

O valor contínuo da corrente do coletor é $I_C = \alpha\, I_E + I_{CBO}$, donde se segue,

$$\alpha = \frac{I_C - I_{CBO}}{I_E} \tag{3.1c}$$

Na região ativa, tem-se $I_{CBO} = 0$, e portanto, $\alpha = I_C/I_E$.

Na região de corte acontece a difusão de elétrons térmicos na junção J_C, em que I_{CBO} é análoga a I_o do díodo, de sorte que a corrente de coletor obedece à equação de Boltzmann,

$$I_C = I_{CBO}\, e^{V/\eta V_T} \tag{3.2a}$$

Nessa região, o transistor de Ge tem I_{CBO} da ordem de μA e pode operar até 75°C, enquanto o de Si tem I_{CBO} da ordem de nA e pode operar até 175°C.

Exemplo 3.1

. O transistor em BC tem características de saída da fig. 3.7(b). Achar o fator de amplificação.

No gráfico da fig. 3.7(b), tomando o ponto $V_{CB} = 5$ V, a perpendicular que daí se traça intercepta duas curvas sucessivas de I_E, digamos, no intervalo $\Delta I_E = 3$ mA – 2 mA, cujos pontos determinam no eixo I_C o intervalo correspondente, $\Delta I_C = 2{,}8$ mA – 1,9 mA, e tem-se a razão incremental

$$\alpha = \frac{(2{,}8 - 1{,}9)\text{ mA}}{(3 - 2)\text{ mA}} = 0{,}90$$

Também poderíamos obter α no ponto de $I_E = 3$mA e a correspondente determinação de $I_C = 2{,}8$ mA, e teríamos $\alpha = 2{,}8$ mA/3 mA = 0,93. A precisão em ambos os recursos dependerá da leitura da escala dada.

Exemplo 3.2

. Para o transistor de Ge com $I_C = 2{,}5$mA e $V_{CB} = 0{,}2$V, operando à temperatura ambiente, achar I_{CBO}.

Como já vimos, no ex.2.1, à temperatura ambiente, $1/V_T \cong 38{,}7$/V; e por (3.2a), com $\eta = 1$, temos:

$$I_{CBO} = \frac{I_C}{e^{V/\eta V_T}} = \frac{2{,}5\ mA}{e^{0{,}2x38{,}7}} \cong 1{,}09\ \mu A$$

É interessante observar que a expressão $I_C = \alpha I_E + I_{CBO}$ é independente da configuração do transistor. Substituindo $I_E = I_B + I_C$ em (3.1), obtemos,

$$I_C = \alpha\,(I_B + I_C) + I_{CBO}$$

Donde se segue que

$$I_C = \frac{\alpha}{1 - \alpha} I_B + \frac{I_{CBO}}{1 - \alpha} \qquad (3.2b)$$

Na região ativa despreza-se I_{CBO} a expressão supra reduz-se para

$$I_C = \frac{\alpha}{1 - \alpha} I_B \qquad (3.2c)$$

[2] Transistor em Emissor Comum

No transistor n-p-n (ou p-n-p) em EC, igualmente vamos considera-lo um quadripolo e definir o o faor de amplificação para ele.

Para o transistor n-p-n, fig. 3.8, de uso mais frequente,temos: a tensão V_{BB} polariza diretamente a junção base-emissor e a tensão V_{CC} , polariza reversamente a junção base-coletor, com $V_{CC} > V_{BB}$, e as correntes do coletor I_C e da base I_B , cumprem: $I_E = I_C + I_B$ e $I_C = \alpha\, I_E$

1ª) Características de entrada em EC:

As caracteristicas de entrada estão dadas no grafico da fig.3.9(a) com a corrente I_B função da tensão V_{BE}, e as duas curvas V_{CE} , para as quais I_B aumenta à medida que V_{CE} diminui, com linearização $V_{BE} = V_\lambda = ,07$ V.

Para o transistor n-p-n, fig. 3.8, de uso mais frequente, temos:

1ª) A característica de entrada ou de base tem o gráfico de i_B em função de v_{BE}, fig. 3.9(a), no qual se tem $v_{EB} = V_\lambda$ com $v_{CE} = 1$ à esquerda e $v_{CE} > 1$ à direita.

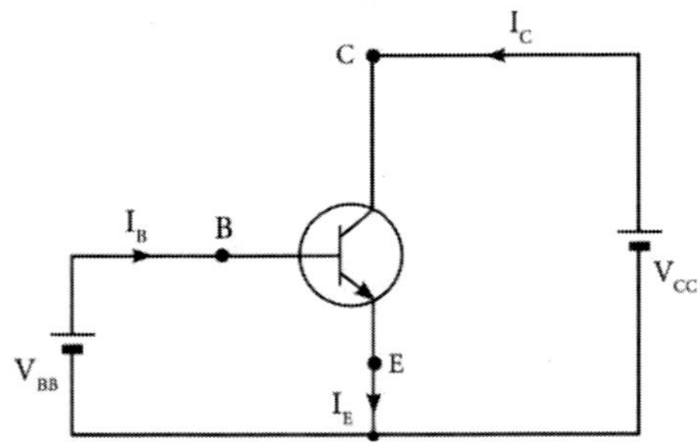

Fig. 3.8

2ª) Características de saída em EC:

As caracteristicas de saída (ou de coletor) estão dadas no grafico da fig.3.9(b) no qual distingue-se: (i) a região ativa com familia de curvas de I_B, de $I_B = 0$ para cima do eixo V_{CE} (não mais paralelas); (ii) região de saturação: entre o eixo eixo de I_C e aconfluencia das curvas I_B ; (iii) região de corte: abaixo da curva $I_B = 0$ e o eixo de V_{CE} , onde se tem a corrente de fuga coletor-emissor, I_{CEO} com a entrada aberta. No transistor p-n-p as correntes invertem de sentido, a tensão passa a ser V_{EC} e as descrições são as mesmas.

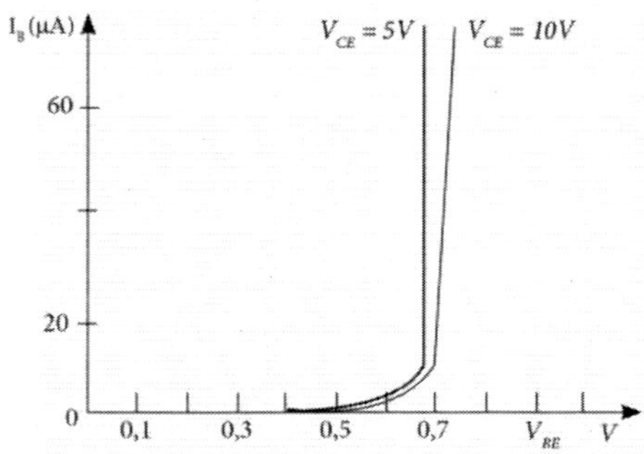

Fig. 3.9(a)

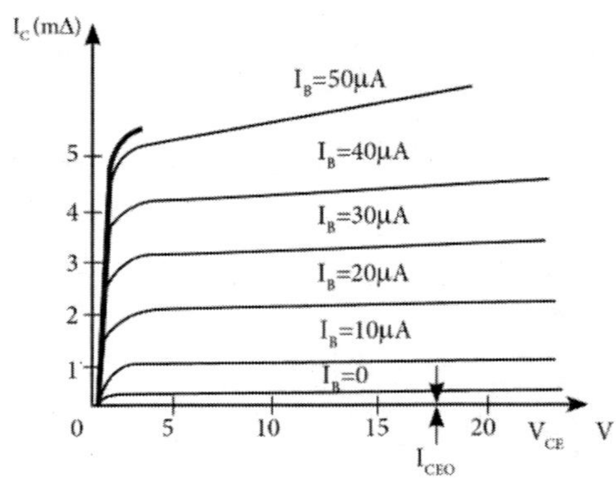

Fig. 3.9(b)

(2) Fator de Amplificação de Emissor Comum

Para o transistor em conexão de EC, pequena variação de corrente de entrada, Δi_B, causa correspondente variação de corrente de saída, Δi_C, já que esta é controlada por aquela. Então, define-se fator de amplificação (ou ganho) de corrente em emissor comum, símbolo β, como

$$\beta = \left.\frac{\Delta i_C}{\Delta i_B}\right|_{V_{CE} = cte} \qquad (3.3a)$$

onde β é adimensional e situa-se entre 20 e 300. Para resposta a.c tem-se, $\beta = \partial i_C/\partial i_B$. Na região ativa, $\beta = I_C / I_B$, e temos,

$$I_C = \beta\, I_B \qquad (3.3b)$$

Confrontando (3.3b) com (3.2c), temos a relação entre os dois parâmetros, na região ativa,

$$\beta = \frac{\alpha}{1 - \alpha} \qquad (3.3c)$$

da qual se segue que $\alpha = \beta/(\beta + 1)$, assim como $1/(1 - \alpha) = (\beta + 1)$.

Na região de corte acontece a difusão de elétrons térmicos na junção J_C, reversamente polarizada, tem-se a corrente reversa ou de fuga I_{CEO}, análoga a I_o do díodo, que igualmente obedece à equação de Boltzmann,

$$I_C = I_{CEO}\, e^{V/\eta V_T} \qquad (3.3d)$$

Como I_C aumenta com a temperatura, comprova-se que β também aumenta com a mesma. Na situação de corte a tensão reversa é 0,1V para o Ge e 0V para o Si. Ademais, para que haja corte, além de $I_B = 0$, é necessário que também se tenha a condição $I_E = 0$ e que a corrente de fuga coletor-emissor,

$$I_{CEO} = \frac{I_{CBO}}{1 - \alpha} \qquad (3.3e)$$

Introduzindo (3.3b) e a igualdade acima em (3.2b), obtemos,

$$I_C = \beta\, I_B + I_{CEO} \quad (3.3f)$$

da qual se tem a definição de β, análoga à de α dada em (3.1c), como

$$\beta = \frac{I_C\ - I_{CEO}}{I_B} \quad (3.3g)$$

Como $\beta I_B >> I_{CEO}$, pode-se desprezar I_{CEO}, e tem-se $I_C \cong \beta I_B$.

Exemplo 3.3

. Um transistor apresenta $\alpha = 0{,}98$, $I_B = 40\mu A$ e $I_{CBO} = 400$ nA. Determinar: I_{CEO}, I_C e I_E; qual o erro relativo que se comete com I_E quando se despreza a corrente de fuga?

Inicialmente, por (3.3c), temos $\beta = 0{,}98/(1 - 0.98) = 49$; então,

$$I_{CEO} = (\beta + 1)I_{CBO} = (49 + 1)(0{,}40\mu A) = 20\ \mu A.$$

E por (3.3f),

$$I_C = 49\ (40\mu A) + 20\ \mu A \cong 1{,}98\ mA$$

E de (3.1c) temos

$$I_E = \frac{1{,}98\ mA\ -\ 400\ nA}{0{,}98} = 2{,}02\ mA$$

Desprezando I_{CBO}, temos, $I_E \cong 2{,}02\ 040\ 8$ mA, e o erro relativo cometido é dado por

$$I_E = \frac{2{,}02\ 040\ 8\ mA - 2{,}02\ mA}{2{,}02\ 040\ 8\ mA} \cong 0{,}0002\ \text{ ou }\ 0{,}02\ \%$$

[3] Transistor de Configuração em Coletor Comum

O transistor em conexão de coletor comum, CC, é igualmente um quadripolo que tem comportamento semelhante aos já estudados.

(1) Característica Tensão-Corrente em Coletor Comum

No transistor (p-n-p ou n-p-n) em CC a entrada do quadripolo é o coletor-base, e a saída é o coletor-emissor referido à tensão do coletor. Na configuração n-p-n, temos, $V_{CE} = V_{CB} + V_{BE}$. Admais, $V_{CE} = V_{CC}$ e $V_{CB} = V_{BB}$, donde, $V_{CC} = V_{BB} + V_{BE}$, e $V_{BE} = 0{,}7$ V para o Si.

Para o transistor de configuração n-p-n e em CC, fig.3.10, temos:

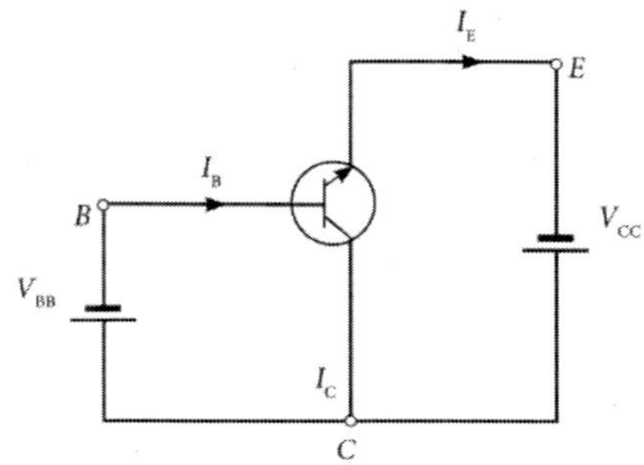

Fig. 3.10

1ª) As característica de entrada (ou de base) estão dadas no gráfico da fig. 3.11(a), com I_B em função V_{CB} , no qual a curva V_{CE} é semelhante a do díodo como nos dois casos anteriores..

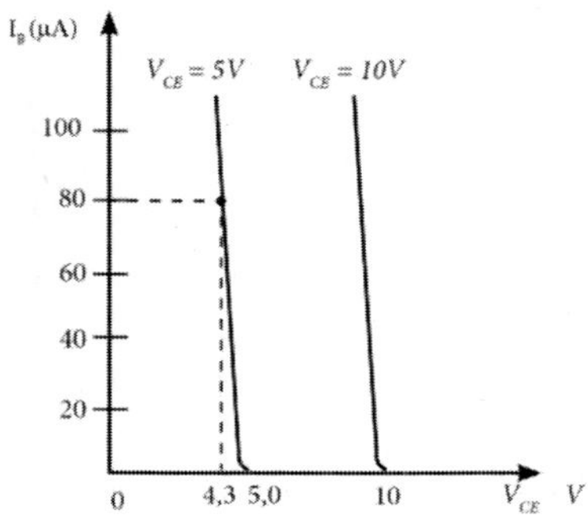

Fig. 3.11(a)

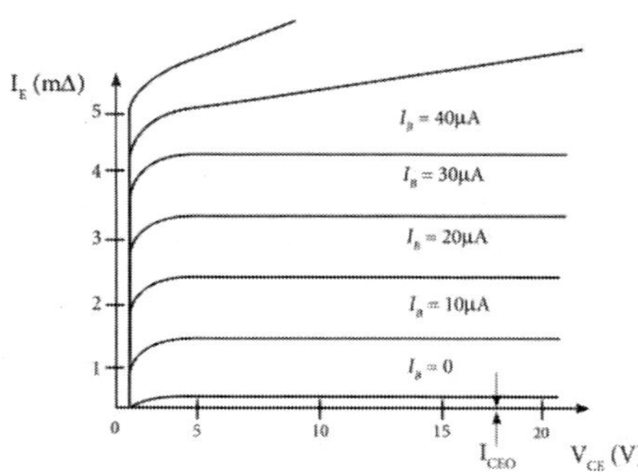

Fig. 3.11(b)

2ª) As características de saída (ou de emissor) são dadas no gráfico de I_E versus V_{CE} com a família de curvas de I_B, fig. 3.11(b) [mesmo gráfico de EC em que se faz $I_C = I_E$], com as três regiões ordinárias: (a) região ativa: as curvas de I_B desde $I_B = 0$ para cima do eixo de V_{CE}; (b) região de saturação: da origem para cima, entre o eixo i_E e confluência das curvas de I_B; (c) região de corte: abaixo da curva de $I_B = 0$ e o eixo de V_{CE} , entre as quais se tem a corrente de fuga coletoremissor, I_{CEO}.

Para esta configuração, vale a equação (3.3b) ora repetida, $I_C = \beta I_B$. Substituindo nesta $I_C = I_E - I_B$ e pondo I_E em evidência, obtemos

$$I_E = (\beta + 1)I_B \qquad (3.4a)$$

Exemplo 3.4

. Um transistor em conexão de CC tem $\alpha = 0,99$ e $I_B = 20\mu A$. Achar I_C e I_E.

Como $\beta = 0,99/(1- 0,99) = 99$, temos

$$I_C = \beta\ I_B = 99\ (20\mu A) = 1,98\ mA$$

E por (3.4a), virá

$$I_E = (99+1)(20\mu A) = 2,00\ mA$$

[4] Potência Elétrica Dissipada. Lista de Dados

Em qualquer das três configurações estudadas o transistor deve operar na região ativa, limitada à esquerda pela região de saturação e à direita pela região de ruptura. Cada fabricante é obrigado a fornecer a lista ou folha de dados do transistor comercializado. Na folha de dados deve constar pelo menos dois itens importantes: (1) especificações máximas: tensão e corrente de saída, potência dissipada a 25ºC e o fator de degradação desta, que varia de 2 a 5 mW para a elevação de cada 1ºC; (2) características elétricas: tensão de ruptura e corrente de corte (do estado desligado) e ganho de corrente e tensão de saturação (do estado ligado).

Para o transistor em conexão de EC a potência dissipada na saída do transístor é dada por

$$P_{C(max)} = V_{CE}\ I_C \qquad (3.4b)$$

cujo produto do 2º membro só pode assumir valores entre os limites seguintes: $I_{CEO} \leq I_C \leq I_{C(max)}$ e $V_{CE(sat)} \leq V_s \leq V_{CE(max)}$.

Quando se dispõe de gráfico de características do transistor com a curva da potência dissipada nele traçado, como o da fig. 3.12, a potência dissipada da saída é obtida dele, escolhido o ponto Q de operação, na região ativa.

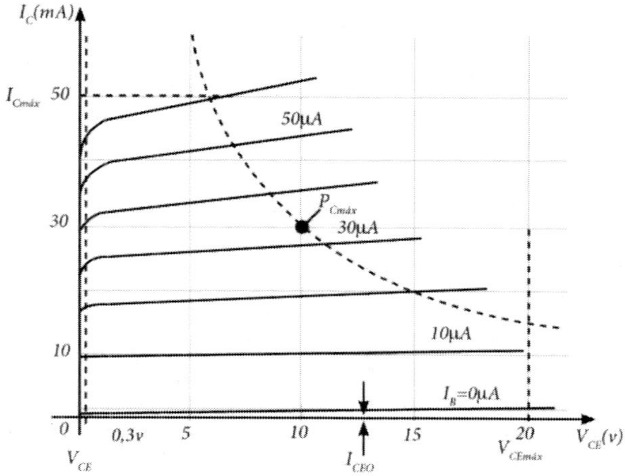

Fig. 3.12

Exemplo 3.5

. Um transistor dissipado à potência de 600 mW a 25 ºC; e em operação a sua temperatura eleva-se para 65ºC. Achar a nova potência dissipada se o fator de degradação é de 2,0 mW/ ºC.

O fator de degradação de 2,0 mW/ ºC significa que a cada elevação de 1ºC a potência dissipada decai ou diminui de 2,0 mW. Então, temos

$$P_C' = 600 \text{ mW} - [(65 - 25)^oC\ (2{,}0 \text{ mW}/^oC)] = 520 \text{ mW}$$

Esta é a razão da imposição dos limites de operação.

Exemplo 3.6

. A folha de dados de um transistor fornece: $V_{CE(sat)} = 0{,}4$ V, $V_{CE((max)} = 30$ V; $I_{CBO} = 40$ nA, $I_{C(max)} = 60$ mA e $\beta = 100$. Estabelecer as condições para o cálculo da potência dissipada.

Usando $I_{CEO} \cong \beta I_{CBO}$ = 100(40 nA) = 4,0 μA, tem-se as condições desejadas:

$4{,}0\ \mu A \leq I_C \leq 60\ mA$

$0{,}4\ V \leq V_C \leq 30\ V$

Para um ponto Q que determina V_{CEQ} = 15 V e I_{CQ} = 30 mA, a potência dissipada será P_{CQ} = (15 V)(30 mA) = 450 mW.

[5] Considerações sobre o Fenômeno de Ruptura

Vimos no díodo reversamente polarizado o efeito de avalanche dado pela tensão de ruptura V_r. No transistor reversamente polarizado, quando se eleva a tensão V_{CB} da BC (ou a tensão V_{CE} da EC) ao seu valor máximo, ocorre análogo fenômeno chamado de efeito de perfuração (punch-through, do inglês) que ocasiona o alargamento das regiões de depleção (por efeito Early) e o encontro delas, com aumento da corrente I_C. Essas tensões máximas são notadas respectivamente por BV_{CBO} e BV_{CEO}, e relacionadas pela equação

$$BV_{CEO} = BV_{CBO}\ \beta^{-1/6} \tag{3.4c}$$

Por exemplo, para β = 99, $99^{-1/6} \cong 0{,}46$ e tem-se $BV_{CEO} = 0{,}46\ BV_{CBO}$. A aplicação de BV_{CBO} ou BV_{CEO} causa o aumentos iguais nas larguras de depleção aproximando J_C e J_E, e produzindo o efeito de avalanche. No gráfico da fig. 3.13 está assinalada a região de ruptura nas mudanças bruscas das curvas de I_E ou I_B; e seus prolongamentos à esquerda interceptam o eixo de tensão, no ponto V_K, chamado de tensão Early.

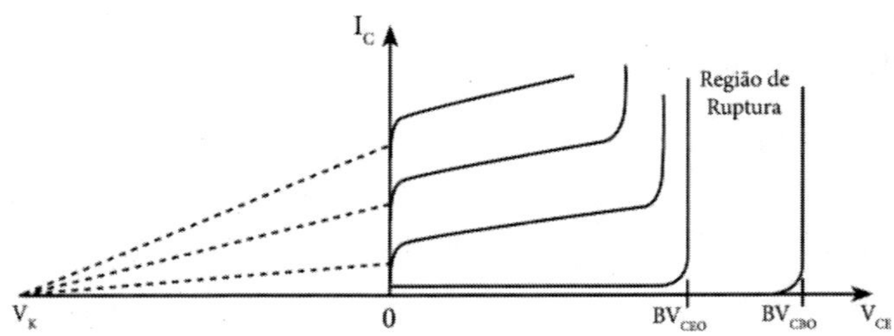

Fig. 3.13

3.4. Circuitos de Polarização. Reta de Carga

Inicialmente, vimos que são necessárias as duas tensões de alimentação, V_{EE} e $V_{CC,}$ para provocar a polarização do transistor em cada uma de suas conexões. O circuito de polarização se completa com a inclusão das resistências elétricas adequadas, associadas aos terminais do transistor, para ajustar os valores das tensões de entrada e de saída do transistor. Vejamos, a seguir, os casos principais.

[1] Circuito de Polarização em BC

Seja o transistor n-p-n de conexão em BC com as resistências respectivas, R_E e $R_{C,}$ indicadas na fig. 3.14(a). Aplicando a cada malha a lei das tensões de Kirchhoff, LTK, temos:

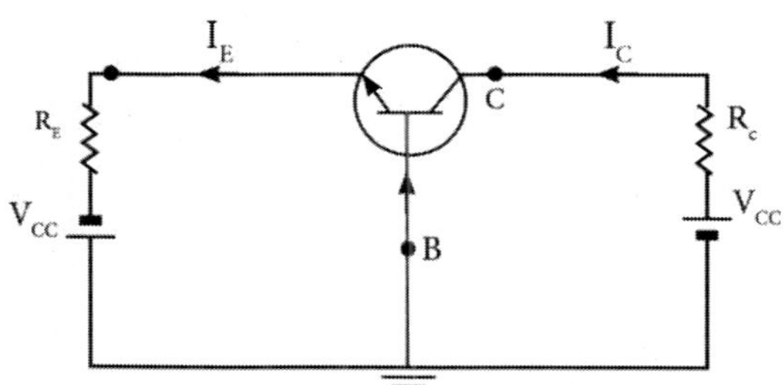

Fig. 3.14(a)

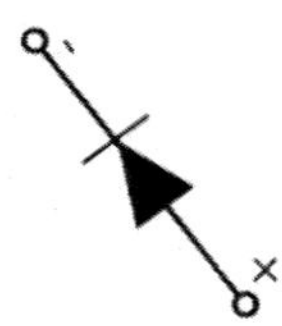

Fig. 3.14(b)

- à malha de entrada (percorrendo-a no sentido anti-horário e afetando cada bipolo do seu sinal de entrada):

$$V_{BE} + R_E\, I_E - V_{EE} = 0$$

donde

$$R_E\, I_E = V_{EE} - V_{BE} \qquad (3.5a)$$

É interessante observar que o ramo BE equivale a,um díodo diretamente polarizado, detalhe na fig. 3.14(b), de tensão V_{BE}. Para esta e as demais conexões n-p-n, considerar $V_{BE} = 0{,}7$ V para o Si; e $V_{BE} = 0{,}3$ V para o Ge.

- e para a malha de saída, de igual modo:

$$R_C\, I_C = V_{CC} - V_{CB} \qquad (3.5b)$$

da qual concluímos a equação da reta de carga:

$$I_C = -\frac{V_{CB}}{R_C} + \frac{V_{CC}}{R_C} \tag{3.5c}$$

de inclinação $-1/R_C$. A reta de carga também é chamada de reta de polarização, é traçada no gráfico da curva característica de saída; fazendo na equação supra, $I_C = 0$, loca-se, $V_{CB} = V_{CC}$; pondo $V_{CB} = 0$, tem-se, $I_{CC} = V_{CC}/R_C$, que dão os pontos de intercessão com os eixos do referido gráfico, fig. 3.15, cuja intercepção com a curva de I_E escolhida determina o ponto quiescente ou ponto de polarização $Q(I_{CQ}, V_{CBQ})$.

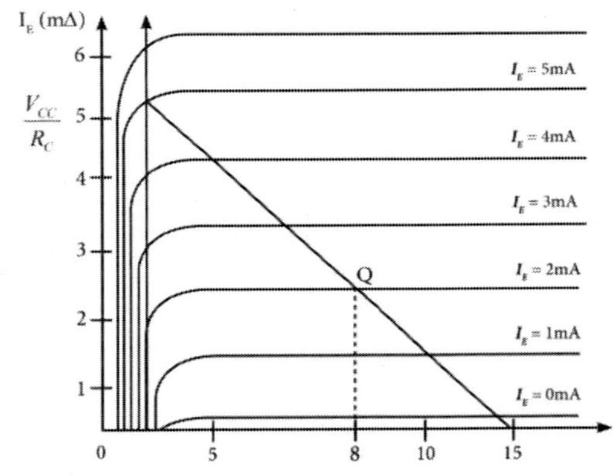

Fig. 3.15

Como no transistor p-n-p são invertidas as polaridades das tensões e os sentidos das correntes, para aplicar as equações supra preservando a sequência dos índices CB, BE e CE, mudar o sinal (-) por (+) e tomar negativos os valores de V_{BE} e V_{CB}. Por exemplo, $V_{BE} = -V_{EB}$ então, para o silício, $V_{EB} = 0{,}7$ V mas $V_{BE} = -0{,}7$ V.

Exemplo 3.7

. Para o circuito da fig. 3.14(a) considerar $I_{CC} = 5$ mA e $V_{CC} = 15$ V, e tendo no gráfico da fig. 3.15, o ponto Q (1,98 mA; 8,0 V) escolhido sobre a curva de $I_E = 2{,}0$ mA e $V_{EE} = 5$ V. Desprezando I_{CBO}, e supondo $V_{BE} = 0{,}7$V, calcular α e as resistências de entrada e saída.

Temos $\alpha = I_{CQ}/I_{EQ} = 1{,}98\ mA/2{,}0\ mA = 0{,}99$. De (3.5a), tiramos

$$R_E = \frac{V_{EE} - V_{BE}}{I_E} = \frac{(5 - 0{,}7)V}{2\ mA} = 2{,}15\ k\Omega$$

De (3.5b), tiramos

$$R_C = \frac{V_{CC} - V_{CBQ}}{I_{EQ}} = \frac{(15 - 8{,}0)V}{2\ mA} = 3{,}50\ k\Omega$$

[1] Polarização em EC

Seja o transistor n-p-n de configuração EC, com fonte fixa V_{CC} e resistências R_B e R_C, compondo o circuito de polarização em EC, fig. 3.16(a), e para efeito de análise o circuito da fig. 3.16(b). Aplicando a cada malha deste a LTK, temos:

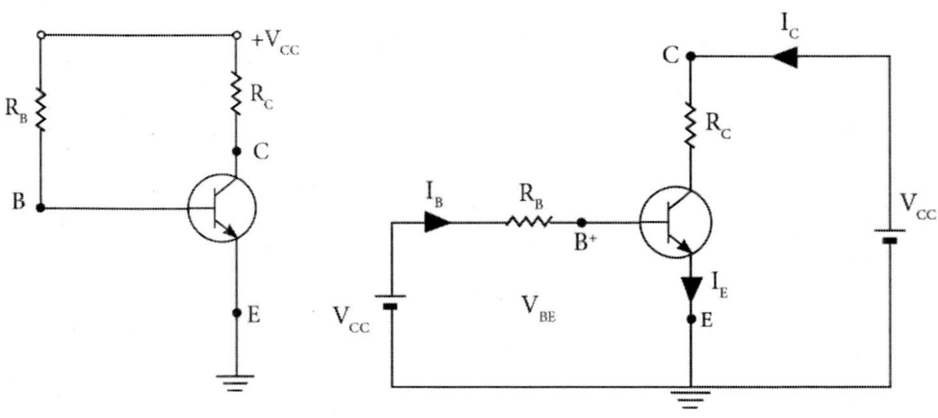

Fig. 3.16(a) *Fig. 3.16(b)*

- e para a malha de entrada, obtemos:

$$R_B\, I_B = V_{CC} - V_{BE} \tag{3.6a}$$

- e para a malha de saída:

$$R_C\, I_C = V_{CC} - V_{CE} \qquad (3.6b)$$

da qual concluímos a equação da reta de carga:

$$I_C = -\frac{V_{CE}}{R_C} + \frac{V_{CC}}{R_C} \qquad (3.6c)$$

indicada na fig. 3.17, de inclinação, $-1/R_C$.

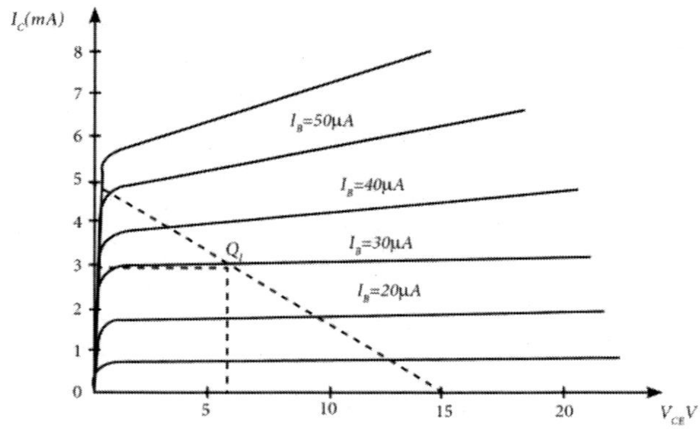

Fig. 3.17

Como no transistor p-n-p invertem-se as polaridades das tensões e os sentidos das correntes, para usar as equações supra mantendo a sequência dos índices CB, BE e CE, muda-se o sinal (-) por (+) e consideram-se negativos os valores de V_{BE} e V_{CE}, já que $V_{BE} = - V_{EB}$ e $V_{CE} = - V_{EC}$.

Exemplo 3.8

Para o circuito da fig.3.16(b), considerar os dados: $V_{CC} = 15$ V, $R_B = 476{,}7$ kΩ, $R_C = 3$ kΩ e $\beta = 100$. Desprezar I_{CEO} e admitindo $V_{BE} = 0{,}7$V, calcular I_B, I_{CQ} e V_{CEQ} que determinam o ponto Q.

Da malha de entrada, concluimos:

$$I_B = \frac{(15 - 0{,}7)\ \text{V}}{476{,}7\ \text{k}\Omega} = 30\ \mu\text{A}$$

$I_{CQ} = \beta I_B = 100 (30x10^{-6}) = 3$ mA

Da malha de saída:

$V_{CEQ} = 15$ V – (3 mA)(3 kΩ) = 6 V

Donde o ponto quiescente ou de operação Q(3 mA; 6 V), locado na fig.3.17

O índice Q poderá ser omitido dos parâmetros de polarização sempre que não haja dúvidas de suas identificações. É o que faremos a seguir.

[3] Circuito com Polarização Fixa

O circuito com polarização fixa é dado na fig.3.18(a) com apenas uma fonte de alimentação fixa,V_{CC} ,com capacitores de acoplamento C_1 e C_2 . Na analise dele os pacitores têm grande reatâncias capacitivas e funcionam como chaves abertas, ou seja, podem ser omitidos, e usa-se circuito da fig. 3.18(b) que é a mesma da fig. 3.16(a) com V_{CC}. As equações de polarização fixa são:

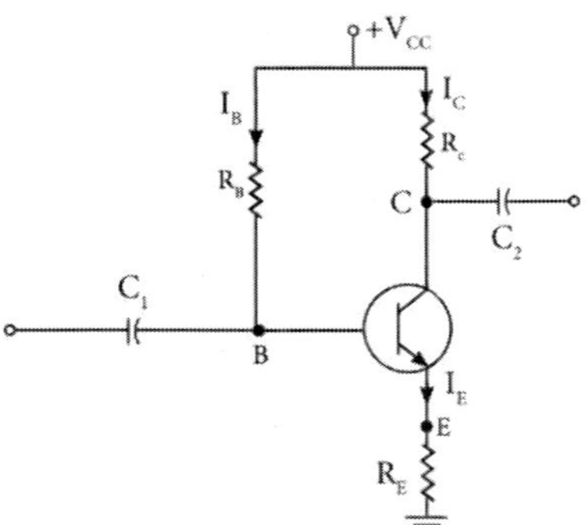

Fig. 3.18(a)

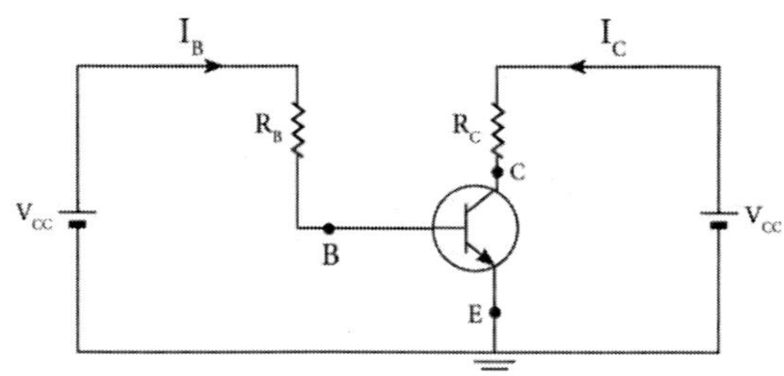

Fig. 3.18(b)

$$R_B I_B = V_{CC} - V_{BE} \quad (3.7a)$$

$$R_C I_C = V_{CC} - V_{CE} \quad (3.7b)$$

Exemplo 3.9

. Seja o circuito da fig. 3.18(a) com os dados: $V_{CC} = 20V$, $R_C = 4k\Omega$ e $I_B = 30\mu A$. Desprezando I_{CEO} e admitindo $V_{BE} = 0,3V$, achar o ponto Q gráfica [com auxílio da fig. 3.9(b)] e, analiticamente, e calcular β, R_B e R_C.

De (3.6c) obtém-se os valores máximos: fazendo, $V_{CE} = 0$, resulta, $I_C = V_{CC}/R_C = 20V/4\ k\Omega = 5\ mA$; e para $I_C = 0$, tem-se, $V_{CE} = V_{CC} = 20\ V$.

No gráfico da fig. 3.9(b), a intercepção da reta de carga com $I_B = 30\mu A$, fornece, Q (3,12 mA; 7,5V), para o qual se tem $\beta = I_C/I_B = 3,12\ mA/0,03\ mA = 104$. Aplicando a LKT a malha de entrada, temos

$$R_B = \frac{(20 - 0,3)V}{0,03\ mA} \cong 656,7\ k\Omega$$

E a malha de saída temos

$$R_C = \frac{(20 - 7,5)V}{3,12\ mA} \cong 4,01\ k\Omega$$

Comercialmente os resistores são padronizados com tolerância de ± 5 % ou ± 10, de modo que os valores ora obtidos podem ser substituídos pelos mais próximos que são 680 kΩ e 3,9 kΩ, respectivamente, a fim de atender o projeto em tela.

Tabela 3.1

Valores Padrões de Resistores em Ω e kΩ						
10	11	**12**	13	**15**	16	**18**
20	**22**	24	**27**			
30	**33**	36	**39**			
43	**47**					
51	**56**					
62	**68**					
75						
82						
91						

Submúltiplos do Ω dividir cada por 10 ou 100 Múltiplos do Ω e kΩ multiplicar cada por 10. Em MΩ dividir cada por 10; mais os de 10 a 22.

(4) Circuito de Polarização de Emissor Estável

Aumenta-se a estabilidade do circuito de polarização fixa com a introdução da resistência R_E, quando ele passa a ser chamado de circuito de polarização estável de emissor, dado na fig. 3.19(a). Aplicando a LTK:

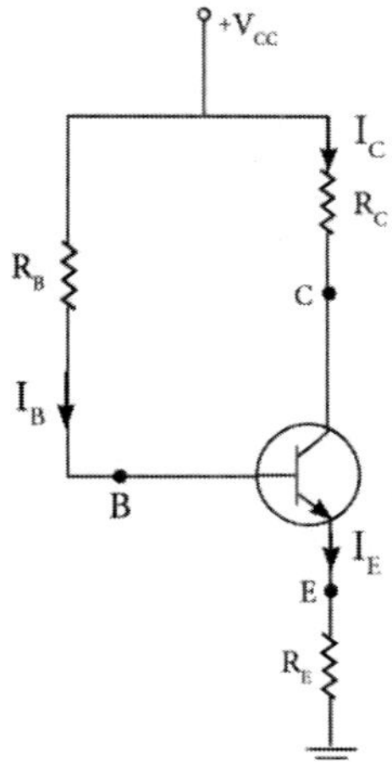

Fig. 3.19(a)

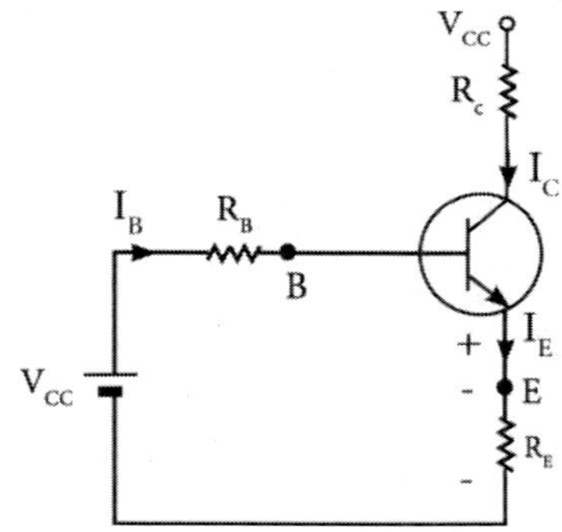

Fig. 3.19(b)

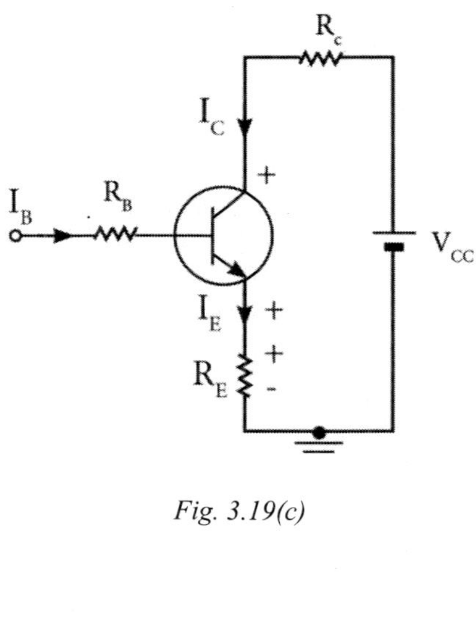

Fig. 3.19(c)

- para a malha de entrada, fig. 3.19(b):

$$R_B\, I_B + R_E\, I_E = V_{CC} - V_{BE} \tag{3.8a}$$

Substituindo acima, $I_E = (\beta + 1)I_B$ e evidenciando I_B, obtemos

$$I_B\,[R_B + (\beta + 1)\, R_E] = V_{CC} - V_{BE} \tag{3.8b}$$

- e para a malha de saída, fig. 3.19(c):

$$R_C\, I_C + R_E\, I_E = V_{CC} - V_{CE}$$

E considerando acima que $I_E \cong I_C$ temos

$$I_C\,(R_C + R_E) = V_{CC} - V_{CE} \tag{3.8c}$$

Exemplo 3.10

. Para o circuito de polarização estável de emissor da fig. 3.19(a) são dados: V_{CC} = 30 V, R_B = 612,5 kΩ, R_E = 1,2 kΩ, R_C = 4,3 kΩ e β = 99. Desprezar I_{CEO}, considerar V_{BE} = 0,7V e calcular I_B, I_C, V_{CE}.

De (3.8b), tirando o valor de I_B e substituindo os dados, temos

$$I_B = \frac{(30 - 0{,}70)\text{V}}{[612{,}5 + (99{+}1)1{,}2]\text{k}\Omega} = 0{,}040 \text{ mA} = 40\ \mu\text{A}$$

$$I_C = \beta\, I_B = (99)(0{,}040 \text{ mA}) = 3{,}96 \text{ mA}$$

De(3.8c), tirando o valor de V_{CE}, e substituindo os dados, virá

$$V_{CE} = 30\text{V} - (3{,}96 \text{ mA})(4{,}3 + 1{,}2)\ \text{k}\Omega = 8{,}22 \text{ V}$$

[5] Circuito de Polarização em CC

O transistor de configuração CC com uma fonte de tensão fixa V_{CC}, com R_E sem desvio e R_C = 0. Para o transistor n-p-n, o circuito de polarização em CC é o da fig. 3.20(a), que é a forma simplificada do circuito da fig. 3.20(b). Aplicando a ele a LTK, temos:

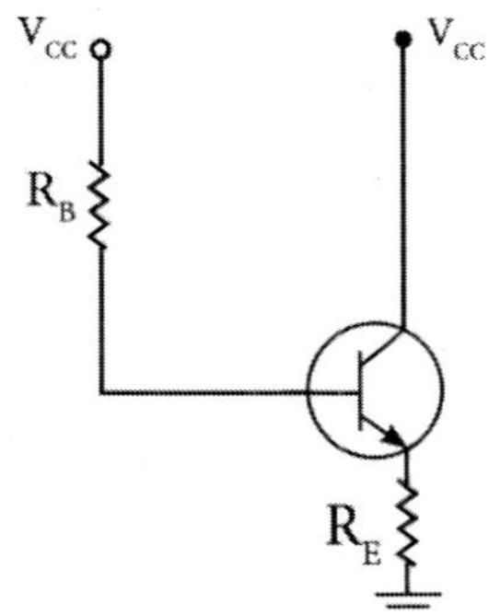

Fig. 3.20(a)

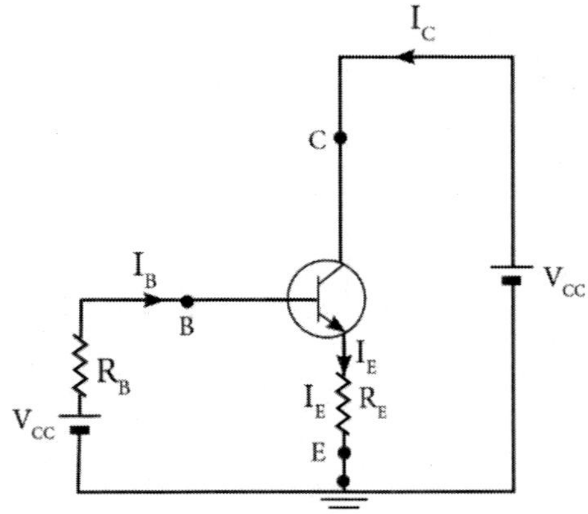

Fig. 3.20(b)

- à malha de entrada:

$$V_{CC} - V_{BE} = R_B\, I_B + R_E\, I_E \tag{3.9a}$$

E sendo $I_E = (\beta + 1)\, I_B$ substituindo acima, obtemos:

$$V_{CC} - V_{BE} = I_B\, [R_B + (\beta + 1)R_E] \tag{3.9b}$$

E na malha de saída temos:

$$V_{CC} - V_{CE} = R_E\, I_E \tag{3.9c}$$

da qual concluímos a equação da reta de carga:

$$I_E = -\frac{V_{CE}}{R_E} + \frac{V_{CC}}{R_E} \tag{3.9d}$$

traçada da reta de carga na fig. 3.21, de inclinação, $-1/R_C$.

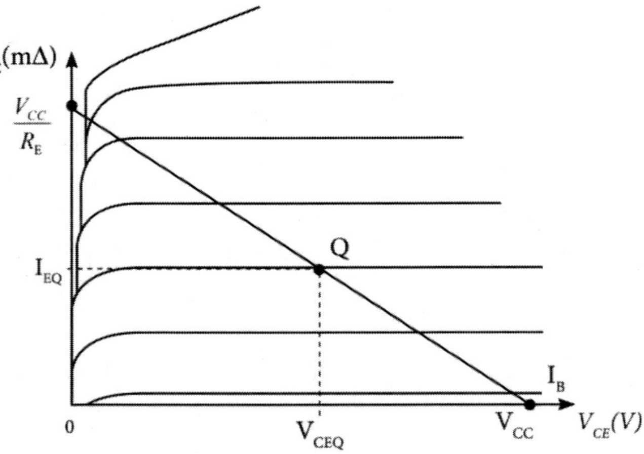

Fig. 3.21

Para o transistor p-n-p invertem-se as polaridades das tensões e os sentidos das correntes, para usar as equações supra mantendo a sequência dos índices CB, BE e CE, mudar o sinal (-) por (+) e considerar negativos os valores de V_{BE} e V_{CE}, como já dito.

Exemplo 3.11

. Para o circuito da fig. 3.20(b), considerar os dados: V_{CC} = 12V, R_B = 100 k Ω, R_E = 1 k Ω e β = 99. Desprezando I_{CEO} e sendo V_{BE} = 0,7 V, calcular I_B, I_E e V_{CE}.

Usando (3.9b), temos

$$I_B = \frac{(12 - 0{,}7)\text{V}}{100\ \text{k}\Omega + (99+1)1\text{k}\Omega} = 0{,}0565\ \text{mA}$$

por sua vez,

I_E = 99(0,0565 mA) = 5,5935 mA ; e

E de (3.9c) virá

$V_{CE} = 12\ V - (1\ k\ \Omega)(5{,}5935\ mA) = 6{,}4065\ \ V$

[6] Circuito de Autopolarização

O circuito da fig. 3.22(a) com quatro resistências e uma única fonte de tensão é chamado de circuito de autopolarização, polarização universal ou polarização por divisor de tensão. O método usual de resolvê-lo é transformar a malha de entrada no circuito equivalente de Thevenin. O teorema de Thevenin preconiza que:

(1) Com R_C e R_E, retiradas do circuito, a tensão de Thevenin, V_{Th}, é o gerador de tensão visto à esquerda, fig. 3.22(b), dada pelo divisor de tensão

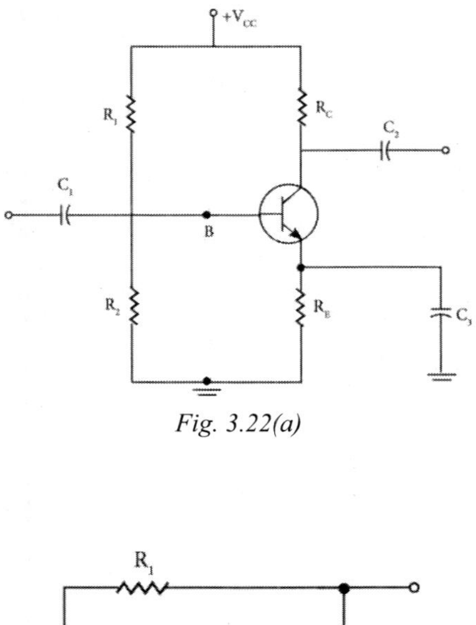

Fig. 3.22(a)

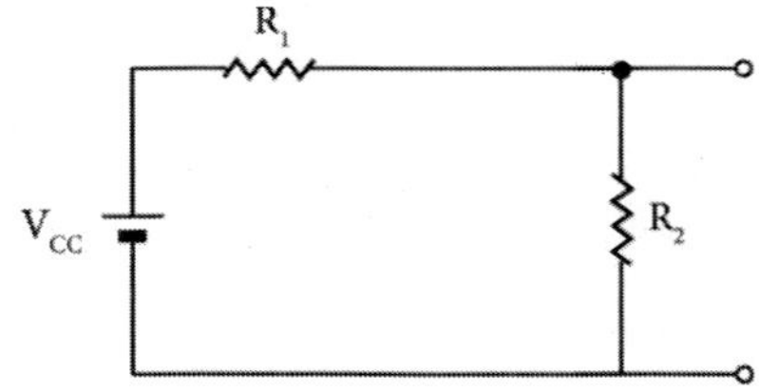

Fig. 3.22(b)

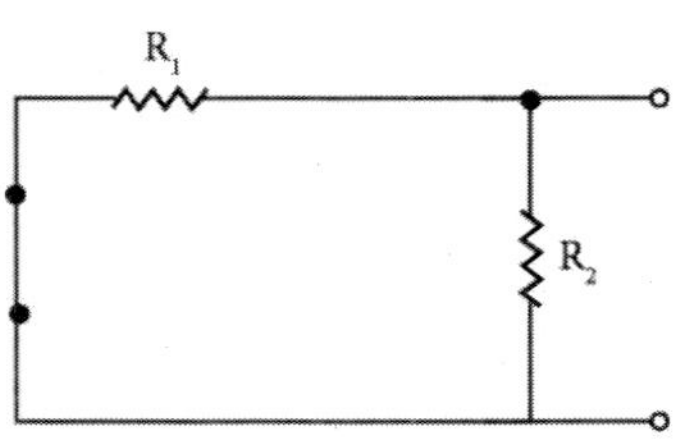

Fig. 3.22(c)

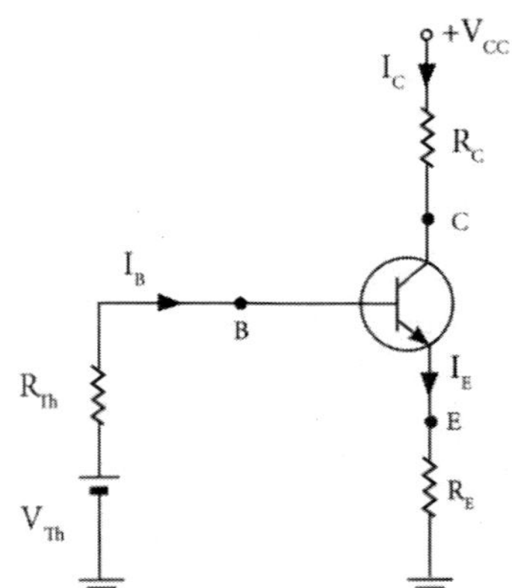

Fig. 3.22(d)

$$V_{Th} = \frac{R_2}{R_1 + R_2} V_{CC} \qquad (1)$$

(2) A resistência equivalente de Thevenin, R_{Th}, é a resistência vista de BB', com a tensão V_{CC} em curto-circuito, fig. 3.22(c), que é dada por

$$R_{Th} = \frac{R_1 R_2}{R_1 + R_2} \qquad (2)$$

Com (1) e (2) compõe o circuito equivalente de Thevenin, fig. 3.22(d). Aplicando a esta malha a LTK, temos

$$V_{Th} - V_{BE} = R_{Th} I_B + R_E I_E \qquad (3.9a)$$

E por ser $I_E = (\beta + 1) I_B$, alternativamente, temos

$$V_{Th} - V_{BE} = [R_{Th} + R_E (\beta + 1)] I_B \qquad (3.9b)$$

que corresponde ao circuito equivalente da fig. 3.22(e). Aplicando a LTK a malha de saída, temos

$$V_{CC} = R_C I_C + V_{CE} + R_E I_E \qquad (3.10a)$$

E considerando que $I_E \cong I_C$, concluímos que

$$V_{CC} - V_{CE} = I_C (R_C + R_E) \qquad (3.10b)$$

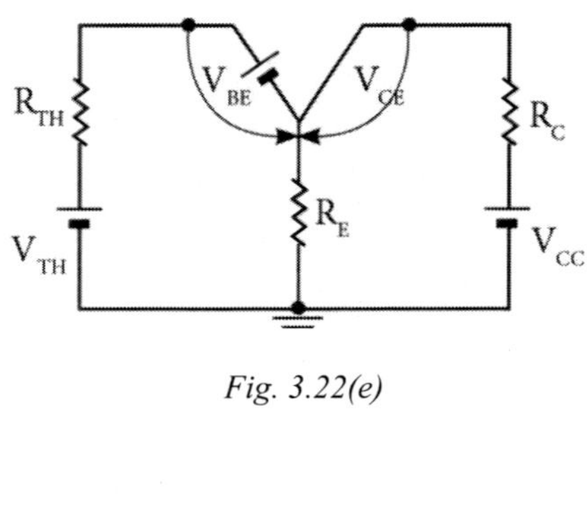

Fig. 3.22(e)

Exemplo 3.12

. Para o circuito de autopolarização da fig. 3.22(a) são dados: R_1 = 20 kΩ, R_2 = 5 kΩ, V_{CC} = 12 V, R_C = 3 kΩ, R_E = 1 kΩ e β = 100. Desprezar I_{CEO}, considerar V_{BE} = 0,3V e calcular I_B, I_C , V_{CE}. Para R_C = 5 kΩ o que ocorre com o transistor?

Usando (1) e (2) acima, temos, respectivamente,

$$V_{Th} = \frac{5\ k\Omega}{(5+20)\ k\Omega}\ 12\ V = 2{,}4\ V$$

$$R_{Th} = \frac{20\ k\Omega \times 5\ k\Omega}{(5+20)\ k\Omega} = 4\ k\Omega$$

Usando (3.10b,c), virão

$$I_B = \frac{(2{,}4 - 0{,}3)V}{4\ k\Omega + (100+1)1\ k\Omega} = 0{,}02\ mA = 20\ \mu\ A$$

$$I_C = 100\ (0{,}020\ mA) = 2\ mA$$

$$V_{CE} = 12V - (3\ k\Omega + 1\ k\Omega)(2mA) = 4\ V$$

Substituindo R_C = 5 kΩ, virá

$$V_{CE} = 12V - (5\ k\Omega + 1\ k\Omega)(2mA) = 0\ V$$

Como vimos, a condição de V_{CE} = 0 V indica que o transistor passa a operar na região de saturação, e no caso com $I_{C(sat)} = I_{C(max)} = V_{CC}/(R_C + R_E)$ = 12 V/(5 kΩ + 1 kΩ) = 2 mA.

[7] Circuito de Polarização por Realimentação de Tensão

O circuito da fig. 3.23(a) com as resistências R_B, R_E e R_C e uma fonte de tensão fixa V_{CC} é chamado de circuito de polarização por realimentação Aplicando à malha de entrada a LTK, da fig. 3.23(b), temos

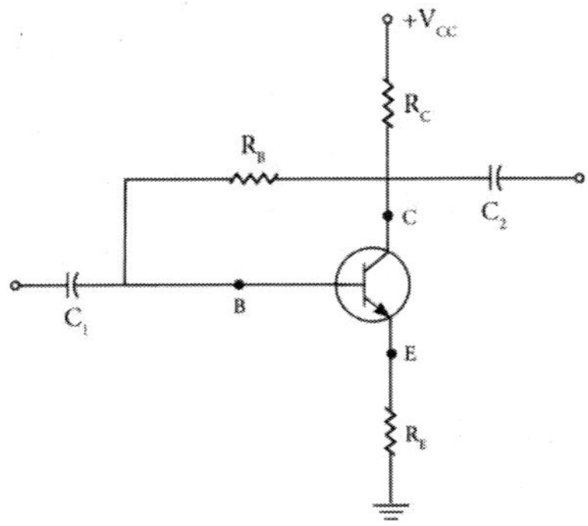

Fig. 3.23(a)

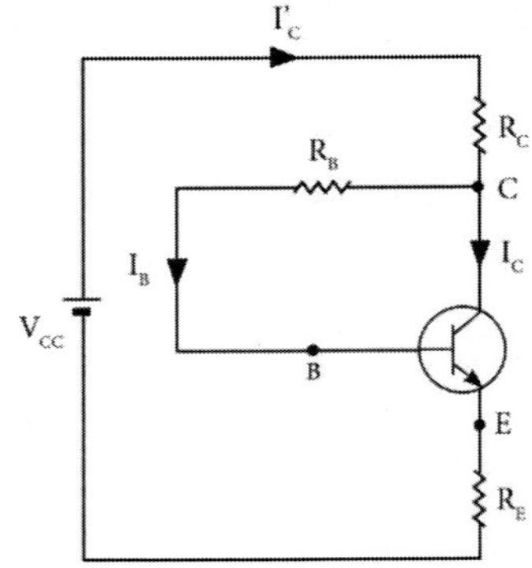

Fig. 3.23(b)

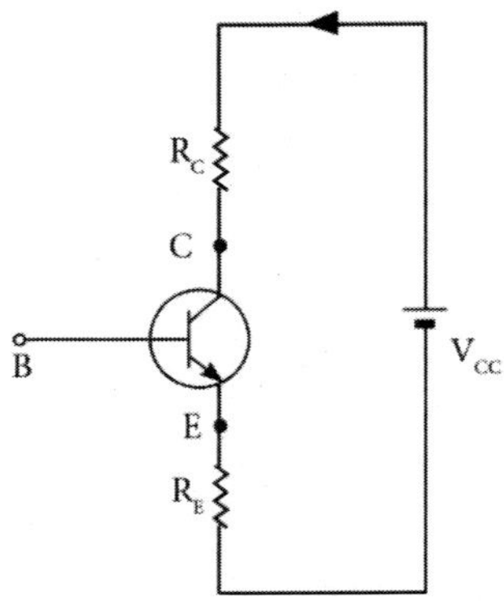

Fig. 3.23(c)

$$V_{CC} - V_{BE} = R_C\, I_C' + R_B I_B + R_E\, I_E \qquad (3.11a)$$

onde a corrente $I'_C = I_C + I_B$;e como $I_C >> I_B$, toma-se, $I'_C \approx I_C = \beta\, I_B$ e tem-se, $I_E = I_C$, e anotamos a equação supra em função de I_B , como:

$$V_{\mathbf{CC}} - V_{\mathbf{BE}} = \mathbf{I_B}\, [\mathbf{R_B} + \beta(R_{\mathbf{C}} + R_{\mathbf{E}})] \qquad (3.11a')$$

Donde, tiramos

Usando a aproximação $I_C' \cong I_C = \beta I_B$ e $I_C \cong I_E$, podemos concluir que

$$I_B = \frac{V_{CC} - V_{BE}}{R_B + \beta(R_C + R_E)} \qquad (3.11b)$$

Aplicando a LTK à malha de saída, da fig. 3.23(c), temos

$$V_{CC} - V_{CE} = R_C I_C + R_E I_E$$

E por ser $I_C' \cong I_C$, obtemos

$$V_{CC} - V_{CE} = I_C (R_C + R_E) \qquad (3.12a)$$

Exemplo 3.13

. Para o circuito da fig. 3.23(a) são dados: $R_B = 300$ kΩ, $R_C = 5{,}4$ kΩ, $R_E = 1{,}6$ kΩ, $V_{CC} = 15$V e $\beta = 100$. Desprezar I_{CEO} considerar $V_{BE} = 0{,}7$V e calcular I_B, I_C, V_{CE}.

Por (3.12b), temos

$$I_B = \frac{(15 - 0{,}7)\text{V}}{300\ \text{k}\Omega + 100(1{,}6 + 5{,}4)\text{k}\Omega} = 0{,}0143\ \text{mA}$$

$$I_C = 100\ (0{,}0143\ \text{mA}) = 1{,}43\ \text{mA}$$

Por (3.12c), temos

$$V_{CE} = 15\text{V} - (5{,}4\ \text{k}\Omega + 1{,}6\ \text{k}\Omega)(1{,}43\ \text{mA}) = 4{,}99\ \text{V}$$

3.5. Fatores de Estabilidade

Quando um circuito de polarização está em operação, o aumento de temperatura produz certa instabilidade térmica, fato este omitido nas análises precedentes. O aumento de temperatura produz variação na corrente de coletor, I_C, envolvendo os demais parâmetros ligados a ela, que são a corrente reversa, I_{CBO} [que dobra de valor a cada aumento de 10°C, admitindo constante a corrente de base, I_B], a tensão base-emissor, V_{BE} [que diminui de cerca de 2,5 mV/°C] e o fator de amplificação de corrente, β. Com a elevação de temperatura, a corrente de fuga aumenta de valor, fazendo deslocar o ponto de polarização Q da região ativa, inicialmente à temperatura ambiente, fig. 3.24(a), para a região de saturação da fig. 3.24(b), acarretando afastamento maior entre as curvas de correntes de base, I_B, comparativamente ao gráfico inicial. As relações entre os parâmetros permitem estabelecer os chamados fatores de estabilidade com os quais se podem deduzir critérios que visam minimizar os efeitos de instabilidade térmica. Para o transistor em circuito de polarização, na Tabela 3.1., os parâmetros são dados com referência às temperaturas típicas.

	Silício		**Germânio**	
Parâmetros	25ºC	175ºC	25ºC	75ºC
I_{CBO} (μA)	0,001	33	1,0	32
V_{BE} (V)	0,70	0,40	0,30	0,2
β	60	120	60	90

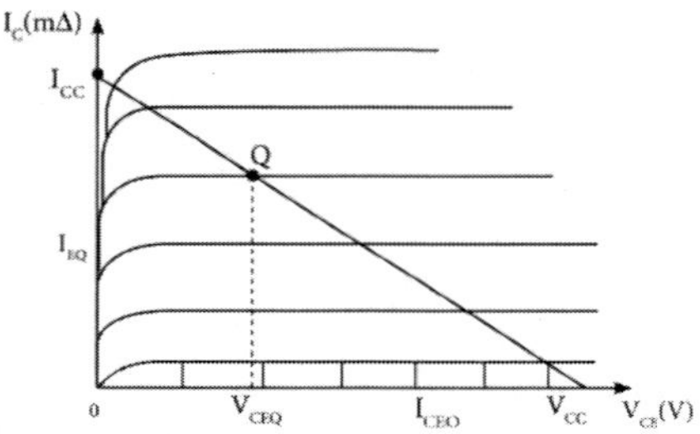

Fig. 3.24(a)

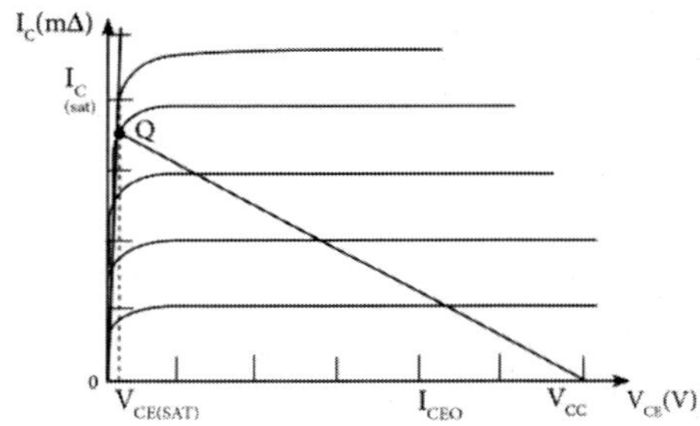

Fig. 3.24(b)

A variação de temperatura é interpretada como a sensibilidade de resposta de I_C, mediante a seguinte a função implícita no ponto de operação:

$$I_C = f(I_{CBO}, V_{BE}, \beta) \tag{3.13a}$$

A variação instantânea da corrente de coletor I_C é dada pela diferencial total seguinte:

$$dI_C = \frac{\partial I_C}{\partial I_{CBO}} dI_{CBO} + \frac{\partial I_C}{\partial V_{BE}} dV_{BE} + \frac{\partial I_C}{\partial \beta} d\beta \tag{3.13b}$$

A título de lembrança: a derivada parcial $\partial I_C/\partial I_{CBO}$ significa a derivada da função (3.13a) com I_{CBO} variável, mantendo β e V_{BE} constantes; $\partial I_C/\partial V_{BE}$ é a derivada da referida função com V_{BE} variável, mantendo β e V_{BE} constantes; e finalmente $\partial I_C/\partial\beta$ é a derivada da mesma função com β variável, mantendo constantes I_{CBO} e V_{BE}. Estas derivadas parciais são chamadas de fatores de estabilidade e são usualmente denotadas por

$$S(I_{CBO}) = \frac{\partial I_C}{\partial I_{CBO}} \; ; \quad S(V_{BE}) = \frac{\partial I_C}{\partial V_{BE}} \; ; \quad S(\beta) = \frac{\partial I_C}{\partial \beta} \qquad (3.14a)$$

Como aproximações, estas derivadas parciais podem ser substituídas pelas suas respectivas relações incrementais $\Delta I_C/\Delta\beta$, $\Delta I_C/\Delta I_{C\,BO}$ e $\Delta I_C/\Delta V_{BE}$.

Substituindo (3.14a) em (3.13b), obtemos

$$\Delta I_C = S(I_{CBO})\,\Delta I_{CBO} + S(V_{BE})\,\Delta V_{BE} + S(\beta)\Delta\beta \qquad (3.14b)$$

[1] Circuito de Autopolarização

Para o circuito de autopolarização, substituindo $I_B = (1 - \alpha)\, I_E + I_{CBO}$, na equação(3.10a), e evidenciando I_E, btemos

$$I_E = \frac{V_{Th} - V_{BE} + R_{Th}\, I_{CBO}}{(1 - \alpha)\, R_{Th} + R_E} \qquad (3.15a)$$

De (3.1c), tir-se, $I_E = (I_C - I_{CBO})/\alpha$, que introduzida na equação acima e operando, com vista apor em evidência I_C, e no final colocando α em função de β, obtemos:

$$I_C = \frac{\beta(V_{Th} - V_{BE}) + (\beta + 1)(R_{Th} + R_E)I_{CBO}}{R_{Th} + R_E\,(\beta + 1)} \qquad (3.15b)$$

Aplicando a esta expressão as derivadas parciais arroladas em (3.14a), obtemos os fatores de instabilidade seguintes:

$$S(I_{CBO}) = \frac{\partial I_C}{\partial I_{CBO}} = (\beta + 1)\,\frac{R_{Th} + R_E}{R_{Th} + (\beta + 1)R_E}$$

ou na forma mais usual

$$S(I_{CBO}) = (\beta + 1) \frac{1 + R_{Th}/R_E}{(\beta + 1) + R_{Th}/R_E} \qquad (3.16a)$$

para o qual se tem maior estabilidade com $1 < S(I_{CBO}) < (\beta + 1)$; contudo, quando $R_{Th}/R_E >> (\beta + 1)$, tem-se $S(I_{CBO}) = (\beta + 1)$; e para $R_{Th}/R_E << 1$, $S(I_{CBO}) = 1$ que é o fator de estabilidade ideal.

$$S(V_{BE}) = \frac{\partial I_C}{\partial V_{BE}} = \frac{-\beta/R_E}{(\beta + 1) + R_{Th}/R_E} \qquad (3.16b)$$

onde $S(V_{BE})$ negativo significa que o aumento de temperatura provoca a diminuição de V_{BE}, assim com de ΔV_{BE}; contudo, $S(V_{BE})\,(\Delta V_{BE}) > 0$.

$$S(\beta) = \frac{\partial I_C}{\partial \beta} = \frac{R_{Th}\,[(V_{Th} - V_{BE}) + (R_{Th} + R_E)I_{CBO}]}{[R_{Th} + R_E\,(\beta + 1)]^2} \qquad (3.16c)$$

No numerador supra usamo, $R_E\,(\beta + 1) \cong R_E\,\beta$, para simplificação.

[2] Circuito de Polarização de Emissor Estável

Usando o mesmo procedimento para o circuito de polarização de emissor e tendo en conta o valor de I_B em (3.3f), após as reordenação que cabem, obtemos:

$$I_C = \frac{\beta(V_{CC} - V_{BE}) + (\beta + 1)(R_B + R_E)I_{CBO}}{R_B + R_E\,(\beta + 1)} \qquad (3.17a)$$

que é igual à expressão (3.15b) com $R_{Th} = R_B$ e $V_{Th} = V_{CC}$, de modo que, levados estes valores às expressões (3.16a,b,c), teremos os fatores de instabilidade pertinentes, que são:

$$S(I_{CBO}) = \frac{\partial I_C}{\partial I_{CBO}} = (\beta + 1) \frac{1 + R_B/R_E}{(\beta + 1) + R_B/R_E} \qquad (3.17b)$$

$$S(V_{BE}) = \frac{\partial I_C}{\partial V_{BE}} = \frac{-\beta/R_E}{(\beta + 1) + R_B/R_E} \qquad (3.17c)$$

$$S(\beta) = \frac{\partial I_C}{\partial \beta} = \frac{R_B\,[(V_{CC} - V_{BE}) + (R_B + R_E)I_{CBO}]}{[R_B + R_E\,(\beta + 1)]^2} \qquad (3.17d)$$

Para os quais valem as mesmas observações feitas acima. Note-se, ademais, que, para a condição em que $(\beta + 1) >> R_B/R_E$, a expressão (3.17c) reduz-se para

$$S(V_{BE}) = \frac{-\beta}{(\beta + 1)R_E} \cong -\frac{1}{R_E} \qquad (3.17e)$$

Numa situação prática, a variação de temperatura, $\Delta\theta = \theta_2 - \theta_1$, acarreta as variações, $\Delta I_C = I_{C2} - I_{C1}$ e $\Delta\beta = \beta_2 - \beta_1$, supondo que no final $S_2(\beta_2)$ é o fator que estabiliza. Para este caso, usando, por exemplo, (3.17c) para I_{C1} e I_{C2}, chega-se à relação:

$$\frac{I_{C2}}{I_{C1}} = \frac{\beta_2}{\beta_1}\left[\frac{R_B + (\beta_1 + 1)R_E}{R_B + (\beta_2 + 1)R_E}\right] \qquad (3.18a)$$

donde se segue que

$$\frac{I_{C2} - I_{C1}}{\beta_2 - \beta_1} = \frac{I_{C1}}{\beta_1}\left[\frac{1 + R_B/R_E}{(\beta_2 + 1) + R_B/R_E}\right] \qquad (3.18b)$$

Como o termo entre chaves é igual a $S_2(I_{CBO})$, finalmente, virá

$$S(\beta_2) = \frac{\Delta I_C}{\Delta \beta} = \frac{I_{C1}}{\beta_1}\,S_2(I_{CBO}) \qquad (3.18c)$$

obviamente válida para o circuito de autopolarização.

[3] Circuito de Polarização Fixa

Para este caso, basta fazermos nas expressões supra $R_E = 0$, onde em (3.17b) devemos antes eliminar a divisão por zero, e obtemos:

$$S(I_{CBO}) = \frac{\partial I_C}{\partial I_{CBO}} = (\beta + 1) \qquad (3.19a)$$

$$S(V_{BE}) = \frac{\partial I_C}{\partial V_{BE}} = \frac{-\beta}{R_B} \qquad (3.19b)$$

$$S(\beta) = \frac{\partial I_C}{\partial \beta} = \frac{(V_{CC} - V_{BB}) + I_{CBO}}{R_B} \qquad (3.19c)$$

Alternativamente, usando (3.18b) com $R_E = 0$, obtém-se

$$S(\beta) = \frac{I_{C1}}{\beta_1} \qquad (3.19d)$$

Exemplo 3.14

. Num circuito de polarização de emissor estável com transistor de Silício e $R_B = 5\ k\Omega$ e $R_E = 1\ k\Omega$, determinar os fatores de estabilidade e a variação da corrente de coletor quando a temperatura variar de 25°C para 175°C. Usar dados da Tabela 3.1 e supor que $I_{C1} = 10{,}28$ mA.

Em (3.17b) substituindo os dados, virá

$$S(I_{CBO}) = (60 + 1)\frac{1 + 5}{(60 + 1) + .5} = 5{,}55$$

E,

$$S(I_{CBO})\ \Delta I_C = (5{,}55)\ (33 - 0{,}001)\ \mu A \cong 183{,}14\ \mu A \cong 0{,}183\ mA$$

Por (3.17c), temos

$$S(V_{BE}) = \frac{-60/1\ k\Omega}{(60+1)+5} \cong -0{,}909/k\Omega$$

$$S(V_{BE})\ \Delta V_{BE} = (-0{,}909/\ k\Omega)\ (0{,}4 - 0{,}7)V = 0{,}273\ mA$$

Usando (3.18b), virá

$$S(\beta_2) = \frac{10{,}28\ mA}{60}\ [\frac{(1+5)}{(120+1)+5}] \cong 0{,}008\ mA$$

$$S(\beta_2)\ \Delta\beta = (0{,}008\ mA)(120 - 60) = 0{,}480\ mA$$

Por conseguinte, a variação total da corrente de coletor será

$$\Delta I_C = 0{,}183\ mA + 0{,}273\ m\,A + 0{,}480\ mA = 0{,}936\ mA$$

Exemplo 3.15

. Num circuito de polarização fixa com transistor de Silício, $R_B = 200\ k\Omega$ e $\beta_2 = 90$, calcular os fatores de estabilidade e a variação da corrente de coletor quando a temperatura variar de 25°C para 100°C. Usar dados da Tabela 3.1 e supor que $I_{C1} = 3{,}6$ mA.

Aplicando as fórmulas pertinentes, temos:

$$S(I_{CBO}) = (\beta_1 + 1) = 60 + 1 = 61$$

Estimativa de I_{CBO} a 100 ºC : $I_{CBO} = (0{,}001\mu A)x2^{7{,}5} = 0{,}181\mu A$. Então, virá

$$S(I_{CBO})\ \Delta I_{CBO} = 61\ (0{,}181 - 0{,}001)\ \mu A = 10{,}38\ \mu A \cong 0{,}011\ mA$$

$$S(V_{BE}) = \frac{-\beta}{R_B} = \frac{-60}{200\ k\Omega} = -0{,}3x10^{-3}/\Omega$$

Cálculo de V_{BE} a 100ºC:

$$V_{BE}' = [0{,}7\ V - (100 - 25)°C\ x\ 0{,}002\ 5V/°C] = 0{,}5125\ V.$$

Donde

$$S(V_{BE})\,\Delta V_{BE} = (-0{,}3\text{x}10^{-3}/\Omega)(0{,}5125 - 0{,}7)\text{V} \cong 0{,}056 \text{ mA}$$

$$S(\beta_2) = \frac{I_{C1}}{\beta_1} = \frac{3{,}6 \text{ mA}}{60} = 0{,}06 \text{ mA}$$

$$S(\beta_2)\,\Delta\beta = (0{,}06 \text{ mA})(90 - 60) = 1{,}80 \text{ mA}$$

Donde a variação total da corrente de coletor:

$$\Delta I_C = 0{,}011 \text{ mA} + 0{,}056 \text{ mA} + 1{,}80 \text{ mA} = 1{,}867 \text{ mA}$$

Note-se que $I_C = 3{,}6$ mA a 25°C aumenta para $I_C = 5{,}467$ mA a 100°C, acarretando um aumento relativo de

$$\frac{\Delta I_C}{I_{C1}} = \frac{1{,}866 \text{ mA}}{3{,}4 \text{ mA}} \cong 0{,}55 \text{ ou } 55\ \%$$

3.6. Nota Sobre a Tecnologia de Dispositivos Eletrônicos

O transistor que se apresenta encapsulado e exibindo seus terminais (assim como os díodos, resistores, capacitores e/ou indutores) são chamados de dispositivos eletrônicos discretos. A interconexão entre eles é feita através de fios condutores compondo um circuito eletrônico discreto, ou através trilhas condutoras, para compor um circuito eletrônico impresso, fig. 3.25.

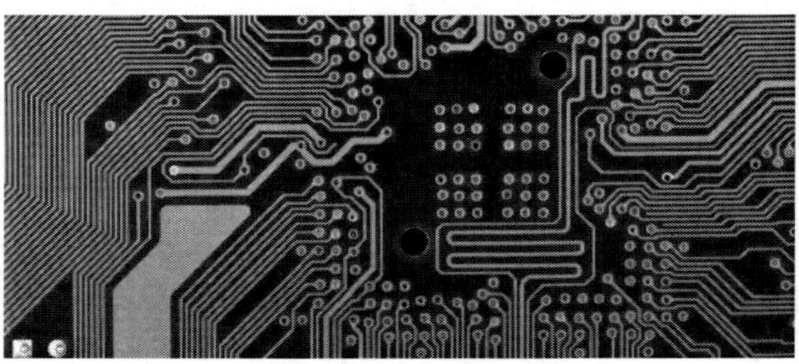

Fig. 3.25

A estrutura de transistor do modelo discreto mais conhecida é a epitaxial de difusão plamar. Em linhas gerais, o processo de construção do transistor n-p-n epitaxial consiste nas seguintes etapas: (1ª) Dispõe-se de uma lâmina de semicondutor n de cerca de 150 μm de espessura, denominada substrato, por exemplo, de Silício, altamente dopada de impureza doadora, designa-se por n^+, que será usada, no final, como coletor; (2ª) junta-se-lhe outra lâmina de semicondutor n de 25 μm, chamada de epitaxial; submete-se o conjunto à temperatura de cerca de 1.000°C, exposto a vapor de gás de dióxido de Silício, SiO_2; após resfriamento controlado, forma-se sobre a epitaxial uma fina camada de SiO_2 de cerca de 0,5μm, vista em transversal na fig. 3.26(a); (3ª) aplica-se-lhe o processo conhecido como fotolitografia, recobrindo a superfície superior com uma fina película de emulsão fotossensível conhecida como photoresist, e sobre a qual coloca-se outra camada de SiO_2 como máscara, que exposta a radiação ultra violeta, as áreas de photoresist deixadas transparentes ficam polimerizadas, e as demais são removidas com agente químico, deixando uma abertura ou "janela" para acesso à lâmina epitaxial, através da qual é feita a difusão da impureza aceitadora p, sob condição de temperatura e tempo necessários, a qual será a base do dispositivo; (4ª) nova camada de SiO_2 é aplicada, o processo fotolitográfico é repetido para a criação da região do emissor chamada "ilha", onde é difundida impureza doadora n^+, fig. 3.26(b); (5ª) o processo é novamente repetido sob condição de vácuo, aplicando-se às áreas de superfícies superior e inferior da estrutura uma camada de alumínio, e em seguida, com agente químico, removem-se as áreas não desejadas, deixando-se apenas metalizadas as áreas de contato de coletor, emissor e base, fig. 3.26(c).

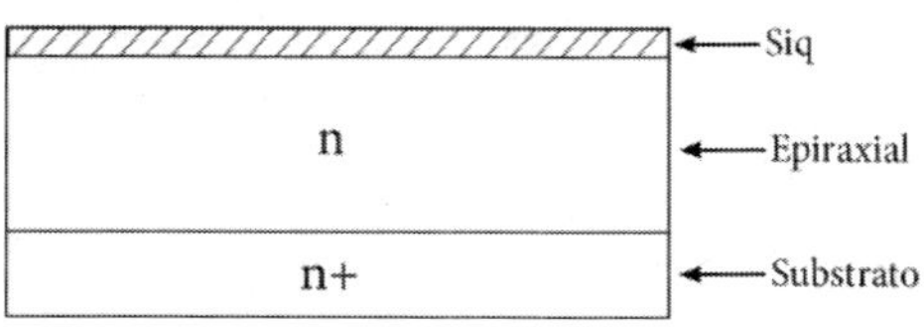

Fig. 3.26(a)

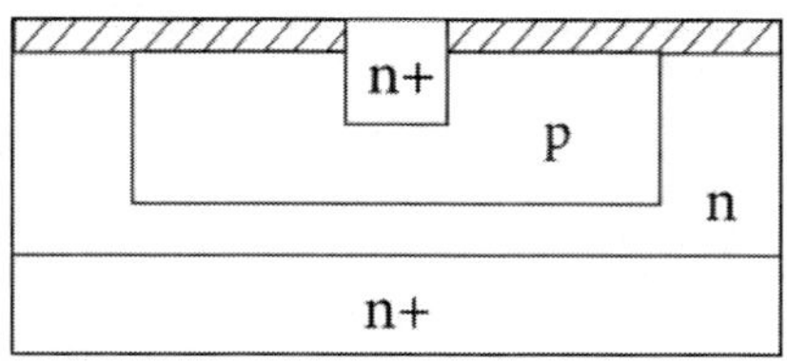

Fig. 3.26(b)

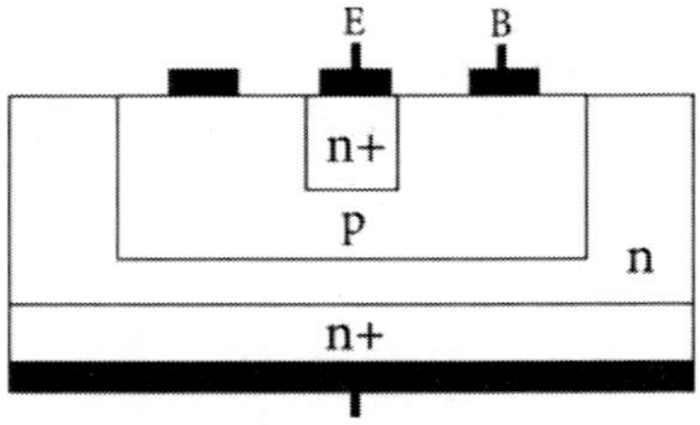

Fig. 3.26(c)

O avanço da tecnologia eletrônica desenvolveu a microeletrônica que utiliza a técnica exposta acima, em bloco monolítico, com o qual se manufaturam os dispositivos eletrônicos, ora chamados de integrados (transistores, díodos, resistores e capacitores) que são produzidos numa só formada. Essa técnica tem a vantagem de usar o mesmo material, reduzindo os espaços entre componentes e número de conexões dos mesmos, além de aumentar a confiabilidade e o desempenho de tais dispositivos (como alta velocidade de resposta), cujo molde recebe o nome de bolacha (wafer) que é depois cortada em pequenas pastilhas (chips) para a confecção de circuitos integrados.

A fig. 3.27 ilustra um bloco monolítico composto de um transistor p-n-p, díodo e resistor. No transistor o coletor vai para o topo, e para diminuir a resistência série com ele, cria-se uma subcamada altamente dopada n^+ entre o substrato e a epitaxial, como indicado.

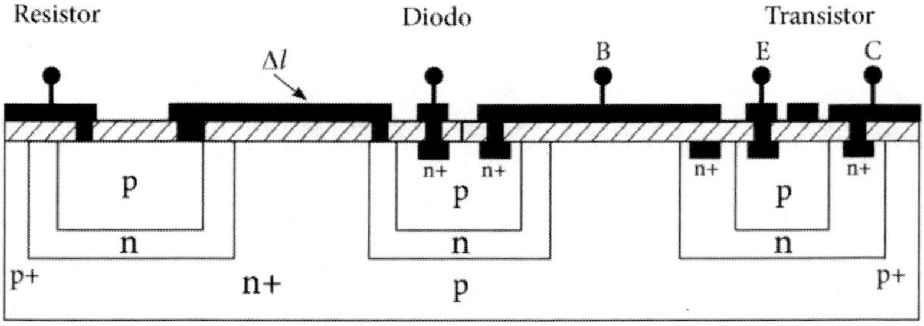

Fig. 3.27

Os resistores e capacitores integrados são formados no mesmo substrato com dimensão ínfima; por exemplo, um resistor integrado com dimensão de alguns mm de comprimento por 10^{-1} mm^2 de área, pode-se obter uma resistência da ordem de 10 Ω a 10^4 Ω.

Exercícios:

1) Para um TBJ polarizado em BC são dados: $I_B = 22\ \mu A$, $I_E = 2{,}5$ mA e $\beta = 90$. Achar α, I_{CBO} e I_C.

R. $\alpha = 0{,}989$; 5 μA e 2,477 57 mA.

2) Para um TBJ polarizado em EC são dados: $I_B = 30\ \mu A$, $I_{CBO} = 2\ \mu A$ e $\beta = 99$. Achar I_C e I_E.

R. 3,17 mA e 3,2 mA.

3) Para o circuito de polarização fixa da fig. 3.P1, com transistor de silício, são dados: $V_{EE} = 5$ V, $V_{CC} = -12$ V, $I_E = 2$ mA, $V_{BC} = -4{,}08$ V e $\alpha = 0{,}99$. Desprezando I_{CBO}, calcular I_C, R_E, R_C, bem como V_E e V_C.

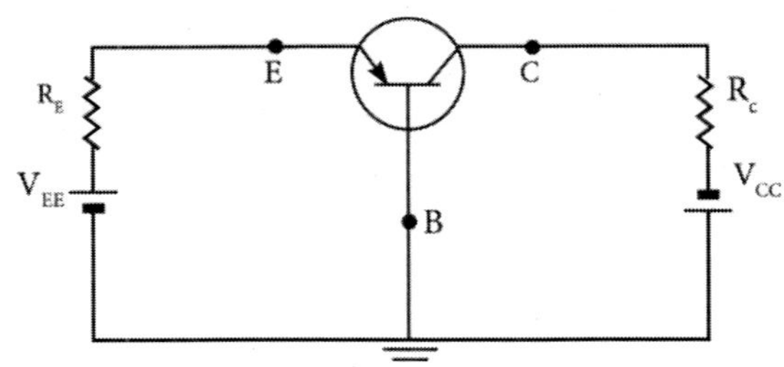

Fig. 3.P1

R. 1,98 mA; 2,15 k Ω e 4 k Ω ; $V_E = -0{,}7$ V.

4) Para o circuito de polarização fixa, fig. 3.P2, com transistor de silício, são dados: $V_{CC} = 10$ V, $R_B = 150$ k Ω, $R_C = 1{,}2$ k Ω e $\beta = 100$. Desprezando I_{CEO}, determinar I_B, I_C, V_B e V_{CE}.

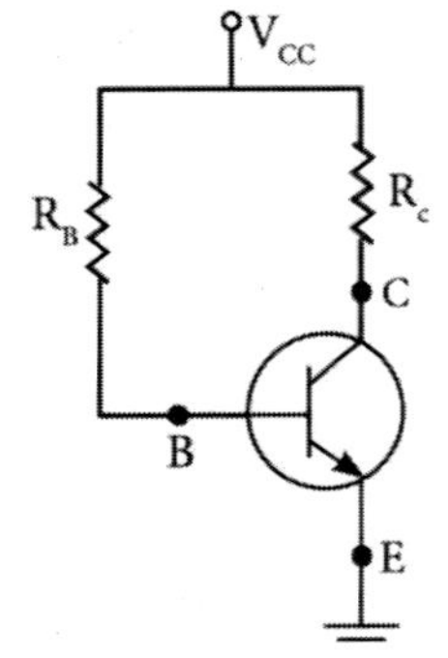

Fig. 3.P2

R. 62 μ A; 6,2 mA, 0,7 V e V_{CE} = 2,56 V.

5) Para o circuito de polarização de emissor estável, fig. 3.P3, com transistor de silício, são dados: V_{CC} = 12 V, I_C = 3 mA, I_B = 25 μA, R_E = 1 kΩ e V_{CE} = - 3 V. Desprezando I_{CEO}, achar, β, R_B, R_C e os potenciais, V_E, V_B e V_C.

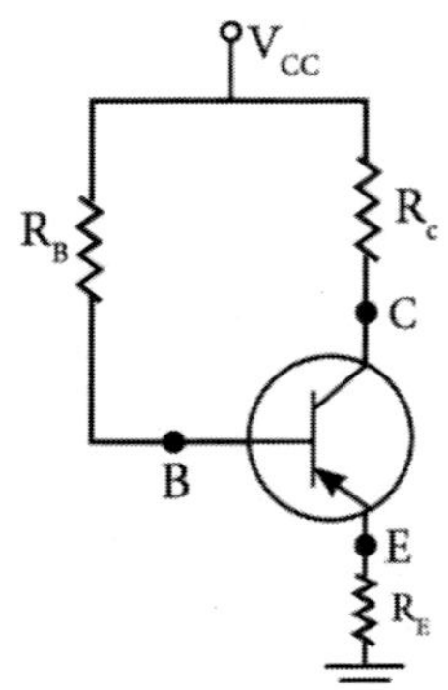

Fig. 3.P3

R. β = 119; 332 k Ω e 2 k Ω; V_E = - 3 V, V_B = 3,7 V e V_C = - 6 V.

6) Para o circuito de polarização fixa, fig. 3.P4, com transistor de silício, são dados: V_{CC} = - 9 V, I_B = 40 μA V_{CE} = - 3V e β = 100. Desprezando $I_{CEO,}$ calcular I_C, R_B e R_C .

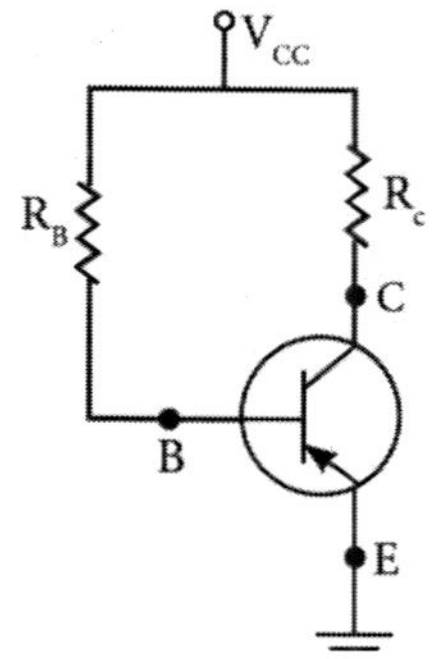

Fig. 3.P4

R. I_C = 4 mA; 207,5 k Ω e 1,5 k Ω.

7) Para o circuito de polarização estável de emissão, fig. 3.P5, com transistor de silício, são dados: V_{CC} = - 15 V, V_{CE} = - 6 V, I_B = 20 μA, I_E = 2 mA e R_E = 1,5 kΩ. Desprezando I_{CEO}, achar β, V_{RB} , V_{RC} e V_{RE}.

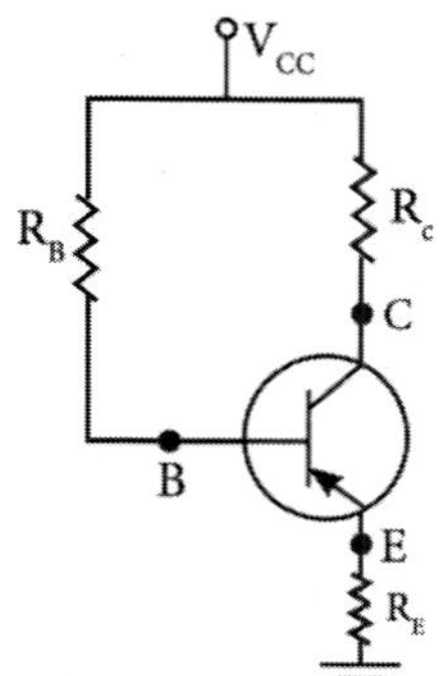

Fig. 3.P5

R. β = 99; 11,3 V, 6 V e 3 V.

8) Para o circuito de polarização com realimentação, fig. 3.P6, com transistor de silício, são dados: V_{CC} = 12 V, R_B = 180 kΩ, R_C = 3,5 kΩ, R_E = 1kΩ. e β = 80. Desprezando I_{CEO}, achar I_B , I_C e V_{CE}.

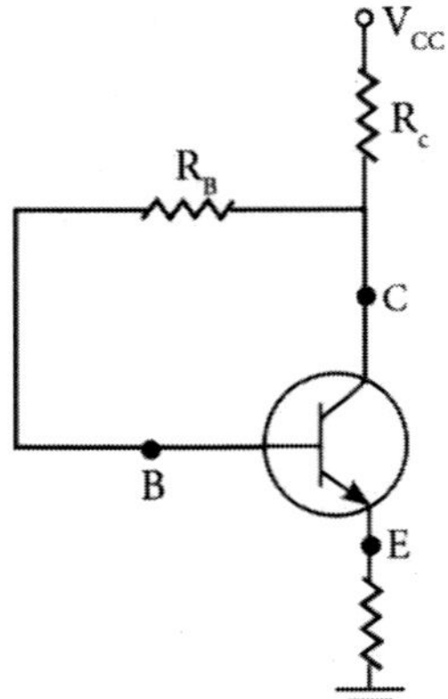

Fig. 3.P6

R. 22,6 μA, 1,808 mA e V_{CE} = 4,768 V.

9) Para o circuito de polarização com realimentação, fig. 3.P7, com transistor de silício, são dados: V_{CC} = - 20 V, R_B = 300 k Ω, R_C = 5,5 kΩ, R_E = 1,5 k Ω e β =100. Desprezando I_{CEO}, achar, I_B, I_C e V_{CE}.

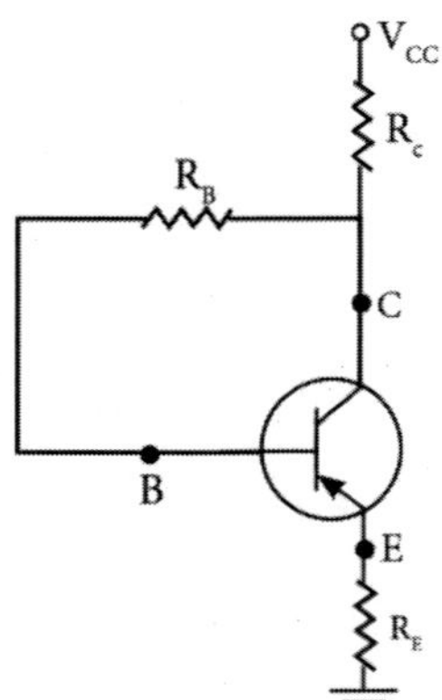

Fig. 3.P7

R. 19,3 μA, 1,93 mA e V_{CE} = - 6,49 V.

10) Para o circuito de autopolarização, fig. 3.P8, com transistor de silício, são dados: V_{CC} = 20 V, R_1 = 90 k Ω, R_2 = 30 k Ω, R_C = 4,5 k Ω, R_E = 1,5 k Ω e β = 90. Desprezando I_{CEO}, achar V_{Th}, R_{Th}, I_B, I_C e V_{CE}.

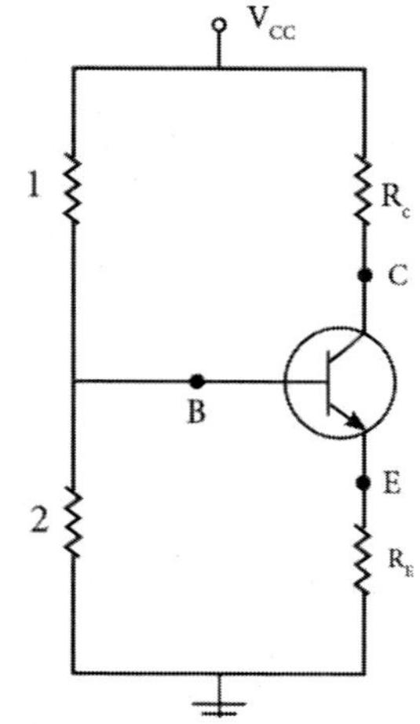

Fig. 3.P8

R. 5 V, 22,5 k Ω, $I_B \cong 27\ \mu A$, $I_C \cong 2{,}46$ mA e $V_{CE} = 5{,}24$ V.

11) Para o circuito de autopolarização, fig. 3.P9, com transistor de silício, são dados: $V_{CC} = -25$ V, $R_1 = 70$ k Ω, $R_2 = 30$ k Ω, $R_C = 2{,}5$ k Ω, $R_E = 1{,}2$ k Ω e $\beta = 120$. Desprezando I_{CEO}, achar V_{Th}, R_{Th}, I_B, I_C e V_{CE}.

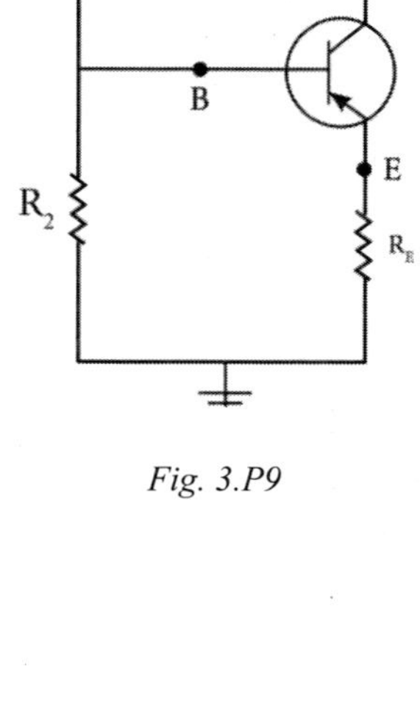

Fig. 3.P9

R. 7,5 V, 21 k Ω, $I_B \cong 25{,}6\ \mu A$, $I_C \cong 3{,}1$ mA e $V_{CE} = -12{,}6$ V.

12) Para um circuito de autopolarização, são dados: $V_{CC} = 15$ V, $R_1 = 75$ kΩ, $R_2 = 15$ k Ω, $R_E = 1{,}2$ kΩ, operando a 25°C e $\beta_2 = 90$ a 100°C. Determinar os fatores de estabilidade, a variação da corrente de coletor e a sua variação porcentual decorrente. Usar dados que se fizerem necessários da Tabela 3.1.

R. $S(I_{CBO}) \cong 9{,}754$; $S(V_{BE}) \cong -0{,}700/k\Omega$; $S(\beta) \cong 0{,}002$; $\Delta I_C \cong 0{,}195$ mA e $\Delta I_C/I_{C1} \cong 15{,}5$ %.

4 – AMPLIFICADORES TBJ NO DOMÍNIO CA

4.1. Introito

A partir deste tópico passaremos a estudar os TBJs em circuitos amplificadores operando com tensões e correntes variáveis no tempo, sob a condição de pequenos sinais e na faixa de frequência média, $10^2 \leq f \leq 10^5$ Hz, circunscritos à região ativa onde eles apresentam comportamento linear. Sob tais condições, os efeitos das reatâncias capacitivas são desprezados, de modo que as impedâncias pertinentes reduzem-se a resistências. Em tais circuitos, existe a superposição das tensões CA e CC, e a função dos capacitores conectados é evitar a interferência de uma delas sobre a outra. Assim sendo, na análise CA os capacitores de acoplamentos e de derivação serão tomados como curtos-circuitos e as fontes de polarização CC são omitidas porque isoladas por eles. Por exemplo, no amplificador da fig. 4.1(a), C_1 e C_C são capacitores de acoplamento e CD capacitor de derivação, que se comportam como curto-circuitos na análise CA. O circuito CA equivalente dele é dado na fig. 4.1(b) [doravante passaremos a indicar cada corrente alterada por uma seta paralela ao ramo pertinente]. Este tipo de estrutura é entendido como um sistema de duas portas que tem como representação geral o quadripolo da fig. 4.1(c), no qual está omitida a fonte de tensão CA.

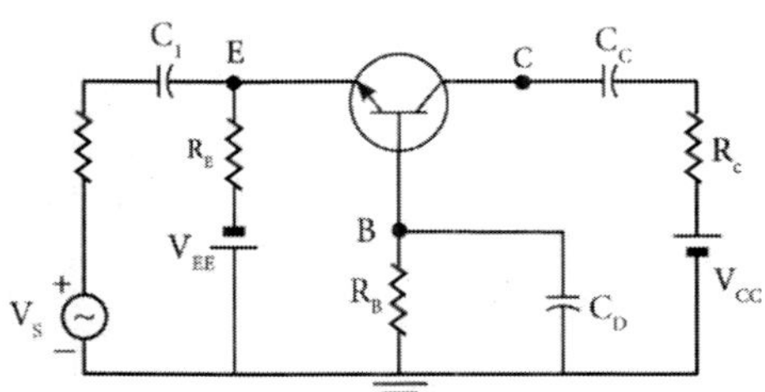

Fig.4.1(a)

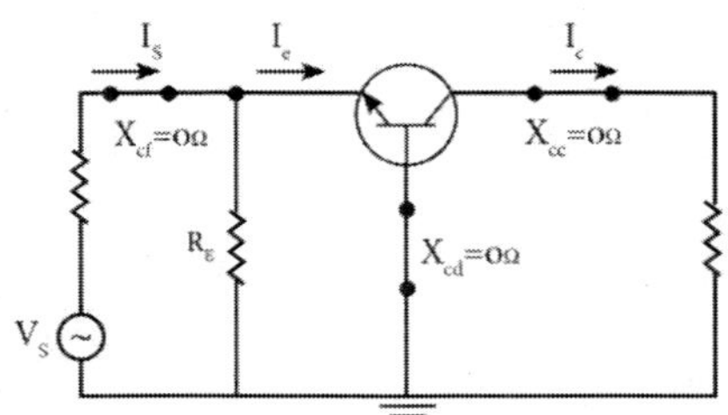

Fig.4.1(b)

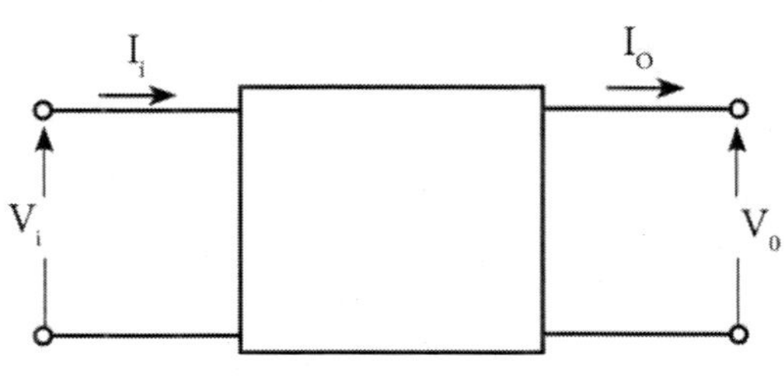

Fig.4.1(c)

4.2. Parâmetros Dinâmicos e Amplificações CA

Aplicamos o conceito de quadripolo ao transistor, fig. 4.1(c), mas quando ele opera com pequenos sinais é um amplificador operacional (abrevia-se, amp-op) representado pelo bloco triangular, fig. 4.2., com saída no vértice. Para ambas as representações são definidos os parâmetros CA que se seguem, mediante seus valores eficazes:

[1] Impedâncias dinâmicas (CA):

- de Entrada:

$$z_i = \frac{V_i}{I_i} \qquad (4.1a)$$

Para efeito de gráfico, toma-se a relação incremental, $z_i = \Delta V_i/\Delta I_i$. Obviamente as definições ora em tela valem para valores instantâneos das quantidades envolvidas.

- de Saída:

$$z_o = \frac{V_o}{I_o} \qquad (4.1b)$$

Em particular, tem-se $z_i = r_i$, assim como, $z_o = r_o$. Na prática a determinação de z_o é feita curto-circuitando a fonte e aplicando aos terminais de saída uma tensão de partida, V_S', que oferece I_o e, por consequência, z_o. Também vale a relação incremental $z_o = \Delta V_o/\Delta I_o$.

[2] Amplificações CA:

- Amplificação ou Ganho de Tensão,

Para o quadripolo ou amplificador operacional, conhecidos os valores eficazes V_i e V_o das tensões de entrada e saída (com saída aberta), define-se a amplificação ou ganho de tensão pela relação

$$A_V = \frac{V_o}{Vi} \qquad (4.2a)$$

Este ganho de tensão CA é dito ideal, supondo nula a resistência da fonte de tensão. Quando as tensões de entrada e saída do quadripolo ou amplificador operacional estão oposições, isto é, defasadas de 180° elétricos, eles são chamados de amplificadores inversores e o ganho de tensão torna-se negativo ou $A_V < 0$. Ademais, quando a fonte de tensão alternada denotada por v_S, de valor eficaz V_S, é levada em conta, fig. 4.3, o amplificador apresentará o ganho de tensão total dado por

$$A_{VS} = \frac{V_o}{V_S} = \frac{V_o \,.\, V_i}{V_i \,.\, V_S} = A_V \left(\frac{V_i}{V_S}\right) \qquad (4.2b)$$

No circuito da fig. 4.3, usando o divisor de tensão sobre z_i, virá

$$V_i = \frac{z_i}{z_i + r_S} V_S$$

que introduzido em (4.2b) resulta

$$A_{VS} = A_V \frac{z_i}{z_i + r_S} \qquad (4.2c)$$

É fácil ver nesta expressão que $A_{VS} < A_V$.

- Amplificação ou Ganho de Corrente

Com referência à fig. 4.1(c) ou fig. 4.2, sendo I_i e I_o os valores eficazes respectivos das correntes de entrada e saída, define-se a amplificação ou ganho de corrente pela relação

$$A_i = \frac{I_o}{I_i} \qquad (4.3a)$$

que é dito ganho de corrente ideal. No amplificador inversor, como I_i e I_o estão defasadas de 180° elétricos, tem-se $A_i < 0$. Quando se inclui a resistência de carga, R_L, tem-se $I_o = - V_o/R_L$, e sendo $I_i = V_i/z_i$, a equação supra transforma-se em

$$A_i = - A_V \frac{z_i}{R_L} \tag{4.3b}$$

Se a resistência interna r_S da fonte é levada em conta, convertemos o circuito da fig. 4.3 no equivalente de Norton, fig. 4.4, onde $I_N = I_S$ e $R_N = r_S$, tem-se o ganho de corrente total,

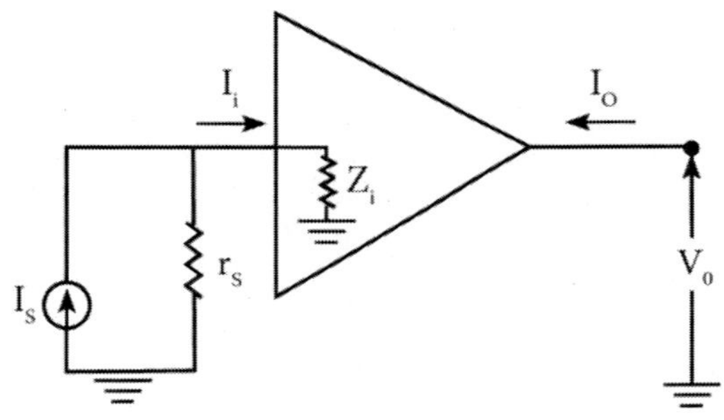

Fig.4.4

$$A_{iS} = \frac{I_o}{Is} = \frac{I_o . I_i}{I_i . I_S} = A_i \left(\frac{I_i}{I_S}\right) \tag{4.3c}$$

Usando o divisor de corrente sobre z_i, obtemos

$$I_i = \frac{r_S}{r_S + z_i} I_S$$

que, levado acima, resulta

$$A_{iS} = A_i \frac{r_S}{r_S + z_i} \tag{4.3d}$$

Dividindo ordenadamente (4.3d) por (4.2c) e substituindo A_i e A_V, após simplificação obtemos

$$A_{iS} = A_{VS} \frac{r_S}{z_i} \tag{4.3e}$$

Em geral, denomina-se transferência direta, A, a razão entre a quantidade de saída e de entrada, portanto ela pode ser A_V ou A_i ; A_{VS} ou A_{iS}. Note-se, ademais, que a transferência direta é adimensional.

No amplificador, o fato de o sinal de saída ser sempre maior do que o sinal de entrada decorre das contribuições do pico do sinal CA junto com o sinal CC e, portanto, não contradiz o princípio de conservação da energia.

- Amplificação ou Ganho de Potência

Dadas as potências de saída, $P_o = V_o\ I$, e potência de entrada, $P_i = V_i\ I_i$, define-se a amplificação ou ganho de potência pela relação

$$A_P = \frac{V_o\ I_o}{V_i\ I_i} \tag{4.4a}$$

ou sob a forma

$$A_P = A_V .\ A_i \tag{4.4b}$$

Exemplo 4.1

. Para o amplificador operacional da fig. 4.2, são dados: $v_S = v_i = 0{,}6 + 0{,}01 \text{ sen } 10^3\ t$ (V), $i_i = 3\text{x}10^{-5} + 2{,}5\text{x}10^{-6} \text{ sen } 10^3\ t$ (V), $V_o = 0{,}3$ (V) e $I_o = 1{,}5\text{x}10^{-4}$ A. Calcular z_i, z_o e os ganhos pertinentes.

Com os rms de v_i de i_i, teremos a impedância de entrada:

$$zi = \frac{(0{,}01/\sqrt{2})\ \text{V}}{(2{,}5\text{x}10^{-6}/\sqrt{2})\ \text{A}} = 4\ \text{k}\Omega$$

E a impedância de saída

$$z_o = \frac{0{,}3\ V}{1{,}5x10^{-4}\ A} = 2\ k\Omega$$

Os ganhos de tensão e corrente:

$$A_V = \frac{0{,}3\ V}{0{,}01/\sqrt{2}V} = 30/\sqrt{2}$$

$$Ai = \frac{1{,}5x10^{-4}\ A}{2{,}5x10^{-6}/\sqrt{2}\ A} = 60\sqrt{2}$$

E o ganho de potência por (4.4b),

$$A_P = (30\sqrt{2})(60\sqrt{2}) = 3.600$$

Exemplo 4.2

. Para o amplificador da fig. 4.3, com a resistência de fonte, r_S = 1,2 kΩ, e demais dados: V_S = 5 mV, z_i = 120 Ω, A_V =50 e A_i = 40. Achar: V_i, A_{VS}, A_{iS} e z_o.

Na malha de entrada, aplicando o divisor de tensão sobre z_i, temos

$$V_i = \frac{120\ \Omega}{(120 + 1.200)\ \Omega}(5x10^{-3}\ V) \cong 4{,}545x10^{-4}\ V$$

Por (4.2 c),

$$A_{VS} = (50)\frac{4{,}545x10^{-4}\ V}{5x10^{-3}\ V} \cong 4{,}545$$

E por (4.3c),

$$A_{iS} = (40)\frac{1.200\ \Omega}{(120 + 1.200)\Omega} \cong 36,36$$

Sendo,

$$I_i = \frac{V_i}{z_i} = \frac{4,545\text{x}10^{-4}\ \text{V}}{120\ \Omega} \cong 3,787\text{x}10^{-6}\ \text{A}$$

$$I_o = \text{Ai}\ I_i = (40)(3,787\text{x}10^{-6}\ \text{A}) = 151,48\text{x}10^{-6}\ \text{A}$$

$$V_o = A_V\ V_i = (50)(4,545\text{x}10^{-4}\ \text{V}) = 227,25\text{x}10^{-4}\ \text{V}$$

$$z_o = \frac{227,25\text{x}10^{-4}\ \text{V}}{151,48\text{x}10^{-6}\ \text{A}} \cong 150\ \Omega$$

Resultado que se confirma com o concurso de (4.3e),

$$z_o = \frac{4,545}{36,36}\ 1.200\ \Omega = 150\ \Omega$$

[3] OUTROS PARÂMETROS

É interessante acrescentarmos aqui mais os parâmetros seguintes:

- Resistência de Emissor

Como foi visto, a junção emissor-base eqivale a um díodo diretamente polarizado e como tal pode ser representada pela resistência dinâmica aproximada da equação (2.5d), ora adequada ao transistor à temperatura ambiente,

$$r_e = \frac{26\ \text{mV}}{I_E\ (\text{mA})} \tag{4.5a}$$

Para a configuração BC, define-se a resistência do emissor

$$r_e = \left. \frac{V_{be}}{i_e} \right|_{V_{CE} = cte} \quad (4.5b)$$

- Resistência de Coletor

Por seu lado, na junção coletor-base tem-se resistência de coletor dada por

$$r_C = \left. \frac{V_{cb}}{i_C} \right|_{I_E = cte} \quad (4.5c)$$

- Transcondutância

Para o TBJ na conexão EC, define-se transcondutância, g_m, como a relação entre i_C (saída) por v_{be} (entrada) com v_{CE} = cte, ou seja,

$$g_m = \left. \frac{i_C}{v_{be}} \right|_{V_{CE} = cte} \quad (4.5d)$$

obviamente, ela é o inverso da resistência, tendo como unidade SI, o Siemens S; às vezes também se usa o mho Ω^{-1}.

Exercícios:

1) Para o amplificador da fig. 4.P1, com $r_S = 0$, e demais dados: V_S = 5 mV, I_i = 2 μA, V_o = 0,45 V e A_i = 75, determinar: A_V, z_i, z_o e A_P.
R. A_V = 90; z_i = 2,5 kΩ; z_o = 3 kΩ e A_P = 6.750 W .

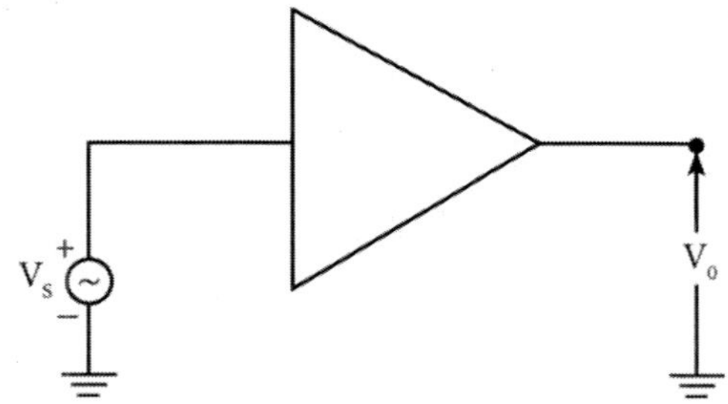

Fig.4.P1

2) Para o amplificador da fig. 4.P2, com a resistência da fonte, $r_S = 500\ \Omega$, e demais dados: $V_S = 10$ mV, $V_i = 7{,}5$ mV, $z_i = 1{,}5\ k\Omega$ e $A_V = 80$ e $A_i = 40$, determinar: A_{VS}, A_{iS}, z_o e A_P.

R. $A_{VS} = 60$; $A_{iS} = 10$; $z_o = 3\ k\Omega$ e $A_P = 3.200$ W.

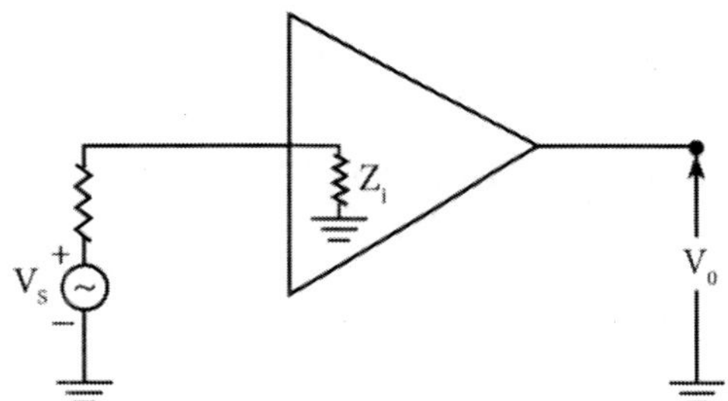

Fig.4.P2

5. CIRCUITOS EQUIVALENTES DE AMPLIFICADORES. MODELOS

5.1. Introito

Na análise CA os transistores que operam na faixa de pequenos sinais podem ser substituídos por circuitos equivalentes usualmente chamados de modelos, que passaremos a estudar. No que se segue, as quantidades CA serão expressas em valores eficazes ou rms, e os transistores utilizados serão de Silício, salvo indicação em contrário.

5.2. Modelos "re" de Amplificadores Transistorizados

A resistência dinâmica r_e caracterizará o modelo r_e

[1] Modelo BC de Amplificador

O transistor na configuração BC alimentado por uma fonte alternada, fig. 5.1(a), pode ser substituído pelo circuito equivalente com díodo na 1ª malha e uma fonte de corrente alternada na 2ª de emissor, $\alpha I_e = I_C$, dada por (4.5a,b), resultando no circuito equivalente CA da fig. 5.1(c). Aplicando estes requisitos ao circuito amplificador da fig. 5.2(a), este passa a ser representado pelo circuito equivalente da fig. 5.2(b). Na prática, quando se tem $R_E >> r_e$, verifica-se que $R_E // r_e \cong re$; e de igual modo, para $r_C >> RC$, resulta $r_C // R_C \cong R_C$; então, o circuito equivalente da fig. 5.2(b) é simplificado para o modelo CA final da fig. 5.2(c). Passaremos a adotar o seguinte critério: $R >> r$ sempre que $R > 10r$. Note-se, ademais, que nesta conexão BC, V_i e V_o estão em fase.

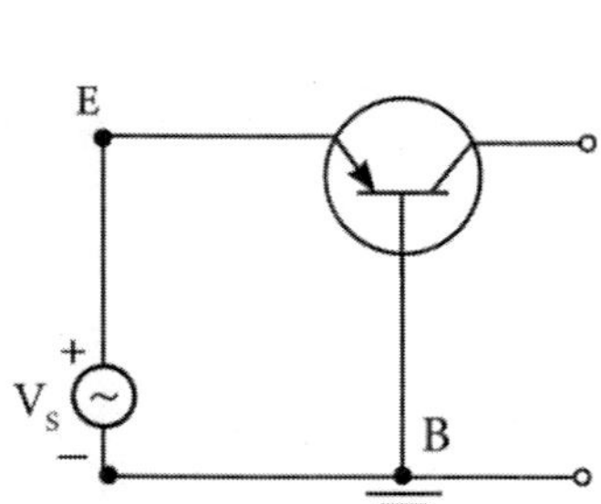

Fig. 5.1(a)

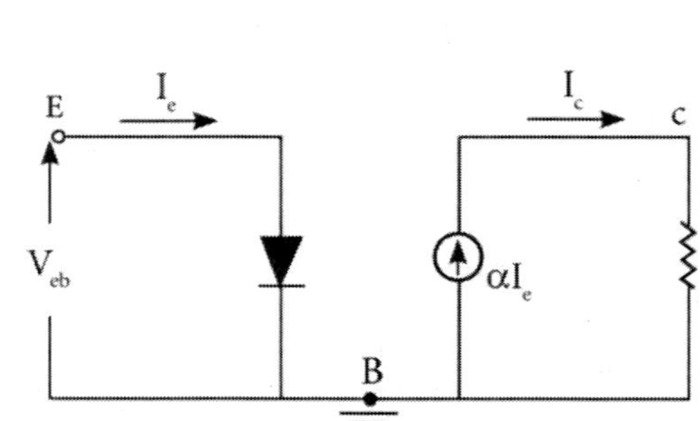

Fig. 5.1(b)

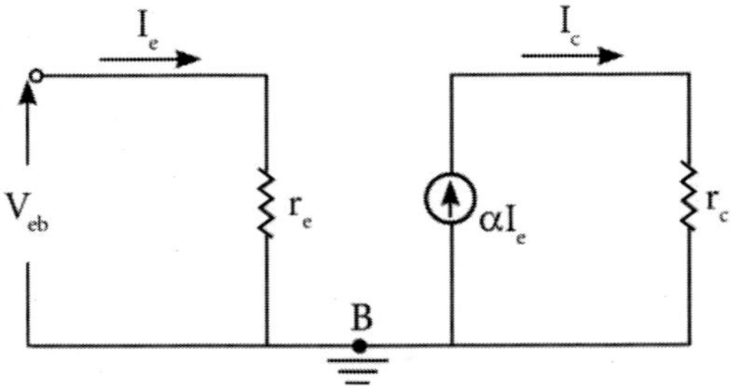

Fig. 5.1(c)

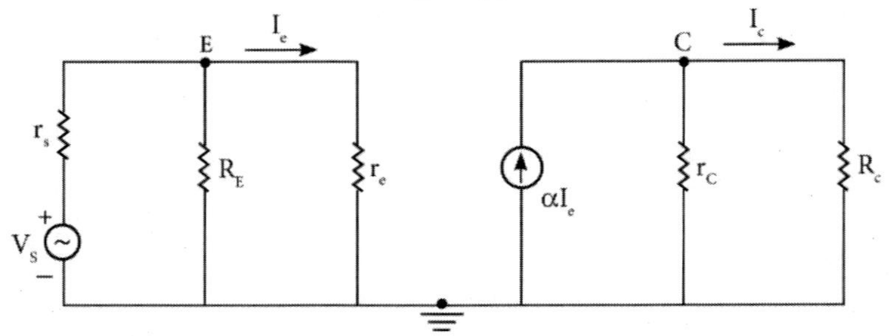

Fig. 5.2(b)

Exemplo 5.1

. Para o circuito amplificador da fig. 5.2(a) são dados: $V_{EE} = V_{CC} = 5$ V, $R_E = 2{,}4$ kΩ, $R_C = 3{,}5$ kΩ, $r_C = 500$ kΩ e $\alpha = 0{,}99$, calcular: z_i e z_o; A_V e A_i. Usar $V_\lambda = 0{,}7$ V na análise CC.

Da fig. 5.2(a), a análise CC, oferece:

$$I_E = \frac{(5 - 0{,}7)\text{V}}{2{,}4\ \text{k}\Omega} \cong 1{,}792\ \text{mA}$$

E, então,

$$r_e = \frac{26\ \text{mV}}{1{,}792\ \text{mA}} \cong 14{,}51\ \Omega$$

Na análise CA vemos que RE >> re e rc >> Rc, de modo que temos:

$$z_i = R_E // r_e \cong re = 14{,}51\ \Omega$$

$z_o = r_C // R_C \cong R_C = 3,5\ k\Omega$

E o circuito equivalente é o da fig. 5.2(c), para o qual temos $V_i = r_e\ I_e$ e $V_o = R_C\ I_o = R_C\ \alpha\ I_e$, de modo que podemos concluir que

$$A_V = \alpha \frac{R_C}{re} \qquad (5.1a)$$

Sendo $I_i = I_e$ e $I_o = \alpha\ I_e$, virá

$$Ai = \alpha \qquad (5.1b)$$

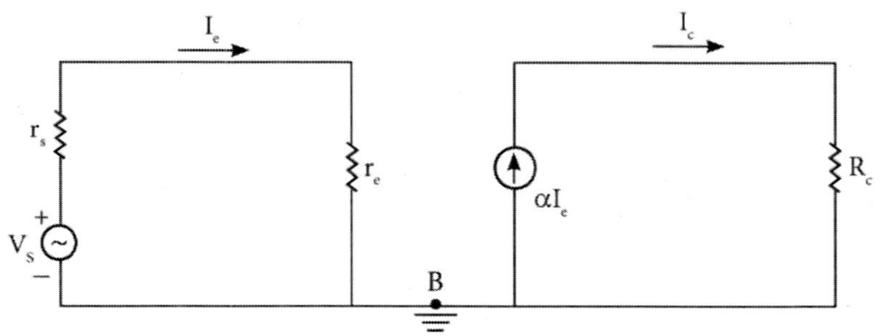

Fig. 5.2(c)

Substituindo os valores dados nas expressões supra, virá

$$A_V = (0,99) \frac{3,5\ k\Omega}{14,51\ \Omega} \cong 238,8$$

$$A_i = 0,99$$

Neste caso tem-se A_V alto e A_i baixo.

[2] Modelo EC de Amplificador

O transistor na conexão EC alimentado por uma fonte alternada, de corrente de entrada I_b e resistência interna de emissor, r_e, fig. 5.3(a) com detalhe ao lado, pode ser substituído pelo circuito equivalente com díodo na 1ª malha e a fonte de corrente alternada, $I_c \cong \beta I_b$, na 2ª malha, fig. 5.3(b); mas, sendo a corrente através do díodo, $I_e = (\beta + 1)I_b \cong \beta\, I_b$ [com base em (3.4a)] e a tensão sobre ele, $V_{be} = r_e\, I_e$, a impedância de entrada será $z_i = V_i/\, I_i = V_{be}/I_b = r_e\, I_e/I_b = \beta r_e$, que substitui o díodo, oferecendo o circuito equivalente CA da fig. 5.3(c). A seguir vejamos dois arranjos principais:

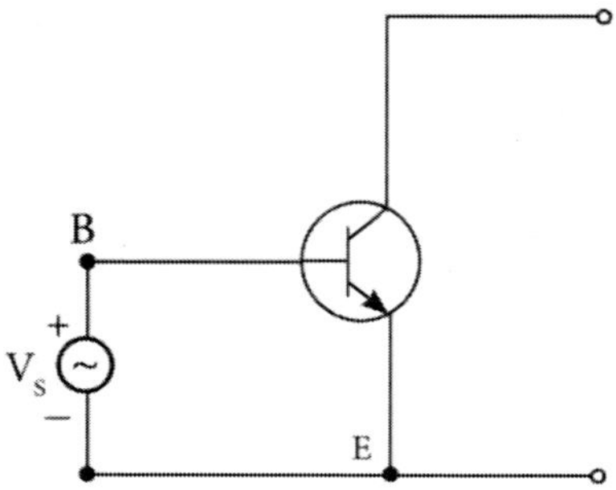

Fig. 5.3(a)

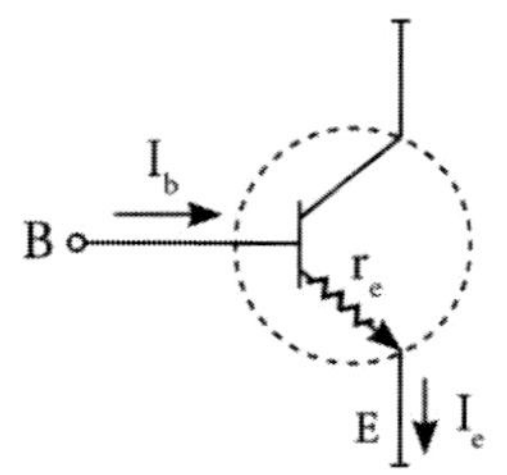

Fig. 5.3(b)

(1) Com o circuito de polarização fixa, fig. 5.4(a), ora repetido no circuito equivalente CA da fig. 5.4(b), temos, além da impedância de entrada, βr_e, a impedância de saída do coletor r_c/β. Como em geral $r_c/\beta >> R_C$, resulta que $r_c/\beta\, //R_C \cong R_C$, com os quais chega-se ao modelo equivalente final, fig. 5.4(c), onde as tensões V_i e V_o estão defasadas de 180° (graus elétricos), o que significa que amplificação de tensão, A_V , será negativa.

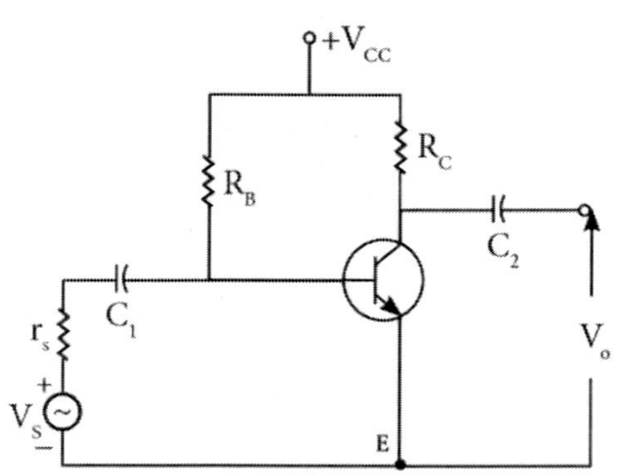

Fig. 5.4(a)

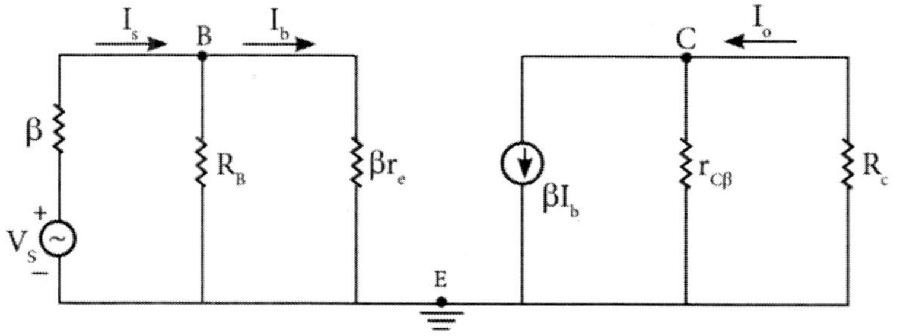

Fig. 5.4(b)

Exemplo 5.2

. Para o circuito amplificador da fig. 5.4(a), com equivalente na fig. 5.4(b), são dados: $V_{CC} = V_{BB} = 10$ V, $R_B = 400$ kΩ, $r_c/\beta = 4{,}4$ MΩ, $R_C = 2{,}7$ kΩ e $\beta = 110$, deduzir as expressões para A_V e A_i, e em seguida aplicar os valores dados. Supor $V_\lambda = 0{,}7$ V.

Da análise CC na fig. 5.4(a), temos:

$$I_B = \frac{V_{BB} - V_\lambda}{R_B} = \frac{(10 - 0{,}7)\text{V}}{400\ \text{k}\Omega} = 0{,}023\ 25\ \text{mA}$$

$$I_E \cong \beta\ I_B = (110)(\ 0{,}02325\ \text{mA}) = 2{,}557\ 5\ \text{mA}$$

donde

$$r_e = \frac{26\ \text{mV}}{I_E\ (\text{mA})} = \frac{26\ \text{mV}}{2{,}557\ 5\ \text{mA}} \cong 10{,}166\ \Omega$$

$$\beta r_e = (110)(10{,}166\ \Omega) = 1{,}118\ \text{k}\Omega$$

Na análise CA, vemos que $R_B >> \beta r_e$ e $r_c/\beta >> R_C$, de modo que temos:

$$z_i = R_B\ //\beta r_e \cong \beta r_e = 1{,}118\ \text{k}\Omega \quad \text{e} \quad z_o = r_c/\beta\ //R_C \cong R_C = 2{,}7\ \text{k}\Omega$$

E o circuito equivalente adotado é o da fig. 5.4(d), onde

$$V_i = z_i\ I_i = \beta r_e I_b \text{ e } V_o = (R_C//r_c/\beta)I_o \cong - R_C(\beta I_b)$$

De (3.3c), tira-se α , e concluir que α = 0,99., que levado em (5.1a), temos:

$$A_V = 0{,}99 \frac{2{,}7\ k\Omega}{10{,}166\ \Omega} = 262{,}94$$

$$A_V = - \frac{R_C}{r_e} = - \frac{2{,}7\ k\Omega}{10{,}166\ \Omega} \cong - 265{,}59$$

Sendo, $I_i = I_b$ e $I_o = \beta I_b$, vale concluir que

$$A_i = \beta = 110$$

onde nota-se que ambos os ganhos são relativamente elevados.

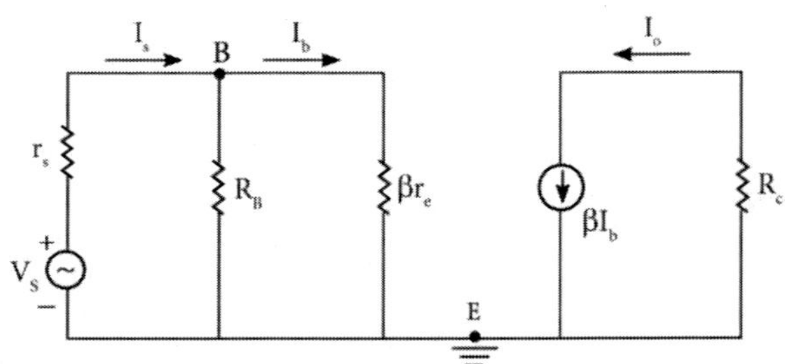

Fig. 5.4(c)

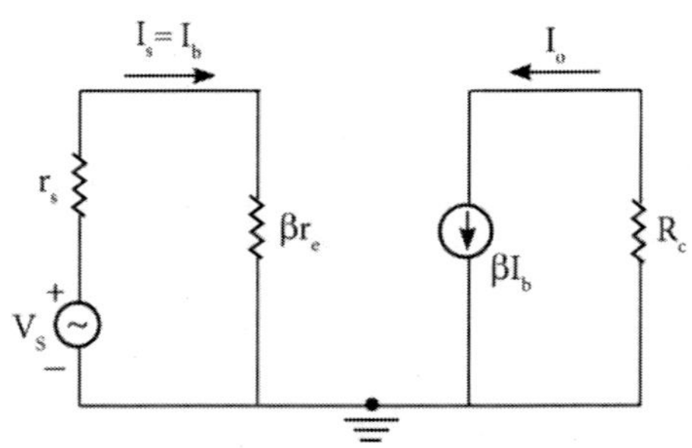

Fig. 5.4(d)

(2) Com o circuito de autopolarização da fig. 5.5(a) representado pelo circuito equivalente CA da fig. 5.5(b), onde, além da impedância de entrada, βr_e, tem a impedância de saída do transistor, r_o. Na situação em que $r_o \gg R_C$, tem-se $r_o // R_C \cong R_C$, que conduz ao modelo equivalente CA final, fig. 5.5(c). Caso em que têm-se as tensões V_i e V_o defasadas de 180° (graus elétricos).

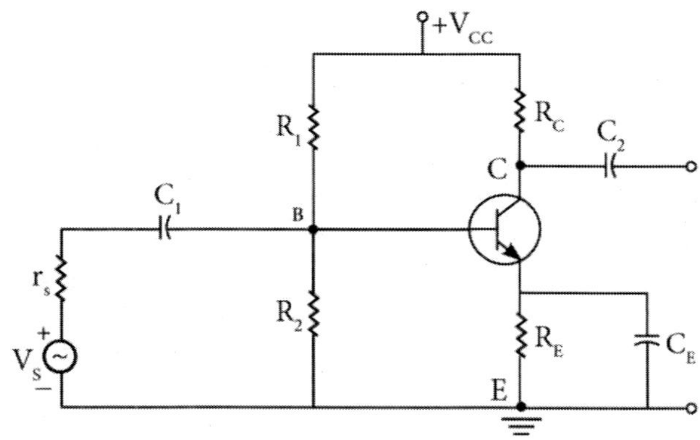

Fig. 5.5(a)

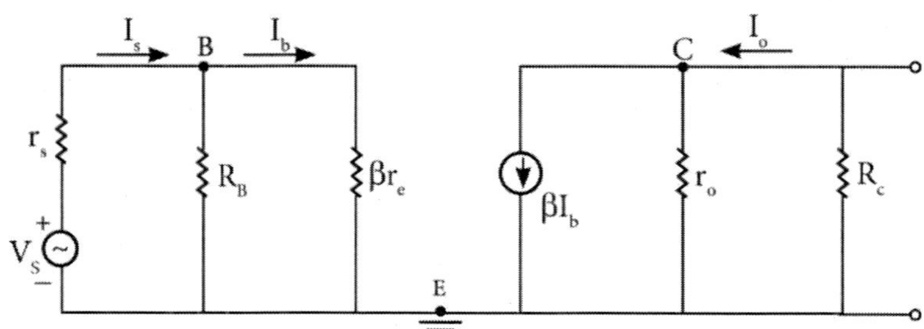

Fig. 5.5(b)

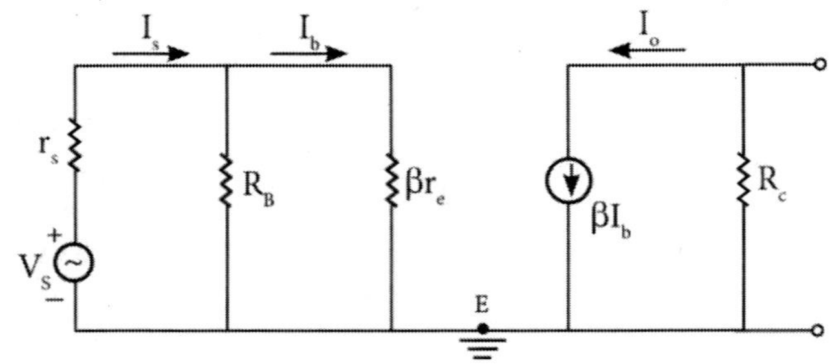

Fig. 5.5(c)

Exemplo 5.3

. Para o circuito amplificador da fig. 5.5(a) são dados: V_{CC} = 15 V, R_1 = 12 kΩ, R_2 = 4 kΩ, r_o = 40 kΩ, R_C = 3,6 kΩ, R_E = 1,0 kΩ e β = 100, calcular: z_i e z_o; A_V e A_i. Usar V_λ = 0,7 V.

Da análise CC na fig. 5.5(a), temos: $R_B = R_1//R_2$ (também usa-se $R_B = R_\pi$, na folha de dados), de modo que

$$R_B = \frac{(12\ k\Omega)(4\ k\Omega)}{(12 + 4)k\Omega} = 3\ k\Omega$$

Usando o divisor de tensão sobre R_2 = 4 kΩ, virá

$$V_{Th} = V_B = \frac{4\ k\Omega}{(12 + 4)\ k\Omega}(15\ V) = 3{,}75\ V$$

E de (3.10a) temos

$$I_B = \frac{(3{,}75 - 0{,}7)V}{3\ k\Omega + (100+1)\ 1\ k\Omega} \cong 0{,}029\ 3\ mA$$

$$I_E = (\beta + 1)I_B = (101)(\ 0{,}029\ 3\ mA) = 2{,}9593\ mA$$

donde

$$r_e = \frac{26\ \text{mV}}{2{,}959\ 3\ \text{mA}} \cong 8{,}79\ \Omega \quad \text{e} \quad \beta r_e = (100)(8{,}79\ \Omega) = 879\ \Omega$$

Na análise CA, o capacitor C_E desvia (by pass) R_E, e temos:

$$z_i = R_B // \beta r_e = \frac{(3\ \text{k}\Omega)(879\ \Omega)}{(3 + 0{,}879)\ \text{k}\Omega} \cong 679{,}8\ \Omega$$

$$z_o = r_o // R_C \cong 3{,}3\ \text{k}\Omega$$

e o circuito equivalente é o da fig. 5.5(b), que oferece:

Sendo, $V_i = I_b // \beta r_e$ e $V_o = (R_C // r_o)(-\beta r_e I_b)$, virá

$$A_V = -\frac{R_C // r_o}{R_e} = -\frac{R_C .\ r_o}{r_e\ (R_C + r_o)} \tag{5.2a}$$

Substituindo os valores dados acima, virá

$$A_V = -\frac{(3{,}6\ \text{k}\Omega)(40\ \text{k}\Omega)}{(0{,}879)\ (3{,}6 + 40)\ \text{k}\Omega} \cong -375{,}74$$

Usando o divisor de corrente, respectivamente sobre βr_e e R_C, concluímos:

$$\frac{I_b}{I_i} = \frac{R_B}{R_B + \beta r_e} \quad \text{e} \quad \frac{-I_o}{I_b} = \frac{r_o\ \beta}{ro + R_C}$$

Levando estas relações à definição de A_i, virá

$$A_i = \left(\frac{-I_o}{I_b}\right)\left(\frac{I_b}{I_i}\right) = -\frac{R_B .\ r_o\ \beta}{(R_B + \beta re)(r_o + R_C)} \tag{5.2b}$$

Substituindo os dados, $r_o = 40$ kΩ, $R_B = 3$ kΩ e $R_C = 3{,}6$ kΩ, virá

$$A_i = - \frac{(3\ \text{k}\Omega)(40\ \Omega)(100)}{(3 + 0{,}879)\text{k}\Omega\ (\ (40 + 3{,}6)\ \text{k}\Omega} \cong -70{,}95$$

Exemplo 5.4

. Seja o circuito amplificador da fig. 5.5(a) do Exemplo 5.3, com o capacitor C_E retirado, ora repetida na fig. 5.6(a); deduzir as expressões de z_i e z_o; A_V e A_i, e em seguida aplicar a elas os dados anteriores.

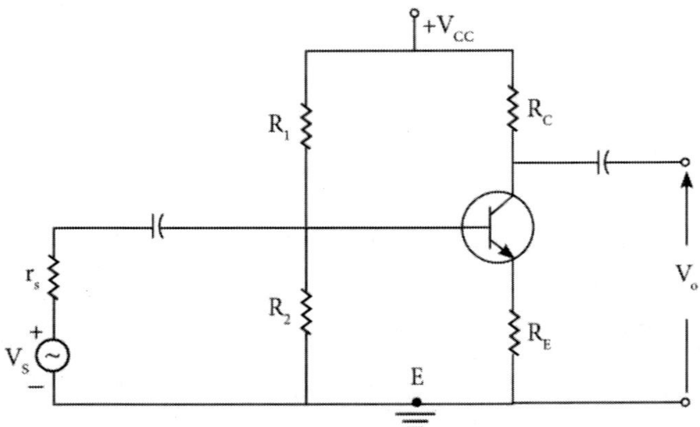

Fig. 5.6(a)

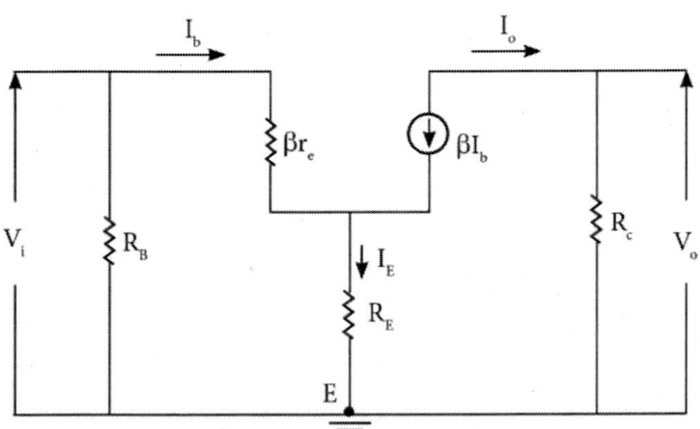

Fig. 5.6(b)

O circuito equivalente CA é agora o da fig. 5.6(b), no qual R_E é levado em conta na análise CA. Aplicando LKT na malha de entrada, temos

$$V_i = (\beta r_e)I_b + R_E\, I_e \cong \beta(r_e + R_E)I_b \quad (1)$$

onde tomamos $I_e = (\beta + 1)I_b \cong \beta I_b$; e como $I_i = I_b$, segue-se que

$$z_i = R_B // \beta R_E \quad \text{e} \quad z_o \cong R_C // r_o$$

$$z_i = \frac{(3\ k\Omega)100(1{,}0\ k\Omega)}{(3 + 100)\ k\Omega} = 2{,}91\ k\Omega$$

$$z_o = r_o // R_C \cong 3{,}3\ k\Omega$$

Por sua vez, na malha de saída,

$$V_o = I_o\, R_C = -\beta I_b\, R_C \quad (2)$$

Dividindo (2) por (1), obtemos

$$A_V = -\frac{R_C}{r_e + R_E} \quad (5.3a)$$

$$A_V = -\frac{3\ k\Omega}{1\ k\Omega} = -3$$

No caso de $R_E >> r_e$, despreza-se r_e e a expressão supra simplifica-se para

$$A_V = -\frac{R_C}{R_E} \quad (5.3b)$$

Usando a definição $A_i = (I_o/I_b)\,(I_b/I_i)$, temos, $I_o/I_b = -\beta$, e tomando o divisor de corrente sobre βr_e, $I_b/\,I_i = R_B\,/(R_B + \beta r_e)$, podemos concluir que

$$A_i = -\beta \frac{R_B}{R_B + \beta r_e} \tag{5.3c}$$

$$A_i = -(100) \frac{3\ k\Omega}{(3 + 0{,}879)\ k\Omega} \cong -77{,}34$$

onde vemos que o valor de A_V é baixo comparado ao de A_i.

[3] Modelo CC de Amplificador

O amplificador com transistor na configuração CC é igual ao amplificador EC com a tensão de saída sobre R_E, por isso chamado de seguidor de emissor, fig. 5.7(a), com o circuito equivalente dado na fig. 5.7(b), no qual se tem $I_e = (\beta + 1)I_b \cong \beta I_b = -I_o$, com V_i e V_o em fases. Como ficará evidenciado adiante, $A_V \cong 1$.

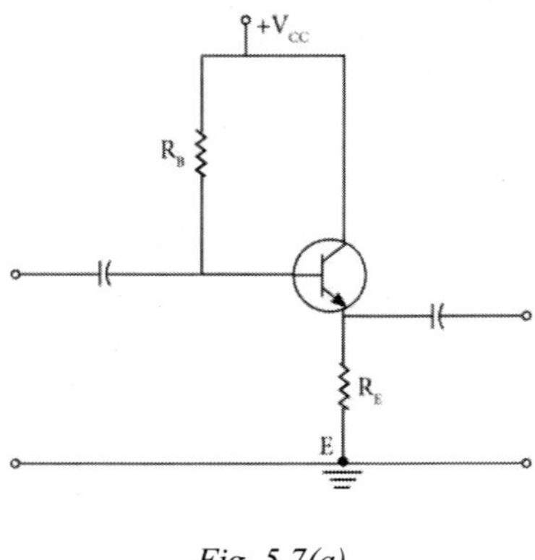

Fig. 5.7(a)

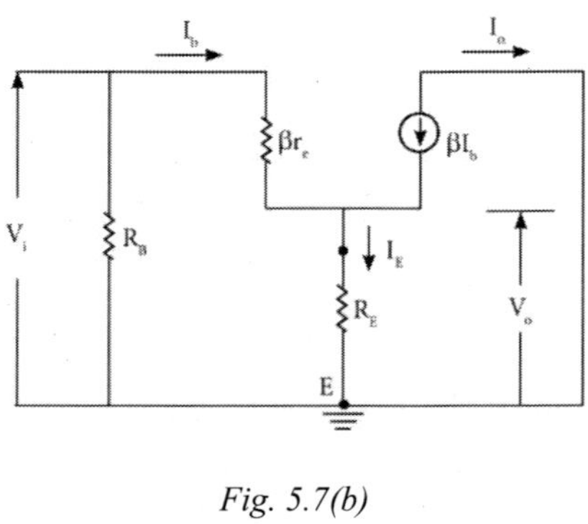

Fig. 5.7(b)

Exemplo 5.5

. Para o circuito amplificador da fig. 5.7(a), são dados: $V_{CC} = V_{BB} = 10$ V, $R_B = 260$ kΩ , $R_E = 2$ kΩ e $\beta = 120$. Achar as expressões para z_i e z_o; A_V e A_i, e em seguida aplicar-lhes os valores dados. Supor $V_\lambda = 0,7$ V.

Da análise CC na fig. 5.5(a), temos:

$$I_B = \frac{(10 - 0,7)V}{260\ k\Omega\ + 120(2\ k\Omega)} \cong 18,6\ \mu A$$

$$I_E \cong 120\ (0,0186) = 2,232\ mA$$

$$r_e = \frac{26\ mV}{2,232\ mA} \cong 11,65\ \Omega$$

Do circuito equivalente da fig. 5.7(b), temos:

$$z_S = \beta r_e + (\beta + 1)R_E \cong \beta(r_e + R_E) = 120(0,01165{+}2) = 241,398\ k\Omega$$

$$z_i = R_B\ //z_S = \frac{(260\ k\Omega)(241,398\ k\Omega)}{260\ k\Omega + (241,398\ k\Omega)} \cong 125,18\ k\Omega$$

Para o cálculo de z_o, recore-se ao circuito, fig. 5.7(c), com $V_i = 0V$, e temos

$$z_o = R_E\ //r_e \cong r_e = 0,01165\ k\Omega$$

Os ganhos: usando o divisor de tensão sobre R_E:

$$V_o = \frac{R_E}{R_E\ + r_e} V_i$$

segue-se que

$$A_V = \frac{R_E}{R_E + r_e} \qquad (5.4a)$$

.

$$A_V = \frac{2\ k\Omega}{(2 + 0{,}01165)k\Omega} \cong 0{,}994$$

ou seja, $A_V \cong 1$. Usando a definição $A_i = (I_o/I_b)(I_b/I_i)$, temos

$$\frac{I_o}{I_b} = -\beta \quad \text{e} \quad \frac{I_b}{I_i} = \frac{R_B}{R_B + \beta(r_e + R_E)}$$

Donde

$$A_i = -\frac{\beta\ R_B}{R_B + \beta(r_e + R_E)} \qquad (5.4b)$$

E substituindo os valores dados, virá

$$A_i = -\frac{(120)(260\ k\Omega)}{260\ k\Omega + 120\ (0{,}01165 + 2)k\Omega} \cong -62{,}23$$

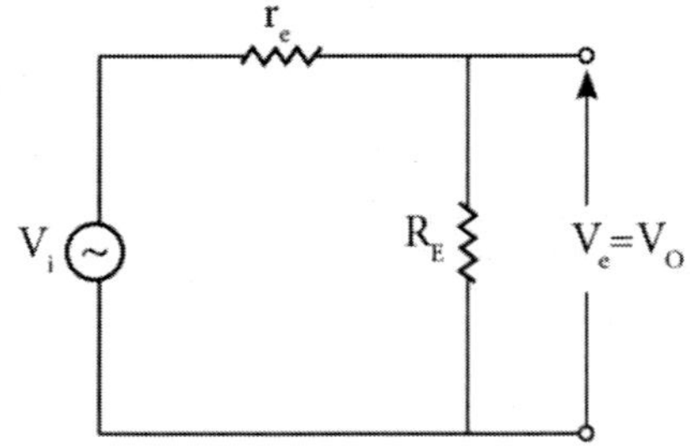

Fig. 5.7(c)

[4] Modelo com Realimentação do Coletor

O amplificador com realimentação do coletor é dado na fig. 5.8(a), com o circuito equivalente da fig. 5.8(b), onde R_f é a resistência de realimentação; e V_i e V_o estão defasados de 180º elétricos.

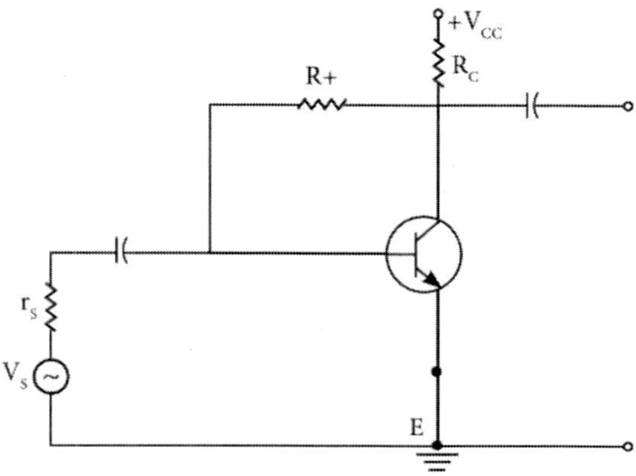

Fig. 5.8(a)

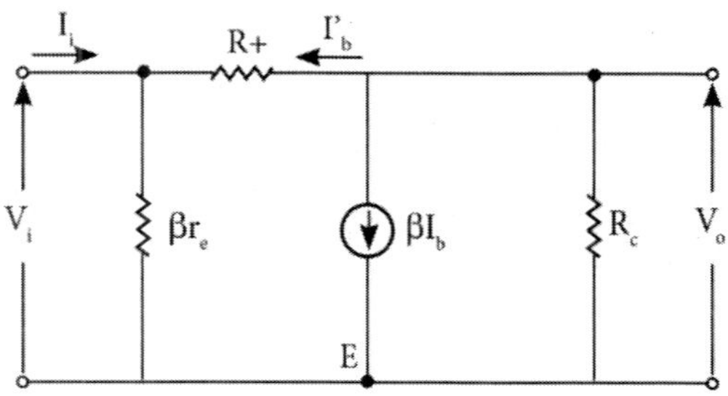

Fig. 5.8(b)

Exemplo 5.6

. Para o circuito amplificador da fig. 5.8(a), são dados: $V_{CC} = V_{BB} = 12$ V, $R_f = 200$ kΩ, $R_C = 3$ kΩ e $\beta = 100$. Deduzir as expressões para A_V e A_i; z_i e z_o; e em seguida aplicar-lhes os valores dados. Supor $V_\lambda = 0,7$ V.

Da análise CC na fig. 5.8(a), temos:

$$I_B = \frac{(12 - 0,7)\text{V}}{200\ \text{k}\Omega + 100(3\ \text{k}\Omega)} = 0,0226\ \text{mA}$$

$$I_E \cong I_C \cong \beta\ I_B = 100\ (0,0226) = 2,26\ \text{mA}$$

$$r_e = \frac{26\ mV}{2{,}26\ mA} \cong 11{,}5\ \Omega \quad e \quad \beta r_e = 1{,}15\ k\Omega$$

Da análise CA do circuito equivalente, fig. 5.8(b), resultam

$$V_i = \beta r_e\, I_b \quad e \quad V_o = I_o\, R_C = -\, \beta I_b\, R_C$$

donde

$$A_V = -\frac{R_C}{r_e} \qquad (5.5a)$$

Sendo

$$I_b' = -\frac{V_i - V_o}{R} = -\,\beta I_b \left(\frac{R_C + r_e}{R_f}\right)$$

Então,

$$I_i = I_b - I_b' = I_b \left[\frac{R_f + \beta\,(R_C + r_e)}{R_f}\right]$$

Usando a definição,

$$Ai = \left(\frac{I_o}{I_b}\right)\left(\frac{I_b}{I_i}\right)$$

Efetuando as substituições das razões acima, obtemos

$$Ai = \frac{\beta\, R_f}{R_f + \beta\,(R_C + r_e)} \qquad (5.5b)$$

Substituindo os valores dados nas expressões deduzidas, temos:

$$A_V = -\frac{3\ k\Omega}{11{,}5\ \Omega} \cong -\,260{,}87$$

$$A_i = \frac{(100)(200\ \text{k}\Omega\ )}{200\ \text{k}\Omega + 100\ (3 + 0{,}0115)\ \text{k}\Omega} \cong 39{,}91$$

Sendo $z_i = V_i/I_i$, podemos concluir que

$$z_i = \frac{\beta r_e\ R_f}{R_f + \beta\ (R_C + r_e)} \tag{5.5c}$$

Curto-circuitando a fonte, $V_S = 0V$, e $I_S = 0$ A, e em consequência, tem-se $z_o = R_C\ //R_f$ e, portanto,

$$z_o = \frac{R_f\ R_C}{R_f + R_C} \tag{5.5d}$$

Substituindo os valores dados em (5.5c') assim com em (5.5d), virão:

$$z_i = \frac{(100)(11{,}5\ \Omega)(200\ \text{k}\Omega)}{(1 + 100)(200\ \text{k}\Omega)} \cong 11{,}39\ \Omega$$

$$z_o = \frac{200\ \text{k}\Omega\text{x}3\ \text{k}\Omega}{(200 + 3)\text{k}\Omega} \cong 2{,}96\ \text{k}\Omega$$

5.3. Modelos h de Amplificadores Transistorizados

Com base no quadripolo, fig. 5.9, podemos estabelecer as relações entre as quantidades elétricas, I_i, V_i, I_o, V_o, chamadas de parâmetros híbridos, designa-se por h_j, e com elas estabelecer o circuito equivalente híbrido ou modelo híbrido ou apenas modelo “h” que se aplica a análise dos amplificadores transistorizados estudados. Os parâmetros híbridos de entrada e de saída são denotados, respectivamente, por h_i e h_o, aos quais se juntam mais dois intermediários, o h_r (índice r de reverse, do inglês) e o h_f (índice f de forward, do inglês). Isto posto, da fig. 5.9, tiramos as seguintes equações:

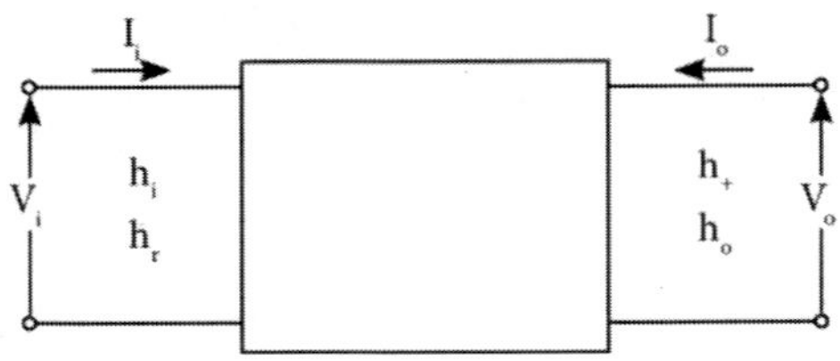

Fig. 5.9

$$V_i = h_i\, I_i + h_r\, V_o \qquad (1)$$

$$I_o = h_f\, I_i + h_o\, V_o \qquad (2)$$

(1) Pondo a saída do quadripolo em curto-circuito, $V_o = 0$, que levado sucessivamente em (1) e (2), obtemos os dois parâmetros híbridos:

$$h_i = \left.\frac{V_i}{I_i}\right|_{V_o = 0} \qquad (5.6a)$$

identificado com a impedância de entrada, portanto medido em Ohm.

$$h_f = \left.\frac{I_o}{I_i}\right|_{V_o = 0} \qquad (5.6b)$$

que é chamado de transferência direta de corrente, adimensional.

(2) Deixando a entrada do quadripolo em circuito-aberto, $I_i = 0$, que introduzido em (1) e (2), obtemos mais os parâmetros híbridos:

$$h_r = \left.\frac{V_i}{V_o}\right|_{I_i = 0} \qquad (5.6c)$$

denominado transferência de tensão reversa, adimensional.

$$h_o = \left.\frac{I_o}{V_o}\right|_{I_i = 0} \qquad (5.6d)$$

que é chamado de admitância (ou mais propriamente condutância) de saída, medido em Siemens, S ou mho, Ω^{-1}, sendo, $1/h_o = z_o$.

(3) Modelo Híbrido:

De (5.6c) tira-se, $V_i = h_r V_o$, com $h_i = 0$, que é tomada como fonte de tensão controlada ou dependente; e de (5.6b) tira-se, $I_o = h_f I_i$, tomada como fonte de corrente controlada ou dependente. Com estes requisitos e os demais parâmetros híbridos definidos, o quadripolo, fig. 5.9, é substituído pelo circuito híbrido equivalente ou modelo híbrido da fig. 5.10.

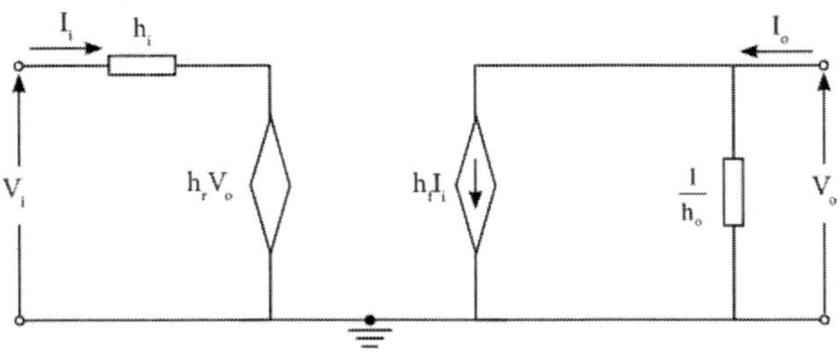

Fig. 5.10

Para adequar o modelo híbrido geral ao equivalente com TBJ nas conexões padronizadas, junta-se ao índice de cada parâmetro híbrido o índice pertinente (b, e, c) e teremos:

- Para o modelo híbrido em TBJ na conexão BC: os parâmetros híbridos passam a ser denotados por h_{ib}, h_{rb}, h_{fb} e h_{ob}, fig. 5.11, e como se verá adianta, $h_{fb} \equiv \alpha$;

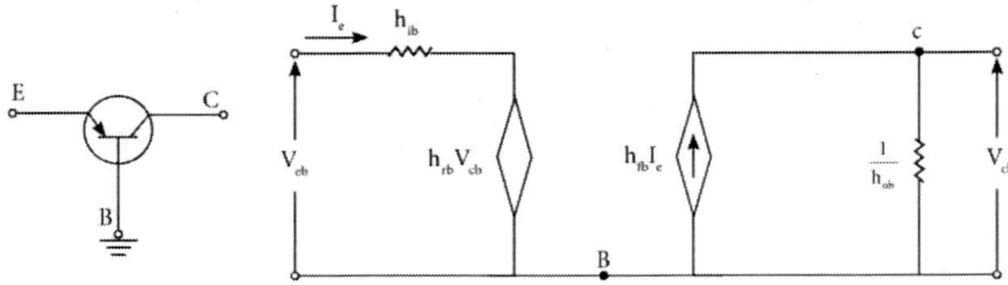

Fig. 5.11

• Para o circuito com TBJ na conexão EC: eles são h_{ie}, $h_{re,}$ h_{fe} e h_{oe}, fig. 5.12, e como se verá adiante, $h_{fe} \equiv \beta$;

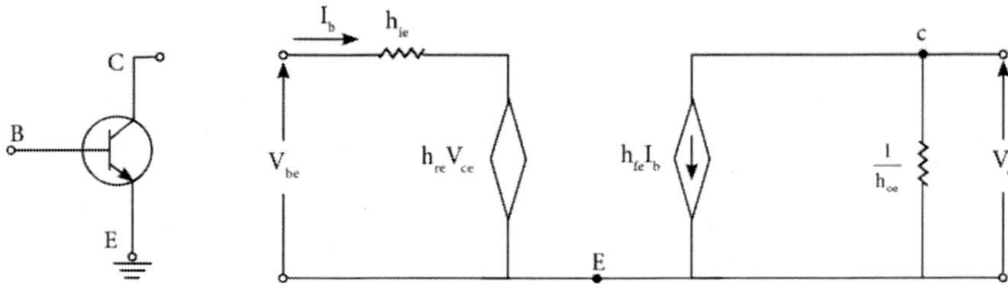

Fig. 5.12

• Para o circuito com TBJ na conexão CC: temos, h_{ic}, $h_{rc,}$ h_{fc} e h_{oc}, fig. 5.13, e de igual modo, temos, $h_{fc} = -(1+\beta) \cong -\beta$.

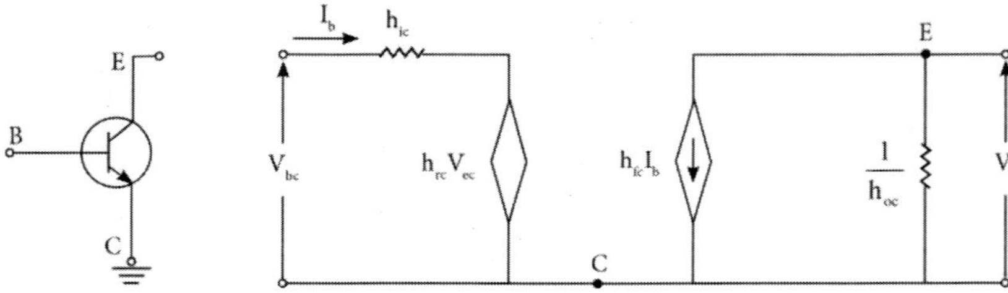

Fig. 5.13

Os parâmetros híbridos são interpretados graficamente em torno do ponto quiescente Q, locado sobre as curvas características de entrada e saída do TBJ dado. Por exemplo, para o modelo híbrido com TBJ na conexão EC, em torno de Q, as quantidades elétrica retro definidas são tomadas pelos seus incrementos, valendo as seguintes aproximações: $V_{be} \cong \Delta V_{BE}$, $I_b \cong \Delta I_B$, $V_{ce} \cong \Delta V_{CE}$, $I_c \cong \Delta I_C$, de modo que os parâmetros híbridos são ora redefinidos pelas relações incrementeis pertinentes, como se segue:

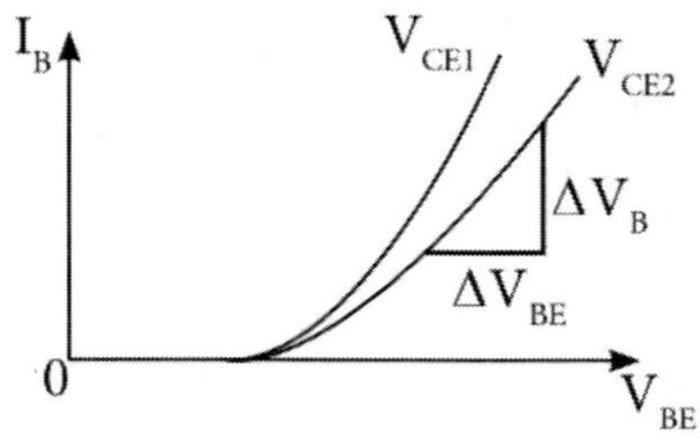

Fig. 5.14(a)

$$h_{ie} = \left.\frac{V_{be}}{I_b}\right|_{Vce=0} \cong \left.\frac{\Delta V_{BE}}{\Delta I_B}\right|_{V_{CE}=cte} \qquad (5.7a)$$

impedância de entrada que é interpretada no gráfico da fig. 5.14(a);

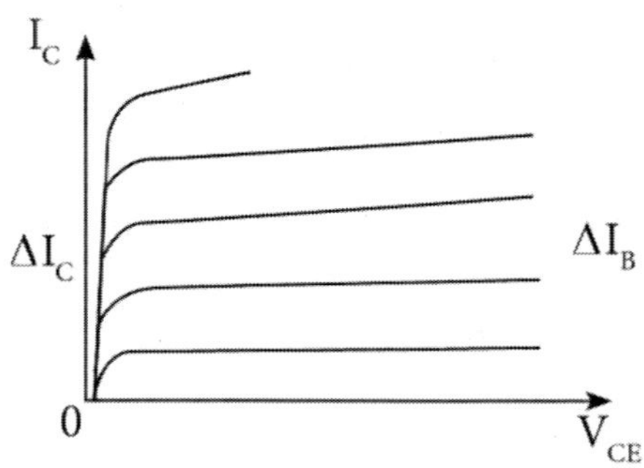

Fig. 5.14(b)

$$h_{fe} = \left.\frac{I_c}{I_e}\right|_{Vce=0} \cong \left.\frac{\Delta I_C}{\Delta I_B}\right|_{VCE=cte} \qquad (5.7b)$$

transferência direta de corrente, consoante gráfico da fig. 5.14(b);

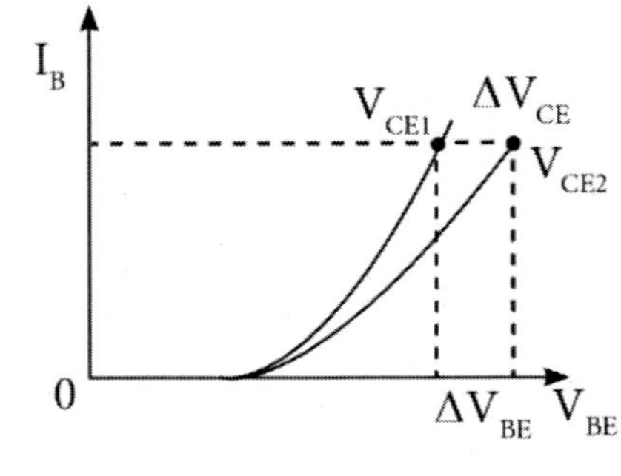

Fig. 5.14(c)

$$h_{re} = \frac{V_{be}}{V_{ce}}\Bigg|_{Ib=0} \cong \frac{\Delta V_{BE}}{\Delta V_{CE}}\Bigg|_{I_{B}=cte} \qquad (5.7c)$$

transferência de tensão reversa, indicada no gráfico da fig. 5.14(c);

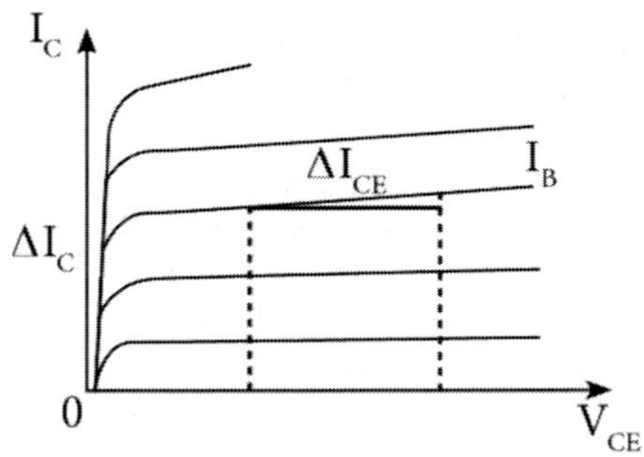

Fig. 5.14(d)

$$h_{oe} = \frac{I_c}{V_{ce}}\Bigg|_{Ib=0} \cong \frac{\Delta I_C}{\Delta V_{CE}}\Bigg|_{IB=cte} \qquad (5.7d)$$

admitância (condutância) de saída, dada no gráfico da fig. 5.14(d).

É oportuno aqui observar que, confrontando a equação de definição (3.1a, b) com (5.7b), é fácil concluir que $h_{fb} = -\alpha$, para a conexão BC; de igual modo, $h_{fe} = \beta$, para a conexão EC, assim como $h_{fc} \cong -\beta$, para a conexão CC.

Na tabela 5.1. são dados os valores típicos dos parâmetros híbridos, onde se pode observar que $h_{fe} > 0$, mas $h_{fb} < 0$, assim como $h_{fc} < 0$.

Tabela 5.1

	h_i	h_r	h_f	h_o
BC	22Ω	3×10^3	-0,98	$0{,}49 \times 10^{-6}$ S
EC	$1{,}1 \times 10^3\ \Omega$	$2{,}5 \times 10^{-4}$	50	24×10^{-6} S
CC	$1{,}1 \times 10^3\ \Omega$	1,0	-51	25×10^{-6} S

As fórmulas que a seguir iremos deduzir para o modelo híbrido geral de circuito amplificador obviamente aplicam-se às conexões BC, EC e CC, bastando acrescentar a cada subscrito do parâmetro híbrido mais o índice pertinente da conexão escolhida.

Exemplo 5.7

. Para o modelo híbrido geral do circuito amplificador da fig. 5.15, achar as expressões para A_i e A_V.

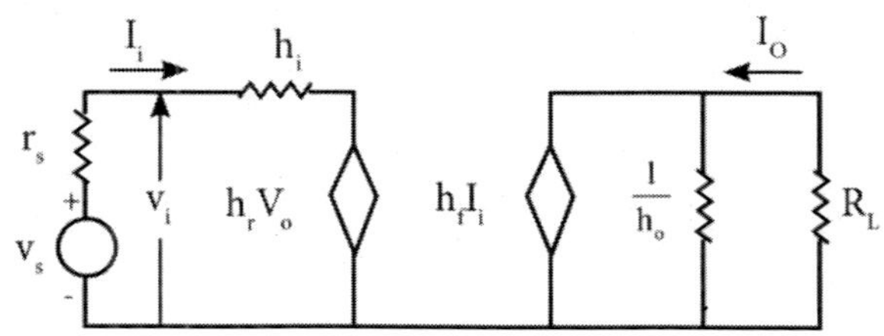

Fig. 5.15

Na fig. 5.15, aplicando divisor de corrente sobre R_L, obtemos

$$I_o = \left(\frac{1/h_o}{1/h_o + R_L}\right) h_f I_i$$

segue-se daí que

$$A_i = \frac{h_f}{1 + h_o R_L} \tag{5.8a}$$

Se a saída é curto-circuitada, $R_L = 0$, tem-se, $A_i = h_f$; mas $R_L = \infty$, $A_i = 0$.

Para as conexões BC, EC e CC, aplica-se a aproximação $A_i \cong - h_f$, bastando juntar ao subscrito do parâmetro híbrido mais o índice pertinente da conexão escolhida e ter em conta o sinal de h_f.

Da fig. 5.15, tiramos da 1ª malha:

$$I_i = \frac{V_i - h_r V_o}{h_i} \qquad (1)$$

E do nó da 2ª malha:

$$I_o = - \frac{V_o}{R_L} = h_f I_i + h_o V_o \qquad (2)$$

Introduzindo (1) em (2), após as transformações que cabem, obtemos

$$A_V = - \frac{h_f}{h_i h_o - h_r h_f + h_i/R_L} \qquad (5.8b)$$

Para as conexões EC e CC, usa-se a aproximação $A_V \cong - h_f . R_L/h_i$, a título de referência, bastando acrescentar aos subscritos o índice pertinente da conexão eleita. Note-se, ademais, que para a conexão BC tem-se $A_V = \pm 1$, razão por que ela é chamada às vezes de seguidor unitário.

Na condição de saída aberta, $R_L = \infty$, a expressão supra reduz-se para

$$A_V \mid R_{L=\infty} = - \frac{h_f}{h_i h_o - h_r h_f} \qquad (5.8c)$$

Exemplo 5.8

. Para o mesmo modelo híbrido geral do circuito amplificador da fig. 5.15, achar as expressões para A_{iS} e A_{VS}.

Na fig. 5.15, como $I_i = I_S$, então, $A_{iS} = A_i$, que é dada por (5.8a). Aplicando LKT na 1ª malha, temos

$$V_S = (r_S + h_i)I_i + h_r V_o \qquad (1)$$

E da 2ª malha, onde $V_L = V_o$ e $I_L = I_o$, em (5.8a), temos

$$V_o = - R_L I_o = - R_L \left(\frac{h_f}{1 + h_o R_L}\right) I_i \qquad (2)$$

Resolvendo as equações (1) e (2) para a eliminação de I_i e efetuando as transformações que cabem de modo a obter-se a definição, $V_o/V_S = A_{VS}$, encontramos

$$A_{VS} \mid R_L = - \frac{h_f}{(r_S + h_i)(h_o + 1/R_L) - h_r h_f} \qquad (5.8d)$$

E de igual modo: para a condição de saída aberta, $R_L = \infty$, a expressão supra se reduz para

$$A_{VS} \mid_{RL = \infty} = - \frac{h_f}{(r_S + h_i)h_o - h_r h_f} \qquad (5.8e)$$

Não cabe curto-circuitar a saída, já que R_L e r_S influenciam-se mutuamente.

Exemplo 5.9

. Para o mesmo modelo híbrido geral do circuito amplificador da fig. 5.15, achar as expressões para z_i e z_o.

Da 1ª malha, temos:

$$z_i = \frac{V_i}{I_i} = h_i + \frac{h_r V_o}{I_i} = h_i + \frac{h_r}{I_i}(-R_L I_o) = h_i - h_r R_L A_i$$

Introduzindo no resultado acima (5.8a), após simplificação encontramos

$$z_i = h_i - \frac{h_r\, h_f}{h_o + 1/R_L} \qquad (5.9a)$$

Com a saída aberta, $R_L = \infty$, a expressão reduz-se para

$$z_i = h_i - \frac{h_r\, h_f}{h_o} \qquad (5.9b)$$

Nas conexões EC e BC, como referência, vale a aproximação, $z_i \cong h_i$.

Para a determinação de z_o, faz-se $V_S = 0$, em (1) acima, e temos

$$I_i = \frac{-\, h_r\, V_o}{r_S + h_i} \qquad (3)$$

Da 2ª malha, virá

$$I_o = h_f\, I_i + h_o\, V_o \qquad (4)$$

Levando (3) em (3), após as simplificações, obtemos

$$I_o = \left[\frac{-\, h_f\, h_r + h_o\,(r_S + h_i)}{r_S + h_i}\right] V_o$$

E compondo a definição, $z_o = V_o/I_o$, da expressão supra, virá

$$z_o = \frac{r_S + h_i}{-\, h_f\, h_r + h_o\,(r_S + h_i)} \qquad (5.10a)$$

ou também

$$z_o = \frac{1}{h_o - \dfrac{h_f\, h_r}{r_S + h_i}} \qquad (5.10b)$$

Verifica-se que, devido à realimentação da fonte controlada da malha de entrada $h_r V_o$, z_o aumenta na conexão EC, mas diminui na conexão BC.

Exemplo 5.10

. Para o circuito amplificador do Exemplo 5.1, com os dados e hipóteses ali feitas, usar o modelo híbrido BC, para determinar A_V e A_i.

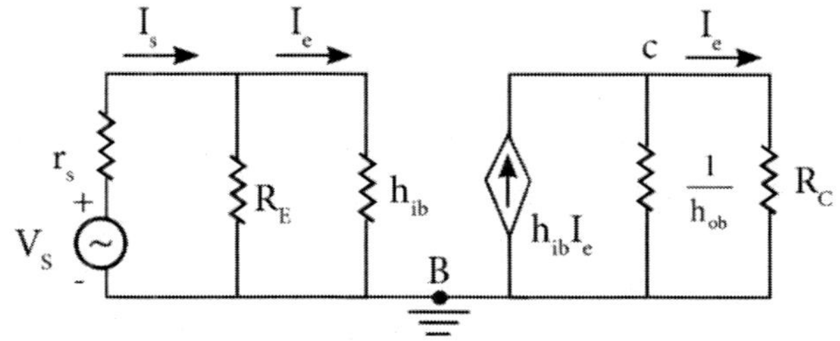

Fig. 5.16(a)

O modelo híbrido BC, neste caso, é o da fig. 5.16(a), onde estão indicados os dados junto com os parâmetros híbridos pertinentes: $R_E = 2{,}4\ k\Omega$, $r_e = h_{ib} = 14{,}51\ \Omega$, $h_{fb} = \alpha = 0{,}99$, $r_c = 1/h_{ob} = 50\ k\Omega$, $R_C = 3{,}5\ k\Omega$ e $h_{rb} = 0$.

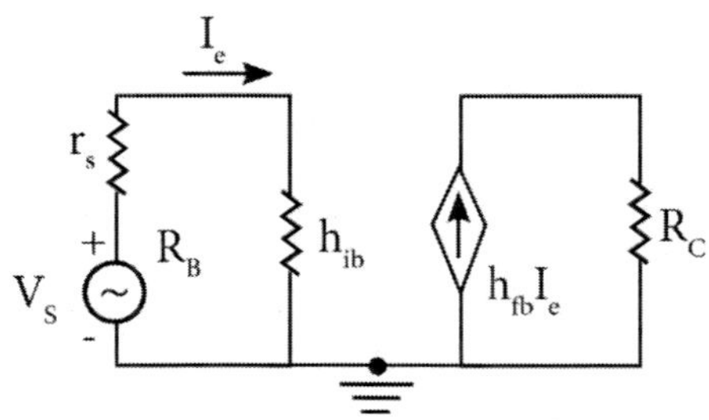

Fig. 5.16(b)

Sob as hipóteses de $1/h_{ob} >> R_C$ e $R_E >> h_{ib}$, temos, então, $1/h_{ob} // R_C = R_C$ e $R_E//h_{ib} = h_{ib}$, e circuito da fig. 5.16(a), reduz-se para o da fig. 5.16(b), do qual tiramos:

$$V_i = V_{eb} = h_{ib}\ I_e \quad \text{e} \quad V_o = V_{cb} = R_C\ (h_{fb}\ I_e)$$

Donde

$$A_V = \frac{V_{ce}}{V_{be}} = h_{fb}\frac{R_C}{h_{ib}} = (0{,}99)\frac{3.500\Omega}{14{,}51\ \Omega} \cong 238{,}8$$

Por sua parte, $I_i = I_e$ e $I_o = h_{fb}I_e$ e, portanto,

$$A_i = \frac{I_o}{I_e} = h_{fb} = 0{,}99$$

Confirmando os resultados já obtidos e comprova a equivalência dos dois métodos.

A tabela 5.2 resume os principais parâmetros não-híbridos com os correspondentes parâmetros híbridos das conexões usuais.

Parâmetro Não - Híbrido	Parâmetro Híbrido		
	BC	EC	CC
α	h_{ib}	-	-
β	-	h_{fe}	$h_{fc} = -(\beta+1)$
r_e	h_{ib}	-	-
βr_e	-	H_{ie}	h_{ic}
r_c	$1 / h_{ob}$	-	-
r_o	-	$1 / h_{oe}$	$1 / h_{oc}$

Exemplo 5.11

. Para o circuito amplificador do Exemplo 5.3, com os dados e hipóteses ali feitas, usar o modelo híbrido EC, para determinar A_V e A_i.

O modelo híbrido EC, neste caso, é o da fig. 5.17, onde estão indicados os dados junto com os parâmetros híbridos pertinentes: $R_B = 3$ kΩ, $h_{ie} = 0{,}879$ kΩ, $h_{fe} = \beta = 100$, $r_c = 1/h_{ob} = 40$ kΩ, $R_C = 3{,}6$ kΩ e supondo $h_{re} = 0$.

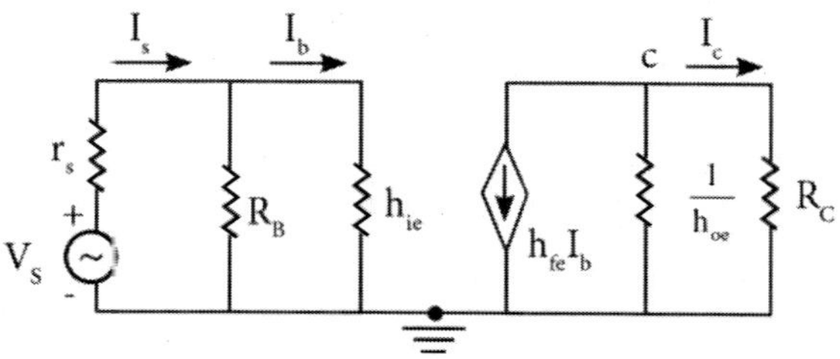

Fig. 5.17

Da fig. 5.17, tiramos:

$$V_o = V_{ce} = (R_C // 1/h_{oe})\,(-\,h_{fe}\, I_b) \quad \text{e} \quad V_i = V_{be} = (R_b // h_{ie})\, I_i$$

E sendo

$$I_b = \frac{(R_b // h_{ie})}{h_{ie}}\, I_i$$

Levando os resultados na definição, $A_V = V_o/V_i$, obtemos

$$A_V = -\,h_{fe}\,\frac{(R_C//1/h_{oe})}{h_{ie}} = (-100)\,\frac{3{,}6\ \text{k}\Omega . 40\ \text{k}\Omega}{(3{,}6 + 40)\ \text{k}\Omega} \cong -\,375$$

Por outra parte, usando:

$$A_i = \left(\frac{I_o}{I_b}\right)\left(\frac{I_b}{I_i}\right)$$

É fácil concluir que

$$\frac{I_o}{I_b} = -\,h_{fe}\,\frac{1}{1 + h_{oe}R_C} \quad \text{e} \quad \frac{I_b}{I_i} = \frac{R_B}{R_B + h_{ie}}$$

que, levados à definição, obtemos

$$A_i = -h_{fe}\left(\frac{1}{1 + h_{ie}R_C}\right)\left(\frac{R_B}{R_C + h_{ie}}\right)$$

Substituindo os dados, virá

$$A_i = (-100)\left(\frac{1}{1 + 3{,}6\ k\Omega/40\ k\Omega}\right)\left(\frac{3\ k\Omega}{3 + 0{,}879)k\Omega}\right) \cong 70{,}95$$

que confirma os resultados já obtidos.

Exemplo 5.12

. Para o circuito amplificador CC da fig. 5.18(a), são dados: $R_1 = 36\ k\Omega$, $R_2 = 4\ k\Omega$, $\beta = 51$, $R_E = 2\ k\Omega$ e $r_o = 2\ M\Omega$. Determinar z_i e z_o; A_V e A_i, usando o modelo híbrido CC.

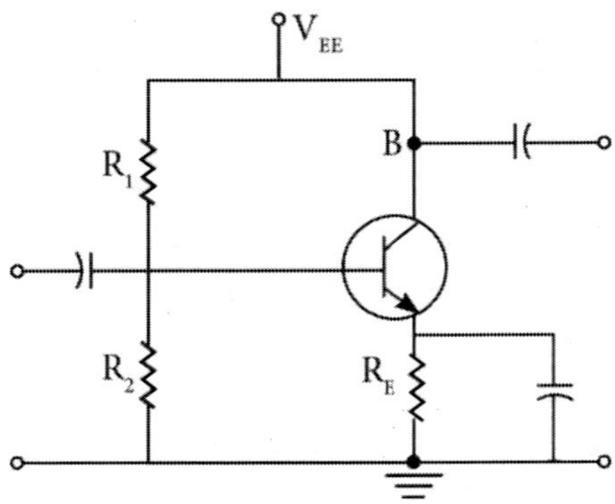

Fig. 5.18(a)

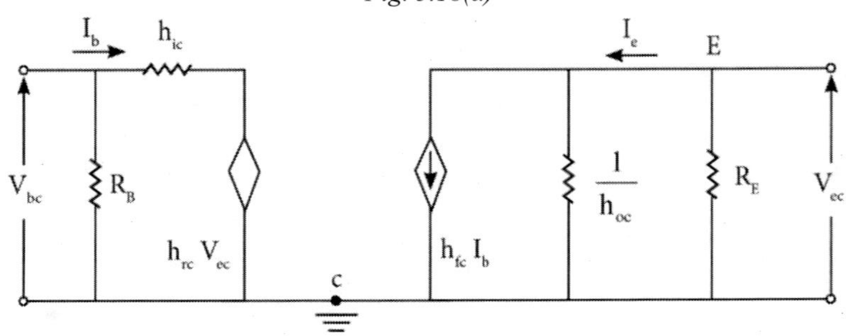

Fig. 5.18(b)

Da Tabela 5.2, adotamos os parâmetros híbridos seguintes: $h_{ic} = h_{ie} = \beta r_e =$ 1,1 kΩ, $h_{fc} = -(h_{fe} + 1) = -(\beta + 1) = -52$, $r_o = 1/h_{oc} = 2$ MΩ e $h_{rc} = 1$, cujo modelo híbrido CC é o da fig. 5.18(b), onde $R_C = 36$ kΩ //4 kΩ = 3,6 kΩ e consideramos que $1/h_{oc} >> R_E$ e, portanto, $1/h_{oc} // R_E = R_E$.

Temos, $R_C = 36$ kΩ //4 kΩ = 3,6 kΩ ; da fig. 5.18(b), tiramos:

$$V_i = V_{bc} = (h_{ic}//R_C)\, I_b - h_{rc}\, V_{ce} = \frac{h_{ic}\, R_C}{h_{ic} + R_C} I_b + h_{rc}\, R_E\ (\beta + 1) I_b$$

$$V_o = -V_{ce} = -R_E\,(h_{fc}\, I_b) = -R_E\,(\beta+1)\, I_b$$

donde

$$z_i = \frac{V_{bc}}{I_b} = \frac{h_{ic}\, R_C}{h_{ic} + R_C} + h_{rc}\, R_E\, (\beta + 1)$$

$$z_o = \frac{V_{ec}}{I_o} = R_E$$

Substituindo os dados, virá

$$z_i = \frac{(1{,}1\ \text{k}\Omega\ )\,(3{,}6\ \text{k}\Omega)}{(1{,}1 + 3{,}6)\ \text{k}\Omega)} + 1.(2\ \text{k}\Omega)(1 + 51) \cong 104{,}842\ \text{k}\Omega$$

$$z_o = 2\ \text{k}\Omega$$

Levando os resultados na definição, $A_V = V_o/V_i$, obtemos

$$A_V = \frac{-\,z_o\,(\beta+1)}{z_i} = -\,\frac{(2\ \text{k}\Omega)(1 + 51)}{104{,}842\ \text{k}\Omega} \cong -\,0{,}992$$

bem como $A_i = I_o/I_i$

$$A_i = h_{fc} = -\,(\beta + 1) = -\,52$$

Exemplo 5.13

. Para o circuito amplificador do Exemplo 5.8(a), com os dados e hipóteses ali indicados (R_B = 200 kΩ, R_C = 3 kΩ, $\beta r_e = h_{ie}$ = 1,15 kΩ e h_{fe} = 100), usar o modelo híbrido EC, para determinar A_V e A_i.

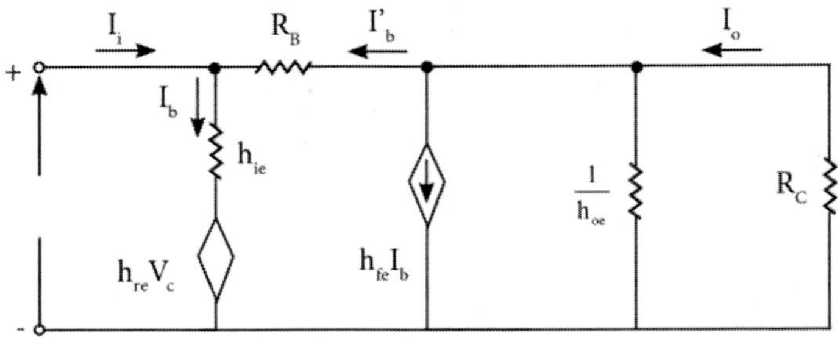

Fig. 5.19(a)

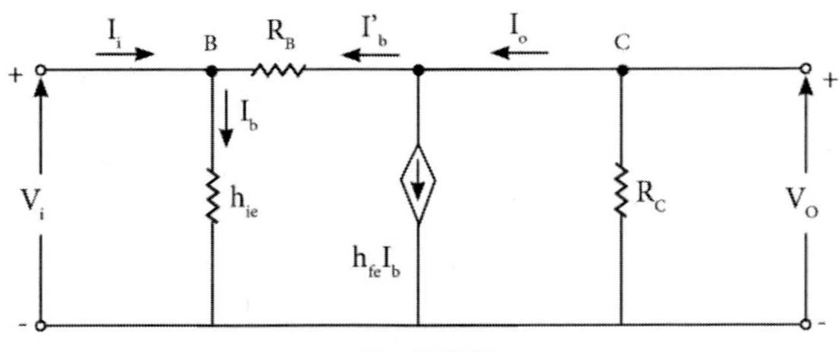

Fig. 5.19(b)

O circuito equivalente é o da fig. 5.19(a); contudo, supondo $h_{re} \cong 0$, assim como $1/h_{oe} >> R_C$, tem-se $1/h_{oe}//R_C \cong R_C$, e circuito equivalente da fig. 5.19(a) reduz-se para o da fig. 5.19(b), onde temos:

$$V_i = h_{ie}\, I_b \quad \text{e} \quad V_o = -h_{fe}\, I_b\, R_C$$

E, portanto,

$$A_V = -\frac{h_{fe}\, R_C}{h_{ie}} = -\frac{100(3\ \text{k}\Omega)}{1{,}15\ \text{k}\Omega} \cong -260{,}87$$

Adequando a dedução já vista,

$$I_i = I_b - I_b' = I_b \left[1 + \frac{h_{fe} R_C + h_{ie}}{R_B} \right]$$

Donde

$$A_i = \frac{h_{fe} R_B}{R_B + h_{fe} R_C + h_{ie}} = \frac{100\ (200\ k\Omega)}{200\ k\Omega + 100(3\ k\Omega) + 1{,}15\ k\Omega} \cong 39{,}91$$

5.4. Conversão de Parâmetros Híbridos

Como temos três conexões básicas, há a necessidade de se converter os parâmetros híbridos de uma conexão para a outra, que deduzimos a seguir, através de exemplo.

Exemplo 5.14

. Dado o modelo híbrido EC, fig. 5.20(a), achar os parâmetros híbridos BC correspondentes, do modelo híbrido BC, fig. 5.20(b).

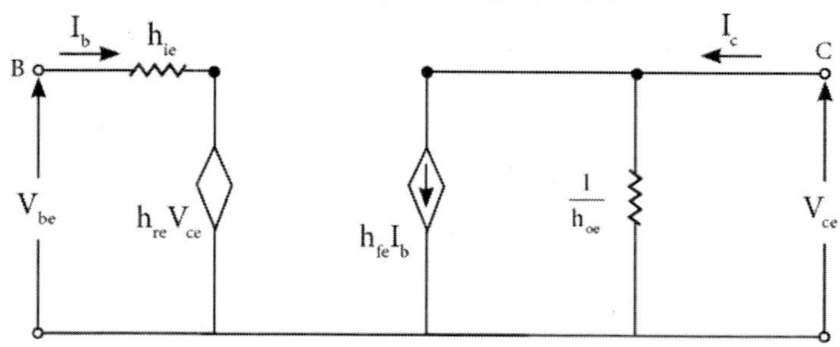

Fig. 5.20(a)

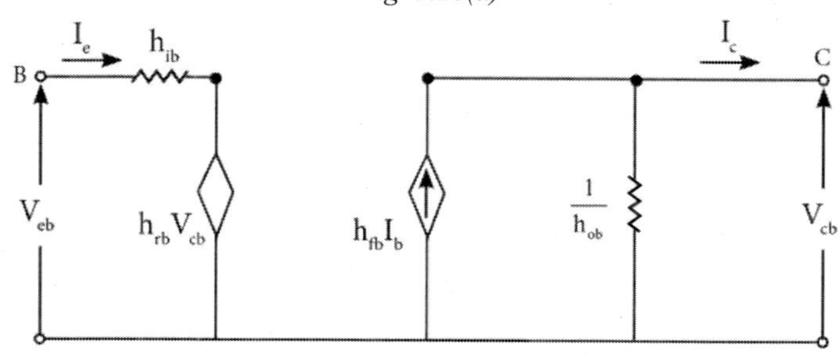

Fig. 5.20(b)

Para o modelo híbrido EC, fig. 5.20(a), temos a equação da malha de entrada:

$$V_{be} = h_{ie}\, I_b + h_{re}\, V_{ce} \qquad (1)$$

Convindo usar $V_{be} = -V_{eb}$ e sendo $V_{ce} = V_{cb} - V_{eb}$, passamos a ter

$$-V_{eb} = h_{ie}\, I_b + h_{re}\, V_{cb} - h_{re}\, V_{eb} \qquad (2)$$

Por sua vez, $I_b = -I_e - I_c$; após substituir I_c, temos

$$I_b = -I_e + h_{fe}\, I_b + h_{re}\, V_{ce} \qquad (3)$$

Substituindo acima V_{ce} e evidenciando I_b, achamos

$$I_b = \frac{-1}{h_{fe}+1} I_e + \frac{-h_{oe}}{h_{fe}+1} V_{cb} + \frac{+h_{oe}}{h_{fe}+1} V_{eb} \qquad (4)$$

Levando (4) em (2) e fazendo as transformações que cabem, obtemos

$$V_{eb} = \frac{+h_{ie}}{(h_{fe}+1)(1-h_{re}) + h_{ie}\, h_{oe}} I_e + \frac{h_{ie}\, h_{oe} - h_{re}\,(h_{fe}+1)}{(h_{fe}+1)(1-h_{re}) + h_{ie}\, h_{oe}} V_{cb} \qquad (5)$$

Comparando (5) com a correspondente equação da malha de entrada do modelo híbrido BC, fig. 5.20(b), que é

$$V_{eb} = h_{ib}\, I_e + h_{rb}\, V_{cb} \qquad (6)$$

achamos os parâmetros híbridos BC em função dos parâmetros híbridos EC:

$$h_{ib} = \frac{h_{ie}}{(h_{fe}+1)(1-h_{re}) + h_{ie}\, h_{oe}} \qquad (5.11a)$$

$$h_{rb} = \frac{h_{ie}\, h_{oe} - h_{re}\,(h_{fe}+1)}{(h_{fe}+1)(1-h_{re}) + h_{ie}\, h_{oe}} \qquad (5.11b)$$

Ainda no modelo híbrido EC, fig. 5.20(a), virá a equação do nó C:

$I_c = h_{fe}\, I_b + h_{oe}\, V_{ce}$

ou melhor,

$$I_c = h_{fe}\, I_b + h_{oe}\, V_{cb} - h_{oe}\, V_{eb} \qquad (7)$$

Introduzindo em (7) sucessivamente I_b e V_{eb}, encontramos

$$I_c = \frac{-\, h_{fe}\,(1 - h_{re}) - h_{ie}\, h_{oe}}{(h_{fe} + 1)(1 - h_{re}) + h_{ie}\, h_{oe}}\, I_e + \frac{h_{oe}}{(h_{fe} + 1)(1 - h_{re}) + h_{ie}\, h_{oe}}\, V_{cb} \qquad (8)$$

Comparando (8) com a correspondente equação do nó C do modelo híbrido BC, fig. 5.20(b), que é,

$I_c = h_{fb}\, I_e + h_{ob}\, V_{cb}$

achamos os demais parâmetros híbridos BC em função dos parâmetros híbridos EC,

$$h_{fb} = \frac{-\, h_{fe}\,(1 - h_{re}) - h_{ie}\, h_{oe}}{(h_{fe} + 1)(1 - h_{re}) + h_{ie}\, h_{oe}} \qquad (5.11c)$$

$$h_{ob} = \frac{h_{oe}}{(h_{fe} + 1)(1 - h_{re}) + h_{ie}\, h_{oe}} \qquad (5.11d)$$

Quando ocorrer que $h_{re} << 1$ e $h_{fe} >> h_{ie}\, h_{oe}$, desprezam-se as expressões supra e simplificam-se, respectivamente, para:

$$h_{ib} = \frac{h_{ie}}{h_{fe} + 1} \qquad (5.12a)$$

$$h_{rb} = \frac{h_{ie}\, h_{oe} - h_{re}\,(h_{fe} + 1)}{h_{fe} + 1} \qquad (5.12b)$$

$$h_{fb} = \frac{- h_{fe}}{h_{fe} + 1} \quad (5.12c)$$

$$h_{ob} = \frac{h_{oe}}{h_{fe} + 1} \quad (5.12d)$$

Com raciocínio análogo, podemos achar os parâmetros híbridos BC em função dos parâmetros híbridos CC, que são:

$$h_{ib} = \frac{h_{ic}}{h_{ic}\, h_{oc} - h_{fc}\, h_{rc}} \quad (5.13a)$$

$$h_{rb} = \frac{- h_{fc}\,(1 - h_{rc}) + h_{ic}\, h_{oc}}{h_{ic}\, h_{oc} - h_{fc}\, h_{rc}} \quad (5.13b)$$

$$h_{fb} = \frac{- h_{rc}\,(h_{fc} + 1) - h_{ic}\, h_{oc}}{h_{ic}\, h_{oc} - h_{fc}\, h_{rc}} \quad (5.13c)$$

$$h_{ob} = \frac{h_{oc}}{h_{ic}\, h_{oc} - h_{fc}\, h_{rc}} \quad (5.13d)$$

De forma análoga obtêm-se os parâmetros híbridos EC em função dos parâmetros híbridos CC, que são:

$$h_{ie} = h_{ic} \quad (5.14a)$$

$$h_{re} = (1 - h_{rc}) \quad (5.14b)$$

$$h_{fe} = - (h_{fc} + 1) \quad (5.14c)$$

$$h_{oe} = h_{oc} \quad (5.14d)$$

5.5. Amplificadores a TBJ em Multiestágios

Para melhorar a amplificação, usa-se ligar ou acoplar dois ou mais amplificadores a TBJ em sequência ou cascata. Cada um deles constitui um estágio, e tem-se o 1° estágio ou estágio de entrada, o último estágio ou estágio de saída, e os demais, 2° estágio, 3° estágio, etc., que são os estágios intermediários. Na sequência, a tensão de saída de um estágio será a tensão de entrada do estágio subsequente, e assim sucessivamente até o último estágio.

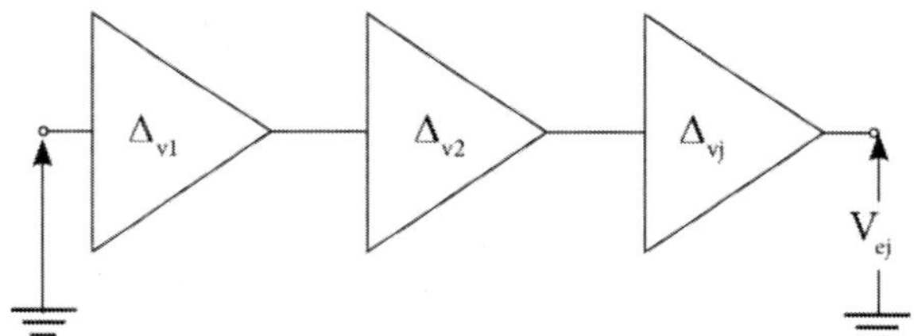

Fig. 5.21

Na fig. 5.21 ilustra um bloco de amplificadores operacionais em cascata com j-estágios, onde a tensão do 1° estágio é V_{i1}, a tensão de saída dele é $V_{o1} = V_{i2}$ - que é a tensão de entrada do 2º estágio; a tensão de saída do 2º estágio é $V_{o2} = V_{i3}$ - que é a tensão de entrada do 3º estágio; e assim sucessivamente até o último estágio, de tensão de saída, V_{oj}. Denotando os respectivos ganhos de tensão dos estágios, por A_{V1}, A_{V2}, ..., $A_{V(j-1)}$ e A_{Vj}, temos as definições sucessivas:

$$A_{V1} = \frac{V_{o1}}{V_{i1}}$$

$$A_{V2} = \frac{V_{o2}}{V_{i2}} = \frac{V_{o2}}{V_{o1}}$$

$$A_{V3} = \frac{V_{o3}}{V_{i3}} = \frac{V_{o3}}{V_{o2}}$$

. .. .

$$A_{Vj} = \frac{V_{oj}}{V_{ij}} = \frac{V_{oj}}{V_{o(j-1)}}$$

Multiplicando ordenadamente membro a membro, após as simplificações que cabem, obtemos

$$A_{V1}.\ A_{V2}.\ A_{V3}\ ...\ A_{V(j-1)}.\ A_{Vj} = \frac{V_{oj}}{V_{i1}} \qquad (5.15a)$$

O 1º membro acima indica que o ganho total de tensão A_V é igual ao produto dos ganhos individuais de tensão dos estágios componentes, ou seja,

$$A_V = A_{V1}.\ A_{V2}.\ A_{V3}\ ...\ A_{V(j-1)} \qquad (5.15b)$$

ou simplesmente defini-lo à razão da tensão de saída, V_{oj}, do último estágio pela tensão de entrada, V_{i1}, do estágio de entrada, isto é,

$$A_V = \frac{V_{oj}}{V_{i1}} \qquad (5.15c)$$

As expressões (5.15b) e (5.15c) sugerem, com efeito, dois métodos correlatos a serem aplicados, como veremos.

Os amplificadores a TBJ podem ser acoplados por capacitor, diretamente acoplados e acoplados por transformador, modalidades estas que passaremos a examinar.

[1] Acoplamento por Capacitor

O acoplamento capacitivo, também chamado de acoplamento RC, tem a função de bloquear a corrente CC entre estágios. É usado em circuito impresso e não em circuitos integrados. A fig. 5.22(a) ilustra dois amplificadores a TBJ, idênticos, acoplados pelo capacitor C_2 que é dimensionado por

$$C_2 = \frac{1}{2\pi\ f_l\ (z_o + R_L)} \qquad (5.16a)$$

onde $f_l = f_l(C_2)$ é a frequência de corte inferior, abaixo da qual o ganho de tensão médio cai para $1/\sqrt{2} \cong 0,707$. A análise do acoplamento RC será feita no exemplo que se segue.

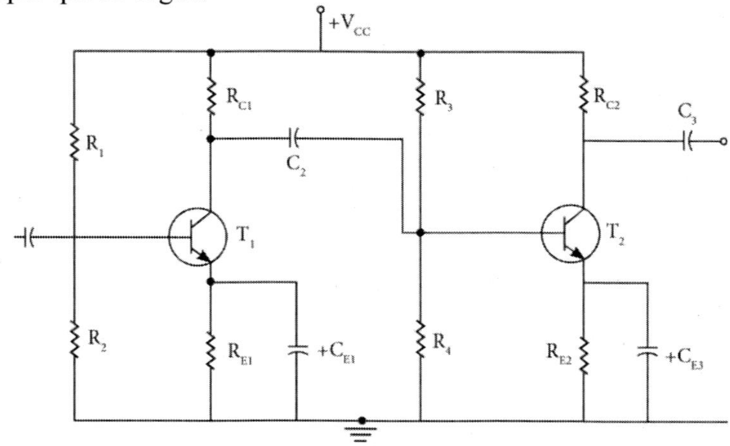

Fig. 5.22(a)

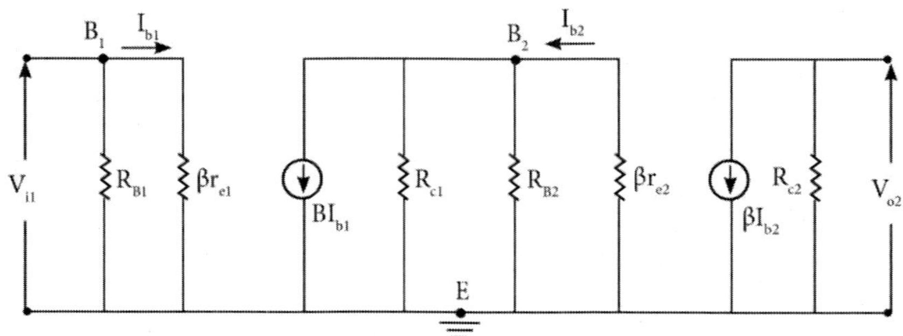

Fig. 5.22(b)

Exemplo 5.15

. Para o biestágio de amplificadores a TBJ da fig. 5.22(a), com acoplamento RC, são dados os valores: $V_{BB} = V_{CC} = 20$ V, $R_1 = R_3 = 34$ kΩ, $R_2 = R_4 = 6$ kΩ, $R_{C1} = R_{C2} = R_C = 2$ kΩ, $R_{E1} = R_{E2} = 1$ kΩ e $\beta = 100$, determinar o ganho total de tensão usando: (1) o modelo não-híbrido; e (2) o modelo híbrido.

A análise CC, do estágio de entrada da fig. 5.22(a), oferece:

$V_B = V_{Th} = 3$ V, $I_E = 2{,}3$ mA e $r_{e1} = r_{e2} = r_e = 11{,}30\ \Omega$

(1) Para o modelo não-híbrido, fig. 5.22(b), temos

$R_B = R_1 // R_2 = R_3 // R_4 = 5{,}1\ k\Omega$

$\beta r_e = (100)(11{,}30\ \Omega) = 1{,}13\ k\Omega$

Sendo

$V_{o1} = (R_C//R_B//\beta r_e)\ \beta I_{b1}$ e $V_{i1} = (\beta r_e)\ I_{b1}$

Por definição:

$$A_{V1} = -\frac{V_{o1}}{V_{i1}} = -\frac{R_C//R_B//\beta r_e}{r_e} = -\frac{632\ \Omega}{11{,}3\ \Omega} \cong -55{,}93$$

Por sua vez,

$V_{o2} = R_C\ \beta I_{b2}$ e $V_{i2} = V_{o1} = (R_C//R_B//\beta r_e)\ \beta I_{b1}$

E, por definição,

$$A_{V2} = \frac{V_{o2}}{V_{o1}} = -\frac{R_C\ \beta I_{b2}}{R_C//(R_B//\beta r_e)\ \beta I_{b1}} \qquad (1)$$

onde I_{b2} é dado pelo divisor de corrente βr_e sobre

$$I_{b2} = \frac{R_C//R_B}{R_C//R_B + \beta\ r_e}(I_{b1}) = \frac{R_C//(R_B//\beta r_e)}{r_e}(I_{b1}) \qquad (2)$$

Levando (1) em (2) e simplificando, obtemos

$$A_{V2} = \frac{V_{o2}}{V_{o1}} = -\frac{R_C}{r_e} = -\frac{2.000\ \Omega}{11{,}3\ \Omega} \cong -176{,}99$$

Finalmente, por (5.15b), virá

$A_V = A_{V1} . A_{V2} = (- 55{,}93) (-176{,}99) \cong 9.899$

(1) No modelo híbrido da fig. 5.22(c), os parâmetros híbridos de interesse são:

$h_{ie} = h_{ie1} = h_{ie2} = \beta\ r_e = 1{,}13\ k\Omega,\ \ h_{fe1} = h_{fe2} = h_{fe} = 100;$

Além do mais, desprezam-se r_o e $1/h_{oe}$, este diante de R_C; e consideram-se $R_B = 5{,}1\ k\Omega$ e $R_C = 2\ k\Omega$ e $h_{re1} = h_{re2} = 0$.

Usando a definição (5.15c), com j = 2, temos:

$$A_V = \frac{V_{o2}}{V_{i1}} = \left(\frac{V_{o2}}{I_{b2}}\right)\left(\frac{I_{b2}}{I_{b1}}\right)\left(\frac{I_{b1}}{V_{i1}}\right)$$

Da fig. 5.23(c), temos$V_{o2} = - h_{fe}\ I_{b2}\ R_C$, donde

$$\frac{V_{o2}}{I_{b2}} = - h_{fe}\ R_C \qquad (1)$$

Divisor de corrente sobre $(R_C//R_B)//h_{ie}$:

$$I_{b2} = - \frac{(R_C//R_B)//h_{ie}}{r_e} (-h_{fe}\ I_{b1})$$

donde

$$\frac{I_{b2}}{I_{b1}} = - h_{fe} \frac{(R_C//R_B)//h_{ie})}{h_{ie}} \qquad (2)$$

Sendo $V_{i1} = (R_B//h_{ie})\ I_i$ e $I_{b1} = I_i\ (R_B//h_{ie})/h_{hie}$, podemos concluir que

$$\frac{I_{b1}}{Vi_1} = \frac{1}{h_{ie}} \qquad (3)$$

Levando (1), (2) e (3) na definição acima, temos

$$A_V = (-h_{fe}R_C)(-h_{fe}\frac{R_C//R_B//h_{ie}}{h_{ie}})(\frac{1}{h_{ie}})$$

E substituindo os valores dados e operando virá

$$A_V = (-100\text{x}2\ \text{k}\Omega)\,(-100\frac{0{,}632\ \text{k}\Omega)}{1{,}13\ \text{k}\Omega})(\frac{1}{1{,}13\ \text{k}\Omega}) \cong 9.899$$

Confirmando o valor encontrado pelo 1º método.

[2] Acoplamento Direto

No acoplamento direto, obviamente, não há capacitor entre estágios, como indica a fig. 5.23(a) com dois amplificadores a TBJ, idênticos. Vejamos o exemplo que se segue.

Exemplo 5.16

. Para o biestágio de amplificadores a TBJ, com acoplamento direto, fig. 5.23(a), são dados os valores: V_{CC} = 20 V, R_1 = 96 kΩ, R_2 = 6 kΩ, R_{C1} = 5,6 kΩ, R_{C2} = 2,7 kΩ, R_{E1} = 220 Ω, R_{E2} = 910 Ω; $\beta_1 = h_{fe1} = 99$, $\beta_2 = h_{fe2} = 80$; considerar $h_{re1} = h_{re2} = 0$, e desprezados os $1/h_{oej}$, diante do paralelismo com os $R_{Cj,}$ achar o ganho total de tensão usando o modelo híbrido.

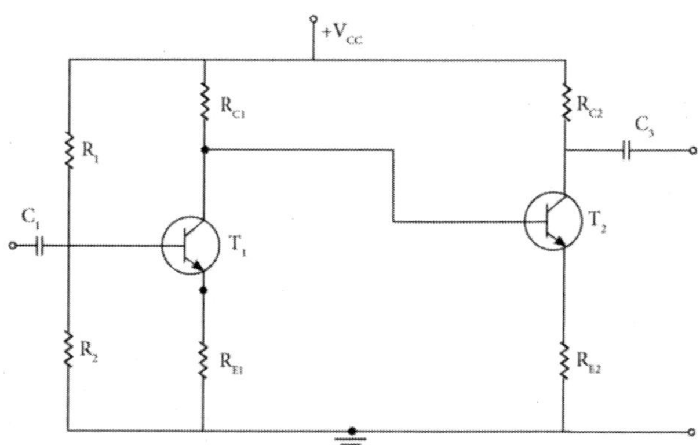

Fig. 5.23(a)

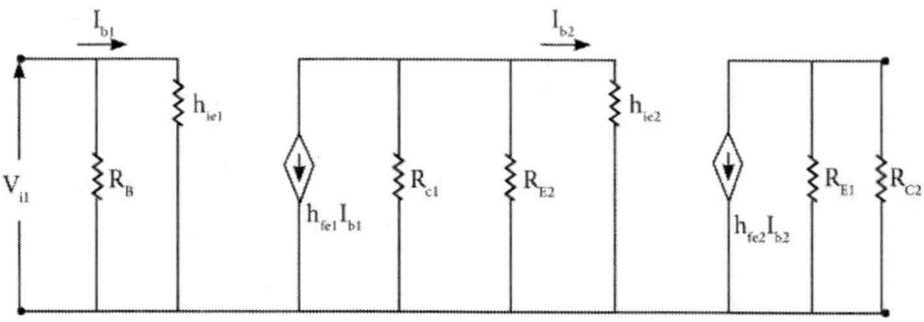

Fig. 5.23(b)

Da análise CC da fig. 5.23(a), temos $I_{C1} \cong I_{E1} = (\beta_1+1)I_{B1}$ e com T_1 temos:

$V_{B1} \cong 1{,}44$ V, $V_{E1} = 1{,}44$ V – 07 V $\cong 0{,}74$ V e $I_{E1} = 2{,}656$ mA

Obtemos: $r_{e1} \cong 9{,}79\ \Omega$ e $h_{ie1} = (99)(9{,}79\ \Omega) \cong 969{,}2\ \Omega$; e com T_2 ,$V_{C1} = V_{B2}$,

$V_{B2} \cong 5{,}13$ V, $V_{E2} = 5{,}13$ V – 0,7 V $\cong 4{,}43$ V e $I_{E2} \cong 4{,}86$ mA

Resulta que $r_{e2} \cong 5{,}35\ \Omega$ e $h_{ie2} = (80)(5{,}35\ \Omega) \cong 428\ \Omega$.

O modelo híbrido é dado na fig. 5.23(b), onde $V_{o2} = (R_{E2}//R_{C2})(-h_{fe2}\ I_{b2})$ e, portanto,

$$\frac{V_{o2}}{I_{b2}} = -\,h_{fe2}\frac{R_{E2}.\ R_{C2}}{R_{E2} + R_{C2}} \qquad (1)$$

Divisor de corrente sobre $R_{C1}//R_{E1}$: $I_{b2} = (-h_{fe1}\ I_{b1})(R_{C1}//R_{E1})/(R_{C1}//R_{E1} + h_{ie1})$,
donde

$$\frac{I_{b2}}{I_{b1}} = -\,h_{fe2}\frac{R_{C1}.\ R_{E1}}{R_{C1}.R_{E1} + h_{ie1}(R_{C1}.\ R_{E1})} \qquad (2)$$

Sendo $V_{i1} = h_{ie1}\ I_i$ e $I_{b1} = I_i$, e, então,

$$\frac{I_{b1}}{V_{i1}} = \frac{1}{h_{ie1}} \qquad (3)$$

Usando a definição (5.15c), com j = 2, virá:

$$A_V = \frac{V_{o2}}{V_{i1}} = \left(\frac{V_{o2}}{I_{e2}}\right)\left(\frac{I_{e2}}{I_{b1}}\right)\left(\frac{I_{b1}}{V_{i1}}\right)$$

ou substituindo os resultados,

$$A_V = \left(- h_{fe2}\frac{R_{E2}.\,R_{C2}}{R_{E2} + R_{C2}}\right)\left(- h_{fe1}\frac{R_{C1}.\,R_{e1}}{R_{C1}.R_{E1} + h_{ie1}(R_{C1}+ R_{E1})}\right)\left(\frac{1}{h_{ie1}}\right)$$

Substituindo os valores dados acima e operando virá

$$A_V = \left(- 80\frac{0{,}910\ k\Omega \times 2{,}7k\Omega}{(0{,}910 + 2{,}7)k\Omega}\right)\left(- 99\frac{5{,}6\ k\Omega \times 0{,}22\ k\Omega}{5{,}6k\Omega x0{,}22k\Omega + 0{,}428k\Omega(5{,}6 + 0{,}22)}\right)\left(\frac{1}{0{,}428\Omega}\right) \cong 4.168$$

A 2º conexão com acoplamento direto de interesse é a chamada conexão cascode, fig. 5.24(a), onde o TBJ em EC aciona o TBJ em BC, que passaremos a examinar no exemplo a seguir.

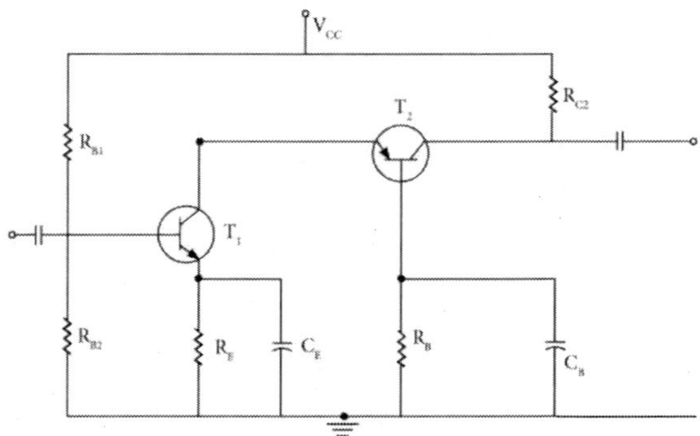

Fig. 5.24(a)

Exemplo 5.17

. Para o amplificador cascode, fig. 5.24(a), para o qual são dados os valores: $V_{CC} = 16$ V, $R_{B1} = 27$ kΩ, $R_{B2} = 9$ kΩ, $R_{C2} = 3$ kΩ, $R_{E1} = 1{,}2$ kΩ , $R_{E2} = 2{,}4$ kΩ. Determinar o ganho total de tensão usando o modelo híbrido, em que $h_{ie1} = 1{,}0$ kΩ, $h_{ie2} = 10$ Ω, $h_{fe1} = 100$, $h_{fb2} = 1{,}0$; tomar, $h_{re1} = h_{re2} = 0$, e desprezar os h_{oj} diante do paralelismo com os R_{Cj}.

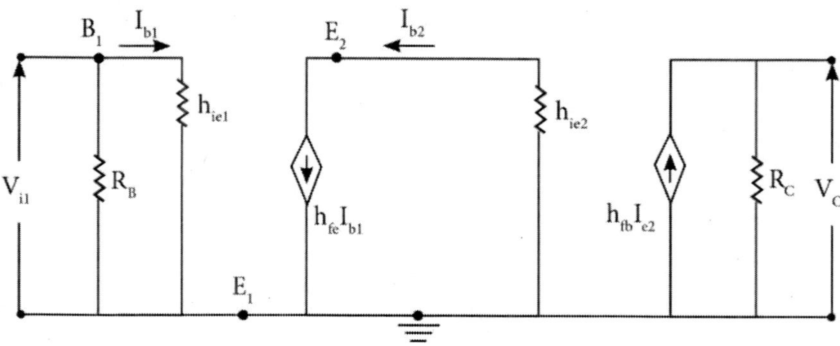

Fig. 5.24(b)

Usando a definição (5.15c), com j = 2, temos:

$$A_V = \frac{V_{o2}}{V_{i1}} = \left(\frac{V_{o2}}{I_{e2}}\right)\left(\frac{I_{e2}}{I_{b1}}\right)\left(\frac{I_{b1}}{V_{i1}}\right)$$

O modelo híbrido é dado na fig. 5.24(b), onde temos, $V_{o2} = -\, h_{fb2}\, I_{b2}\, R_{C2}$, e portanto,

$$\frac{V_{o2}}{I_{b2}} = -\, h_{fb2}\, R_{C2} \qquad (1)$$

Sendo $I_{e2} = h_{fb}\, I_{b1}$ virá

$$\frac{I_{e2}}{I_{b1}} = -\, h_{fb2} \qquad (2)$$

E $V_{i1} = h_{ie1}\, I_{b1}$ virá

$$\frac{I_{b1}}{V_{i1}} = \frac{1}{h_{ie1}} \qquad (3)$$

Levando estes resultados na definição acima, obtemos

$$A_V = (-\,h_{fb2}\,R_{C2})(-\,h_{fe1})\left(\frac{1}{h_{ie1}}\right)$$

Substituindo os valores dados, temos

$$A_V = (-\,1{,}0 \times 3\ k\Omega)(-100)\left(\frac{1}{1k\Omega}\right) = 300$$

A 3º conexão com acoplamento direto de interesse é o chamado Par Darlinton, fig. 5.25(a), onde os coletores são interligados e o emissor de T_1 está ligado à base de T_2. O Par Darlinton, PD, é fabricado numa pastilha única e usado como se fosse um único transistor.

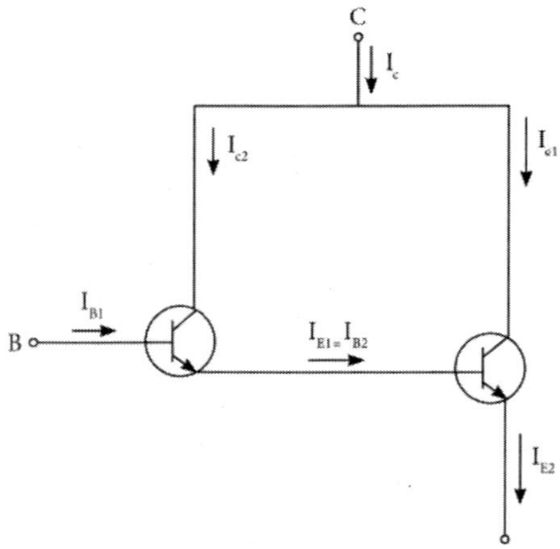

Fig. 5.25(a)

Se β_1 e β_2 são respectivos fatores de amplificação de correntes de T_1 e T_2, então, usando (3.3.b), tem-se

$$I_{C1} = \beta_1\, I_{B1} \qquad \text{e} \qquad I_{C2} = \beta_2\, I_{B2}$$

Como $I_C = I_{C1} + I_{C2}$, virá

$$I_C = \beta_1 I_{B1} + \beta_2 I_{B2}$$

E por ser $I_{B2} = I_{E1} = (\beta_1 + 1)I_{B1}$, pondo $I_{B1} = I_B$, e substituindo acima estas relações e reordenando os termos, obtemos

$$I_C = (\beta_1 \beta_2 + \beta_1 + \beta_2)I_B$$

Definindo-se o fator de amplificação de corrente do PD por, $\beta_{PD} = I_C / I_B$, podemos concluir que

$$\beta_{PD} = \beta_1 \beta_2 + \beta_1 + \beta_2 \qquad (5.17a)$$

Como em geral $T_1 = T_2$, tem-se $\beta_1 = \beta_2 = \beta$, e a expressão supra torna-se

$$\beta_{PD} = \beta^2 + 2\beta \qquad (5.17b)$$

Para efeito de análise o PD equivale a um único transistor com β_{PD} e resistência dinâmica de emissor, $r_{e(PD)}$, fig. 5.25(b). Ademais, quando $\beta^2 >> 2\beta$, vale a aproximação, $\beta_{PD} = \beta^2$.

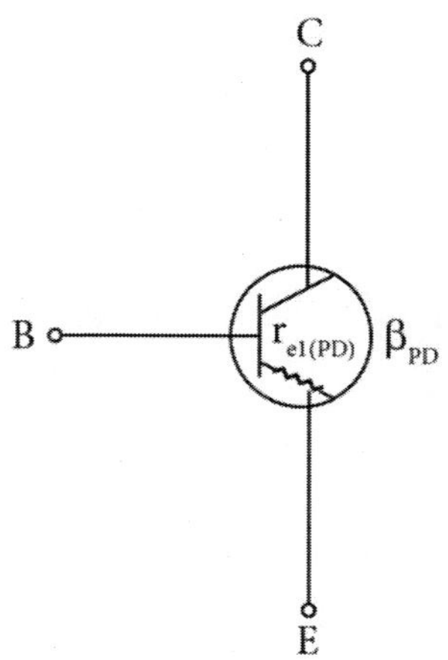

Fig. 5.25(b)

Exemplo 5.18

. Seja um Par Darlinton de amplificadores de TBJ idênticos com $\beta = 120$, cuja polarização oferece $I_C = 1{,}6$ mA, achar as resistências dinâmicas de emissor, r_{e1} e r_{e2}, a impedância de entrada $z_{i(PD)}$ e a resistência dinâmica do PD. Supor $I_{C2} >> I_{C1}$.

Inicialmente vemos que $I_C = I_{C2} = I_{E2} = 1{,}6$ mA; e usando (4.5a), virá

$$r_{e2} = \frac{26\text{ mV}}{I_{E2}} = \frac{26\text{ mV}}{1{,}6\text{ mV}} = 16{,}25\ \Omega$$

Segue-se, então, que

$$h_{ie2} = \beta\ r_{e2} = (120)(16{,}25\Omega) = 1{,}95\text{ k}\Omega;$$

Por outro lado, $I_{E2} \cong \beta\ I_{B2} = \beta I_{E1}$, donde $I_{E1} = I_{E2}/\beta$, que, levado em (4.5a), resulta

$$r_{e1} = \beta \frac{26\text{ mV}}{I_{E2}} = \beta\ r_{e2} = (120)(16{,}25\Omega) = 1{,}95\text{ k}\Omega$$

E, por conseguinte,

$$h_{ie1} = \beta\ r_{e1} = \beta^2\ r_{e2} = (120)^2\ (16{,}25\Omega) = 234\text{ k}\Omega$$

que resulta bastante elevada.

Para o cálculo da resistência dinâmica do PD, $r_{e(PD)}$, temos:

$$z_{i(PD)} = \beta(\beta\ r_{e1} + \beta\ r_{e2}) = 2\beta^2\ (2\ r_{e2}) = (120)^2\, 2(16{,}25\Omega) = 468\text{ k}\Omega$$

Admitindo aqui, $\beta_{PD} = \beta^2$, define-se $r_{e(PD)} = z_{i(PD)}/\beta_{PD}$, e portanto, tem-se

$$r_{e(PD)} = 2\ r_2 \qquad (5.17c)$$

Exemplo 5.19

. Acrescentando ao Par Darlinton do Exemplo 5.18 a resistência $R_E = 1\text{k}\Omega$, ele passa a ser um seguidor de emissor. Calcular o ganho de tensão.

Adequando a equação (5.4a), e substituindo os dados, virá

$$A_{V(PD)} = \frac{R_E}{R_E + r_{e(PD)}} = \frac{1k\Omega}{1k\Omega + 2(16{,}25\Omega)} \cong 0{,}969$$

A 4ª conexão com acoplamento direto de interesse é o amplificador diferencial constituído de um par de TBJ idênticos e em paralelo, com os terminais dos coletores interligados entre si e também os terminais dos emissores como indicados na fig. 5.26(a). Se cada amplificador tem uma fonte de tensão, o circuito é chamado de terminação dupla, contudo quando tem apenas uma fonte de tensão ele é dito de terminação simples. O amplificador diferencial opera nas modalidades modo comum, quando de terminação simples, o mesmo sinal é aplicado a ambas as entradas, fig. 5.26(b); se sinais distintos são aplicados às entradas, a modalidades é do modo diferencial.

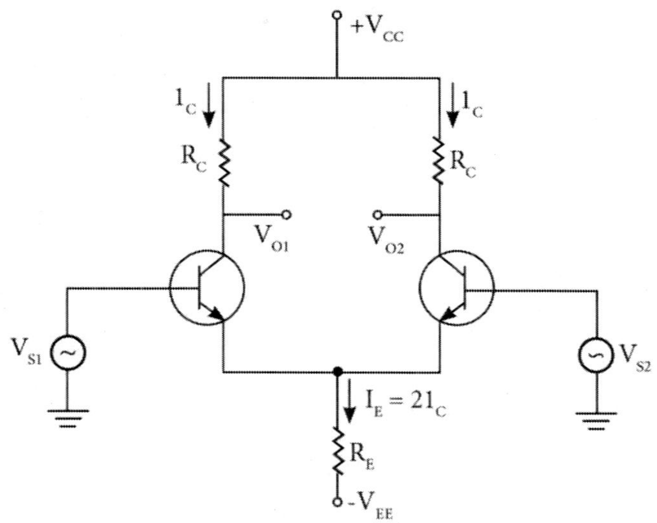

Fig. 5.26(a)

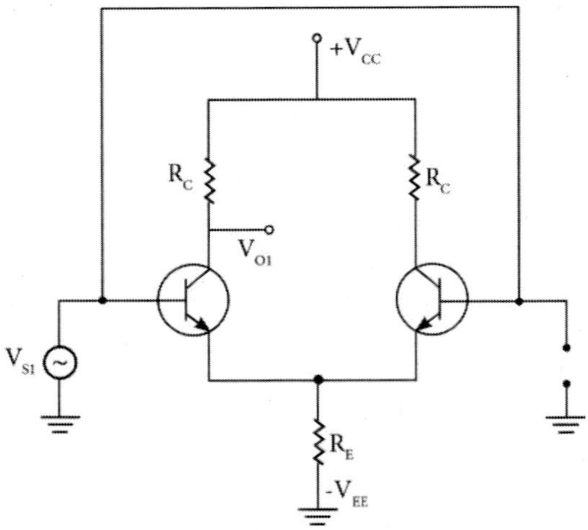

Fig. 5.26(b)

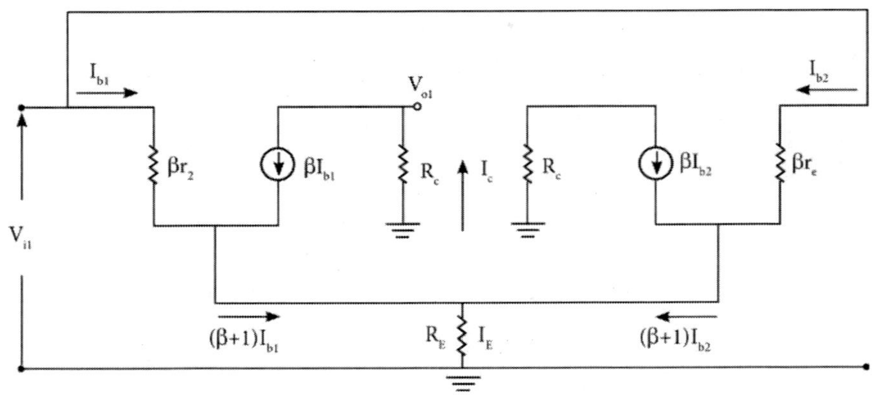

Fig. 5.26(c)

Exemplo 5.20

. Estabelecer para o amplificador diferencial no modo comum, fig. 5.26(b), o ganho de tensão, e logo após aplicar-lhe os dados: $\beta = 90$, $V_{EE} = -12$ V, $R_C = 39$ kΩ e $R_E = 33$ kΩ.

O circuito equivalente é dado na fig. 5.26(c), onde temos $I_{b1} = I_{b2} = I_b$ e $I_e = 2(\beta + 1)I_b$; aplicando a LKT nas malhas de entrada e de saída, temos

$$V_{o1} = R_C\, I_C = R_C\, \beta I_b \qquad (1)$$

$$V_{i1} = \beta r_e I_b + I_e R_E = [\beta r_e + 2(\beta + 1)R_E]I_b \quad (2)$$

Dividindo (1) por (2), temos o ganho de tensão de modo comum,

$$A_{VC} = \frac{\beta R_C}{\beta r_e + 2(\beta + 1)R_E} \quad (5.18a)$$

Como não foi dado o valor de r_e, a sua determinação é feita por (4.5a), aplicada a análise CC do item 4.2[2], e encontramos $r_e \cong 76\ \Omega$; e, portanto, $\beta r_e = 90(76\ \Omega) = 6{,}840\ k\Omega$; então, por (5.18a), virá

$$A_{VC} = \frac{90(39\ k\Omega)}{6{,}840\ k\Omega + 2(90 + 1)33\ k\Omega} \cong 0{,}584$$

Exemplo 5.21

. Estabelecer o ganho de tensão para o amplificador diferencial no modo diferencial, fig. 5.26(a), e após usar os dados do Exemplo 5.20: $\beta = 90$, com $V_{CC} = 12$ V, $V_{EE} = -12$ V, $R_C = 39\ k\Omega$ com $R_E = 0\ \Omega$.

Como se tem $R_E = 0\ \Omega$, a equação (5.18a) reduz-se para

$$A_{VD} = \frac{R_C}{r_e} \quad (5.18b)$$

que passa a ser chamado de ganho de tensão amplificador. No caso, temos

$$A_{VD} = \frac{39\ k\Omega}{76\ k\Omega} \cong 513{,}16$$

O alto valor do A_{VD} é devido à oposição de sinais das entradas, já o baixo valor de A_{VC} resulta dos sinais de mesma polaridade nas entradas. Com efeito, usa-se definir a relação de rejeição de modo comum como a razão entre A_{VD} e A_{VC}, ou seja,

$$\rho_{DC} = \frac{A_{VD}}{A_{VC}} \qquad (5.18c)$$

Usando os resultados dos dois exemplos vistos, obtém-se, $\rho_{DC} \cong 878{,}70$.

[3] Acoplamento por Transformador

No acoplamento por transformador, usa-se um transformador entre estágios, como indica a fig. 5.27 com dois amplificadores a TBJ, idênticos.

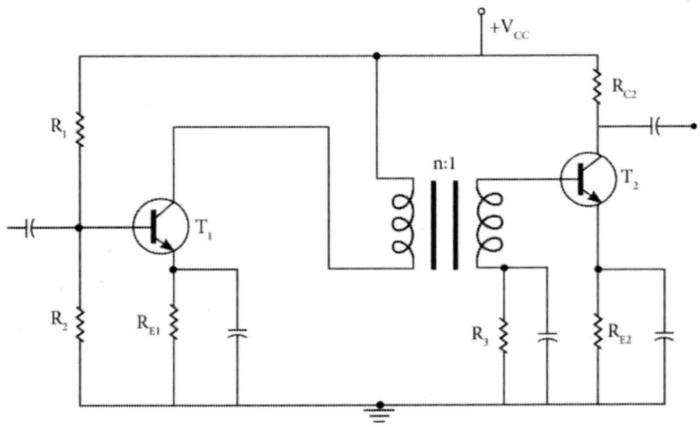

Fig. 5.27

A título de lembrança, um transformador é uma máquina elétrica, estática, que produz elevação ou abaixamento de tensão (e corrente) mediante o princípio de indução magnética que manifesta nas suas bobinas ou enrolamentos. Uma transformador monofásico ideal é ilustrado na fig. 5.28(a), com representação simbólica na fig. 5.28(b), onde o lado esquerdo é denominado de primário, indica-se por 1, enquanto o lado direito é chamado de secundário, indica-se por 2, de modo que se tem: N_1 número de espiras do enrolamento primário, V_1 tensão elétrica do primário e I_1 corrente elétrica do enrolamento primário; N_2 número de espiras do enrolamento secundário, V_1 tensão elétrica do secundário e I_2 corrente elétrica do enrolamento secundário.

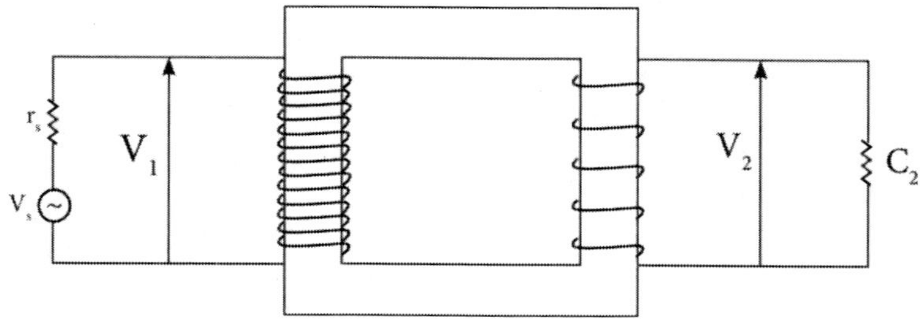

Fig. 5.28(a)

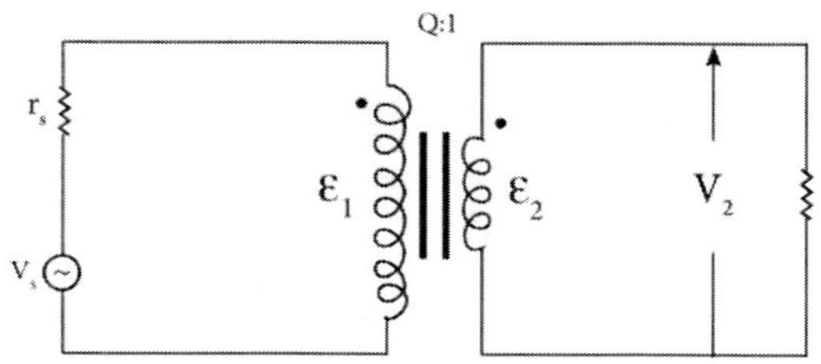

Fig. 5.28(b)

Para o transformador monofásico são estabelecidas as relações de transformações entre tensões, correntes e enrolamentos (para maiores detalhes, vide item 27.5, Magnetismo, do nosso curso de Eletromagnetismo), que passaremos a examinar.

(1) Transformação de Tensão

Pelo princípio de indução magnética nas bobinas estabelecem-se as fem respectivas, ε_1 e ε_2. Iremos tratar apenas do transformador monofásico ideal, para o qual se tem $\varepsilon_1 \cong V_1$ e $\varepsilon_2 \cong V_2$, e vale concluir que nos seus terminais as tensões elétricas são diretamente proporcionais ao número de espiras de seus enrolamentos pertinentes, e tem-se:

$$\frac{V_1}{V_2} = \frac{N_1}{N_2} \qquad (5.19a)$$

(2) Transformação de Corrente

Para o mesmo transformador, as correntes elétricas de seus terminais são inversamente proporcionais ao número de espiras de seus enrolamento pertinentes, e tem-se:

$$\frac{I_2}{I_1} = \frac{N_1}{N_2} \tag{5.19b}$$

Costuma-se indicar a relação $N_1/N_2 = a$, e tem-se, em suma, que

$$\frac{V_1}{V_2} = \frac{I_2}{I_1} = a \tag{5.19c}$$

(3) Transformação de Impedância

Na análise do circuito em que um transformador ideal faz a conexão da impedância da fonte $z_s = z_1$, com a impedância da carga $z_2 = z_L$, é útil referir ou refletir esta para o lado primário; a impedância da carga refletida ou vista do primário é indicada por, $z_2' = z_1$, e faz-se a transformação de impedância, com o concurso de (15.19a), que oferece

$$z_2' = a^2 z_2 \tag{5.19d}$$

como indicada no circuito da fig. 5.28(c).

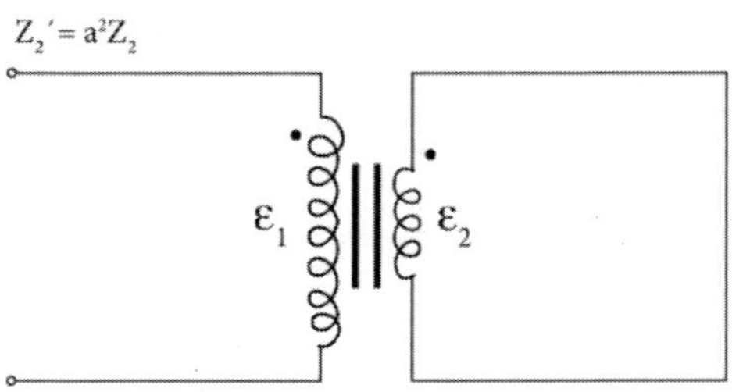

Fig. 5.28(c)

O transformador que opera a média frequência tem o circuito elétrico equivalente dado pela fig. 5.28(c). Contudo, para o transformador que operar a alta frequência, o circuito elétrico equivalente será o da fig. 5.28(d), em que se levam em conta os efeitos das reatâncias indutivas como indicadas.

(4) Potência Elétrica e Rendimento

Num transformador real existem perdas de potência elétrica que não podem ser eliminadas: são a perda no cobre ou enrolamentos P_e e a perda no ferro ou núcleo P_n, oferecem a perda de potência, total,

$$P_d = P_e + P_n \tag{5.20a}$$

onde, $P_{ej} = \sum R_{ej} I_j^2$ e $P_n = X_\varphi I_\varphi^2$; a perda no cobre é de 1 a 2% e a perda no ferro de 1 a 5% (em plena carga).

Designando por P_i a potência elétrica fornecida pela fonte de tensão e por P_o a potência elétrica útil recebida pela carga, que é $P_o = P_i - P_d$, então, define-se o rendimento ou eficiência do transformador real por

$$\eta = \frac{P_o}{P_i} = 1 - \frac{P_d}{P_i} \tag{5.20b}$$

O rendimento do transformador real é sempre elevado, em torno de 94 % nos de pequeno porte e cerca de 99% nos de grande porte. No transformador ideal como não há perdas, $P_o = P_i$ e, portanto, $\eta = 1$.

(5) Potência Elétrica do Amplificador

Num amplificador acoplado a um transformador, a potência elétrica dissipada pelo transistor é diferença entre a potência elétrica de entrada CC, fornecida pela fonte de tensão CC e a potência elétrica de saída CA, ou seja,

$$P_T = P_{i(CC)} - P_{o(CA)} \tag{5.21a}$$

ambas medidas em valor eficaz. A fonte de tensão fornece a potência elétrica de entrada CC, dada por

$$P_{i(CC)} = V_{CC}\, I_{CC} \tag{5.21b}$$

e a potência elétrica de saída CA, que é absorvida pela carga R_L, é dada por

$$P_{o(CA)} = \frac{V_L^2}{R_L} \tag{5.21c}$$

Exemplo 5.22

. Para o biestágio da fig. 5.27 com os amplificadores iguais acoplados por transformador, são dados os valores: V_{CC} = 15 V, R_1 = 12 kΩ, R_2 = 4 kΩ, R_{E1} = R_{E2} = 1 kΩ, R_{C2} = 20 kΩ, β = h_{fe} = 65 e 6:1 para o transformador. Calcular o ganho total de tensão usando o modelo híbrido, em que $1/h_{oe1} = 1/h_{oe2} = 1/h_{oe}$ = 20 kΩ, $h_{re1} = h_{re2} = 0$.

Da análise CC referida a fig. 5.27, obtemos

$$r_{e1} = r_{e2} = r_e = 8{,}525\ \Omega$$

$$h_{ie1} = h_{ie2} = h_{ie} = (65)(\ 8{,}525\ \Omega) = 554{,}125\ \Omega$$

O circuito equivalente CA da fig. 5.27 é o da fig. 5.29(a), onde indicamos $R_B = R_1//R_2$ = 3 kΩ, cujo modelo híbrido correspondente é o da fig. 5.29(b), onde temos $z_2' = a^2\ h_{ie2} = (6)^2(0{,}554\ 125\ \text{k}\Omega) \cong 20\ \text{k}\Omega$ é a impedância h_{ie2} vista do primário do transformador de acoplamento.

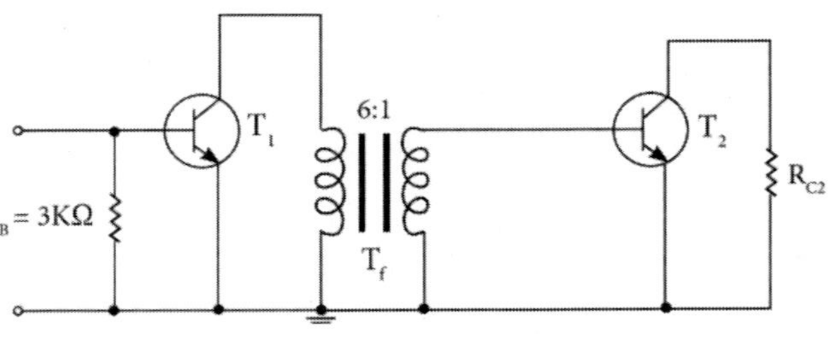

Fig. 5.29(a)

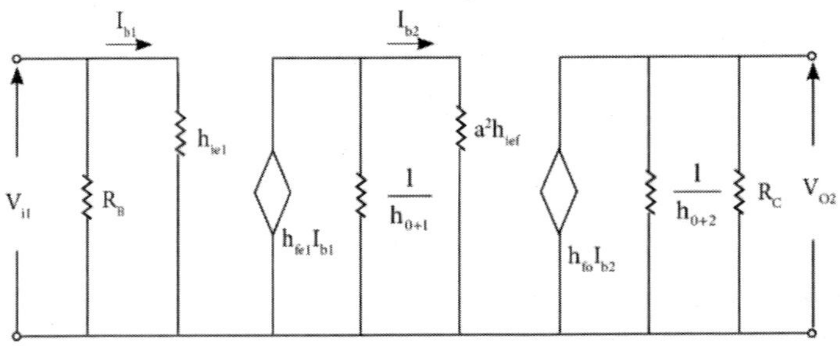

Fig. 5.29(b)

De fig. 5.29(b), podemos concluir que

$$V_{o2} = (R_{C2}//1/h_{oe2})(- h_{fe2}\, I_{b2})$$

donde

$$\frac{V_{o2}}{I_{b2}} = - h_{fe2}\,(R_{C2}//1/h_{oe2}) \qquad (1)$$

Tomando o divisor de tensão sobre z_2':

$$\frac{I_{b2}}{I_{b1}} = - h_{fe1}\,\frac{1/h_{oe1}}{1/h_{oe1} + z_2'} \qquad (2)$$

E de $V_{i1} = h_{ie1}\, I_{b1}$ virá

$$\frac{I_{b1}}{V_{i1}} = \frac{1}{h_{ie1}} \qquad (3)$$

Levando estes resultados na definição de praxe, temos

$$A_V = \left(- h_{fe2}\,\frac{R_{C2} \times 1/h_{oe2}}{R_{C2} + 1/h_{oe2}}\right)\left(- h_{fe1}\,\frac{1/h_{oe1}}{1/h_{oe1} + z_2'}\right)\left(\frac{1}{h_{ie1}}\right)$$

Substituindo os valores dados, temos

$$A_V = \left[- 65\,\frac{20\text{ k}\Omega \times 20\text{ k}\Omega}{(20 + 20)\text{k}\Omega}\right]\left[- 65\,\frac{20\text{ k}\Omega}{(20 + 20)\text{k}\Omega}\right]\left(\frac{1}{0{,}554\ 125\text{ k}\Omega}\right) \cong 38.123$$

Note-se que $z_2' = 20$ kΩ está casada com as impedâncias $1/h_{oe2}$ assim como com a R_{C2}.

Exercícios:

1) Para o circuito amplificador BC da fig. 5.P1, são dados: V_{EE} = 3 V, V_{CC} = 9 V, R_E = 800 Ω, α = 0,99, r_c = 2 MΩ, R_C = 4 kΩ e V_λ = 0,7. Determinar: z_i e z_o; A_V e A_i, usando o modelo não-híbrido.

R. $z_i \cong 8{,}939\ \Omega$ e $z_o \cong 4\ k\Omega$; $A_V \cong 438$ e $A_i \cong 0{,}99$.

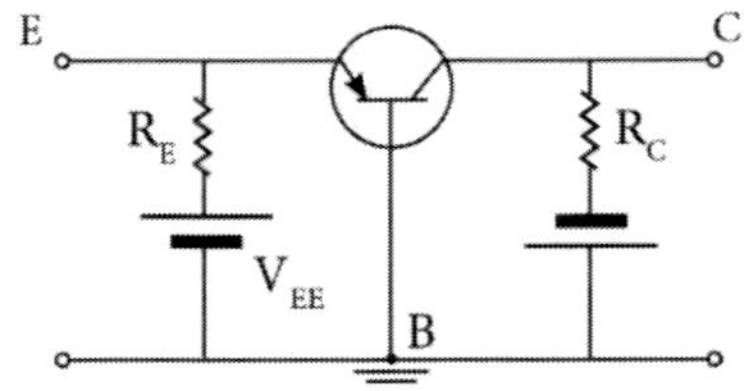

Fig. 5.P1

2) Para o circuito amplificador EC da fig. 5.P2, determinar: z_i e z_o; A_V e A_i , usando (1) o modelo não-híbrido; (2) o modelo híbrido. Usar os dados: β = 80; $V_{CC} = V_{EE}$ = 16 V, R_E = 685 Ω e V_λ = 0,7 V; $h_{oe} = 28\times10^{-6}\ \Omega^{-1}$, R_C = 5 kΩ e h_{re} = 0.

R. z_i = 764,8 Ω e z_o = 4,386 kΩ; $A_V \cong$ -458,79 e $A_i = \cong$ -70,06.

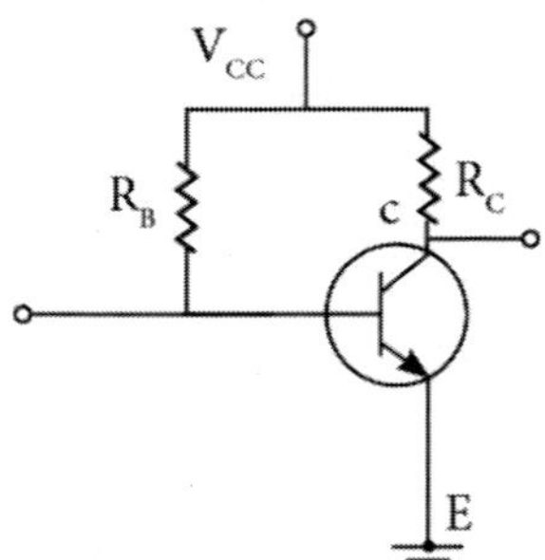

Fig. 5.P2

3) Para o circuito amplificador de autopolarização, fig. 5.P3, determinar: z_i e z_o; A_V e A_i, usando (1) o modelo não-híbrido; (2) o modelo híbrido, com h_{oe} = $25\times10^{-6}\ \Omega^{-1}$ e h_{re} = 0. Considerar os dados: β = 110; $V_{CC} = V_{EE}$ = 12 V, R_1 = 15 kΩ , R_2 = 3 kΩ, R_E = 600 Ω, R_C = 4 kΩ e V_λ = 0,7 V.

R. z_i = 885,43 Ω e z_o = 3,636 kΩ; $A_V \cong$ -291,87 e $A_i = \cong$ - 99,50.

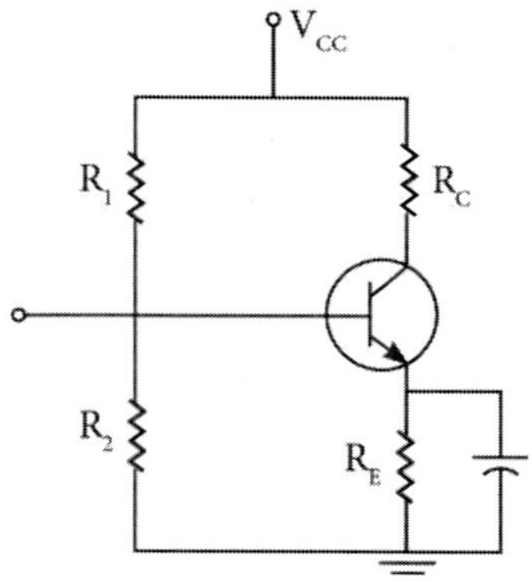

Fig. 5.P3

4) Para o circuito amplificador de polarização de emissor, sem desvio, fig. 5.P4, são dados: $V_{EE} = V_{CC} =$ 18 V, $R_B = 320$ kΩ, $\beta = 99$, $r_o = 2$ MΩ, $R_E =$ 800 Ω, $R_c = 2$ kΩ e $V_\lambda = 0{,}7$. Determinar: z_i e $z_{o;}$ A_V e A_i, usando (1) o modelo não-híbrido; e (2) o modelo híbrido, com $h_{re} = 1$.
R. $z_i \cong 63{,}67$ Ω e $z_o \cong 2$ kΩ; $A_V \cong -2{,}48$ e $A_i \cong 79{,}24$.

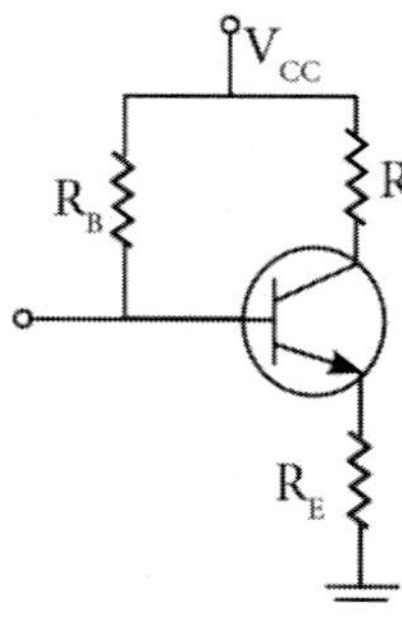

Fig. 5.P4

5) Para o circuito amplificador seguidor de emissor, fig. 5.P5, determinar: z_i e $z_{o;}$ A_V e A_i, usando (1) o modelo não-híbrido; (2) o modelo híbrido. Usar os dados: $\beta = 120$; $V_{CC} = V_{EE} = 15$ V, $R_E = 1{,}3$ kΩ , $R_C = 250$ kΩ e $V_\lambda = 0{,}7$ V; assim como, $h_{oe} = 22\text{x}10^{-6}\ \Omega^{-1}$ e $h_{re} = 0$.
R. $z_i = 116{,}9$ Ω e $z_o = 2{,}36$ Ω; $A_V \cong 1$ e $A_i = \cong -89{,}96$.

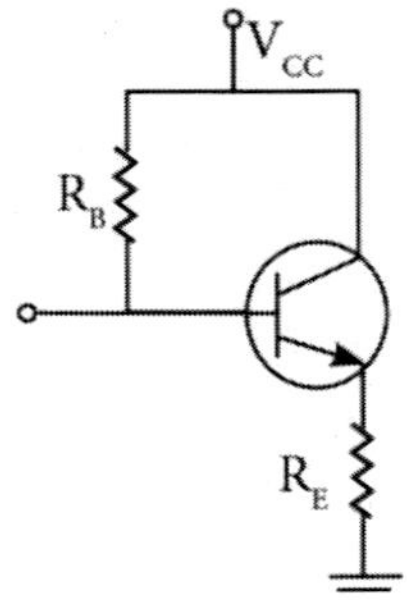

Fig. 5.P5

6) Para o circuito amplificador com realimentação de coletor, fig. 5.P6 , são dados: V_{CC} = 10 V, R_B = 260 kΩ, β = 100, r_c = 40 kΩ, R_C = 2,5 kΩ e V_λ = 0,7. Determinar: z_i e z_o; A_V e A_i , usando (1) o modelo não-hibrido; e (2) o modelo hibrido.
R. $z_i \cong$ 712,71 Ω e $z_o \cong$ 2,5 kΩ; $A_V \cong$ - 178,83 e $A_i \cong$ 50,98.

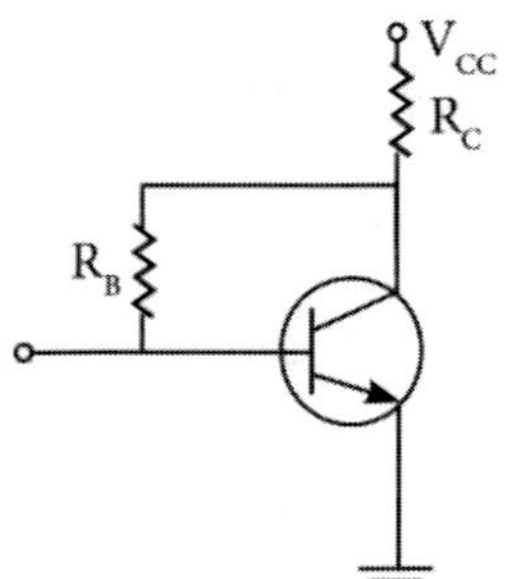

Fig. 5.P6

7) Para o circuito amplificador da fig. 5.P7, determinar: z_i e z_o; A_V e A_i , usando o modelo híbrido, para o qual são dados: R_1 = 45 kΩ, R_2 = 5 kΩ, R_C = 3 kΩ; h_{ie} = 1,1 kΩ; h_{re} = 0, h_{fe} = 50, $h_{oe} = 25x10^{-6}\ \Omega^{-1}$, R_C = 3 kΩ.
R. z_i = 993,39 Ω e z_o = 2,79 kΩ; $A_V \cong$ - 107,62 e A_i = $\cong$ - 31,71.

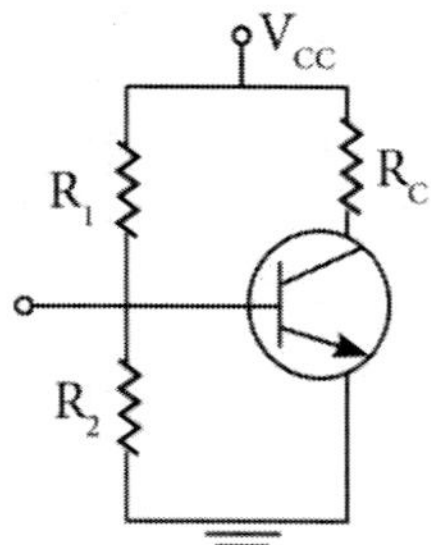

Fig. 5.P7

8) Para o biestágio de amplificadores a TBJ com acoplamento RC, fig. 5.P8, são dados os valores: V_{CC} = 16 V, R_1 = 15 kΩ, R_2 =5 kΩ, R_3 =24 kΩ, R_4 = 6 kΩ, R_{C1} = 200 Ω, R_{C2} 400 Ω, R_{E1} = 1,1 kΩ, R_{E2} = 950 Ω; h_{fe1} = 60, h_{fe} = 75 e h_{re1} = h_{re2} = h_{re} = 0. Determinar A_V .
R. $A_V \cong 474{,}24$.

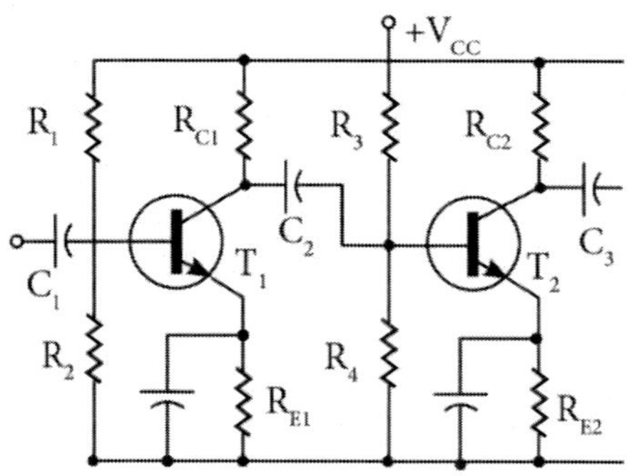

Fig. 5.P8

9) Para o amplificador cascode, como na fig. 5.24(a), são dados os valores: V_{CC} = 12 V, R_{B1} = 30 kΩ, R_{B2} = 10 kΩ, R_{C2} = 2,7 kΩ, R_{E1} = 1,2 kΩ , R_{E2} = 1,1 kΩ. Calcular o ganho total de tensão usando o modelo híbrido, em que h_{fe1} = 90, h_{fb2} = 1,0; tomar, h_{re1} = h_{re2} = 0, e desprezar os h_{oj} .
R. $A_V \cong 243$.

10) Um Par Darlinton de amplificadores de TBJ idênticos, como na fig. 5.25(a), com β = 90 está polarizado com, I_C = 1,8 mA. Achar as resistências dinâmicas de emissor, r_{e1} e r_{e2}, a impedância de entrada $z_{i(PD)}$ e a resistência dinâmica do PD, r_{PD} = 26 kΩ. Supor $I_{C2} >> I_{C1}$.

R. $r_{e1} = 1{,}3\ k\Omega$, $r_{e2} = 14{,}44\ \Omega$; $z_{i(PD)} = 21{,}06\ k\Omega$ e $r_{PD} = 26\ k\Omega$.

11) Para o biestágio de amplificadores, a TBJ com acoplamento direto, fig. 5.P9, são dados os valores: $R_{C1} = 2{,}4\ k\Omega$, $R_{C2} = 1{,}2\ k\Omega$, $h_{ie1} = 1{,}1\ k\Omega$, $h_{ie2} = 1{,}3\ k\Omega$, $h_{fe1} = 100$, $h_{fe2} = 90$; além do mais considerar $h_{re1} = h_{re2} = 0$, assim como desprezados os $1/h_{oej}$, diante do paralelismo com os R_{Cj}.
R. $A_V \cong 6.386{,}6$.

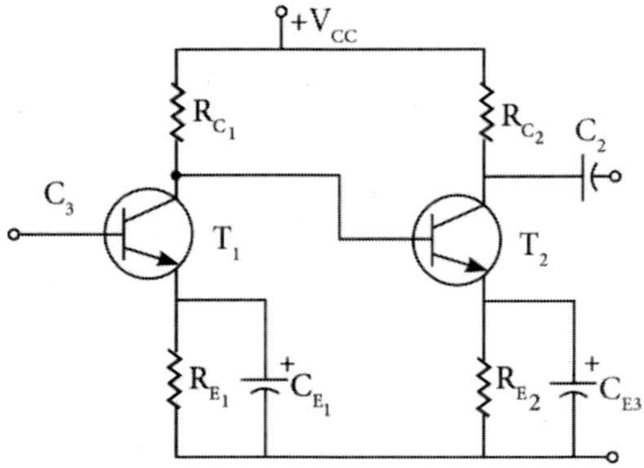

Fig. 5.P9

12) Para o biestágio de amplificadores a TBJ com acoplamento por transformador, fig. 5.P10, são dados os valores: $V_{CC} = 18\ V$, $R_1 = 24\ k\Omega$, $R_2 = 6\ k\Omega$, $R_{c2} = 41{,}67\ k\Omega$, $R_{E1} = R_{E2} = 1{,}1\ k\Omega$ e 8:1 para o transformador; $h_{fe1} = h_{fe2} = 66$, $h_{oe1} = h_{oe2} = 24x10^{-6}\ S$ e admitir $h_{re1} = h_{re2} \cong 0$. Calcular A_V.
R. $A_V \cong 69.732$.

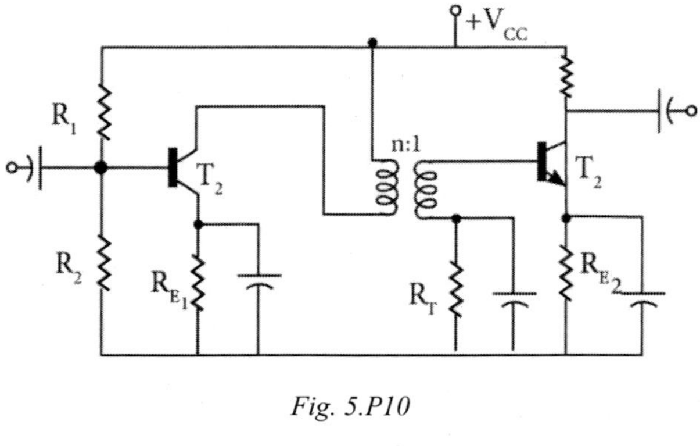

Fig. 5.P10

6 - TRANSISTOR DE EFEITO DE CAMPO

6.1. Introito

O segundo transistor de semicondutor mais importante, descoberto no início da década de 1950, é conhecido como Transistor de Efeito de Campo, abrevia-se TEC ou FET (do inglês Field Effect Transistor), que possui uma ou duas junções inseridas numa pequena barra de semicondutor e apresenta três terminais como o TBJ, porém difere deste por ser unipolar, isto é, a corrente elétrica que nele se estabelece é de um único tipo de portador majoritário: elétron ou lacuna. Existem dois tipos de TEC ou FET: o 1º é denominado Transistor de Efeito de Campo de Junção, abrevia-se TECJ ou JFET (do inglês Junction Field Effect Transistor), que tem duas junções, e nelas as cargas elétricas estabelecem um campo elétrico; e o 2º, chamado de Transistor de Efeito de Campo com Metal-Óxido-Semicondutor, abrevia-se TECMOS ou MOSFET (do inglês Metal-Oxide-Semiconductor Field Effect Transistor) com uma junção. Passaremos a adotar as abreviações inglesas JFET e MOSFET por serem as mais divulgadas.

6.2. Transistor de Efeito de Campo

O Transistor de Efeito de Campo de Junção, JFET, por sua parte, são de dois tipos: (1º) JFET canal n, com duas junções em p inseridas num estrato n, que oferecem duas regiões de depleção cujo estreito entre elas é chamado de canal de condução, no caso, canal n, fig. 6.1(a) e símbolo[(1)] na fig. 6.1(b); e (2º) JFET canal p, com duas junções em n inseridas num estrato p, que fornecem as regiões de depleção e delineiam um canal p, fig. 6.2(a) e símbolo[(1)] na fig. 6.2(b). Em ambos os tipos, os três terminais são chamados, respectivamente, de Porta G (Gate, do inglês), Dreno D (Drain, do inglês) e Supridor ou Fonte S (Source, do inglês), que correspondem às bases B, coletor C e emissor E, do TBJ. Outra diferença importante é que no JFET a corrente de dreno, I_D, é controlada pela tensão de porta, já no TBJ a corrente de base, I_B, controla a corrente de coletor, I_C. A designação comercial do JFET tipo encapsulado, de uso geral, é 2 N...., fig. 6.3, que é a mesma do TBJ.

[(1)] Usa-se também prescindir o círculo.

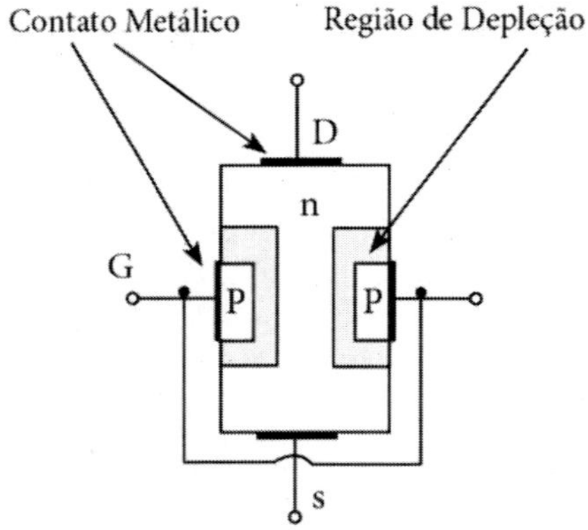

Fig. 6.1(a)

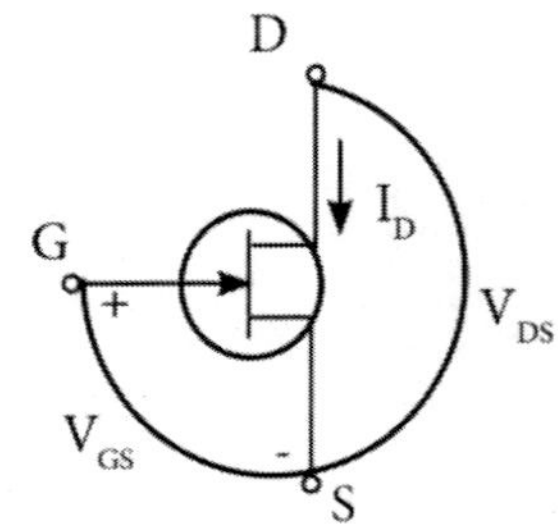

Fig. 6.1(b)

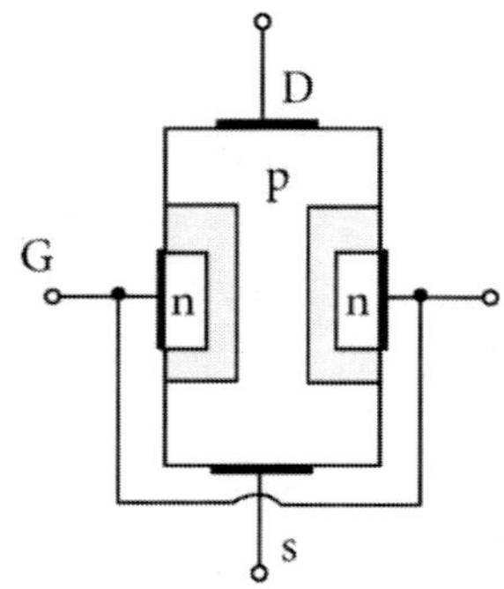

Fig. 6.2(a)

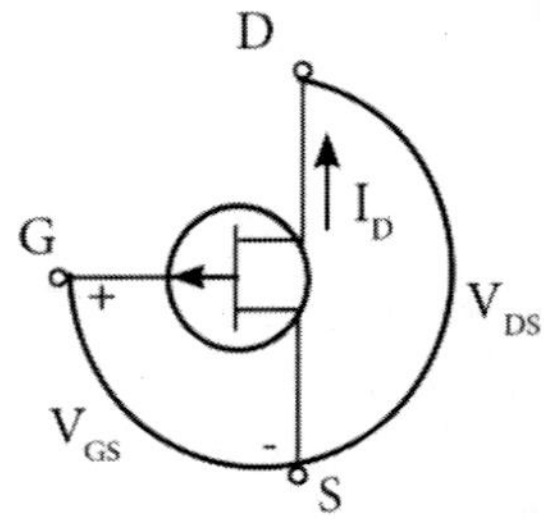

Fig. 6.2(a)

Fig. 6.3

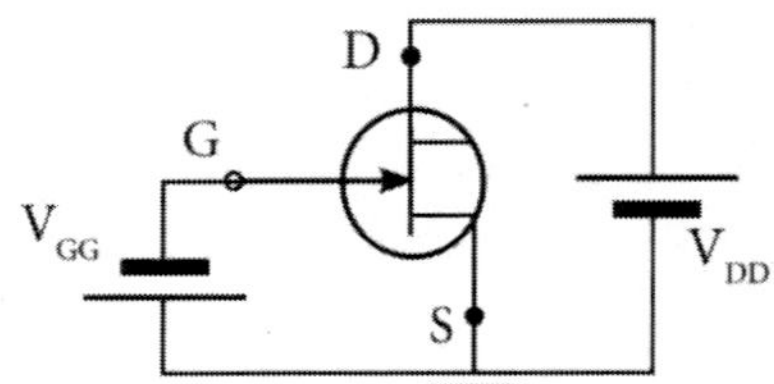

Fig. 6.4

A notação a ser adotada segue a normalizada: as tensões e correntes de polarização são designadas por V_{GG} e V_{DD}, I_G, I_D e I_S, que correspondem, respectivamente, a V_{CC} e V_{BB}, I_B, I_C e I_E do TBJ; e, por exemplo, uma tensão de porta total será a superposição da tensão de porta CC mais a tensão de porta CA, aplicada, isto é,

$$v_G = V_{GG} + v_g = V_{GG} + V_g \operatorname{sen}\omega t$$

De modo similar, o JFET pode assumir três configurações ou conexões, fonte comum SC, porta comum GC e dreno comum DC; contudo, usa-se mais frequentemente a 1ª, por exemplo, na fig. 6.4, temos um JFET canal n na conexão SC, que está reversamente polarizado na junção pela tensão de porta.

6.3. Curvas Características do JFET

No JFET da fig. 6.4, devido à polarização reversa das junções pela tensão de porta ($V_{GS} < 0V$, JFET canal n e $V_{GS} > 0V$, JFET canal p), não há formação significativa de corrente de porta, existindo apenas uma ínfima corrente de fuga, normalmente desprezada, e tem-se $I_G = 0$ A, de modo que a porta G é considerada um circuito-aberto ou de impedância infinita, o que elimina a necessidade de se esboçar uma curva característica de entrada. Contudo, forma-se um fluxo de carga eletrônica de S para D, e portanto uma corrente convencional de D para S que é a corrente de dreno, $I_D \cong I_S$.

Para o JFET canal n, valores $V_{GS} < 0V$ aumentam a região de depleção das junções, fig. 6.5(a). Outra maneira de ampliar tais regiões é fixar $V_{GS} = 0$ e aumentar a tensão V_{DS}, até que esta atinja determinado valor, $V_{DS} = V_{PO}$, que é chamada de tensão de estrangulamento, de constrição ou tensão pinch-off (em inglês), que ocasiona as ampliações máximas das regiões de depressão, com a obstrução do canal, fig. 6.5(b).

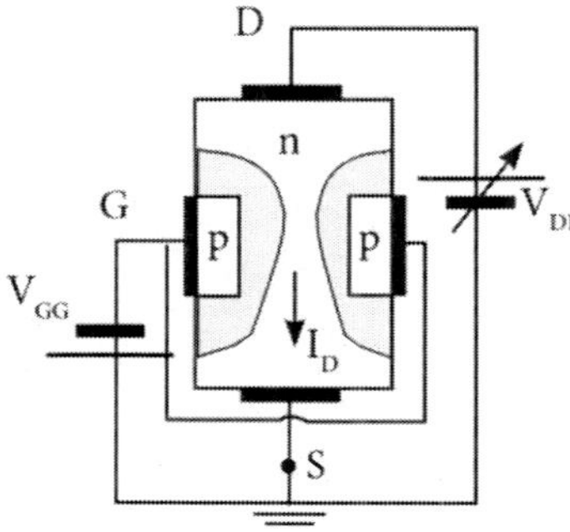

Fig. 6.5(a)

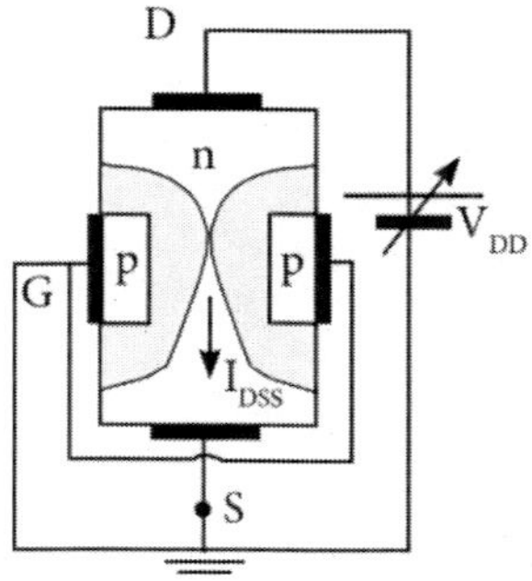

Fig. 6.5(b)

(1) Curvas Característica de Saída ou de Dreno

O gráfico da característica de saída do JFET canal n em conexão FC é esboçado com I_D versus V_{DS}, para uma família de curvas com $V_{GS} \leq 0V$, fig.

6.6, onde se distinguem duas regiões: (1) a região ôhmica (controlada por V_{GS}) à esquerda de P, na qual a corrente de dreno, I_D, é proporcional a V_{DS} e inversamente à resistência do canal de condução; e (2) a região ativa de constrição, ou de saturação, à direita de P; no ponto P inicia-se o bloqueio do canal, onde se forma a corrente de saturação de dreno, I_{DSS}, sob a condição de $V_{GS} = 0V$, com $V_{DS} \geq V_{PO}$, contudo menor que a tensão de ruptura que V_{DS} ainda poderá assumir. Observe-se que V_{PO} é negativa para o JFET canal n e positiva para JFET canal p.

(2) Curva Característica de Transferência ou de Transcondutância

A curva alternativa que relaciona a corrente de saída, I_D, com a tensão de entrada, V_{GS}, para dado valor fixo da tensão de saída, V_{DS}, recebe o nome de curva característica de transferência ou de transcondutância, no gráfico de I_D versus V_{GS}, fig. 6.6, onde a corrente de dreno, I_D, comporta-se segundo a equação de Shockley:

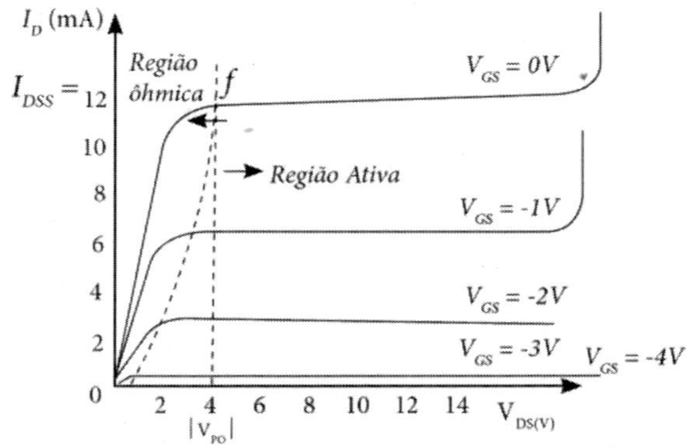

Fig. 6.6

$$I_D = I_{DSS} \left(1 - \frac{V_{GS}}{V_{PO}}\right)^2 \qquad (6.1a)$$

Onde I_{DSS} é a corrente de saturação (máxima da corrente de dreno).

O gráfico da fig. 6.7 é aproximadamente uma parábola que inicia-se em $V_{GS} = V_{PO}$ e termina em $I_D = I_{DSS}$. Para a sua construção, fixado o valor de V_{DS}, entra-se em (6.1a) com os valores de $V_{GS} = 0$ V, -1 V, - 2 V, - 3 V, -4 V, etc. para obtenção dos valores das respectivos ordenadas, I_D = 12 mA, 6,75 mA, 3 mA, 0,75 mA e 0 mA; sendo típico o valor V_{GS} = - 4V e I_{DSS} = 12 mA.

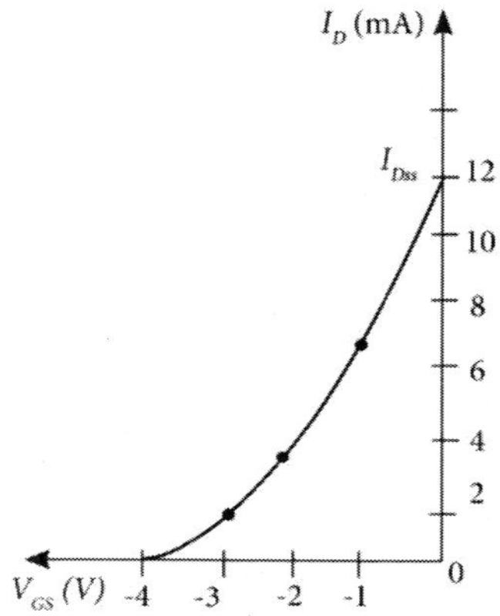

Fig. 6.7

Para o JFET canal p ,as curvas representativas das tensões V_{GS} são positivas e, por conseguinte, tem-se os valores típicos: V_{GS} = + 4V e I_{DSS} = 12 mA.

De (61a), tirando o valor de V_{GS}, obtém-se

$$V_{GS} = V_{PO}\left(1 - \frac{\sqrt{I_D}}{I_{DSS}}\right) \tag{6.1b}$$

No gráfico da fig. 6.6 a projeção de um ponto da parábola tracejada sobre o eixo V_{DS} define o valor da tensão de saturação, $V_{DSS} = V_{GS} - V_{PO}$, que levada à equação (6.1a) faculta anotá-la de forma alternativa, como

$$I_D = I_{DSS}\left(\frac{V_{DSS}}{V_{PO}}\right)^2 \tag{6.1c}$$

Exemplo 6.1

. Para um JFET canal n em conexão FC são conhecidos: V_{GS} = -2,5 V e I_D = 2,25 mA; V_{GS} = -3,5 V e I_D = 1,0 mA. Calcular V_{PO} e I_{DSS}.

Por (6.1a), temos

$$2{,}25\ \text{mA} = I_{DSS}\left(1 - \frac{-2{,}5\ \text{V}}{V_{PO}}\right)^2 \qquad (1)$$

$$1{,}0\ \text{mA} = I_{DSS}\left(1 - \frac{-3{,}5\ \text{V}}{V_{PO}}\right)^2 \qquad (2)$$

Dividindo ordenadamente os resultados e extraindo a raiz quadrada positiva, obtemos

$$1{,}5 = I_{DSS}\left(\frac{1 + 2{,}5/V_{PO}}{! + 3{,}5/V_{PO}}\right)$$

donde se tira $V_{PO} = -5{,}5$ V. Levando este resultado, por exemplo, em (1), temos

$$2{,}5\ \text{mA} = I_{DSS}\left(1 - \frac{-2{,}5\ \text{V}}{-5{,}5\ \text{V}}\right)^2$$

Donde concluímos que $I_{DSS} = 8{,}40$ mA.
operando e tirando o valor de I_{DSS}, obtemos $I_{DSS} \cong 12{,}84$ mA.

6.4. Circuitos de Polarização do JFET

A polarização do JFET é semelhante a polarização do TBJ: na estrutura da conexão adotada são incluídos os capacitares de acoplamento e as resistências dos terminais para ajuste das tensões de entrada e de saída do JFET, como já explicado. Vejamos os principais casos.

[1] Circuito de Polarização Fixa

Seja o JFET canal n com o circuito de polarização fixa com fonte única, dado na fig. 6.8(a). Como no TBJ, obviamente, os capacitores de acoplamento são considerados circuitos-abertos na análise CC, e curtos-circuitos na análise CA, por razões já explicadas.

Aplicando a LKT na malha de entrada, temos:

$$- V_{GG} - V_{GS} + R_G\, I_G = 0$$

E como por hipótese, $I_G = 0$ A, tem-se $R_G\ I_G = 0$, o que sugere que a resistência R_G pode ser substituído por um curto-circuito; e, portanto, temos

$$V_{GS} = -V_{GG} \tag{6.2a}$$

significando V_{GS} e V_{GG} têm polaridades opostas e o circuito dado pode ser substituído pelo seu equivalente da fig. 6.8(b). Para o JFET canal p, tem-se $V_{GS} = +V_{GG}$.

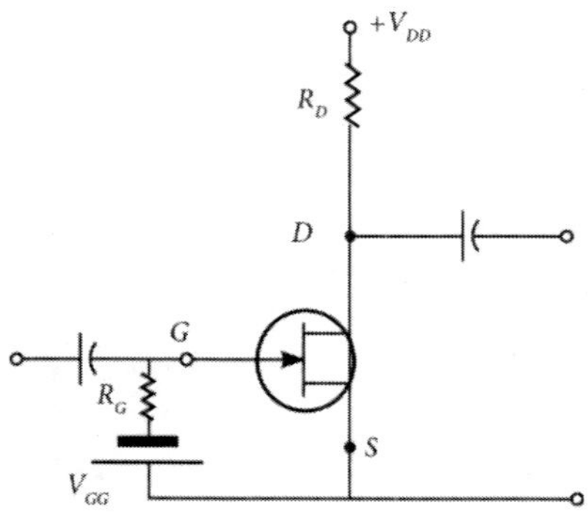

Fig. 6.8(a)

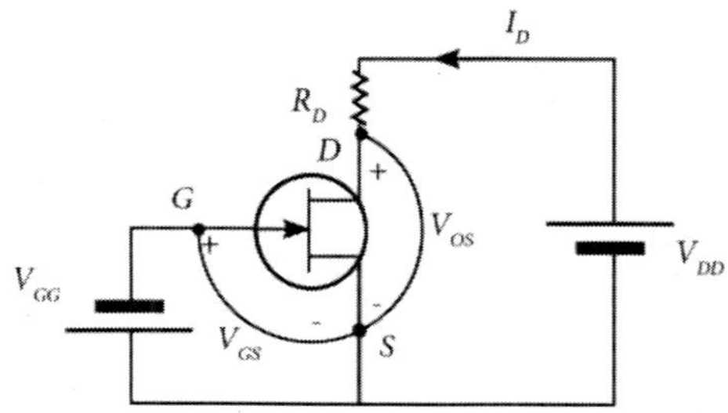

Fig. 6.8(b)

Aplicando a LKT na malha de saída, obtemos:

$$I_D\ R_D = V_{DD} - V_{DS} \tag{6.2b}$$

donde se segue a equação da reta de carga estática ou reta de polarização:

$$I_D = -\frac{V_{DS}}{R_D} + \frac{V_{DD}}{R_D} \tag{6.2c}$$

Para o traçado da reta de carga, usa-se o procedimento já conhecido: fazendo $I_D = 0$, obtém-se o ponto, $V_{DD} = V_{DS}$, sobre o eixo V_{DS}; pondo $V_{DD} = 0$, tem-se o ponto $I_{DD} = V_{DS}/R_D$, sobre o eixo I_D. com ambos os valores, traça-se a reta de carga no gráfico de característica de saída, de inclinação $-1/R_D$, sobre a qual escolhe-se locar o ponto quiescente ou de polarização Q.

Conhecida a curva característica de transferência, alternativamente pode-se obter I_{DQ} com o concurso da equação (6.2a), que no caso tem valor constante e, portanto, representa uma reta vertical que intercepta a curva característica de transferência fornecendo o ponto quiescente Q.

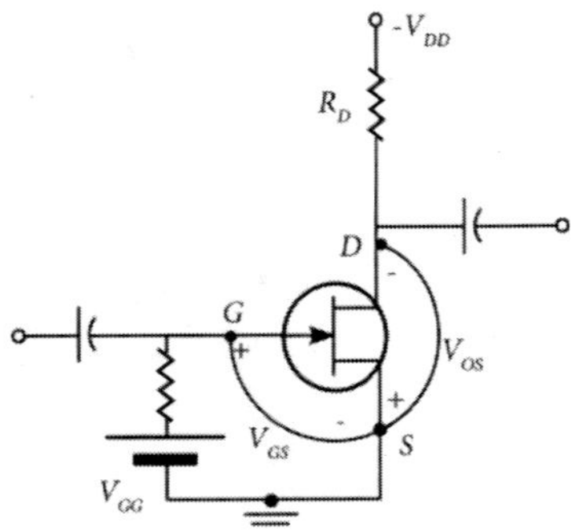

Fig. 6.8(c)

Para o JFET canal p, com circuito dado fig. 6.8(c), temos: $V_{GG} > 0$, $V_{GS} > 0$ e $V_{PO} > 0$; e a tensão $V_{DD} < 0$ e $V_{DS} < 0$; I_D muda de sentido. Contudo, para o uso da equação (6.2c) basta substituir no 2º membro o sinal (-) por (+).

Exemplo 6.2

. Para o JFET canal n com polarização fixa, circuito da fig. 6.8(b), são dados: V_{DD} = 14 V, R_D = 1,4 kΩ e V_{GS} = - 2 V. Traçar a reta de carga e determinar Q (V_{DSQ} ,I_{DQ}).

Temos

$$I_{DD} = \frac{V_{DD}}{R_D} = \frac{14\ V}{1{,}4\ k\Omega} = 10\ mA$$

Com os valores V_{DD} = 14 V e I_{DD} = 10 mA, loca-se a reta de carga, cuja interseção com a curva V_{GSQ} = - 2 V determina o ponto Q, como na fig. 6.9(a), que oferece os valores: $V_{DSQ} \cong 10$ V e I_{DQ} = 2,8 mA.

Na curva característica de transferência, fig. 6.9(b), a interseção desta com a reta vertical no ponto V_{GSQ} = - 2 V, fornece a ordenada I_{DQ} = 2,80 m.

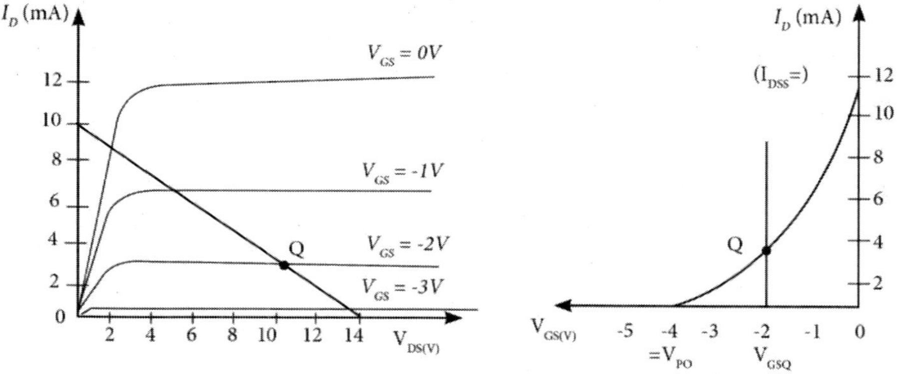

Fig. 6.9(a) *Fig. 6.9(b)*

[2] Circuito de Autopolarização

Seja o circuito de autoplarização do JFET canal n dado na fig. 6.10(a) e o seu equivalente na fig. 6.10(b).

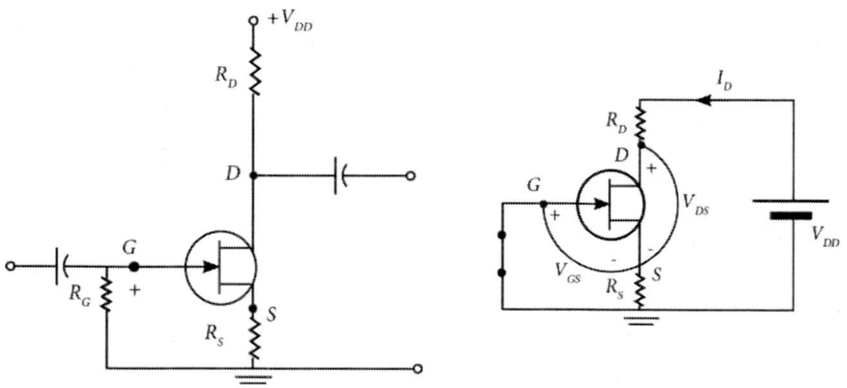

Fig. 6.10(a) *Fig. 6.10(b)*

Aplicando a LKT na malha de entrada em que I_G = 0 AI_D mas $I_S = I_D$, obtemos:

$$V_{GS} = - R_S I_D \tag{6.3a}$$

que dá a reta de polarização com o concurso do gráfico da curva característica de transferência. Note-se que agora V_{GS} é função de I_D, que levando à equação (6.1a) resulta:

$$I_D = I_{DSS}\,(1 - \frac{R_S\, I_D}{V_{PO}})^2$$

Desenvolvendo-a e rearrumando os termos, obtemos:

$$R_S^2\, I_D^2 - (2\,|V_{PO}|\,R_S + \frac{V_{PO}^2}{I_{DSS}})\, I_D + V_{PO}^2 = 0 \qquad (6.3b)$$

onde fez-se a introdução do valor absoluto $|V_{PO}|$ para abranger ambos os casos, JFET canal n e JFET canal p. A solução desta equação quadrática é dada pela conhecida fórmula da equação do 2º grau, no caso, com a raiz negativa:

$$I_D = \frac{-b - \sqrt{b^2 - 4ac}}{2a} \qquad (6.3c)$$

onde, $a = R_S^2$, $b = -(2\,|V_{PO}|\,R_S + \frac{V_{PO}^2}{I_{DSS}})$ e $c = V_{PO}^2$.

Aplicando a LKT na malha de saída, obtemos:

$$I_D\,(R_D + R_S) = V_{DD} - V_{DS} \qquad (6.3d)$$

Para aplicar (6.3c) ao circuito do JFET canal p, basta lembrar que $V_{DS} < 0$ e $V_{PO} > 0$.

Exemplo 6.3

. Para o JFET canal n com circuito de autopolarização da fig. 6.10(b), são dados: $V_{DD} = 20$ V, $R_S = 700\ \Omega$, $R_D = 1.300\ \Omega$, $I_{DSS} = 12$ mA e $V_{PO} = -4$ V. Calcular I_{DQ} e V_{DSQ} e V_{GS}. Também achar $Q(V_{DSQ}, I_{DQ})$ usando o método gráfico.

Para usar (6.3c), tomamos:

$$a = R_S^2 = (0{,}7\ k\Omega)^2 = 0{,}49\ (V/mA)^2 \quad e \quad c = (-4V)^2 = 16\ V^2$$

$$b = -\left[2\,(4v)\,(0{,}7\ V/mA) + \frac{(-4\ V)^2}{12\ mA}\right] \cong -\,6{,}93\ V^2/mA$$

Substituindo em (6.3c), virá

$$I_D = \frac{6{,}93\ V^2/mA) - \sqrt{(-\,6{,}93\ V^2/mA)^2 - 4\,(0{,}49\ V^2/mA^2\,)16\ V^2}}{2\,(0{,}49\ V^2/mA^2\,)} \cong 2{,}9\ mA$$

Sendo $I_D = I_{DQ} \cong 2{,}9$ mA.

De (6.3d) tiramos $V_{DS} = V_{DD} - (R_D + R_S)I_D$; e, adequando-a, virá

$$V_{DSQ} = 20\ V - (1{,}3 + 0{,}7)k\Omega\ (2{,}9\ mA) = 14{,}2\ V$$

$$V_{GSQ} = -\,(0{,}7\ k\Omega)(2{,}9\ mA) \cong -\,2\ V$$

Por outro lado,

$$I_{DD} = \frac{V_{DD}}{R_D + R_S} = \frac{20\ V}{(1{,}3 + 07)k\Omega} = 10\ mA$$

Traçando a reta de carga no gráfico da fig. 6.11(a), confirma-se Q (V_{DSQ} = 14,2 V e I_{DQ} = 2,9 mA).

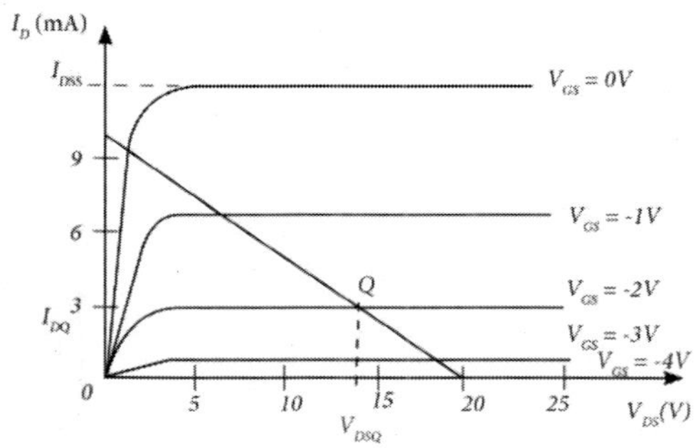

Fig. 6.11(a)

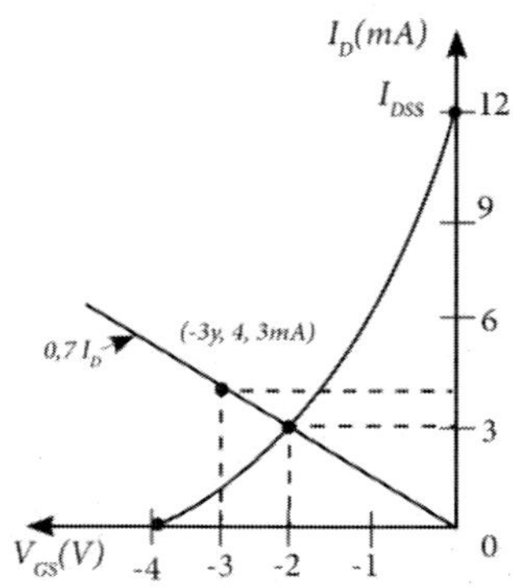

Fig. 6.11(b)

Como a reta de carga passa necessariamente pela origem, à sua determinação gráfica basta escolher outro ponto fora dela e aplicar a equação (6.3a). No caso, temos a reta de carga: V_{GS} = - (0,7 kΩ) I_D; escolhendo, por exemplo, V_{GS} = - 3 V, resulta I_D = 4,3 mA, que faculta o traçado da reta de carga, e da interseção dela com a curva característica de transferência obtém-se a ordenada, I_{DQ} = 2,9 mA e também $V_{GSQ} \cong -2$ V.

Exemplo 6.4

. Para o JFET canal n ou p com polarização por divisor de tensão, estabelecer as expressões para o cálculo de R_S em função de I_D, I_{DSS} e V_{PO}. Também o cálculo de R_D em função V_{DD}, V_{DS} e I_D.

Reescrevendo (6.3b) tomando R_S como variável dependente e as demais quantidades como parâmetros, virá

$$I_D^2 R_S^2 - 2\,|V_{PO}|\, I_D R_S + V_{PO}^2 \left(1 - \frac{I_D}{I_{DSS}}\right) = 0 \qquad (6.3e)$$

onde $a = I_D^2$, $b = -2\,|V_{PO}|\, I_D$ e $c = V_{PO}^2 \left(1 - \dfrac{I_D}{I_{DSS}}\right)$.

De (6.3c) tiramos

$$R_D = \frac{|V_{DD}| - |V_{DS}| - R_S I_D}{I_D} \qquad (6.3f)$$

Nos projetos de circuito de polarização de JFET frequentemente deseja-se dimensionar os valores de R_S e R_D.

[3] Circuito de Polarização por Divisor de Tensão

Seja o JFET canal n com o circuito de polarização por divisor de tensão dado na fig. 6.12(a) e o seu equivalente na fig. 6.12(b).

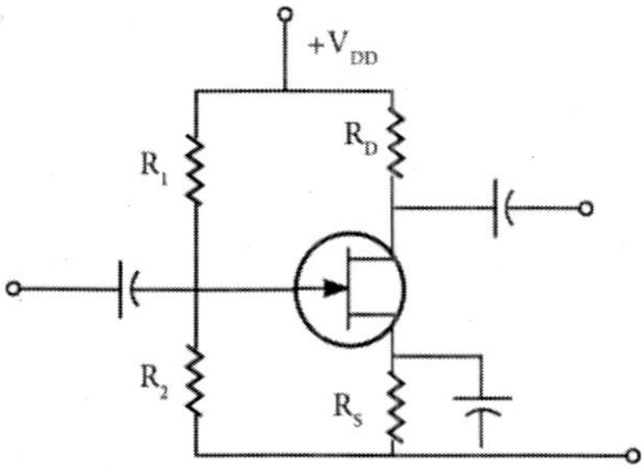

Fig. 6.12(a)

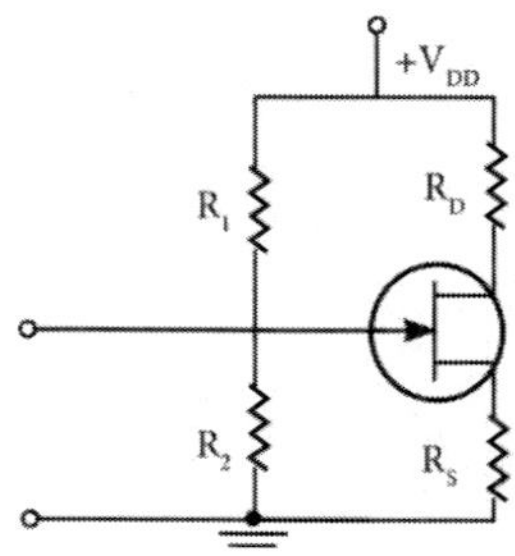

Fig. 6.12(b)

No circuito da fig. 6.12(b), aplicando o divisor de tensão da técnica de Thevenin, virá a tensão equivalente porta-terra

$$V_G = \frac{R_2}{R_2 + R_1} V_{DD} \tag{6.4a}$$

assim como a resistência equivalente, de entrada,

$$R_G = \frac{R_1 R_2}{R_1 + R_2} \tag{6.4b}$$

com os quais se compõe o circuito equivalente da fig. 6.12(c), onde se omitiu a resistência equivalente R_G (ordem do MΩ), porque $R_G >> R_S$, $R_G // R_S = R_S$.

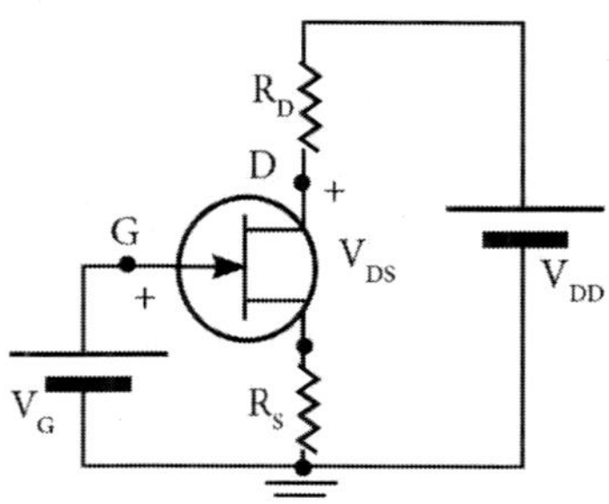

Fig. 6.12(c)

Aplicando a LKT na malha de entrada do circuito da fig. 6.12(c), sendo $I_S = I_D$, obtemos:

$$V_{GS} = V_G - R_S I_D \qquad (6.5a)$$

donde

$$I_D = -\frac{V_{GS}}{R_S} + \frac{V_G}{R_S} \qquad (6.5b)$$

sendo esta a equação da reta de polarização de transferência, que agora não passa pela origem, mas corta o eixo I_D no ponto $I_{DD} = V_G/R_S$, em que $V_{GS} = 0$; e tem $I_D = 0$, para $V_{GS} = V_G$, fig. 6.13.

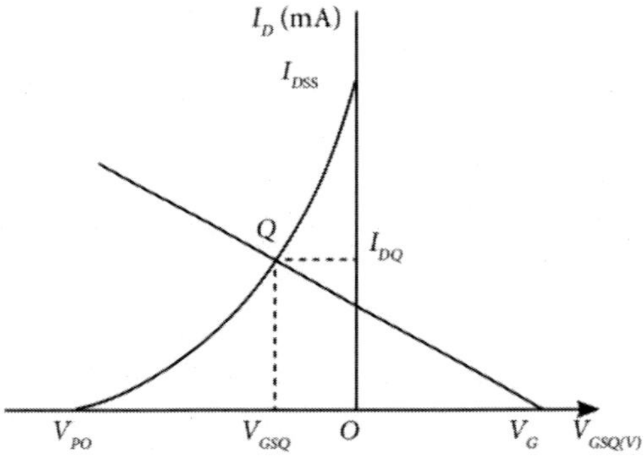

Fig. 6.13

levando (6.5a) em (6.1a), virá

$$I_D = I_{DSS} \left(1 + \frac{V_G - R_S I_D}{V_{PO}}\right)^2$$

Introduzindo $|V_G|$ e $|V_{PO}|$ para abranger os dois casos, desenvolvendo-a e rearrumando os termos, obtemos:

$$R_S^2 I_D^2 - \left[2 (|V_G| + |V_{PO}|) R_S + \frac{V_{PO}^2}{I_{DSS}}\right] I_D + (|V_G| + |V_{PO}|)^2 = 0 \qquad (6.5c)$$

Com solução dada pela fórmula da equação do 2º grau, como já visto:

$$I_D = \frac{-b - \sqrt{b^2 - 4ac}}{2a}$$

onde

$$a = R_S^2,\ b = -[2(|V_G| + |V_{PO}|)R_S + \frac{V_{PO}^2}{I_{DSS}}] \ \text{ e } \ c = (|V_G| + |V_{PO}|)^2.$$

Aplicando a LKT na malha de saída, obtemos:

$$I_D (R_D + R_S) = V_{DD} - V_{DS} \qquad (6.5d)$$

Note-se, ademais que $I_{R1} = I_{R2} = V_{DD}/(R_1 + R_2)$.
Para aplicar (6.3d) ao JFET canal p, basta ter em conta que $V_{DS} < 0$.

Exemplo 6.5

. Para o JFET canal n com polarização por divisor de tensão, circuito da fig. 6.12(b), são dados: V_{DD} = 18 V, R_1 = 680 kΩ, R_2 = 120 kΩ, R_S = 1,8 kΩ, R_D = 2,2 kΩ, I_{DSS} = 8 mA e V_{PO} = - 4 V. Achar I_{DQ} e V_{DSQ} via cálculo e também graficamente.

Inicialmente, temos

$$V_G = \frac{120\ \text{k}\Omega}{(120 + 680)\ \text{k}\Omega}(18\ \text{V}) = 2{,}7\ \text{V}$$

Para usar (6.5c), façamos:

$$a = (1{,}8\ \text{k}\Omega)^2 = 3{,}24\ (\text{V/mA})^2$$

$$b = -[2(2{,}7 + 4)\text{V}(1{,}8\ \text{V/mA}) + \frac{16\ \text{V}^2}{8\ \text{mA}}] \cong -26{,}12\ \text{V}^2/\text{mA}$$

$$c = (2{,}7 + 4)^2\ \text{V}^2 = 44{,}89\ \text{V}^2$$

donde

$$I_D = \frac{26{,}12\ \text{V}^2/\text{mA} - \sqrt{(-26{,}12\ \text{V}^2/\text{mA})^2 - 4(3{,}24\ \text{V}^2/\text{mA}^2)(44{,}89\ \text{V}^2)}}{2(3{,}24\ \text{V}^2/\text{mA}^2)} \cong 2{,}5\ \text{mA}$$

Adequando (6.5a), temos:

$$V_{GSQ} = 2{,}7\text{ V} - (1{,}8\text{ k}\Omega)(2{,}5\text{ mA}) = -1{,}8\text{ V}$$

E de (6.5d), virá

$$V_{DS} = V_{DD} - (R_D + R_S)I_D = 18\text{V} - (1{,}8 + 2{,}2)\text{k}\Omega\ (2{,}5\text{ mA}) = 8\text{ V}$$

De acordo com (6.5a), a reta de polarização de transferência intercepta o eixo I_D em $I_{DD} = V_G/R_S = 2{,}7\text{ V}/1{,}8\text{k}\Omega = 1{,}5$ mA, e o eixo V_{GS} em $V_{GS} = V_G = 2{,}7$ V; por estes pontos traça-se a reta de polarização que intercepta a curva característica de transferência determinando o ponto Q, de cujas projeções obtém-se os valores: $I_{DQ} = 2{,}5$ mA e $V_{GSQ} = -1{,}8$ V, fig. 6.14.

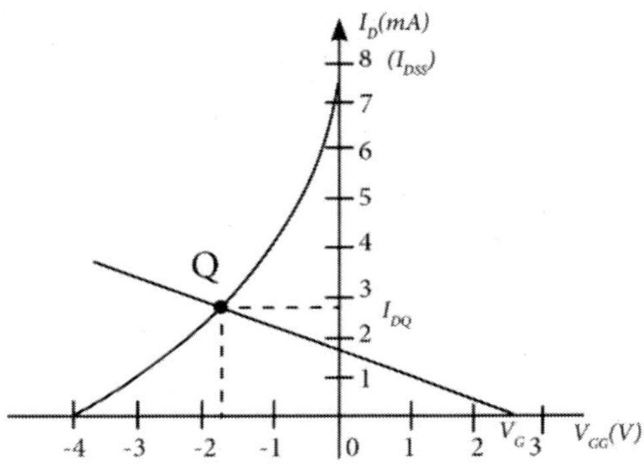

Fig. 6.14

6.5. Transistor de Efeito de Campo com Metal-Óxido-Semicondutor

O MOSFET apareceu por volta de 1972, e como já aludimos existem dois tipos: o MOSFET no modo depleção, abrevia-se D-MOSFET; e o MOSFET no modo intensificação, abrevia-se E-MOSFET[1], também chamado de crescimento induzido ou de acumulação, o qual pode ter canal n ou p. Os MOSFETs são dispositivos usados em circuitos integrados sob a forma de

---

[1] E de enhancement, intensificação, do inglês.

chips e como tal possui ínfima área de superfície, cerca de 3.000 μm^2, o que representa 5% da área de um TBJ. Vejamos, a seguir, cada um deles.

6.6. MOSFET tipo Depleção

O MOSFET canal n tipo depleção apresenta estrutura formada de um substrato semicondutor (SS) (p ou n) que confere alta resistência, onde se inserem dois pequenos blocos de materiais fortemente dopados (n^+ ou p^+), de onde saem os terminais dreno D e fonte S, e entre os quais se forma o canal de condução com material debilmente dopados (n ou p), cuja superfície externa é coberta de uma fina camada de dióxido de Silício, Si O_2, e sobre parte desta se coloca uma fina lâmina de alumínio para a conexão da porta G.

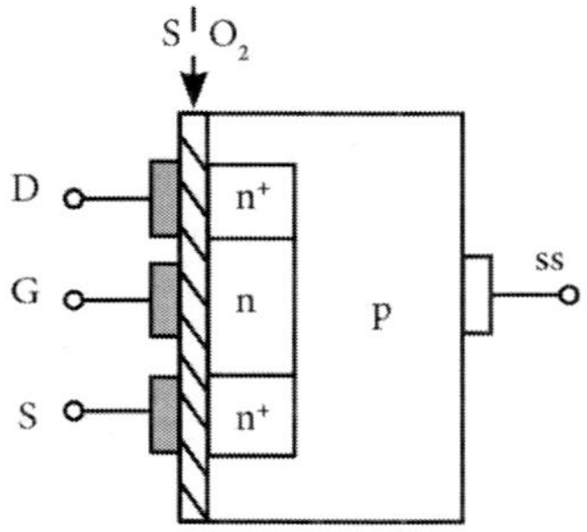

Fig. 6.15(a)

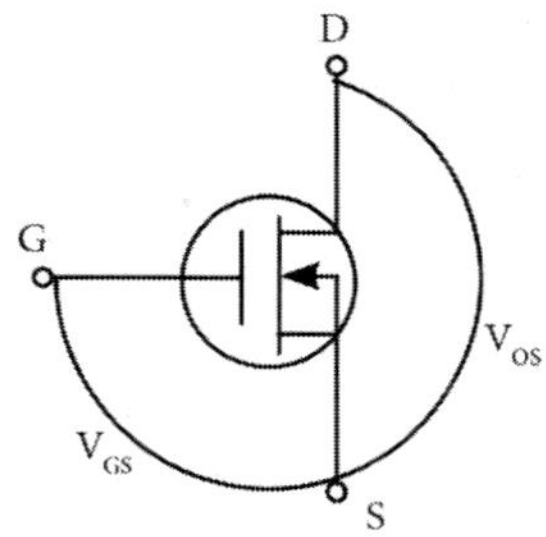

Fig. 6.15(b)

O D-MOSFET canal n tem a estrutura dada na fig. 6.15(a) e símbolo na fig. 6.15(b), onde o terminal SS está ligado internamente; de igual modo, o D-MOSFET canal p tipo depleção tem a estrutura dada na fig. 6.16(a) e símbolo na fig. 6.16(b). Em ambos os tipos a o campo elétrico que se forma controla a largura do canal de condução, de modo que a corrente de dreno é controlada pela variação da tensão de porta, que tem a peculiaridade de sempre superar a corrente de saturação I_{DSS}.

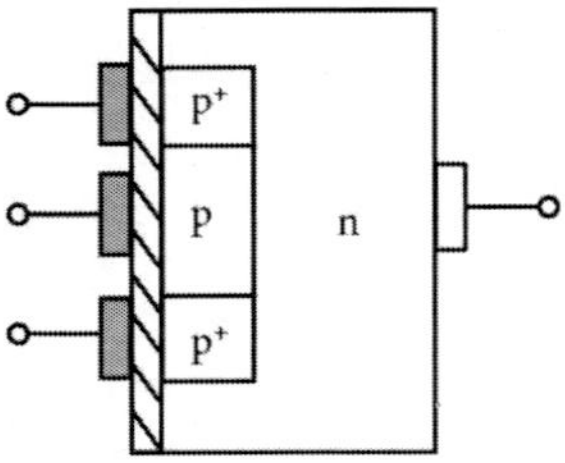

Fig. 6.16(a)

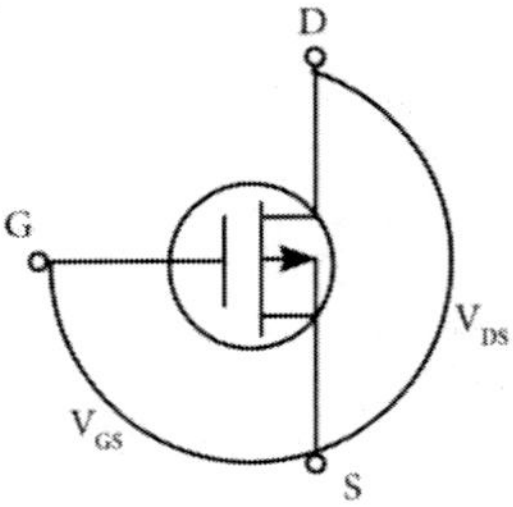

Fig. 6.16(b)

Na fig. 6.17 damos o circuito de polarização para o D-MOSFET canal n na conexão SC, onde a tensão porta-fonte, $V_{GS} < 0$, produz o campo elétrico que provoca a região de depleção assinalada, que, por sua vez controla a corrente de dreno. Obviamente também existem as conexões GC e DC.

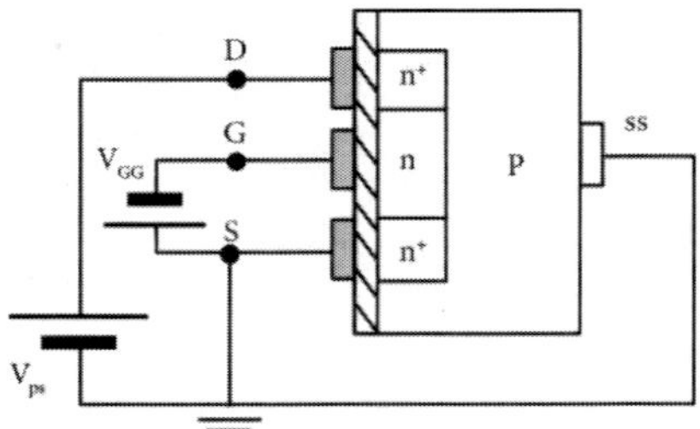

Fig. 6.17

[1] Curva Característica de Dreno do D-MOSFET

O MOSFET tipo depleção ou apenas D-MOSFET tem comportamento similar ao do JFET. Por exemplo, para o D-MOSFET canal n a característica de saída na conexão FC apresenta o mesmo gráfico de I_D versus V_{DS} com os parâmetros de V_{GS} que compõem a família de curvas que se distribui de V_{GS} = - 4 V crescendo até V_{GS} = 0 V e daí em diante com as curvas $V_{GS} > 0$; a curva tracejada separa a região ativa ou de constrição da região ôhmica ou de resistência controlada pelo campo elétrico, fig. 6.18, onde se assinala tensão de pinch-off, $|V_{PO}|$ = 4 V, mas que é negativa, com a peculiaridade de que a corrente de saturação, $I_{DSS,}$ é sempre menor que a corrente de dreno.

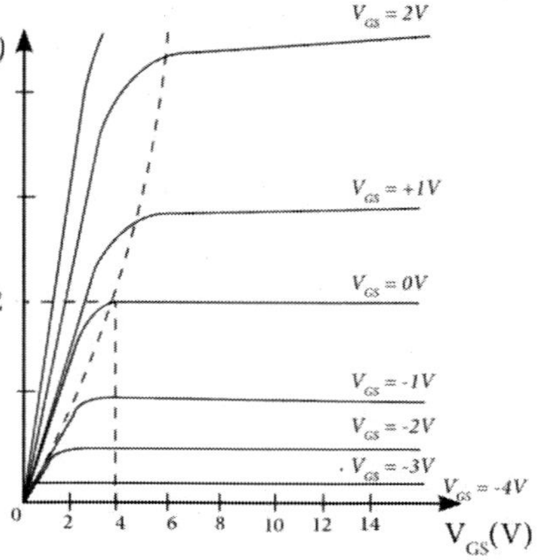

Fig. 6.18

Para o D-MOSFET canal p, tem-se a sequência das curvas paramétricas, desde $V_{GS} = +4$ V, decrescendo até $V_{GS} = 0$ V e daí em diante crescendo com as curvas $V_{GS} < 0$, e $V_{PO} > 0$.

[2] Curva de Transferência do D-MOSFET

Para o D-MOSFET canal n a curva de transferência ou de transcondutância é também similar a do JFE, com a peculiaridade de que a parábola corta o eixo de I_D, em I_{DSS} e segue crescendo, fig. 6.19. Para o tipo D-MOSFET canal p a parábola está refletida à esquerda, fig. 6.20, sem mudar os valores de V_{GS}.

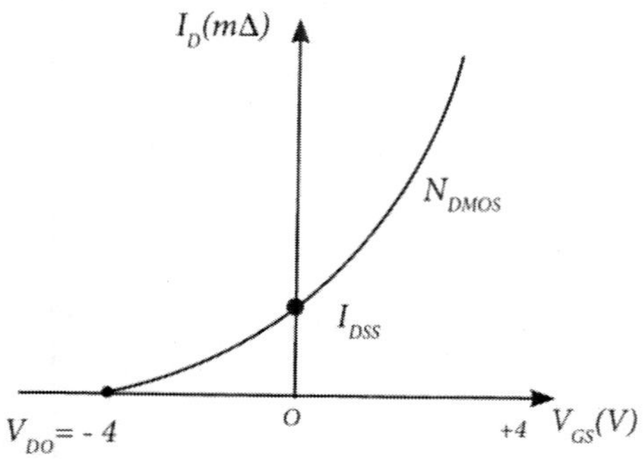

Fig. 6.19

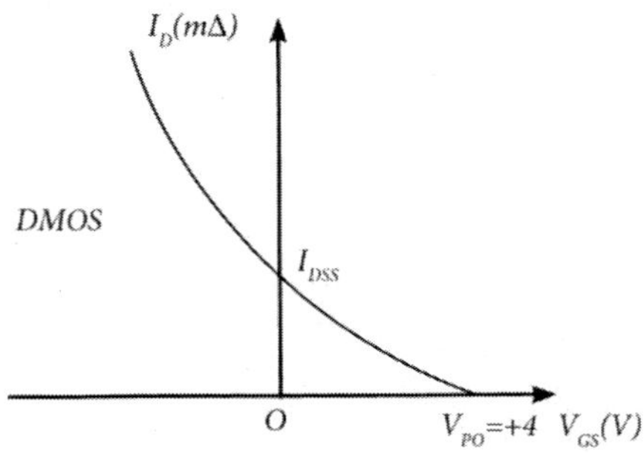

Fig. 6.20

A corrente de dreno é também dada pela equação de Shockley, ora repetida:

$$I_D = I_{DSS} \left(1 - \frac{V_{GS}}{V_{PO}}\right)^2$$

Exemplo 6.6

. Para o D-MOSFET canal n na conexão SC foram obtidos os valores: I_D = 2,5 mA para V_{GS} = - 2 V; e I_D = 22,5 mA para V_{GS} = + 2 V. Calcular V_{PO} e I_{DSS}.

Temos, com efeito,

$$2{,}5 \text{ mA} = I_{DSS} \left(1 - \frac{-2 \text{ V}}{V_{PO}}\right)^2$$

$$22{,}5 \text{ mA} = I_{DSS} \left(1 - \frac{+2 \text{ V}}{V_{PO}}\right)^2$$

Dividindo ordenadamente a equação 2ª pela 1ª, obtemos

$$9 = \frac{(1 - 2/V_{PO})^2}{(1 + 2/V_{PO})^2}$$

donde se tira V_{PO} = - 4 V. Levando este resultado por exemplo, na 1ª equação, obtemos: I_{DSS} = 10 mA.

[3] Circuitos de Polarização do D-MOSFET

As equações dos circuitos de polarização são as mesmas já vistas para o JFET, de modo que vamos ilustrar a aplicação do método com dois exemplos.

Exemplo 6.7

. Para o D-MOSFET canal n na conexão SC, com polarização fixa, fig. 6.21(a), são dados os valores: V_{DD} = 14 V, V_{GG} = + 1 V, R_G = 2 MΩ, R_D = 600 Ω, I_{DSS} = 6 mA e V_{PO} = - 4 V. Calcular V_{GSQ}, I_{DQ} e V_{DS}.

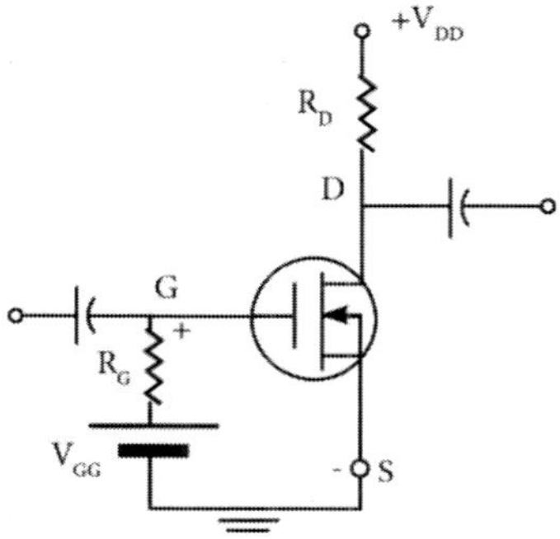

Fig. 6.21(a)

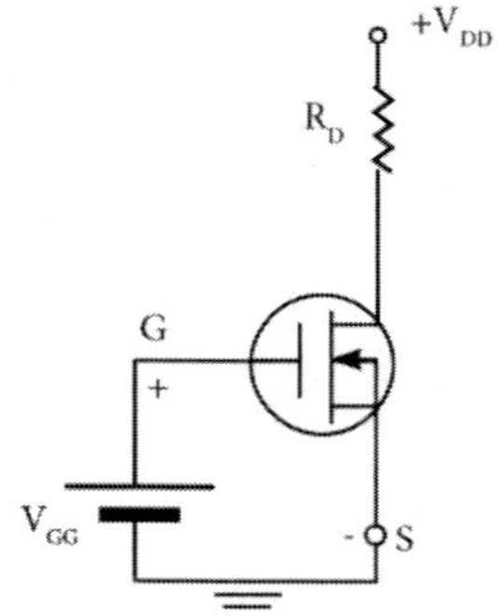

Fig. 6.21(b)

O circuito equivalente é dado na fig. 6.21(b); como já explicado, a resistência R_G é substituída por curto-circuito.

Da malha de entrada, temos:

$$V_{GSQ} = + V_{GG} = + 1 \text{ V}$$

A corrente de dreno:

$$I_{DQ} = 6 \text{ mA} \left(1 - \frac{+ 1\text{V}}{- 4 \text{ V}}\right)^2 = 9{,}375 \text{ mA}$$

E a curva de transferência dada na fig. 6.21(c).

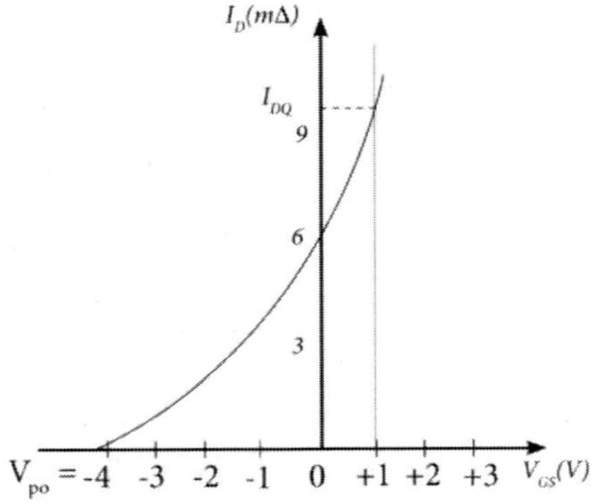

Fig. 6.21(c)

Da malha de saída virá

$$V_{DS} = V_{DD} - R_D\, I_D = 14\ V - (0{,}6\ k\Omega)(9{,}375\ mA) = 8{,}375\ V$$

Exemplo 6.8

. Para o D-MOSFET canal n na conexão SC, com polarização por divisor de tensão, fig. 6.22(a), são dados os valores: V_{DD} = 12 V, R_1 = 120 MΩ, R_2 = 30 MΩ, R_D = 1,5 kΩ, R_S = 1,0 kΩ, I_{DSS} = 8 mA e V_{PO} = - 4 V. Calcular V_{GSQ} , I_{DQ} e V_{DS} .

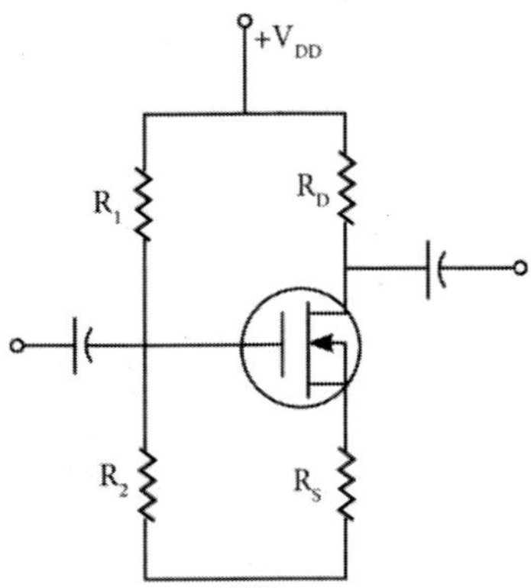

Fig. 6.22(a)

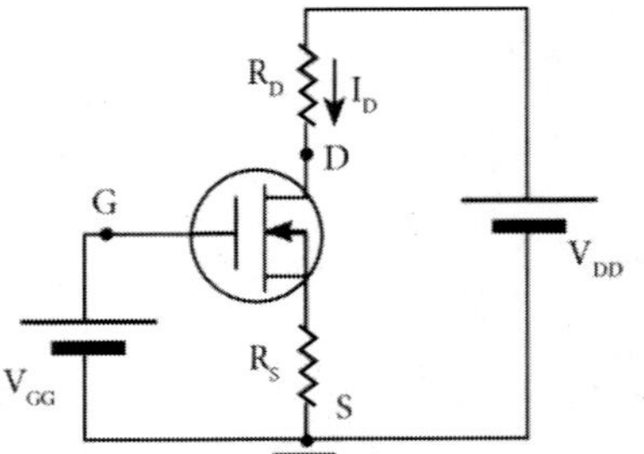

Fig. 6.22(b)

O circuito equivalente é dado na fig. 6.22(b), onde a resistência R_G é substituída por curto-circuito, pelo fato de $R_G\, I_G = 0$.

Como já fizemos, primeiramente, temos

$$V_G = \frac{30\ \text{k}\Omega}{(30 + 120)\text{k}\Omega}(12\ \text{V}) = 2{,}4\ \text{V}$$

Como em (6.5c), identifiquemos os parâmetros:

$$a = (1{,}0\ \text{k}\Omega)^2 = 1{,}0\ (\text{V/mA})^2$$

$$b = -\left[2(1{,}0\ \text{V/mA})(2{,}4 + 4)\text{V} + \frac{16\ \text{V}^2}{8\ \text{mA}}\right] \cong -\ 14{,}8\ \text{V}^2/\text{mA}$$

$$c = (2{,}4 + 4)^2\ \text{V}^2 = 40{,}96\ \text{V}^2$$

E levando estes valores à fórmula da equação do 2º grau, virá:

$$I_D = \frac{14{,}8\ \text{V}^2/\text{mA} - \sqrt{(-14{,}8\ \text{V}^2/\text{mA})^2 - 4\ (1{,}0\ \text{V}^2/\text{mA}^2)(40{,}96\ \text{V}^2)}}{2\ (1{,}0\ \text{V}^2/\text{mA}^2)} \cong 3{,}7\ \text{mA}$$

sendo $I_D = I_{DQ} = 3{,}7$ mA.

Como em (6.5a), temos:

$$V_{GSQ} = 2{,}4\ \text{V} - (1{,}0\ \text{k}\Omega)(3{,}7\ \text{mA}) = -\ 1{,}3\ \text{V}$$

De acordo com (6.5a), a reta de polarização de transferência intercepta o eixo I_D em $I_{DD} = V_G/R_S = 2{,}4\ \text{V}/1\text{k}\Omega = 2{,}4$ mA, e o eixo V_{GS} em $V_{GS} = V_G = 2{,}4$ V; por estes pontos traça-se a reta de polarização que intercepta a curva característica de transferência determinando o ponto Q, de cujas projeções obtêm-se os valores: $I_{DQ} = 3{,}7$ mA e $V_{GSQ} = -\ 1{,}3$ V, fig. 6.23.

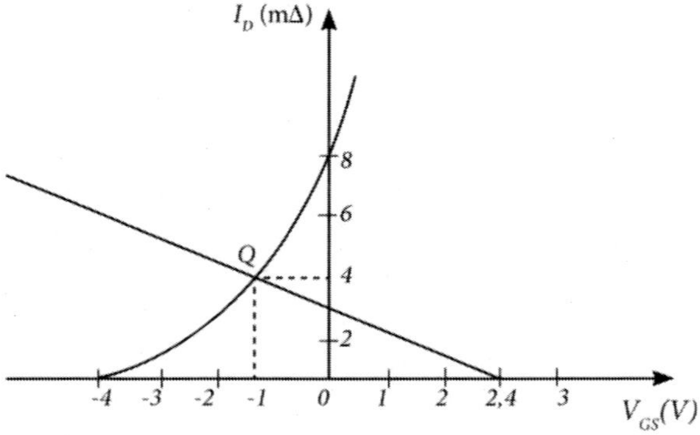

Fig. 6.23

Como em (6.5d), virá

$$V_{DS} = V_{DD} - (R_D + R_S)I_D = 12V - (1 + 1{,}5)k\Omega\ (3{,}7\ mA) = 2{,}75\ V$$

6.7. MOSFET tipo Intensificação

O MOSFET tipo intensificação ou apenas E-MOSFET apresenta estrutura formada de um substrato semicondutor (SS) (p ou n) onde se inserem dois blocos de materiais fortemente dopados (n^+ ou p^+), de onde são conectados os terminais dreno D e fonte S, entre os quais não há a formação do canal de condução; de igual modo, a superfície externa é recoberta de uma fina camada de dióxido de Silício, Si O_2, e sobre parte desta coloca-se uma fina lâmina de alumínio para a conexão da porta G. Note-se que o conjunto camada de SiO_2 e substrato forma um capacitor que concorre para a intensificação do campo elétrico que induz a formação de canal de condução.

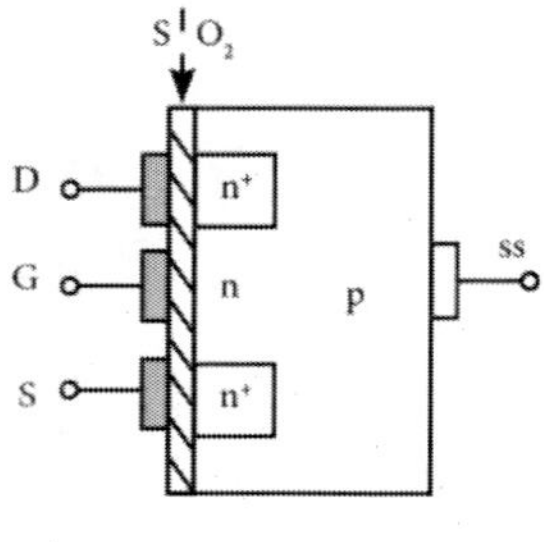

Fig. 6.24(a)

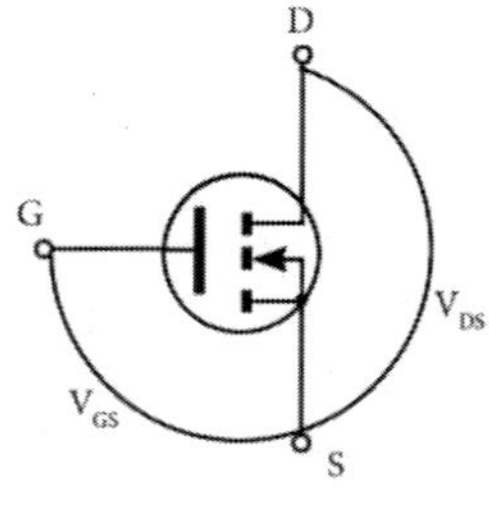

Fig. 6.24(b)

O E-MOSFET canal n tem a estrutura dada na fig. 6.24(a) e símbolo na fig. 6.24(b); de igual modo, o E-MOSFET canal p tem a estrutura dada na fig. 6.25(a) e símbolo na fig. 6.25(b). Em ambos os tipos a ação do campo elétrico controla a largura do canal de condução: canal estreito tem maior resistência e, por consequência, menor corrente de dreno.

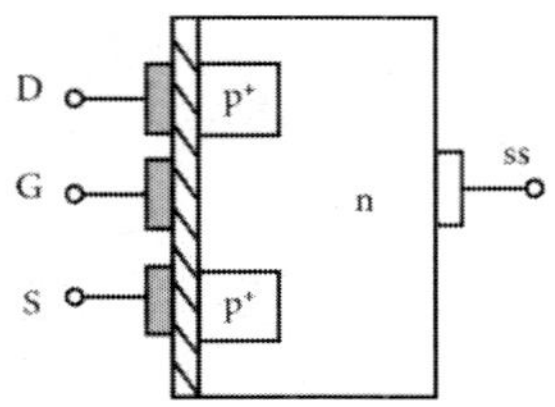

Fig. 6.25(a)

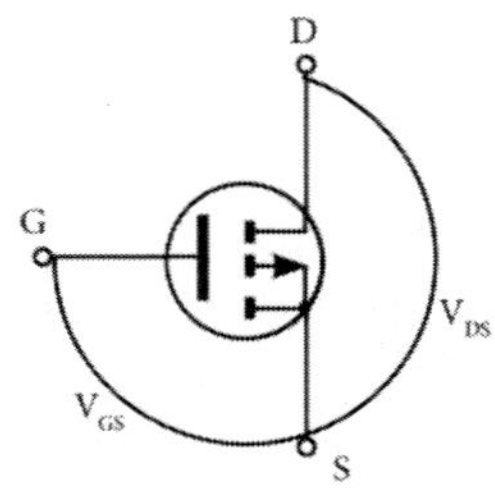

Fig. 6.25(b)

Na fig. 6.26 damos o circuito de polarização para o E-MOSFET canal n, com as tensões $V_{DS} > 0$ e $V_{GS} > 0$, indicando a formação do canal de condução induzido, pela acumulação de elétrons barrado pela camada de SiO_2.

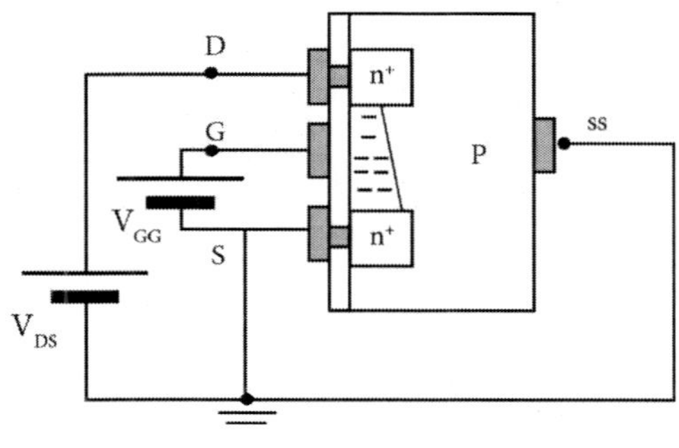

Fig. 6.26

O E-MOSFET tem comportamento um pouco diferente do JFET. Vejamos o E-MOSFET canal n. Fazendo a tensão de porta-fonte, V_{GS}, crescer de zero até certo valor positivo, chamado de tensão de limiar (Thresohld, em inglês), anota-se V_{GST} (também V_{Th} ou V_T), para a qual elétrons são atraídos para junto da camada de SiO_2 proporcionado a intensificação do campo elétrico com a criação do canal de condução induzindo, em que a corrente de dreno I_D supera a corrente de saturação I_{DSS}, que é desprezada. A tensão de limiar, V_{GST}, tem valor de 2V e corresponde a tensão pinch-off, V_{PO}, do JFET. Para o

E-MOSFET canal p, tem-se $V_{GST} = -2$ V. Em certas circunstâncias ela pode tomar os valores $V_{GST} = \pm 3$ V ou ± 4 V.

Com o intuito de abreviar mais a linguagem, usa-se designar O E-MOSFET canal n por NMOS e o E-MOSFET canal p por PMOS.

[1] Curva Característica de Dreno do E-MOSFET

A característica de dreno ou de saída do E-MOSFET tem o mesmo gráfico de I_D versus V_{DS} com os parâmetros de $V_{DS} > 0$ para o NMOS e $V_{DS} < 0$ para o PMOS. Em ambos os casos de curvas paramétricas de V_{GS} se distribuem a partir eixo V_{DS} com $V_{GST} = \pm 2$ V, crescendo em valor absoluto. A curva tracejada separa a região ativa ou de constrição da região ôhmica ou de resistência controlada pelo campo elétrico, como já explicado. Na fig. 6.27 exemplificamos a característica de saída do NMOS.

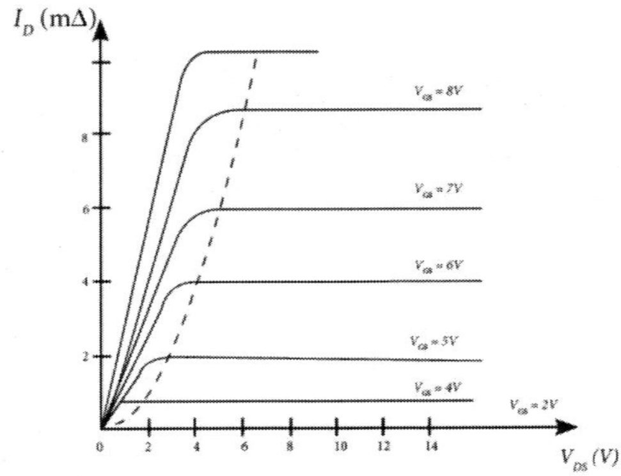

Fig. 6.27

[2] Curva de Transferência do E-MOSFET

A curva de transferência do E-MOSFET é dada no gráfico de I_D versus V_{GS} com a peculiaridade de que $I_D = 0$ para valores de $V_{GS} \leq V_{GST}$, além do qual a curva segue parabólica, onde I_D cresce com V_{GS}. Na fig. 6.28(a) ilustramos a curva de transferência para o NMOS e na fig. 6.28(b) a do PMOS.

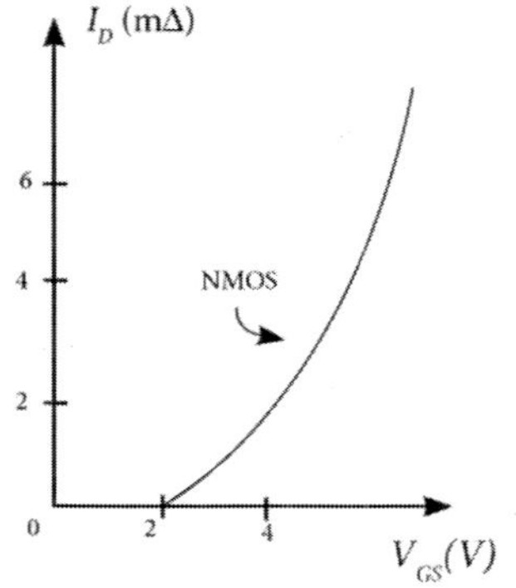

Fig. 6.28(a)

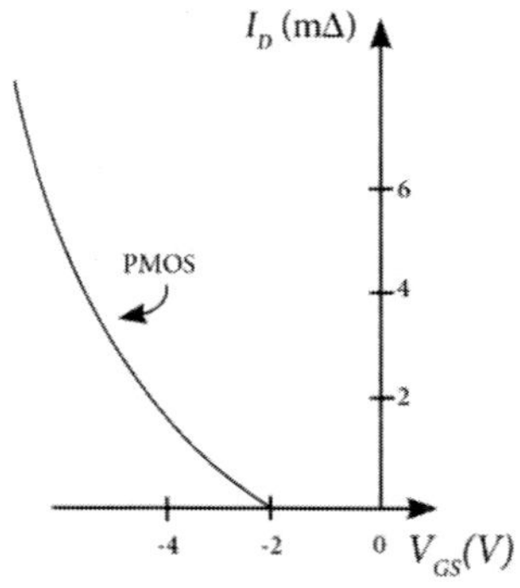

Fig. 6.28(b)

Para a operação na região ativa, a corrente de dreno é dada pela equação

$$I_D = \gamma\ (V_{GS} - V_{GST})^2 \qquad (6.6a)$$

com valor típico de $\gamma =$ [illegible] mA/V^2. Para γ diferente do valor típico, recorre-se a folha de dados que especifica os valores das corrente e tensão da região ativa, denominados "ligados", anotadas por I_{DL} e V_{GSL}, com ao quais faz-se a determinação dele mediante a expressão decorrente de (6.6a):

$$\gamma = \frac{I_{DL}}{(V_{GSL} - V_{GST})^2} \qquad (6.6b)$$

6.8. Circuitos de Polarização do E-MOSFET

As equações de circuitos de polarização são as mesmas já vistas para o JFET, com a peculiaridade de que I_D é dada por (6.6a), de modo que vamos ilustrar a aplicação do método com dois exemplos.

Exemplo 6.9

. Para o E-MOSFET canal n na conexão SC, com polarização de realimentação, fig. 6.29(a), são dados os valores: $V_{DD} = 12$ V, $R_G = 2$ MΩ, $R_D = 1$ kΩ, $V_{GST} = 2$ V e $\gamma = ¼$ mA/V^2. Calcular I_{DQ} e V_{GSQ}.

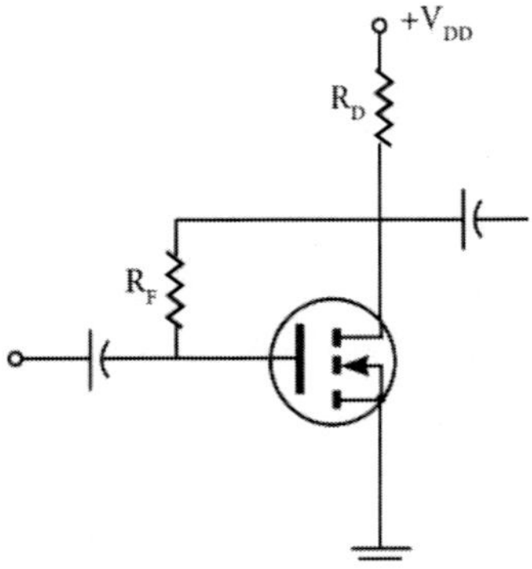

Fig. 6.29(a)

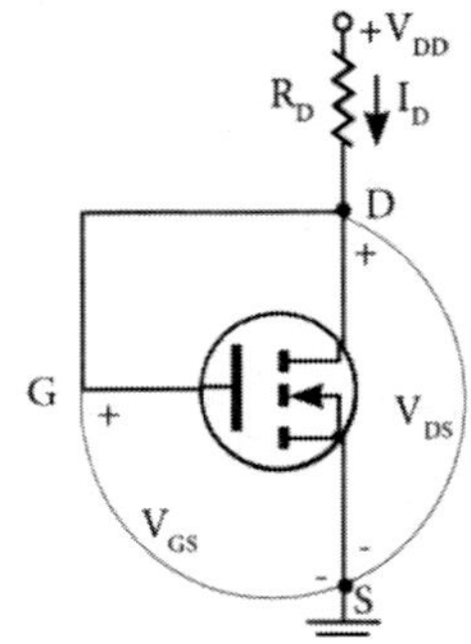

Fig. 6.29(b)

O circuito equivalente é dado na fig. 6.29(b), onde se substitui a resistência por curto-circuito, porque $R_G\, I_G = 0$.

Da malha de entrada, temos:

$$V_{DS} = V_{GS} \qquad (1)$$

E da malha de saída

$$V_{DS} = V_{GS} = V_{DD} - R_D\, I_D \qquad (2)$$

Introduzindo (2) em (6.6a), virá

$$I_D = \gamma\, (V_{DD} - R_D\, I_D - V_{GST})^2 \qquad (3)$$

Desenvolvendo-a rearrumando os termos, obtemos:

$$R_D^{\,2}\, I_D^{\,2} - [\, 2(|V_{DD}| - |V_{GST}|)R_D + 1/\gamma\,]I_D + (|V_{DD}| - |V_{GST}|)^2 = 0$$

Como já referendamos, a introdução dos valores absolutos $|V_{DD}|$ e $|V_{GST}|$ visa atender os dois casos.

Para a solução da equação quadrática, temos:

$$a = (1\ \text{k}\Omega)^2 = 1\ \text{V}^2/\text{mA}^2$$

$$b = -[2(12-2)V(1\ V/mA) + 4\ V^2/mA)] = 24\ V^2/mA$$

$$c = (12\ V - 2V)^2 = 100\ V^2$$

Levando estes valores à fórmula da equação do 2º grau, virá:

$$I_D = \frac{24\ V^2/mA - \sqrt{(-24\ V^2/mA)^2 - 4\,(1{,}0\ V^2/mA^2)(100\ V^2)}}{2\,(1{,}0\ V^2/mA^2)} \cong 5{,}4\ mA$$

Sendo $I_D = I_{DQ} = 5{,}4$ mA. Adequando (2), virá:

$$V_{DSQ} = V_{GSQ} = 12\ V - (1{,}0\ k\Omega)(5{,}4\ mA) = 6{,}6\ V$$

Graficamente a reta de polarização intercepta o eixo I_D em $I_{DD} = V_{DD}/R_S$ = 12 V/1kΩ = 12 mA e o eixo V_{DS} em V_{DD} = 12 V, cuja interseção com a curva característica de dreno determina-se o ponto Q (6,6 V; 5,4 mA), fig. 6.30(a); ou da interseção da reta V_{GSQ} = 6,6 V com a curva característica de transferência, obtém-se o ponto Q cujas projeções fornecem os valores obtidos, fig. 6.30(b). Usando (6.6a), também comprova-se o valor de I_{DQ}.

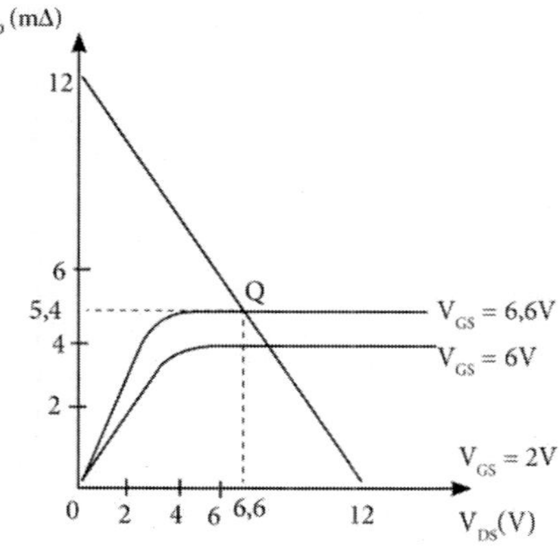

Fig. 6.30(a)

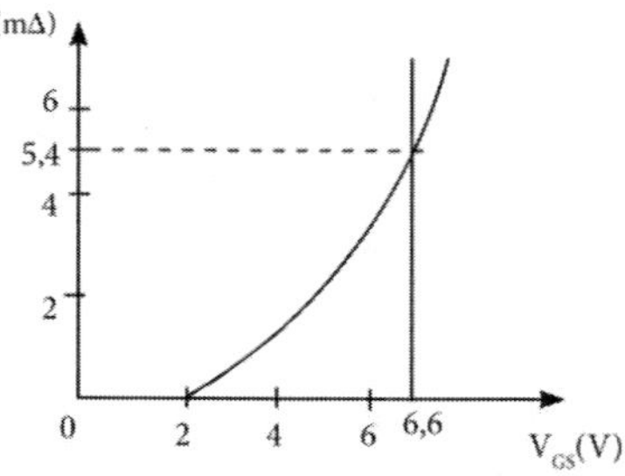

Fig. 6.30(b)

Exemplo 6.10

. Para o NMOS na conexão SC, com polarização por divisor de tensão, fig. 6.31(a), são dados os valores: V_{DD} = 20 V, R_1 = 20 MΩ, R_2 = 20 MΩ, R_D = 2,8 kΩ, R_S = 1,2 kΩ, V_{GST} = 2 V e $\gamma = ¼\ mA/V^2$. Calcular V_{GSQ}, I_{DQ} e V_{DS}.

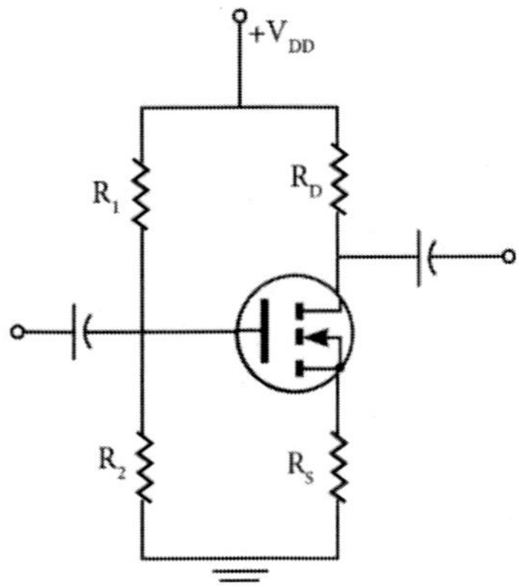

Fig. 6.31(a)

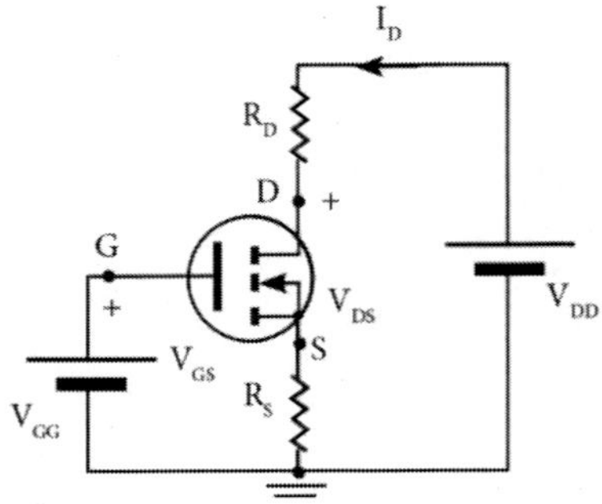

Fig. 6.31(b)

O circuito equivalente é dado na fig. 6.31(b), onde considera-se que $I_G = 0$ e $R_G\ I_G = 0$, e então temos:

$$V_G = \frac{20\ \text{M}\Omega}{(20 + 20)\text{M}\Omega}(20\ \text{V}) = 10\ \text{V}$$

Da malha de entrada:

$$V_{GS} = V_G - R_S\ I_D \qquad (1)$$

E da malha de saída:

$$V_{DS} = V_{DD} - (R_D + R_S)I_D \qquad (2)$$

Introduzindo (1) em (6.6a), virá

$$I_D = \gamma\ (|V_G| - |V_{GST}| - R_S\ I_D\ )^2 \qquad (3)$$

Desenvolvendo-a rearrumando os termos, obtemos:

$$R_S^2\ I_D^2 - [\ 2(|V_G| - |V_{GST}|)R_S + 1/\gamma\ ]I_D + (|V_G| - |V_{GST}|)^2 = 0$$

Para a qual temos

$a = (1{,}2\ \text{k}\Omega)^2 = 1{,}44\ \text{V}^2/\text{mA}^2$

$$b = -[2(10-2)V(1{,}2\ V/mA) + 4\ V^2/mA)] = 23{,}2\ V^2/mA$$

$$c = (10\ V - 2V)^2 = 64\ V^2$$

Conforme já vimos,

$$I_D = \frac{23{,}2\ V^2/mA - \sqrt{(-23{,}2\ V^2/mA)^2 - 4\ (1{,}44\ V^2/mA^2)(64\ V^2)}}{2\ (1{,}44\ V^2/mA^2)} \cong 3{,}53\ mA$$

Sendo $I_D = I_{DQ} = 3{,}53$ mA.

Adequando (1), virá:

$$V_{GSQ} = 10\ V - (1{,}2\ k\Omega)(3{,}53\ mA) \cong 5{,}76\ V$$

De (2) segue-se que a reta de polarização de transferência intercepta o eixo I_D em $I_{DD} = V_G/R_S = 10\ V/1{,}2\ k\Omega = 8{,}33$ mA, e o eixo V_{GS} em $V_G = 10$ V; a interseção da reta de polarização com a curva característica de transferência determina o ponto Q, de cujas projeções fornecem os valores: $I_{DQ} = 3{,}53$ mA e $V_{GSQ} = 5{,}76$ V, fig. 6.32. Pode-se usar (6.6a) para comprovar o valor de I_{DQ}.

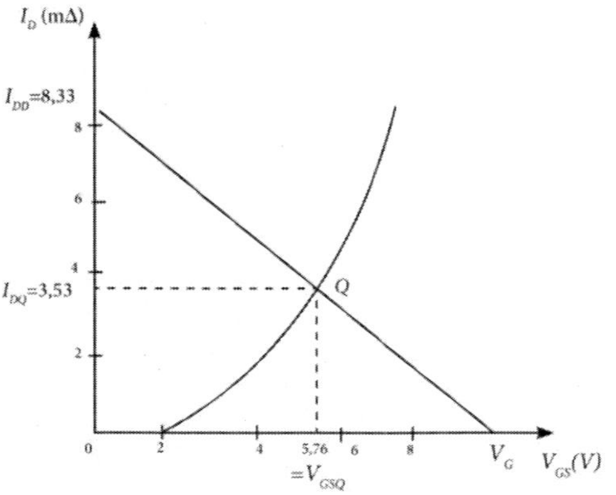

Fig. 6.32

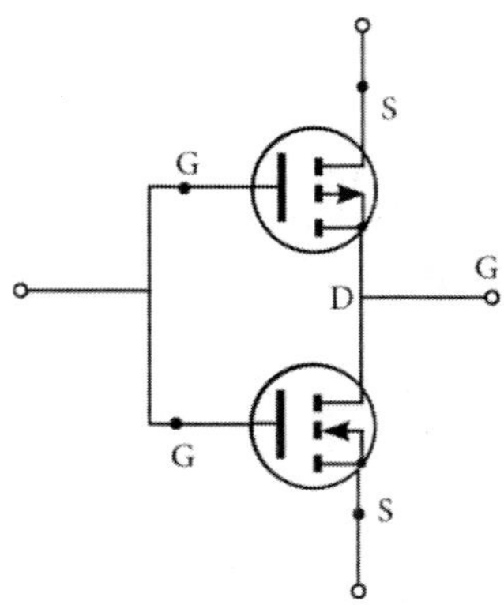

Fig. 6.33

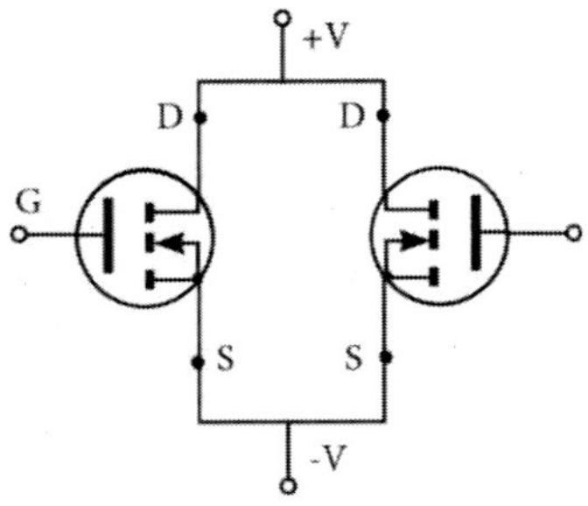

Fig. 6.34

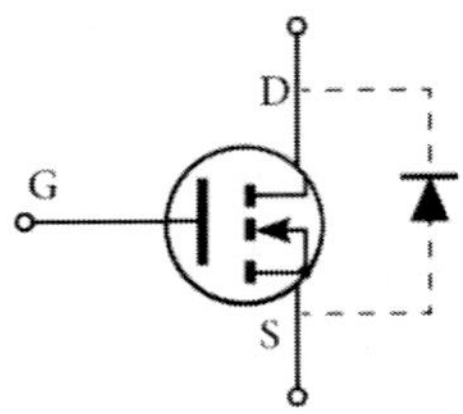

Fig. 6.35

E de (2) virá

$$V_{DS} = 20V - (2,8 + 1,2)k\Omega\ (3,53\ mA) = 5,88\ V$$

Existem mais as seguintes variações de transistores MOS, apresentados aqui apenas a título de informação: o CMOS (C de complementar) composto do paralelismo de um PMOS com um NMOS num mesmo substrato, fig. 6.33; o BIMOS com dois NMOS em paralelos compondo um circuito amplificador diferencial, fig. 6.34; o DMOS (D de difusão) que tem um díodo parasita, usado em amplificador de alta potência, fig. 6.35.

Exercícios:

1) Para o JFET canal n, com circuito de polarização fixa, fig. 6.P1, são dados: $V_{DD} = 14$ V, $V_{GG} = +2$ V, $R_G = 2$ MΩ, $R_D = 2$ kΩ , $I_{DSS} = 12$ mA e $V_{PO} = -4$ V, achar I_{DQ} e V_{DSQ}.
R. $I_{DQ} = 3$ mA e $V_{DSQ} = 8$ V.

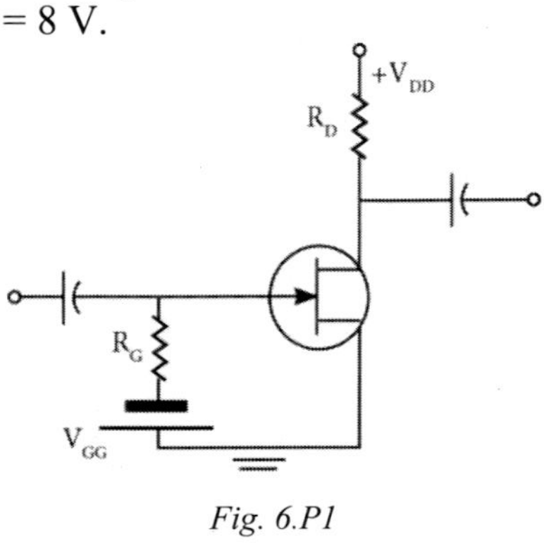

Fig. 6.P1

2) Para o JFET canal n, com circuito de polarização de autopolarização, fig. 6.P2, são dados: V_{DD} = 18 V, R_D = 820 Ω , R_S = 680 Ω; I_{DSS} = 10 mA e V_{PO} = - 4 V. Calcular I_{DQ} e V_{DSQ} e V_{GSQ}.
R. $I_{DQ} \cong$ 2,8 mA , $V_{DSQ} \cong$ 13,8 V e $V_{GSQ} \cong$ -1,9 V.

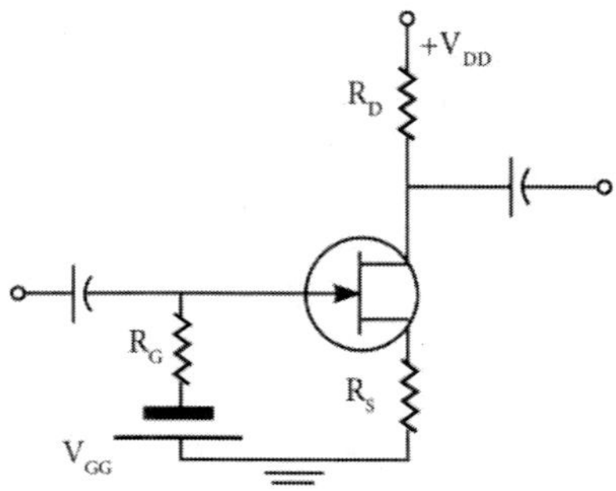

Fig. 6.P2

3) Para o JFET canal n, com circuito de polarização por divisor de tensão, fig. 6.P3, são dados: V_{DD} = 20 V, R_1 = 420 kΩ, R_2 = 80 kΩ, R_D = 2,1 kΩ, R_S = 0,9 kΩ; I_{DSS} = 8 mA e V_{PO} = - 4 V. Determinar I_{DQ}, V_{GSQ} e V_{DSQ}.
R. $I_{DQ} \cong$ 1,2 mA , $V_{GSQ} \cong$ 2,12 V e $V_{DSQ} \cong$ 16,4 V.

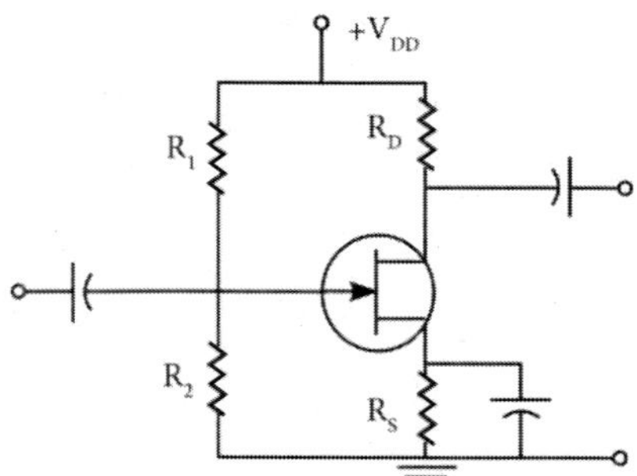

Fig. 6.P3

4) Para o D-MOSFET canal n na conexão SC, com polarização fixa, fig. 6.P4, são dados os valores: V_{DD} = 15 V, V_{GG} = + 1 V, R_G = 5 MΩ, R_D = 2 kΩ, I_{DSS} = 8 mA e V_{PO} = - 4 V. Calcular V_{GSQ} , I_{DQ} e V_{DS}.
R. $I_{DQ} \cong$ 4,5 mA, V_{GSQ} = + 1V e V_{DSQ} = 6 V.

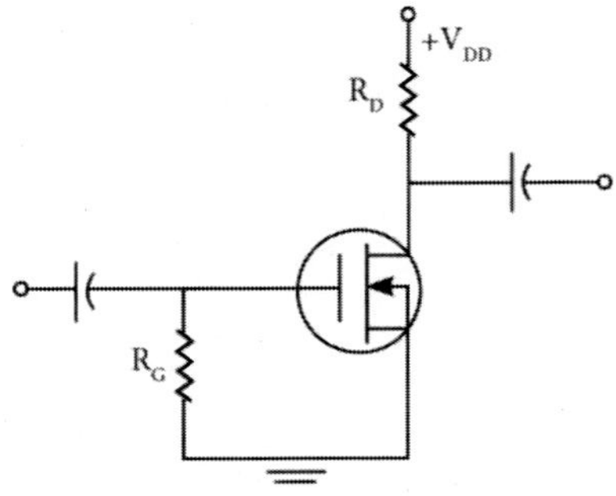

Fig. 6.P4

5) Para o D-MOSFET canal n, com circuito de polarização por divisor de tensão, fig. 6.P5, são dados: V_{DD} = 16 V, R_1 = 60 MΩ, R_2 = 20 MΩ, R_D = 2,1 kΩ, R_S = 1,5 kΩ, V_{PO} = - 4 V e I_{DSS} 8 mA. Calcular I_{DQ} e V_{GSQ} e V_{DSQ}.
R. I_{DQ} = 8/3 mA, V_{GSQ} = 0 V e $V_{DSQ} \cong$ 6,4 V.

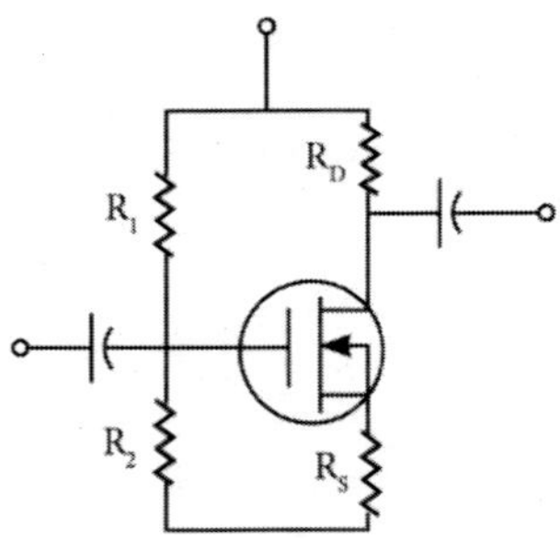

Fig. 6.P5

6) Para o D-MOSFET canal n na conexão SC, com polarização por divisor de tensão, são dados os valores: V_{DD} = 15 V, R_1 = 55 MΩ, R_2 = 20 MΩ, I_{DQ} = 5 mA, I_{DSS} = 80/9 mA e V_{PO} = -4 V. Dimensionar R_S e R_D.
R. R_S = 1 kΩ e R_D = 0,5 V.

7) Para o E-MOSFET canal n na conexão SC, com polarização de realimentação, fig. 6.P6, são dados os valores: V_{DD} = 14 V, R_G = 12 MΩ, R_D = 1 kΩ, V_{GST} = 2 V e $\gamma = ¼\ mA/V^2$. Calcular I_{DQ} e V_{GSQ}.
R. $I_{DQ} \cong$ 2,78 mA, V_{DSQ} = $V_{GSQ} \cong$ 7,33 V.

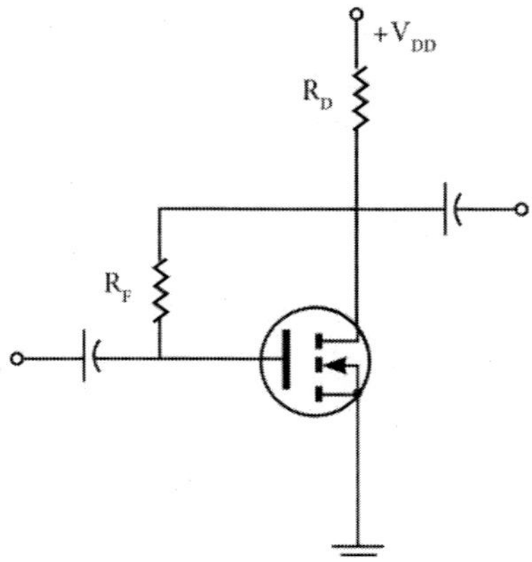

Fig. 6.P6

8) Para o NMOS na conexão SC, com polarização por divisor de tensão, fig. 6.P7, são dados os valores: $V_{DD} = 25$ V, $R_1 = 3{,}6$ MΩ, $R_2 = 2{,}4$ MΩ, $R_D = 2{,}5$ kΩ, $R_S = 500$ Ω, $V_{GST} = 2$ V e $\gamma = ¼$ mA/V^2. Calcular V_{GSQ}, I_{DQ} e V_{DS}.
R. $I_{DQ} \cong 5{,}1$ mA, $V_{GSQ} \cong 12{,}25$ V e $V_{DSQ} \cong 9{,}7$ V.

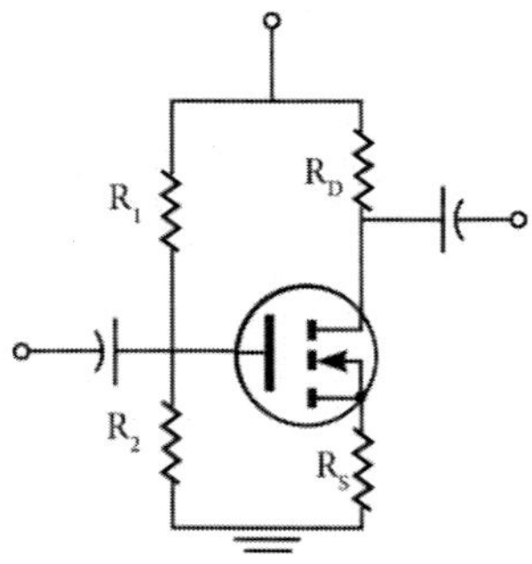

Fig. 6.P7

9) Para o PMOS na conexão SC, com polarização por divisor de tensão, fig. 6.P8, são dados os valores: $V_{DD} = 18$ V, $R_1 = 8{,}2$ MΩ, $R_2 = 6{,}8$ MΩ, $R_D = 2$ kΩ, $R_S = 1$ kΩ, $V_{GST} = 2$ V e $\gamma = ¼$ mA/V^2. Calcular V_{GSQ}, I_{DQ} e V_{DS}.
R. $I_{DQ} \cong 2{,}38$ mA, $V_{GSQ} = 3{,}4$ V e $V_{DSQ} = -8{,}86$ V.

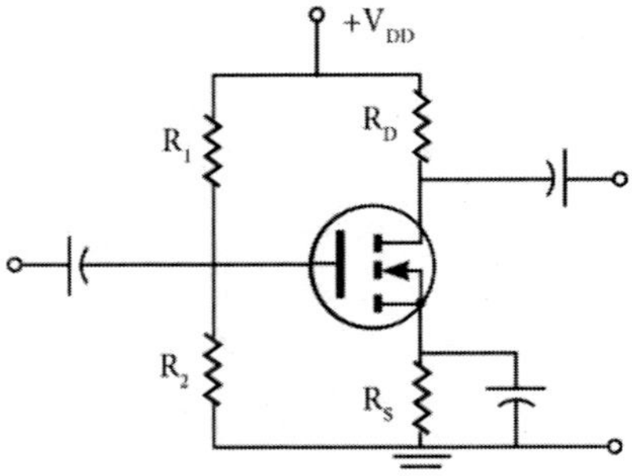

Fig. 6.P8

10) Para o NMOS na conexão SC, com polarização por divisor de tensão, são dados os valores: V_{DD} = 18 V, R_1 = 20 MΩ, R_2 = 10 MΩ, I_{DQ} = 2 mA, V_{GST} = 2 V e γ = 0,26 mA/V^2. Dimensionar R_D e R_S.
R. R_S = 0,6 kΩ e R_D = 1,4 kΩ.

7 – AMPLIFICADORES FET NO DOMÍNIO CA

7.1. Introito

Como nos TBJs os FETs (JFETs e MOSFETs) operando com tensões e correntes variáveis no tempo, limitada à região de constrição, apresentam a superposição das quantidades CA e CC. De igual modo, na análise CA dos circuitos com FETs, os capacitores de acoplamento e de derivação são considerados curtos-circuitos e as fontes de polarização GG e DD são omitidas. Como já o fizemos, neste tipo de análise serão usados os valores médios ou rms das quantidades CA. Antes, porém, vejamos os três conceitos que se seguem.

7.2. Coeficiente de Trascondutância. Resistência de Dreno.

[1] Coeficiente de trascondutância, g_m, definido em (4.5d), será ora redefindo para atender o FET, como a relação de variação da corrente de dreno pela variação da tensão porta-fonte, ou seja,

$$g_m = \frac{\Delta I_D}{\Delta V_{GS}} \tag{7.1a}$$

interpretado graficamente na fig. 7.1. De forma mais rigorosa: $g_m = \partial I_D/\partial V_{GS}$, no ponto Q. Para a conexão SC vale a aproximação: $g_m = \partial I_D/\partial V_{GS} \cong I_d/V_{gs}$.

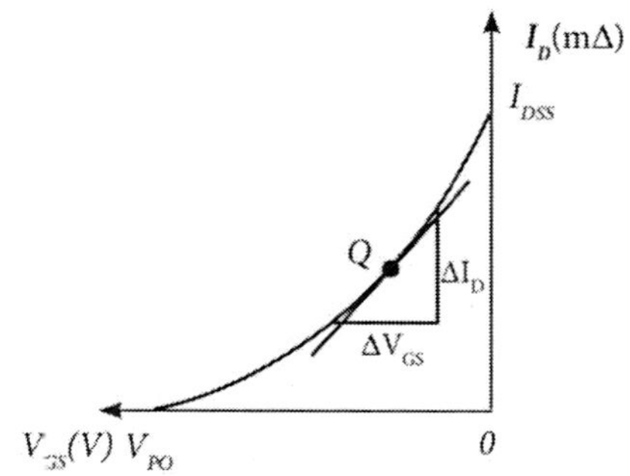

Fig. 7.1

O g_m tem dimensão de condutância, portanto medido na unidade SI, Simens S = A/V ou mho Ω^{-1}; na prática é usual o mS e o μS. Mais adiante veremos que $g_m = y_{fs}$.

Como I_D é dado por (6.1a), derivando-a em relação a V_{GS}, obtemos

$$\frac{\partial I_D}{\partial V_{GS}} = \frac{2\, I_{DSS}}{|V_{PO}|}\left(1 - \frac{V_{GS}}{V_{PO}}\right)$$

Sendo $\partial I_D/\partial V_{GS} = g_m$ e pondo $2\, I_{DSS}/|V_{PO}| = g_{mo}$, com $|V_{PO}|$ para manter o valor positivo de g_m, podemos concluir que

$$g_m = g_{mo}\left(1 - \frac{V_{GS}}{V_{PO}}\right) \tag{7.1b}$$

Note-se que, se $V_{GS} = V_{PO}$, $g_m = 0$; e quando, $V_{GS} = 0$, $g_m = g_{mo}$, isto é, ele tem máximo valor. A equação (7.1b) tem representação gráfica dada na fig. 7.2.

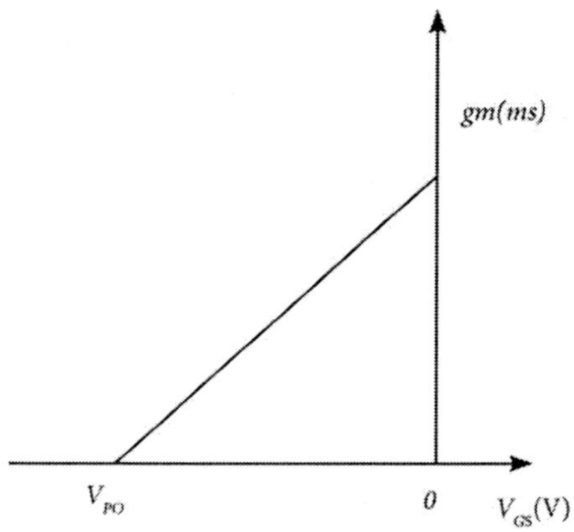

Fig. 7.2

À propósito, como o parêntesis de (7.1b) está contido em (6.1a) podemos expressá-la alternativamente como

$$g_m = g_{mo} \frac{\sqrt{I_D}}{I_{DSS}} \tag{7.1c}$$

onde aqui $g_m = g_{mo}$, quando $I_D = I_{DSS}$. Para esta equação temos a curva representativa dada no gráfico da fig. 7.3.

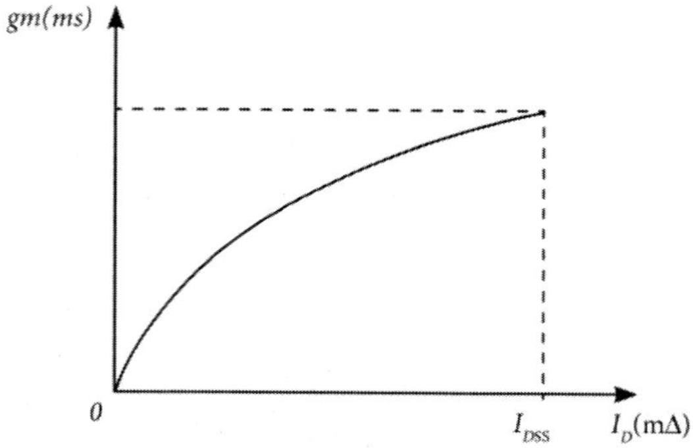

Fig. 7.3

[2] Resistência Dinâmica ou interna de dreno para a conexão GS é definida como a relação de variação da tensão dreno-fonte pela variação da corrente de dreno, para V_{GS} = cte, isto é,

$$r_d = \left.\frac{\Delta V_{DS}}{\Delta I_D}\right|_{V_{GS} = cte} \tag{7.2a}$$

com interpretação gráfica dada na fig. 7.4. De forma mais rigorosa: $r_d = \partial V_{DS}/\partial I_D$, no ponto Q. Para a conexão SC também $r_d = \partial V_{DS}/\partial I_D \cong V_{ds}/I_d$. Mais adiante veremos que $1/r_d = y_{os}$.

[3] Fator de Amplificação, μ, definida como a relação da variação da tensão dreno-fonte pela variação da tensão de porta-fonte, para I_D = cte, isto é,

$$\mu = \left.\frac{\Delta V_{DS}}{\Delta V_{GS}}\right|_{I_D = cte} \tag{7.3a}$$

ou rigorosamente: $\mu = \partial V_{DS}/\partial V_{GS,}$ no ponto Q. Igualmente, para a conexão SC vale a aproximação: $\mu = \partial V_{DS}/\partial V_{GS} \cong V_{ds}/V_{gs,}$ sendo μ obviamente adimensional. Como se pode notar as três relações ora definidas decorrem de polarização CC.

Multiplicando ordenadamente (7.2a) por (7.1a), é fácil concluir que

$$\mu = g_m\, r_d \qquad (7.3b)$$

Nos amplificadores FET aplica-se igualmente os conceitos de ganho de tensão e corrente, assim como o critério de se considerar $r \,//\, R = R$ sempre que $r \geq 10\, R$.

Exemplo 7.1

.Do gráfico fig.7.1, consideremos ΔI_D = (5,8 – 2,4)mA = 3,4 mA, e $|\Delta V_{GS}|$ = !-2 –(-1)| = 1V; e do gráfico 7.2, ΔI_D = 0,25 mA e ΔV_{DS} = 9 V. Determinar g_m, r_d e μ .

Por (7.1a) e (7.2a), temos, respectivamente:

$$g_m = \frac{\Delta I_D}{\Delta V_{GS}} = \frac{3{,}4\text{ mA}}{1\text{ V}} = 3{,}4\text{ mS} \quad \text{e} \quad r_d = \frac{9\text{ V}}{0{,}25\text{mA}} = 36\text{ k}\Omega$$

Então, $\mu = g_m \cdot r_d = (3{,}4\text{ m}\Omega^{-1})\,(36\text{ k}\Omega) = 122{,}4$

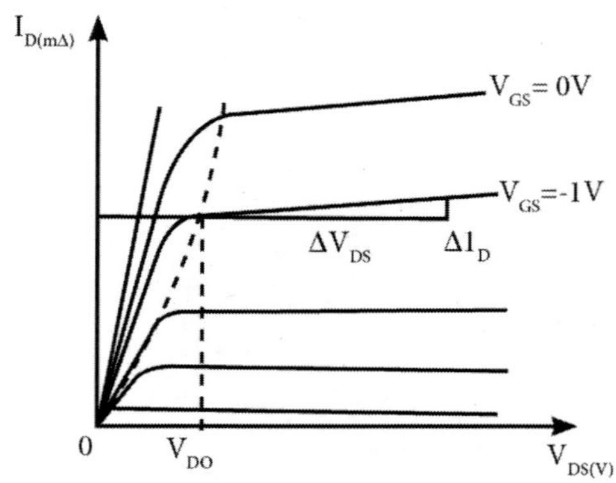

Fig. 7.4

Por (7.1a) e (7.2a) temos, respectivamente,

$$g_m = \frac{\Delta I_D}{\Delta V_{GS}} = \frac{2\text{ mA}}{0{,}4\text{ V}} = 5\text{ mS}$$

$$r_d = \frac{8\text{ V}}{0{,}2\text{ mA}} = 40\text{ k}\Omega$$

E portanto, $\mu = g_m r_d = (5\text{ mS})(40\text{ k}\Omega) = 200$

7.3. Modelos g_m de Amplificadores FET

A seguir estabeleceremos os principais circuitos equivalente ou modelos g_m que indistintamente valem para os JFETs e os D-MOSFETs, nas conexões usuais. E logo após os circuitos equivalente para os E-MOSFETs.

[1] JFET e D-MOSFET em Circuito de Polarização Fixa

O circuito amplificador JFET (e D-MOSFET) de polarização fixa, na conexão SC, dado na fig. 7.5(a), é substituído pelo circuito equivalente CA dá fig. 7.5(b), onde indicam-se as impedâncias de entrada e de saída,

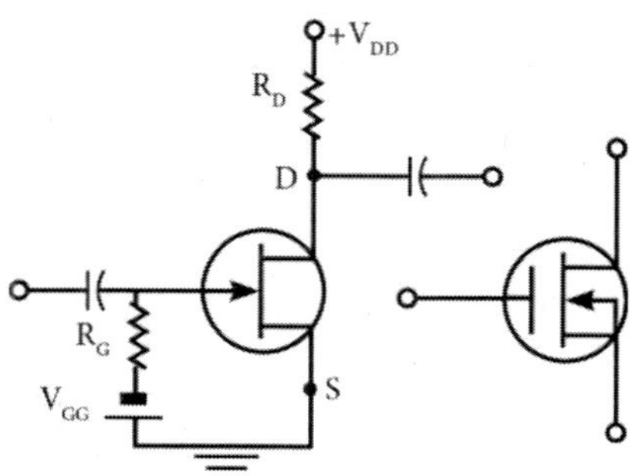

Fig. 7.5(a)

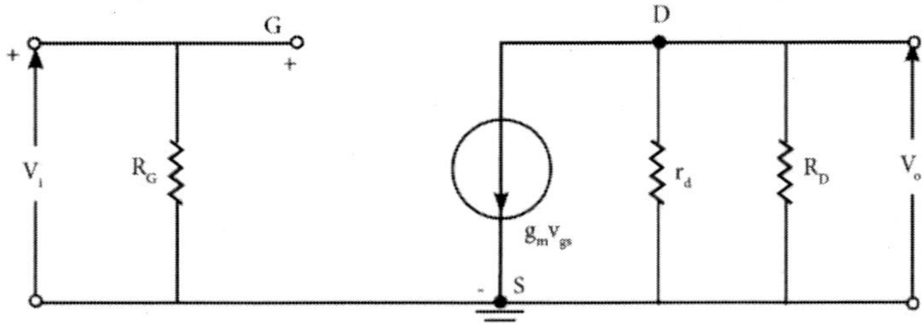

Fig. 7.5(b)

$z_i = R_G$ e $z_o = r_d //R_D$

e as tensões de entrada, $V_i = V_{gs}$,e de saída, $V_o = (r_d//R_D)(-g_mV_i)$.

O ganho de tensão será dado por

$$A_V = \frac{V_o}{V_i} = - g_m (r_d//R_D) \qquad (7.4a)$$

O sinal (-) indica a defasagem de 180º elétricos entre as referidas tensões. Sempre que $r_d \geq 10\ R_D$, resulta que $r_d // R_D \cong R_D$, e o circuito equivalente é o da fig. 7.5(b), sem a r_d, e expressão supra reduz-se para

$$A_V = - g_m R_D \qquad (7.4b)$$

É interessante notar que, sendo a malha de saída da fig. 7.5(b) tipo Norton, podemos convertê-la no tipo Thevenin da fig. 7.5(c) usando (7.3b), que faculta obter V_o pelo divisor de tensão sobre R_D, e alternativamente teremos o ganho de tensão

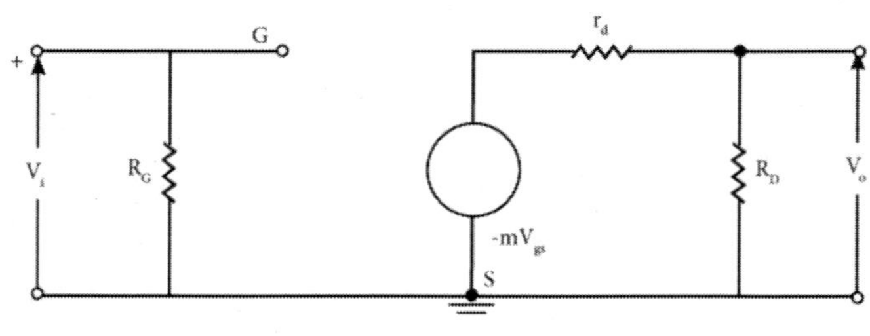

Fig. 7.5(c)

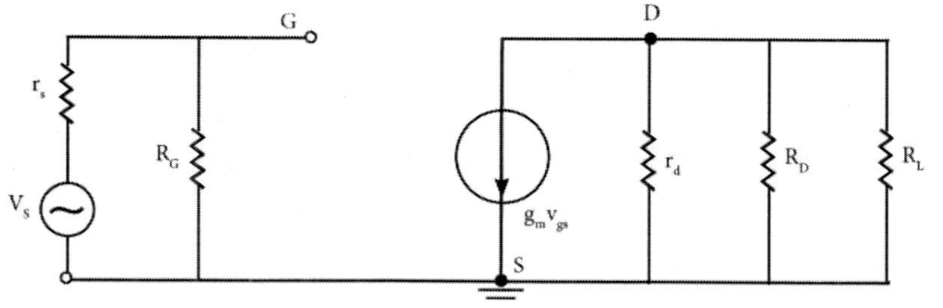

Fig. 7.5(d)

$$A_V = -\frac{\mu R_D}{r_d + R_D} \qquad (7.4c)$$

Ganho de corrente: sendo corrente de entrada $I_i = V_i/R_G$ e a corrente de saída $I_o = V_o/R_L$, podemos concluir o ganho de corrente, $A_i = I_o/I_i$,

$$A_i = A_V \frac{R_G}{R_L} \qquad (7.4d)$$

Se levarmos em conta a fonte de tensão, V_S, com a resistência interna, r_S, e incluirmos à saída a resistência de acoplamento, R_L, fig. 7.5(c), passaremos a ter

$$V_o = (r_d//R_D//R_L)(-g_m V_i)$$

$$V_i = \frac{R_G}{R_G + r_S} V_S$$

Com estas relações podemos definir o ganho de tensão total como

$$A_{VS} = -g_m \frac{R_G}{R_G + r_S}(r_d//R_D//R_L) \qquad (7.4e)$$

Como em geral $R_G >> r_S$, despreza-se r_S e a expressão supra reduz-se para

$$A_{VS} = - g_m (r_d//R_D//R_L) \qquad (7.4f)$$

Para o ganho de corrente total: sendo $I_L = V_L/R_L$ e $I_S = V_S/(r_S + R_G)$, podemos concluir, por definição, que

$$A_{iS} = A_{VS} \frac{r_S + R_G}{R_L} \qquad (7.4g)$$

Exemplo 7.2

. Para o circuito de polarização fixa do amplificador JFET (e D-MOSFET) fig. 7.5(a), são dados: $R_L = 20$ kΩ, $R_G = 2$ MΩ, $R_D = 2{,}5$ kΩ, $V_{GS} = -1$V, $V_{PO} = -4$ V, e supor ademais que $r_d = 40$ kΩ, $R_L = 15$ kΩ, $r_S = 10$ kΩ e $I_{DSS} = 8$ mA. Calcular g_m, μ, A_V, A_{VS}, A_i e A_{iS}.

Inicialmente, temos

$$g_{mo} = \frac{2\,I_{DSS}}{|V_{PO}|} = \frac{2(8\text{ mA})}{4\text{ V}} = 4\text{ mS}$$

Então, por (7.1b) virá

$$g_m = 3\text{ mS}\,(1 - \frac{-1\text{ V}}{-4\text{ V}}) = 3\text{ mS}$$

Por (7.4b) virá $\mu = r_d\, g_m = (40\text{ k}\Omega)(3\text{ mS}) = 120$. E por (7.4a) temos

$$A_V = -3\text{ mS}\,\frac{40\text{ k}\Omega\text{x}2{,}5\text{ k}\Omega}{(40 + 2{,}5)\text{k}\Omega} \cong -7{,}06$$

Sendo $r_d//R_D//R_L = 40$ kΩ//2,5 kΩ// 2.000 kΩ ≅ 2,35 kΩ, então por (7.4e) temos

$$A_{VS} = -3\ \text{mS}\ \frac{2.000\ \text{k}\Omega}{(2.000 + 10)\ \text{k}\Omega}\ 2{,}35\ \text{k}\Omega \cong -7{,}01$$

Como se pode ver, o ganho de tensão do amplificador JFET (e D-MOSFET) é sempre menor que o ganho de tensão do amplificador a TBJ.

Para o ganho de corrente usando (7.4d), temos

$$A_i = -7{,}01\ \frac{2.000\ \text{k}\Omega}{20\ \text{k}\Omega} = -701$$

E por (7.4e)

$$A_{iS} = -7{,}01\ \frac{(10 + 2000)\text{k}\Omega}{20\ \text{k}\Omega} = -704{,}5$$

[2] JFET e D-MOSFET em Circuito de Autopolarização

O circuito do amplificador JFET (e D-MOSFET) de autopolarização, na conexão SC, dado na fig. 7.6(a), é substituído pelo circuito equivalente CA da fig. 7.6(b), onde estão indicados os parâmetros pertinentes.

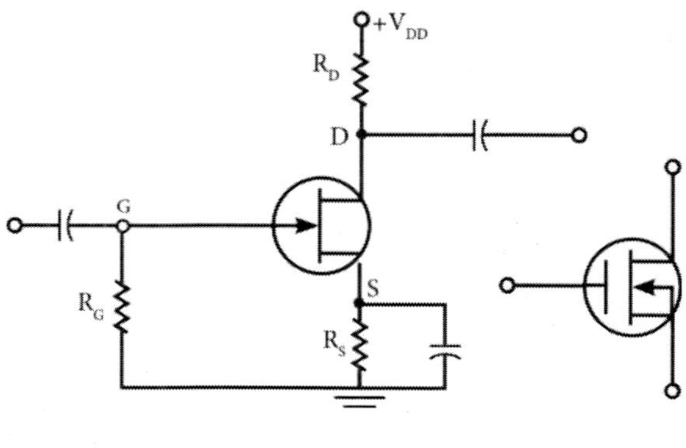

Fig. 7.6(a)

Para R_S com desvio, temos:

$$z_i = R_G = R_1 // R_2 \quad e \quad z_o = (r_d // R_D)$$

$$V_i = V_{gs} \quad e \quad V_o = - g_m V_{gs} (r_d // R_D)$$

Com efeito, o ganho de tensão é o mesmo da equação (7.4a), assim como da forma reduzida de (7.4b).

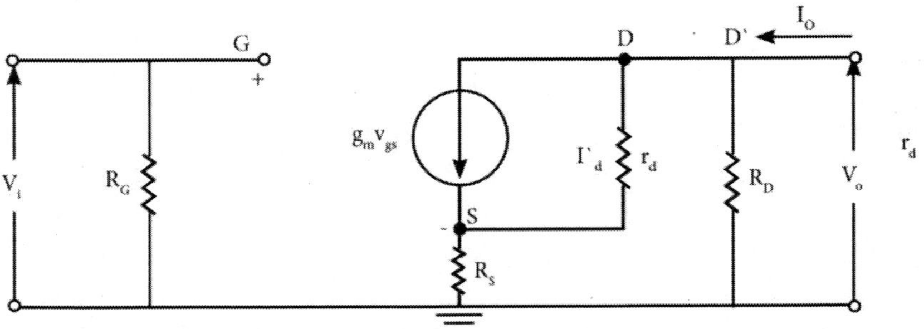

Fig. 7.6(c)

Para R_S sem desvio, o circuito equivalente CA é o da fig. 7.6(c), para qual temos as respectivas tensões de entrada e de saída

$$V_i = V_{gs} + R_S I_d \quad (1); \quad V_o = - R_D I_d \quad (2)$$

Aplicando LKC no nó D, temos $I_d + I_d' = g_m V_{gs}$; donde

$$I_d = - I_d' + g_m V_{gs} = \frac{- R_D I_d - R_S I_d}{r_d} + g_m V_{gs}$$

Substituindo V_{gs} nesta expressão e tirando o valor de I_d, obtemos

$$I_d = - \frac{g_m V_i}{1 + g_m R_S + \dfrac{R_D + R_S}{r_d}} \quad (3)$$

Levando este resultado em (2), podemos concluir o ganho de tensão:

$$A_V = \frac{V_o}{V_i} = -\frac{g_m R_D}{1 + g_m R_S + \dfrac{R_D + R_S}{r_d}} \qquad (7.5a)$$

Para $r_d \geq (R_D + R_S)$, tem-se $(R_D + R_S)/r_d << 1$ que abandonado em (7.5a), simplifica-se para

$$A_V' = -\frac{g_m R_D}{1 + g_m R_S} \qquad (7.5b)$$

e o circuito equivalente é o da fig. 7.6(d), onde agora tem-se, $I_d = g_m V_{gs}$. O ganho de corrente é o mesmo de (7.4g), no caso, $A_i' = A_i$.

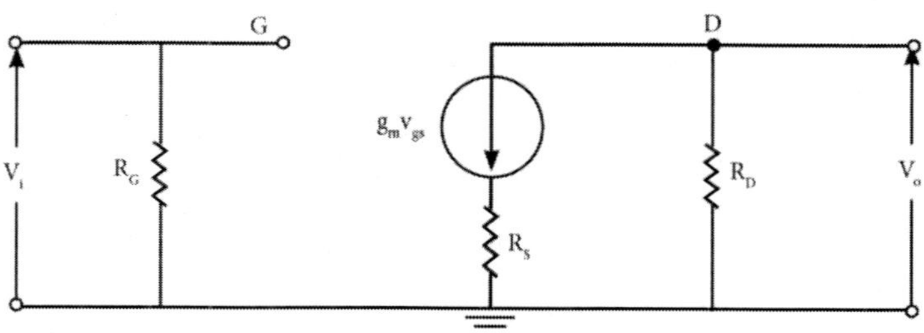

Fig. 7.6(d)

E neste este caso a impedância de saída é calculada tomando a LKC no nó D', que oferece

$$I_o + I_d = g_m V_{gs} + I_d' \qquad (1)$$

Sendo

$$V_{gs} = - R_S (I_d + I_o) \qquad (2)$$

E $$I_d' = \frac{V_{gs}}{r_d} + \frac{- R_D I_d}{r_d} \qquad (3)$$

Eliminando V_{gs} do sistema acima e tendo em conta que $V_o = - R_D I_o$ e aplicando a definição, $z_o = V_o / I_o$, podemos concluir que

$$z_o = \frac{\left(1 + g_m R_S + \dfrac{R_S}{r_d}\right) R_D}{1 + g_m R_S + \dfrac{R_D + R_S}{r_d}} \qquad (7.5c)$$

Note-se que, para $r_d \geq 10\ R_D$, a expressão supra reduz-se para $z_o = R_D$.

Exemplo 7.3

. Para o circuito de autopolarização do amplificador JFET (e D-MOSFET), fig. 7.6(a), são dados: $R_G = 1{,}35\ M\Omega$, $R_D = 2{,}7\ k\Omega$, $R_S = 0{,}75\ k\Omega$, $V_{GS} = -\ 1{,}6\ V$, $V_{PO} = -\ 4\ V$; $I_{DSS} = 8\ mA$ e $r_d = 43\ k\Omega$. Calcular g_m, A_V, z_o, para R_S com desvio e R_S sem desvio.

Inicialmente, temos

$$g_{mo} = \frac{2\ I_{DSS}}{|V_{PO}|} = \frac{2(8\ mA)}{4\ V} = 4\ mS$$

Então, por (7.1b) virá

$$g_m = 4\ mS\ (1 - \frac{-2\ V}{-\ 4\ V}) = 2\ mS$$

- Para R_S com desvio, temos por (7.4a) e (7.4d)

$$A_V = -\ 2\ mS\ \frac{43\ k\Omega x 2{,}7\ k\Omega}{(43 + 2{,}7) k\Omega} \cong -\ 5{,}08$$

$$A_i = -\ 5{,}08\ \frac{1.350\ k\Omega}{2{,}7\ k\Omega} = -\ 2.540$$

- Para R_S sem desvio, usando (7.5b), temos

$$A_V' = -\frac{(2\text{ mS})\,(2{,}7\text{ k}\Omega)}{1 + (2\text{ mS})\,(0{,}75\text{k}\Omega)} \cong -2{,}16$$

Note-se que, sem o desvio do capacitor, A_V' é menor que A_V.

[3] JFET e D-MOSFET em Circuito com Divisor de Tensão

O circuito do amplificador JFET (e D-MOSFET) com divisor do tensão, na conexão SC, fig. 7.7(a), é substituído pelo circuito equivalente CA da fig. 7.7(b), com desvio de R_S, onde estão indicados os parâmetros pertinentes, e para o qual temos:

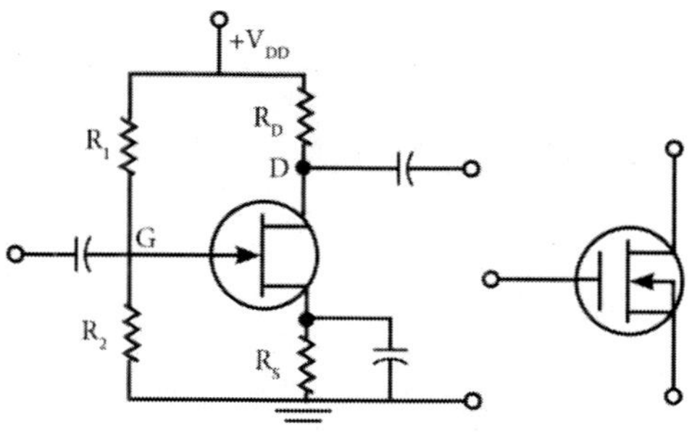

Fig. 7.7(a)

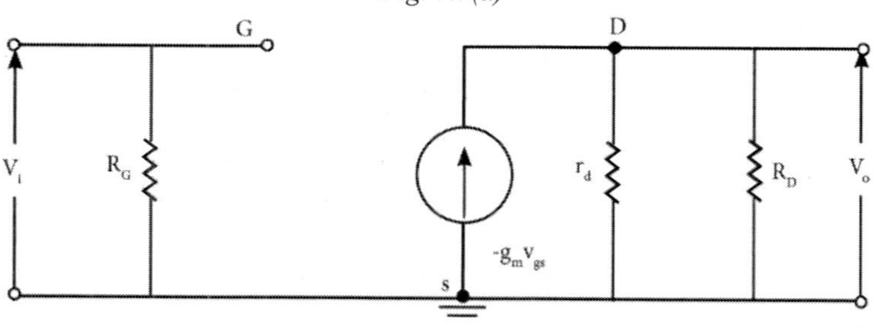

Fig. 7.7(b)

$z_i = R_G = R_1 // R_2$ e $z_o = (r_d // R_D)$

$V_i = V_{gs}$ e $V_o = -\,g_m\,V_{gs}\,(r_d // R_D)$

E, portanto, os ganhos de tensão e corrente são os mesmos dados nas equações (7.4a) e (7.4d).

Exemplo 7.4

. Para o circuito JFET de autopolarização JFET (e D-MOSFET) com divisor do tensão, fig. 7.7(a), são dados: V_{DD} = 16 V, R_1 = 90 kΩ, R_2 = 9 kΩ, R_D = 3 kΩ, R_S = 0,56 kΩ, V_{GS} = - 1,6 V, V_{PO} = - 4 V; I_{DSS} = 6 mA e r_d = 39 kΩ. Calcular g_m e A_V .

Inicialmente, temos

$$g_{mo} = \frac{2\ I_{DSS}}{|V_{PO}|} = \frac{2(6\ mA)}{4\ V} = 3\ mS$$

Então, por (7.1b) virá

$$g_m = 3\ mS\ (1 - \frac{-1,6\ V}{-4\ V}) = 1,2\ mS$$

Para R_S com desvio, temos por (7.4a)

$$A_V = -\ 1,2\ mS\ \frac{39\ k\Omega x\ 3\ k\Omega}{(39 + 3)k\Omega} \cong -\ 3,34$$

E (7.4d), sendo, $R_G = R_1 // R_2$ = 90 kΩ// 9 kΩ ≅ 8,18 kΩ,

$$A_i = -\ 3,34\ \frac{8,18\ k\Omega}{3\ k\Omega} = -\ 9,10$$

[4] Circuito JFET e D-MOSFET na Conexão Porta Comum (GC)

O circuito do amplificador JFET (e D-MOSFET), na conexão GC, dado na fig. 7.8(a) é substituído pelo circuito equivalente CA da fig. 7.8(b), onde estão indicados os parâmetros pertinentes, e para o qual temos:

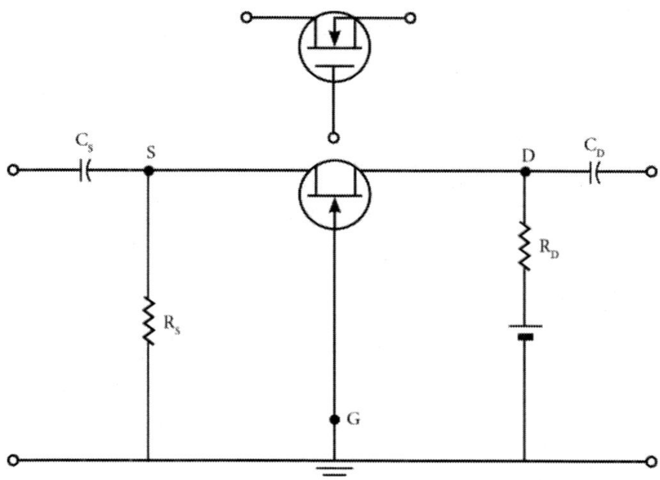

Fig. 7.8(a)

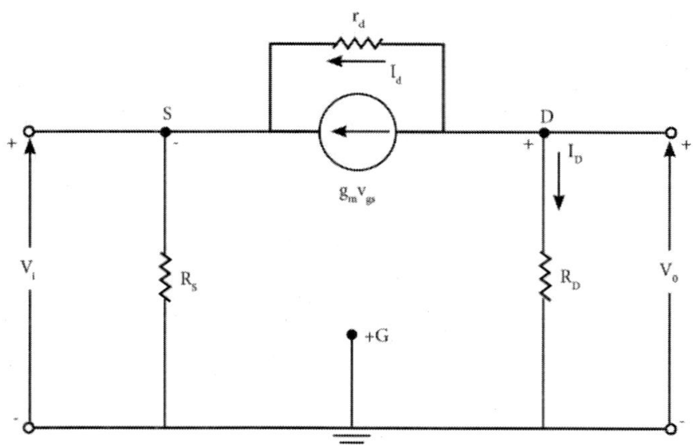

Fig. 7.8(b)

$$V_i = - V_{gs} \quad (1) \qquad e \qquad V_o = R_D\, I_D \quad (2)$$

Aplicando LKC no nó D, virá $I_D + I_d + g_m V_{gs} = 0$; donde

$$I_d = - I_D - g_m V_{gs} \quad (3)$$

E aplicando LKT na malha externa, e substituindo (3), virá

$$V_o = V_i + r_d\,(-I_D - g_m V_{gs}) = V_i + r_d\left(-\frac{V_o}{R_D} + g_m V_i\right)$$

Donde, podemos concluir o ganho de tensão

$$A_V = \frac{(1 + g_m\, r_d)\, R_D}{(r_d + R_D)} \qquad (7.6a)$$

ou sob a forma mais usual,

$$A_V = \frac{g_m\, R_D + \dfrac{R_D}{r_d}}{1 + \dfrac{R_D}{r_d}} \qquad (7.6b)$$

Para $r_d >> R_D$, pode-se abandonar R_D/r_d, e ganho de tensão reduz-se para

$$A_V = g_m\, R_D \qquad (7.6c)$$

O valor positivo de A_V indica que as tensõe V_i e V_o estão em fase. Para o ganho de corrente a equação é a mesma de (7.4d).

A impedância de saída é $z_o = r_d \,//\, R_D$; para achar a impedância de entrada, antes temos que encontrar $z_I' = V_i'/I_i'$, fig. 7.8(c), onde se tem $I_D = I_i'$; aplicando a LKC no nó S, virá

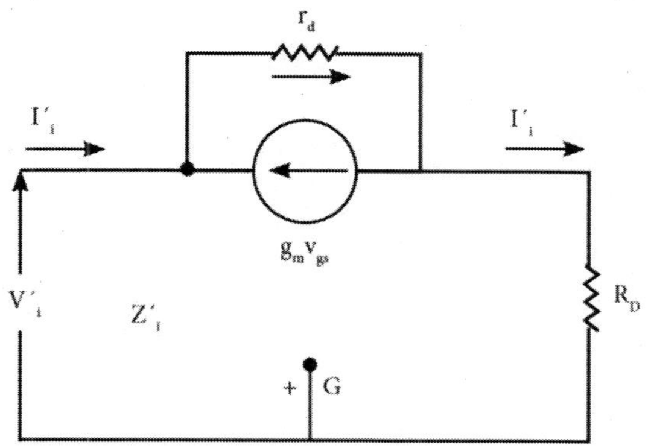

Fig. 7.8(c)

$I_i' = I_d - g_m V_{gs}$

ou seja,

$$I_i' = \frac{(V_i' - R_D I_i')}{r_d} + g_m V_i'$$

sendo $V_{gs} = -V_i'$; efetuando aí as transformações que cabem de modo a obter-se V_i'/I_i', encontramos

$$z_i' = \frac{r_d + R_D}{1 + g_m r_d} \quad (4)$$

E, por fim, $z_i = R_S // z_i'$, ou seja,

$$z_i = \frac{(r_d + R_D)R_S}{(1 + g_m r_d)R_S + (r_d + R_D)} \quad (7.6d)$$

A análise de (4) para $r_d \geq 10\ R_D$ indica que $1/r_d << g_m$ e $R_D/r_d << 1$, de modo que $z_i' = 1/g_m$ e, por consequência, (7.6d) reduz-se para

$$z_i = \frac{R_S}{1 + g_m R_S} \quad (7.6e)$$

Exemplo 7.5

. Para o circuito JFET (e D-MOSFET) na conexão GC, fig. 7.8(a), são dados: R_D = 1,2 MΩ, R_D = 3 kΩ, R_S = 1,2 kΩ, V_{GS} = - 1,2V, V_{PO} = - 3 V; I_{DSS} = 6 mA e r_d = 60 kΩ. Calcular g_m, A_V , A_i e z_i.

Temos

$$g_{mo} = \frac{2\ I_{DSS}}{|V_{PO}|} = \frac{2(6\text{ mA})}{3\text{ V}} = 4\text{ mS}$$

Então, por (7.1b) virá

$$g_m = 4\text{ mS}\ (1 - \frac{-1{,}2\text{ V}}{-3\text{ V}}) = 2{,}4\text{ mS}$$

E por (7.6b) temos

$$A_V = \frac{(2{,}4\text{ mS})(\ 3\text{ k}\Omega) + \dfrac{3\text{ k}\Omega}{60\text{ k}\Omega}}{1 + \dfrac{3\text{ k}\Omega}{60\text{ k}\Omega}} \cong 7{,}17$$

Usando (7.6c) para efeito de comparação, temos

$$A_V = (2{,}4\text{ mS})(\ 3\text{ k}\Omega) = 7{,}2$$

E recorrendo a (7.4d), virá

$$A_i = 7{,}2\ \frac{1.200\text{ k}\Omega}{3\text{ k}\Omega} = 2.880$$

Substituindo os valores dados em (7.6d), virá

$$z_i = \frac{(60 + 3)k\Omega\,(1{,}2\ k\Omega)}{[1 + (2{,}4\ mS)(60\ k\Omega)](1{,}2\ k\Omega) + (60 + 3)k\Omega} \cong 0{,}36\ k\Omega$$

Usando (7.6e) para efeito de comparação,

$$z_i = \frac{1{,}2\ k\Omega}{1 + (2{,}4\ mS)(1{,}2\ k\Omega)} \cong 0{,}31\ k\Omega$$

[5] Circuito JFET e D-MOSFET na Conexão Dreno Comum (DC)

O circuito do amplificador JFET (e D-MOSFET), na conexão DC é aproveitado da conexão SC com a tensão de saída sobre R_S, como o da fig. 7.9(a), por isso chamado de seguidor de fonte que é substituído pelo circuito equivalente CA da fig. 7.9(c), onde r_d fica em paralelo com R_S, e para o qual temos:

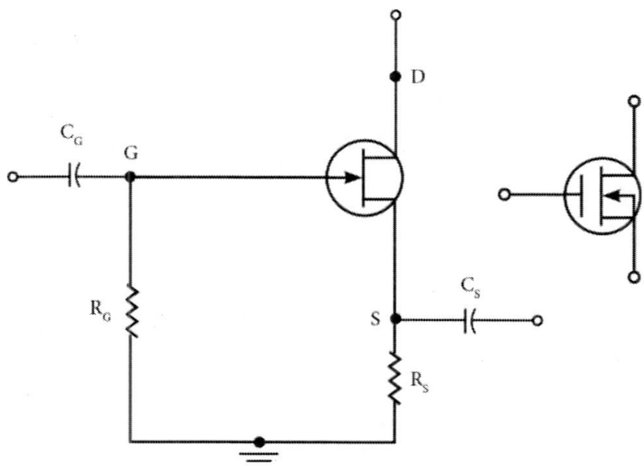

Fig. 7.9(a)

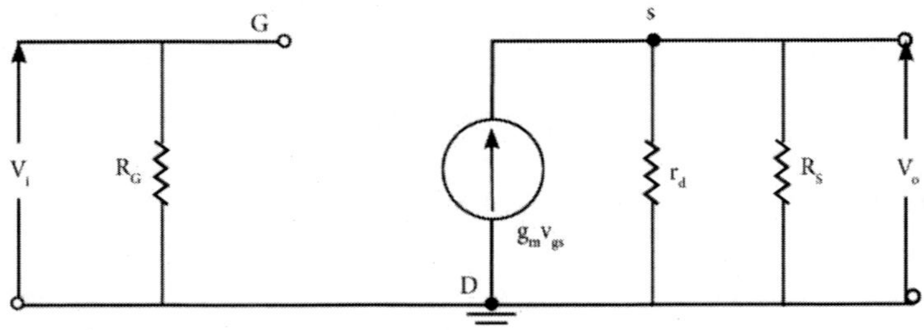

Fig. 7.9(b)

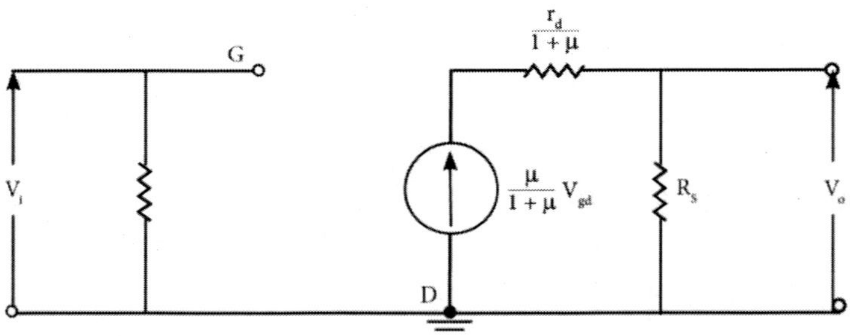

Fig. 7.9(c)

$$V_i = V_{gs} + V_o \qquad e \qquad V_o = (r_d//R_S)\,(g_mV_{gs})$$

onde as tensões estão em fase. Eliminando V_{gs} do sistema acima, podemos concluir o ganho de tensão

$$A_V = \frac{g_m\,(r_d//R_S)}{1 + g_m(r_d//R_S)} \tag{7.7a}$$

Como se pode ver $A_V < 1$; e para $r_d \geq 10\ R_S$ o ganho de tensão reduz-se para

$$A_V = \frac{g_m\,R_S}{1 + g_m R_S} \tag{7.7b}$$

Alternativamente podemos usar o modelo de fonte de tensão, para o qual temos:

$$V_{ds} = V_{gs} + \mu V_{gs}$$

Onde a fonte de tensão é a fonte equivalente de Thevenin,

$$V_{gs} = \frac{1}{1+\mu} V_{gd} \quad (1)$$

Cálculo da resistência equivalente de Thevenin, R_{Th}: como V_{gs} é uma fonte dependente, suporemos que existe a fonte $V_{d'd} = -V_{gs}$ que alimenta R_{Th}, com a corrente $I_{d'}$, tal que

$$V_{d'd} = \mu V_{gs} + r_d I_d' = -\mu V_{d'd} + r_d I_d'$$

donde podemos concluir que

$$R_{Th} = \frac{r_d}{1+\mu} \quad (2)$$

Então com (1) e (2) podemos compor o circuito equivalente CA da fig. 7.13(c), onde

$$V_i = V_{gd} \quad \text{e} \quad V_o = R_S I_S$$

E tomando o divisor de tensão sobre R_S, temos

$$V_o = \frac{R_S}{R_S + \dfrac{r_d}{\mu+1}} \left(\frac{\mu}{\mu+1} V_i \right)$$

E o ganho de tensão,

$$A_V = \frac{\mu R_S}{R_S(\mu+1) + r_d} \qquad (7.7c)$$

O confronto de (7.7a) e (7.7c) mostra que são equivalentes.

A impedância de entrada é $z_i = R_G$; e a impedância de saída é calculada usando a condição de z_o, com $V_i = 0$ V, que dá $V_o = V_{gs}$, e aplicando LKC no nó S que oferece $I_o + g_m V_{gs} = I_d' + I_d$; dando significado às correntes e tomando $z_o = V_o/I_o$, obtemos

$$z_o = \frac{1}{\dfrac{1}{r_d} + \dfrac{1}{R_S} + g_m} \tag{7.7d}$$

que pode ser expressa simplesmente como

$$z_o = r_d // R_S // {}^1/g_m \tag{7.7e}$$

Exemplo 7.6

. Para o circuito JFET (e D-MOSFET), na conexão DC, fig. 7.9(a), são dados: $R_G = 1{,}5$ MΩ, $R_S = 3$ kΩ, $V_{GS} = -1$V, $V_{PO} = -4$ V; $I_{DSS} = 8$ mA e $r_d = 33$ kΩ, calcular g_m, A_V e A_i.

Temos

$$g_{mo} = \frac{2\, I_{DSS}}{|V_{PO}|} = \frac{2(8 \text{ mA})}{4 \text{ V}} = 4 \text{ mS}$$

Então, por (7.1b) virá

$$g_m = 4 \text{ mS } (1 - \frac{-1 \text{ V}}{-3 \text{ V}}) = 3 \text{ mS}$$

Sendo (33 kΩ//3 kΩ) = 2,75 kΩ, temos em (7.6a)

$$A_V = \frac{(3 \text{ mS})\,(2{,}75 \text{ k}\Omega)}{1 + (3 \text{ mS})\,(2{,}75 \text{ k}\Omega)} \cong 0{,}89$$

Para efeito de comparação, usemos (7.6b)

$$A_V = \frac{(3\ \text{mS})\ (3\ \text{k}\Omega)}{1 + (3\ \text{mS})\ (3\ \text{k}\Omega)} \cong 0{,}90$$

Para usar o modelo de fonte de tensão, tomamos $\mu = g_m\, r_d =$ (3 mS)(33 kΩ) = 99, em (7.7c), e temos

$$A_V = \frac{99\ (3\ \text{k}\Omega)}{(3\ \text{k}\Omega)\,(99{+}1) + 33\ \text{k}\Omega)} \cong 0{,}89$$

Para o ganho de corrente, usamos (7.4d), com $R_L = R_S$,

$$A_i = 0{,}90\ \frac{1.500\ \text{k}\Omega}{3\ \text{k}\Omega} = 450$$

[6] Circuito E-MOSFET na Conexão Fonte-Comum (SC)

O amplificador E-MOSFET na conexão SC é dado na fig. 7.10(a), e o circuito equivalente, na fig. 7.10(b), onde estão indicados os parâmetros pertinentes. A análise CA do mesmo segue o método visto, com apenas a peculiaridade para o cálculo de g_m que passaremos a estabelecer:
Derivando (6.6a) em relação a V_{GS}, obtemos

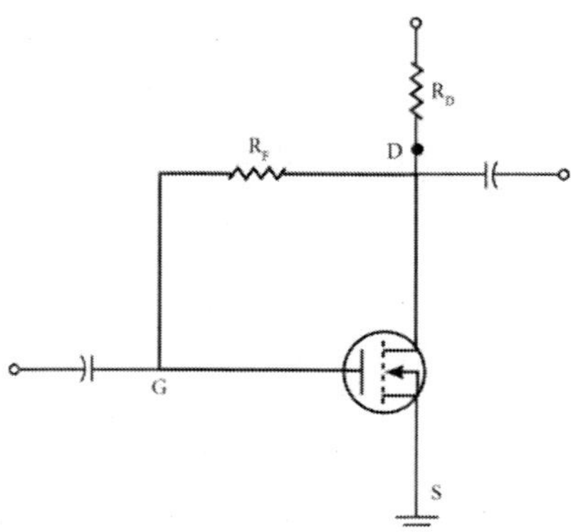

Fig. 7.10(a)

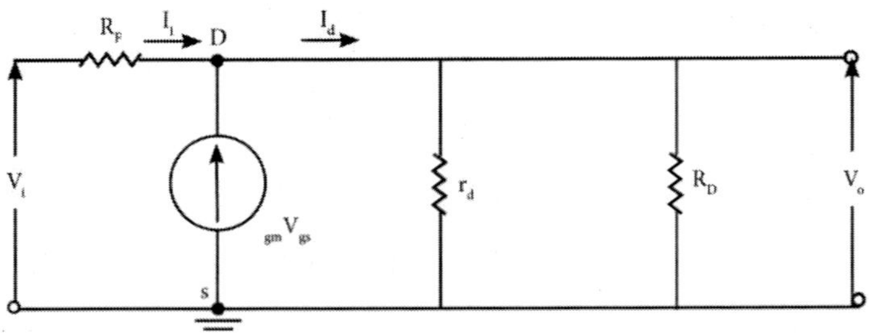

Fig. 7.10(b)

$$\frac{\partial I_D}{\partial V_{GS}} = 2\,\gamma\,(V_{GS} - V_{GST}) \tag{7.8a}$$

Sendo $\partial I_D/\partial V_{GS} = g_m$, podemos concluir que

$$g_m = 2\,\gamma\,(V_{GS} - V_{GST}) \tag{7.8b}$$

(1) Circuito E-MOSFET com Realimentação de Dreno

O circuito do amplificador E-MOSFET na conexão SC com realimentação de dreno, fig. 7.11(a), é substituído pelo circuito equivalente CA da fig. 7.11(b), onde estão indicados os parâmetros pertinentes, para o qual temos:

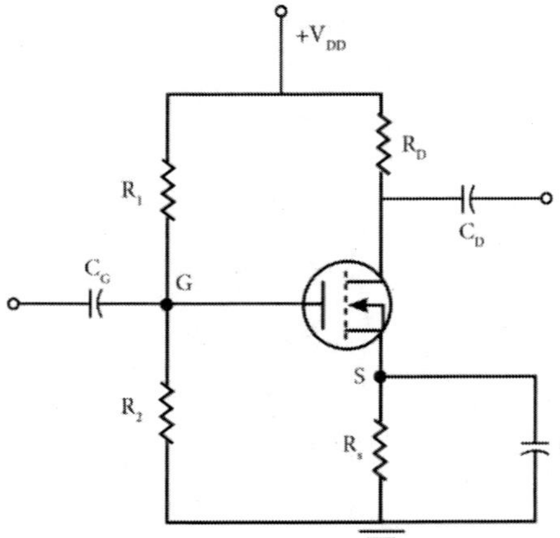

Fig. 7.11(a)

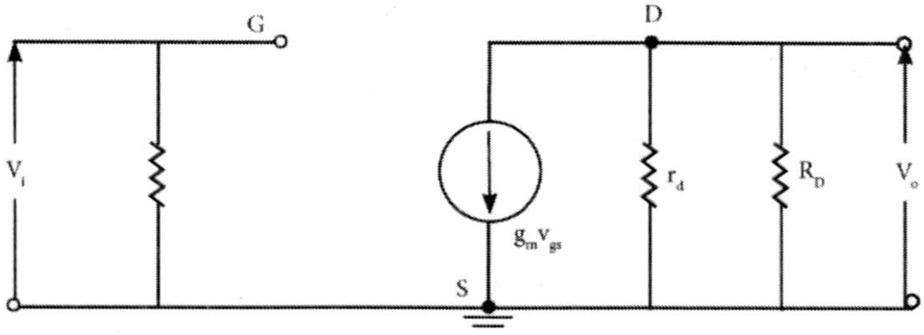

Fig. 7.11(b)

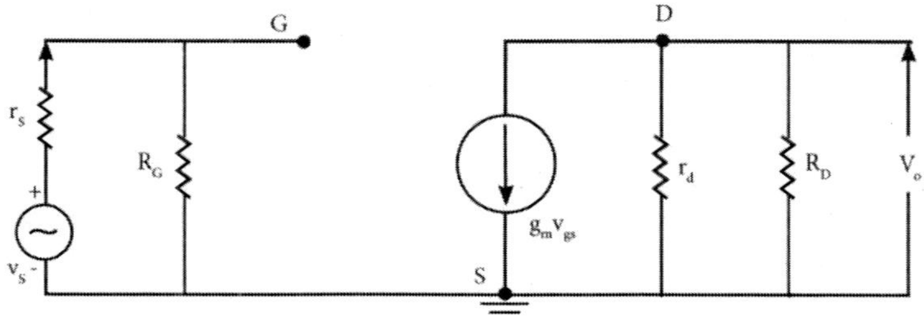

Fig. 7.11(c)

$V_i = V_{gs}$ (1) e $V_o = -(r_d // R_D)I_d$ (2)

No nó D, $I_d = I_i - g\, V_{gs}$, ou melhor,

$$I_d = \frac{V_i - V_o}{R_F} - g\, V_{gs}$$

que levado em (2) e feitas as transformações que cabem, obtemos o ganho de tensão

$$A_V = g_m\,(R_F// \, r_d \, //R_D) \qquad (7.9a)$$

Usando o modelo fonte de tensão, o circuito equivalente passa a ser o da fig. 7.1(c). Aplicando a LKC no nó D, temos

$$I_i = I_d' + I_d$$

$$\frac{V_i - V_o}{R_F} = \frac{V_o - \mu V_i}{r_d} + \frac{V_o}{R_D}$$

Após as transformações que cabem, podemos concluir o ganho de tensão,

$$A_V = \left(\frac{1}{R_F} - g_m\right)(R_F // r_d // R_D) \qquad (7.9b)$$

Como em geral $g_m >> 1/R_F$, despreza-se $1/R_F$ e tem-se

$$A_V = - g_m (R_F // r_d // R_D) \qquad (7.9c)$$

Ademais, se $r_d \geq 10/R_D$ a expressão supra simplifica-se para

$$A_V = - g_m (R_F // R_D) \qquad (7.9d)$$

Sendo $I_i = (V_i - V_o)/R_F$ e $I_o = V_o/R_D$, virá a definição de ganho de corrente

$$A_i = \frac{A_V}{1 - A_V}\left(\frac{R_F}{R_D}\right) \qquad (7.9e)$$

A impedância de saída é $z_o = R_F//r_d//R_D$; e a impedância de entrada é calculada aplicando LKC no nó D que oferece

$$I_i = g_m V_{gs} + \frac{-R_F\, I_i}{r_d // R_D} + \frac{V_i}{r_d // R_D}$$

sendo $V_{gs} = V_{i,}$ operando de modo a obter-se $V_i/I_{i,}$ concluímos que

$$z_i = \frac{R_F + (r_d // R_D)}{1 + g_m (r_d // R_D)} \qquad (7.9f)$$

Para a condição de $r_d \geq 10\ R_S$, $r_d // R_D = R_D$; mas como em geral $R_F >> R_D$ a expressão supra reduz-se para

$$z_i = \frac{R_F}{1 + g_m R_D} \qquad (7.9g)$$

Exemplo 7.7

. Para o circuito E-MOSFET na conexão SC, com realimentação de dreno, fig. 7.11(a), são dados: $R_D = 4$ kΩ, $R_F = 2$ MΩ, $V_{GS} = 6$ V, $V_{GST} = 2$ V; $I_{DSS} = 6$ mA e $r_d = 100$ kΩ e $\gamma = ¼$ mA/V^2 .Calcular g_m, A_V , A_i e z_i.

Por (7.8b), temos

$$g_m = 2 \, ¼ \, \text{mA/V}^2 \, (6 \; - 2)\text{V} = 2 \text{ mS}$$

Então, usando (7.9c) e (7.9e), teremos:

$$A_V = - 2 \text{ mS} \frac{1}{\frac{1}{1.000} + \frac{1}{100} + \frac{1}{4}} \cong - 7,66$$

$$A_i = \frac{- 7,66}{1 - (- 7,66)} \left(\frac{2.000 \text{ k}\Omega}{4 \text{ k}\Omega}\right) \cong - 442,2$$

Para o cálculo de z_i, tomamos r_d // R_D = (100 kΩ)(4 kΩ)/(100 + 4)kΩ ≅ 3,85 kΩ, então por (7.9f) virá

$$z_i = \frac{2.000 \text{ k}\Omega + 3,85 \text{ k}\Omega}{1 + (2 \text{ mS})(3,85 \text{ k}\Omega)} \cong 230,3 \text{ k}\Omega$$

Por (7.9g) virá

$$z_o = \frac{2.000 \text{ k}\Omega}{1 + (2 \text{ mS})(4 \text{ k}\Omega)} \cong 222,2 \text{ k}\Omega$$

(2) Circuito E-MOSFET com Divisor de Tensão

O circuito do amplificador E-MOSFET na conexão SC, com divisor do tensão, fig. 7.12(a), é substituído pelo circuito equivalente CA da fig. 7.12(b), que é o mesmo do JFET, onde estão indicados os parâmetros pertinentes, e para o qual temos:

$z_i = R_G = R_1 // R_2$ e $z_o = r_d // R_D$

$V_i = V_{gs}$ e $V_o = - g_m V_{gs} (r_d // R_D)$

O ganho de tensão é dado pela equação (7.4a), ou (7.4b), ora repetidas,

$$A_V = - g_m (r_d // R_D) \qquad (7.10a)$$

$$A_V = - g_m R_D \qquad (7.10b)$$

Se consideremos a tensão de fonte, V_S, e a resistência interna, r_S, fig. 7.12(c); e sendo, $V_o = V_L = - g_m V_i (r_d // R_D / R_L)$, e V_i dado pelo divisor de tensão sobre $R_G = R_1 // R_2$,

$$V_i = \frac{R_G}{R_G + r_S} V_S$$

podemos concluir o ganho de tensão total

$$A_{VS} = - g_m \frac{R_G}{R_G + r_S} (r_d // R_D / R_L) \qquad (7.10c)$$

O ganho de corrente é dado pela equação (7.4d), ora repetida,

$$A_i = A_V \frac{R_G}{R_L} \qquad (7.10d)$$

Para o ganho de corrente total, usando a definição pertinente, podemos concluir que

$$A_{iS} = A_{VS} \frac{r_S}{R_L} \qquad (7.10e)$$

Exemplo 7.8

. Para o circuito E-MOSFET na conexão SC com divisor de tensão, fig. 7.11(a), são dados: r_S = 10 kΩ, R_1 = 30 kΩ, R_2 = 15 kΩ, R_D = 4 kΩ, R_L = 50 kΩ, V_{GS} = 6 V, V_{GST} = 2 V; I_{DSS} = 6 mA e r_d = 40 kΩ e γ = 1/5 mA/V^2. Calcular g_m, A_V e A_{VS}, A_i e A_{iS}.

Por (7.8b), temos

$$g_m = 2\ 1/5\ \text{mA/V}^2\ (6 - 2)\text{V} = 1{,}6\ \text{mS}$$

Donde, os ganhos de tensão:

$$A_V = -1{,}6\ \text{mS}\ \frac{4\ \text{k}\Omega \times 40\ \text{k}\Omega}{4\ \text{k}\Omega + 40\ \text{k}\Omega} \cong -5{,}82$$

sendo R_G = 30 kΩ//15 kΩ = 10 kΩ e (r_d //R_D/R_L) = 40 kΩ//4 kΩ//50 kΩ ≅ - 3,39 kΩ, por (7.10c) virá

$$A_{VS} = -1{,}6\ \text{mS}\ \frac{10\ \text{k}\Omega}{10\ \text{k}\Omega + 10\ \text{k}\Omega}\ 3{,}39\ \text{k}\Omega = -2{,}712$$

E os ganhos de corrente: dado por (7.4d)

$$A_i = -5{,}82\ \frac{10\ \text{k}\Omega}{4\ \text{k}\Omega} = -14{,}55$$

E dado por (7.10e),

$$A_{iS} = -2{,}712\ \frac{10\ \text{k}\Omega}{50\ \text{k}\Omega} = 0{,}5424$$

Exemplo 7.9

. Para o circuito E-MOSFET na conexão SC com divisor de tensão, fig. 7.11(a), são dados: V_{DD} = 20 V, r_S = 5 kΩ, R_1 = 15 MΩ, R_2 = 5 MΩ, R_D = 2,4 kΩ, R_L = 50 kΩ, V_{GST} = 2 V; I_D = 1,6 mA e r_d = 100 kΩ e γ = 1/5 mA/V^2. Calcular, V_{DS}, V_{GS}, g_m, A_V e A_{VS}.

Da análise CC, temos

$$V_{DS} = V_{DD} - (R_S + R_D)I_D = 20\ V - (2{,}4 + 0{,}6)\ k\Omega\ (1{,}6mA) = 15{,}2V$$

$$R_G = R_1//R_2 = 15\ M\Omega//5\ M\Omega = 2{,}25\ M\Omega$$

$$V_G = V_i = \frac{5\ M\Omega}{(5 + 15)M\Omega}(20V) = 5\ V$$

$$V_{GS} = V_i - R_S\ I_d = 5\ V - (0{,}6\ k\Omega)(1{,}5\ mA) = 4{,}04\ V$$

Então por (7.8b), temos

$$g_m = 2\ 1/4\ \ mA/V^2\ (4{,}04\ \ - 2)V = 1{,}02\ mS$$

Os ganhos de tensão:

$$A_V\ = - (1{,}02\ mS)\frac{100\ k\Omega\ x2{,}4\ k\Omega}{100\ k\Omega + 2{,}4\ k\Omega} \cong - 2{,}39$$

Sendo $r_r//R_D//R_L$ = 100 kΩ//2,4 kΩ//50 kΩ ≅ 2,24 kΩ; e então, por (7.10c), virá

$$A_{VS}\ = - (1{,}02\ mS)\frac{2.250\ k\Omega}{2.250\ k\Omega + 5\ k\Omega}(2{,}24\ k\Omega) \cong - 2{,}28$$

E os ganhos de corrente são dados por (7.4d) ou (7.10d),

$$A_V\ = - 2{,}39\frac{2.250\ k\Omega}{2{,}4\ k\Omega} \cong - 2.240{,}63$$

E por (7.10e),

$$A_{iS} = - 2{,}28\frac{5\ k\Omega}{50\ k\Omega} \cong - 0{,}228$$

Exercícios:

1) Para o circuito de polarização fixa do amplificador JFET (e D-MOSFET), fig. 7.P1, são dados: $R_G = 1{,}1\ M\Omega$, $R_D = 3{,}3\ k\Omega$, $V_{GS} = -2V$, $V_{PO} = -4\ V$; e supor ademais que $r_d = 33\ k\Omega$ e $I_{DSS} = 6\ mA$, calcular g_m, μ e A_V.

R. $g_m = 1{,}5\ mS$, $\mu = 49{,}5$ e $A_V = -4{,}5$.

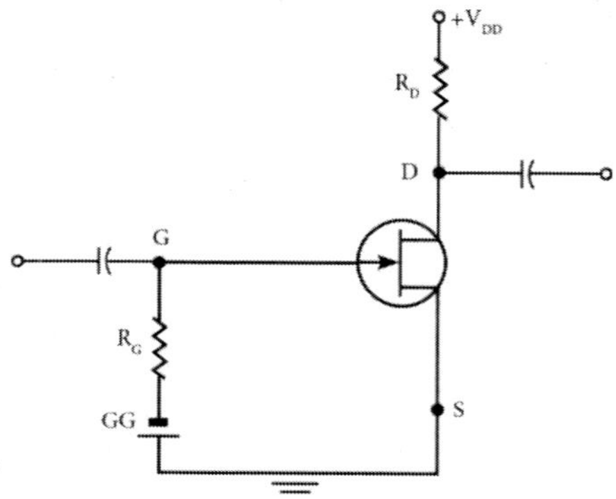

Fig. 7.P1

2) Para o circuito de autopolarização do amplificador JFET (e D-MOSFET), fig. 7.P2, são dados: $R_G = 1\ M\Omega$,$R_D = 2{,}5\ k\Omega$, $R_S = 910\ \Omega$, $V_{GS} = -2\ V$, $V_{PO} = -3\ V$; $I_{DSS} = 6\ mA$ e $r_d = 39\ k\Omega$, calcular g_m; A_V e z_o, para R_S com desvio e R_S sem desvio.

R. $g_m = 2{,}4\ mS$; com desvio: $A_V \cong -5{,}43$ e $z_o \cong 2{,}26\ k\Omega$; sem desvio: $A_V \cong -1{,}45$ e $z_o \cong 2{,}36\ k\Omega$.

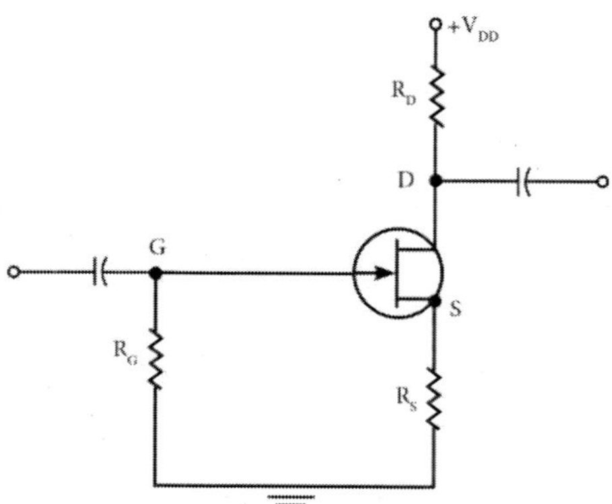

Fig. 7.P2

3) Para o circuito JFET (e D-MOSFET) com divisor de tensão, fig. 7.P3, são dados: $R_1 = 90\ k\Omega$, $R_2 = 10\ k\Omega$, $R_D = 3\ k\Omega$, $R_S = 1\ k\Omega$, $V_{GS} = -2{,}5V$, $V_{PO} = -4\ V$; $I_{DSS} = 8\ mA$ e $r_d = 50\ k\Omega$, calcular g_m, z_o, A_V e A_i, para R_S com desvio e para R_S sem desvio.
R. $g_m = 1{,}5\ mS$; com desvio: $A_V \cong -4{,}25$ e $z_o \cong 2{,}82\ k\Omega$; sem desvio: $A_V \cong -1{,}74$ e $z_o \cong 992\ \Omega$.

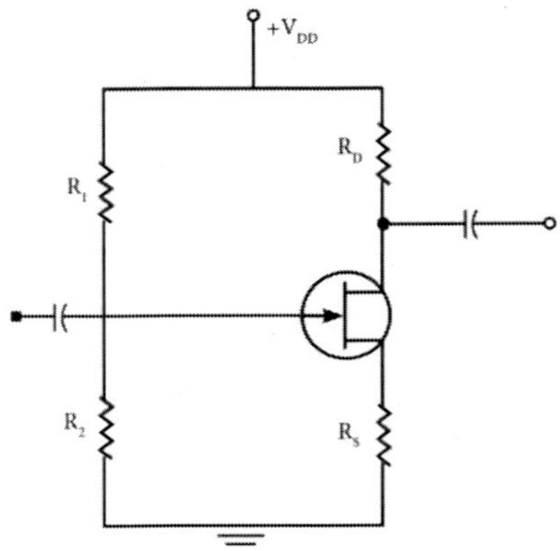

Fig. 7.P3

4) Para o circuito JFET (e D-MOSFET) com divisor de tensão, fig. 7.P4, são dados: $r_S = 12\ k\Omega$, $R_L = 15\ k\Omega$, $R_1 = 2\ M\Omega$, $R_2 = 3\ M\Omega$, $R_D = 5\ k\Omega$, $R_S = 750\ \Omega$, $V_{GS} = 2\ V$, $V_{PO} = -4\ V$; e $r_d = 50\ k\Omega$, calcular g_m, A_{VS} e z_{eq}.
R. $g_m = 1{,}5\ mS$; $A_{VS} \cong -5{,}26$.

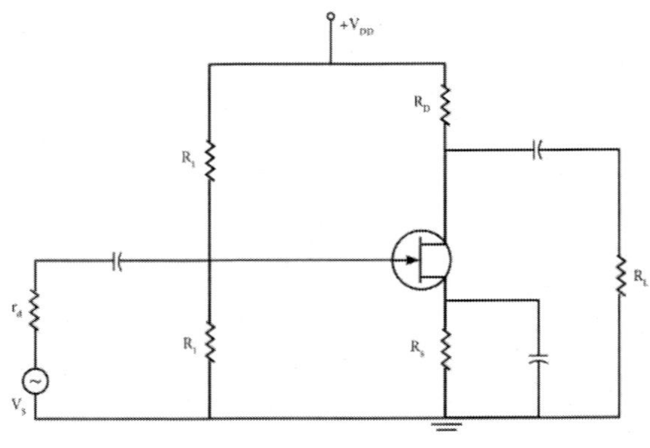

Fig. 7.P4

5) Para o circuito JFET (e D-MOSFET) com divisor de tensão, fig. 7.P5, são dados: $A_V = 6$, $R_G = 5$ MΩ, $R_1 = 2$ MΩ, $R_2 = 3$ MΩ, $R_D = 5$ kΩ ,, $R_S = 750$ Ω, $V_{GS} = 2$ V, $V_{PO} = -4$ V e $r_d = 60$ kΩ, calcular g_m, A_{VS} e z_{eq}.
R. $g_m = 1{,}5$ mS; $A_{VS} \cong -5{,}26$.

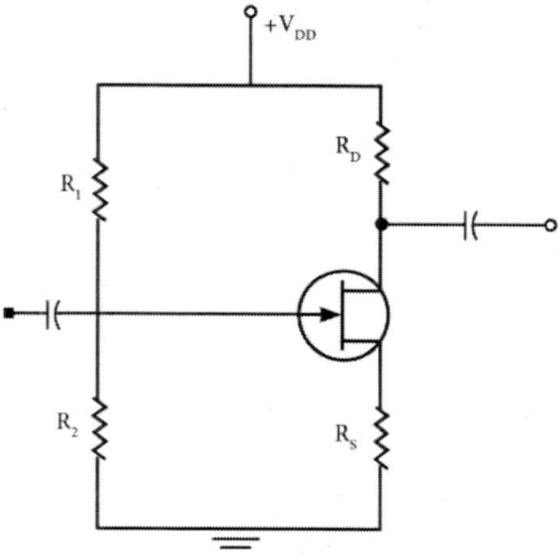

Fig. 7.P5

6) Para o circuito JFET (e D-MOSFET), na conexão DC, fig. 7.P6, são dados: $R_G = 1{,}2$ MΩ, $R_S = 1{,}5$ kΩ , $V_{GS} = -2{,}5$ V, $V_{PO} = -4$ V; $I_{DSS} = 8$ mA e $r_d = 50$ kΩ, calcular g_m, A_V e z_o.
R. $g_m = 2{,}5$ mS; $A_V \cong -0{,}848$ e $z_o \cong 318$ Ω.

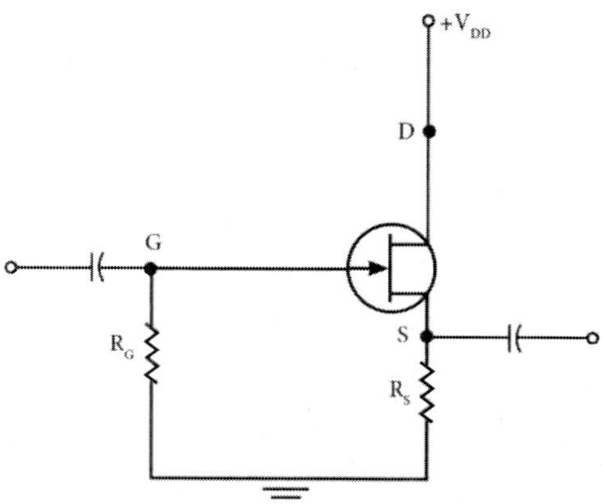

Fig. 7.P6

7) Para o circuito JFET (e D-MOSFET na conexão GC, fig. 7.P7, são dados: $R_S = 2$ kΩ, $R_D = 3$ kΩ, $V_{GS} = -1{,}6$ V, $V_{PO} = -4$ V; $I_{DSS} = 9$ mA e $r_d = 50$ kΩ, calcular g_m, A_V e z_i.
R. $g_m = 2{,}7$ mS; $A_V \cong 7{,}7$ e $zi \cong 326\ \Omega$.

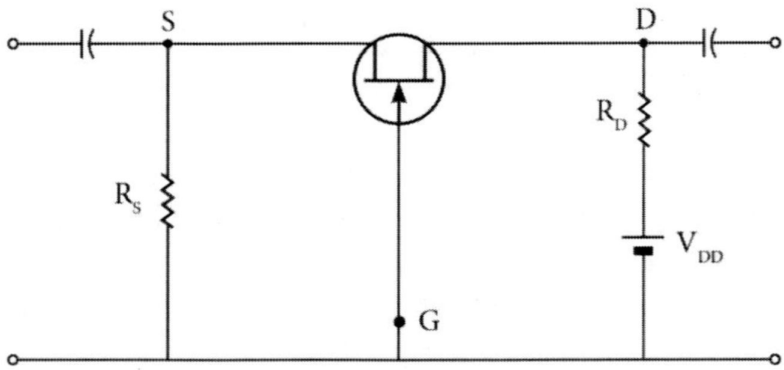

Fig. 7.P7

8) Para o circuito E-MOSFET na conexão SC, com realimentação de dreno, fig. 7.P8, são dados: $R_D = 4$ kΩ, $R_F = 2{,}5$ MΩ, $V_{GS} = 6{,}5$ V, $V_{GST} = 3{,}5$ V; $r_d = 80$ kΩ e $\gamma =$ [illegible] mA/V^2, calcular g_m, A_V, A_i e z_i, com desvio.
R. $g_m = 1{,}5$ mS; $A_V \cong -7{,}06$, $A_i = -471{,}72$ e $z_i \cong 373\ \Omega$.

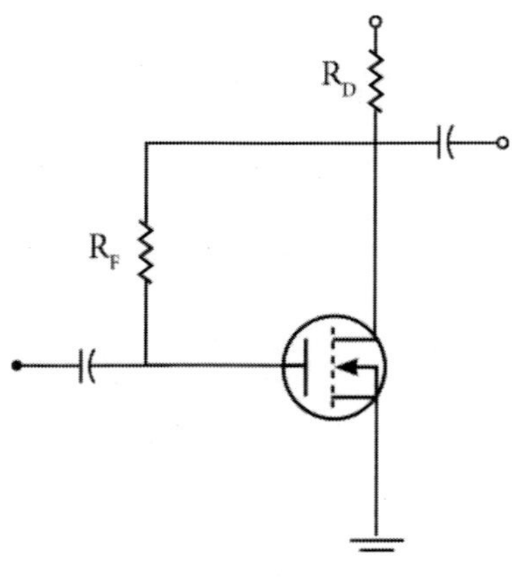

Fig. 7.P8

9) Para o circuito E-MOSFET na conexão SC com divisor de tensão, fig. 7.P9, são dados: $r_S = 500\ k\Omega$, $R_1 = 500\ k\Omega$, $R_2 = 300\ k\Omega$, $R_D = 2{,}5\ k\Omega$, $R_L = 50\ k\Omega$, $V_{GS} = 8\ V$, $V_{GST} = 3\ V$, $r_d = 60\ k\Omega$ e $\gamma = ¼\ mA/V^2$. Calcular g_m, A_V e A_{VS}, com desvio.

R. $g_m = 2{,}5\ mS$; $A_V = -6$ e $A_{VS} \cong -2{,}49$.

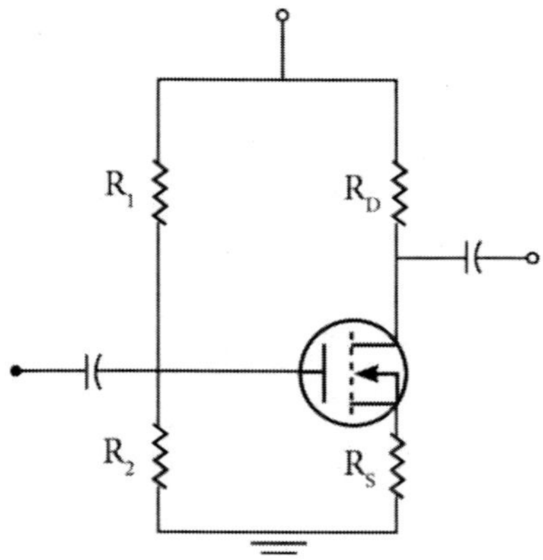

Fig. 7.P9

8. PARAMETRO "y" DO AMPLIFICADOR FET

Novamente consideremos o quadripolo, fig. 8.1, representando a estrutura sucinta de um amplificador inversor (FET e TBJ). A partir dele vamos estabelecer as relações entre as quantidades elétricas, I_i e Io com Vi e Vo, que serão chamadas de parâmetros y que dimensionalmente são admitâncias com as quais podemos obter o circuito equivalente y ou modelo "y" ora aplicado a análise dos FET a alta frequência.

8.1. As Admitâncias y

De modo análogo aos parâmetros h, temos os parâmetros y de entrada e de saída, denotados respectivamente por y_i e y_o, e os intermediários, por y_r (índice r de reverse) e por y_f (índice f de forward). Isto posto, da fig. 8.1, tiramos as seguintes equações:

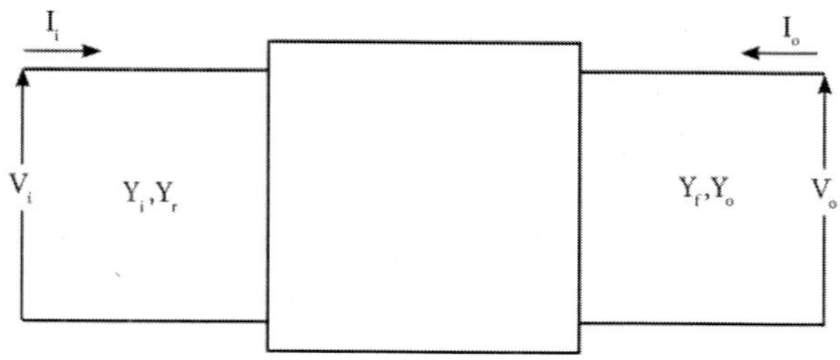

Fig. 8.1

$$\mathbf{I}_i = y_i \mathbf{V}_i + y_r \mathbf{V}_o \qquad (1)$$

$$\mathbf{I}_o = y_f \mathbf{V}_i + y_o \mathbf{V}_o \qquad (2)$$

(1) Pondo a saída do quadripolo em curto-circuito, Vo = 0 V, e aplicando esta condição sucessivamente a (1) e (2), obtemos os dois parâmetros y:

$$\mathbf{y}_i = \left.\frac{\mathbf{I}_i}{\mathbf{V}_i}\right|_{V_o = 0} \qquad (8.1a)$$

que é a admitância de entrada, medida em Siemens, S ou mho, Ω^{-1},

$$\mathbf{y}_f = \left.\frac{\mathbf{I}_o}{\mathbf{V}_i}\right|_{V_o = 0} \qquad (8.1b)$$

que é chamado de admitância de transferência direta, medida em Siemens, S.

(2) Pondo a saída do quadripolo em curto-circuito,Vi = 0 V, e sucessivamente aplicado a (1) e (2), obtemos mais dois parâmetros y:

$$\mathbf{y}_r = \left.\frac{\mathbf{I}_i}{\mathbf{V}_o}\right|_{V_i = 0} \qquad (8.1c)$$

denominada admitância de transferência de reversa, medida em Siemens, S.

$$y_o = \left.\frac{\mathbf{I}_o}{\mathbf{V}_o}\right|_{V_i = 0} \qquad (8.1d)$$

que é chamado de admitância de saída, medida em Siemens, S.

A título de revisão: a admitância é definida como o inverso da impedância, y = 1/z, ou seja,

$$\mathbf{y} = \frac{1}{r + \mathbf{j}x} = \frac{r - \mathbf{j}\,x}{r^2 + x^2}$$

como se sabe, $\mathbf{j} = \sqrt{-1}$ e $x = x_L - x_C$; e tem-se a parte real, $r/(r^2 + x^2) = g$, denominada condutância da admitância, e a parte imaginária, -jx /(r2 + x2) = jb, chamada de susceptância da admitância, de modo que a admitância fica representada por número complexo,

$$\mathbf{y} = g + \mathbf{j}b \qquad (8.2a)$$

de módulo $y = \sqrt{g2 + b2}$. Ou sob a forma polar

$$\mathbf{y} = y\,|\underline{\theta} \qquad (8.2b)$$

onde θ = arc tg(b/g) é o argumento; ou ainda na forma trigonométrica

$$\mathbf{y} = y\cos\theta + j\, y\, \text{sen}\,\theta \qquad (8.2c)$$

No presente tópico, como estamos interessados apenas na capacitância do sistema, fazemos $\mathbf{x}_L = \Omega$ e temos $\mathbf{j}x = \mathbf{-j}x_C$, que é a reatância capacitiva, de módulo $x_C = 1/\omega C$, onde $\omega = 2\pi f$, e C a capacitância medida em Farady, F = C/V = A.s/V, usam-se na prática o pF e o μF; e a frequência f, medida em Hertz, Hz (= s^{-1}), a frequência angular ω, medida em rad/s, e o fator ± **j** = 1|90°. Ademais, as admitâncias em paralelo são aditivas; exemplificando com y_1, y_2 e y_3, temos

$$\mathbf{y} = \mathbf{y}_1 + \mathbf{y}_2 + \mathbf{y}_3 \qquad (8.2d)$$

Exemplo 8.1

. Para o quadripolo da fig. 8.2(a), são dados: **V**i = 1 |0° V, r = 5 kΩ, f = 10 MHz e C = 1,5 pF. Calcular os parâmetros y do mesmo.

Usando sucessivamente as definições dadas, no quadripolo da fig. 8.2(b), temos:

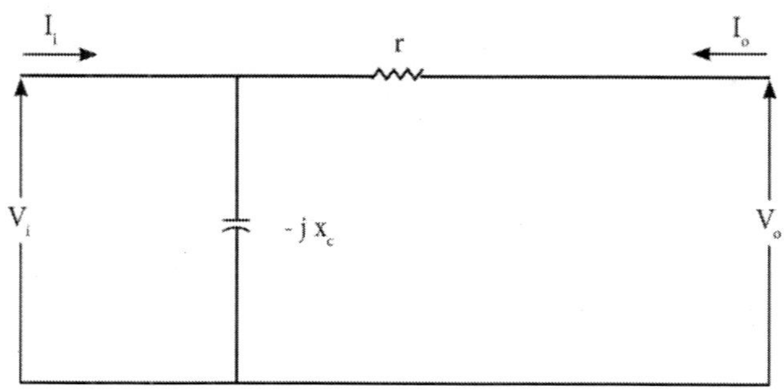

Fig. 8.2(a)

$$\mathbf{y}_i = \left.\frac{\mathbf{I}_i}{\mathbf{V}_i}\right|_{V_o=0} = \frac{1}{\mathbf{z}_i}$$

Sendo

$$-\mathbf{j}x_C = \frac{-\mathbf{j}}{2(\,(10x10^6\,s^{-1})(1,5x10^{-12}\,A.s/V)} \cong -\mathbf{j}\;0,106x10^5\;\Omega \cong 10,6\;|\underline{-90^o}\;k\Omega$$

$$\mathbf{z}_i = (r//-\mathbf{j}x_C) = \frac{(5\;k\Omega)(\;10,6\;|\underline{-90^o}\;k\Omega}{(5-j10,6)\;k\Omega} \cong 4,52\;|\underline{-25,25^\circ}\;k\Omega$$

donde

$$\mathbf{y}i = \frac{1}{\mathbf{z}_i} \cong\; 0,221\;|\underline{25,25^o}\;mS \;\cong\; (0,2 + j0,094)\;mS$$

Para cumprir,

$$\mathbf{y}_f = \left.\frac{\mathbf{I}_o}{\mathbf{V}i}\right|_{Vo\,=\,0}$$

na fig. 8.2(b), vemos que $\mathbf{I}_o = -\,\mathbf{I}_i$; sendo, $\mathbf{I}_i = -\mathbf{V}_i\,/\mathbf{z}_i = -\,0,221\;|\underline{25,25\;^o}$ mA, virá

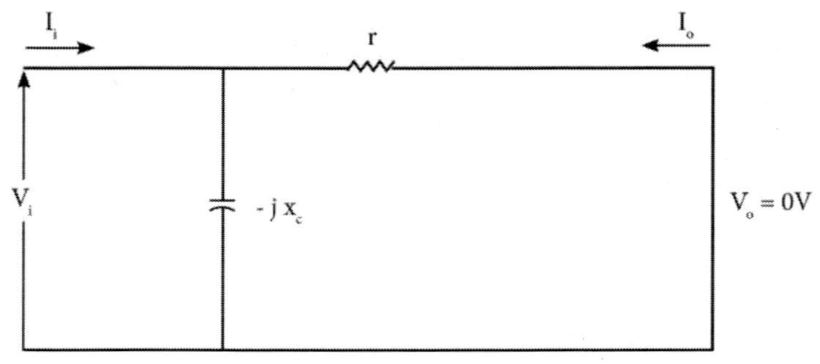

Fig. 8.2(b)

$$\mathbf{y}_f = \frac{-\,0,221\;|\underline{25,25^{oo}}\;mA}{1|\underline{0^o}\;V} = -\,0,221|\underline{25,25^o}\;mS$$

onde vemos que a admitância de transferência direta é negativa.

Para obter

$$\mathbf{y}_r = \left.\frac{\mathbf{I}_i}{\mathbf{V}_o}\right|_{Vi=0}$$

recorre-se à fig. 8.2(c), onde $I_o = \mathbf{V}_o/r = 1\ \underline{|0^o}\ V/5\ k\Omega = 0{,}2\ \underline{|0^o}\ mA$; e por ser $\mathbf{I}_i = -\mathbf{I}_o = -\ 0{,}2\ \underline{|0^o}\ mA$, virá

$$\mathbf{y}_r = \frac{-\ 0{,}2\ \underline{|0^o}\ mA}{1\ \underline{|0^o}\ V} = -\ 0{,}2\ \underline{|0^o}\ mS$$

onde a admitância de transferência reversa revela-se também negativa.

Para achar

$$\mathbf{y}_o = \left.\frac{\mathbf{I}_o}{\mathbf{V}_o}\right|_{V_i=0}$$

na fig. 8.2(c) vemos que o capacitor fica em curto-circuito e, portanto, a admitância de saída é 1/r, ou seja,

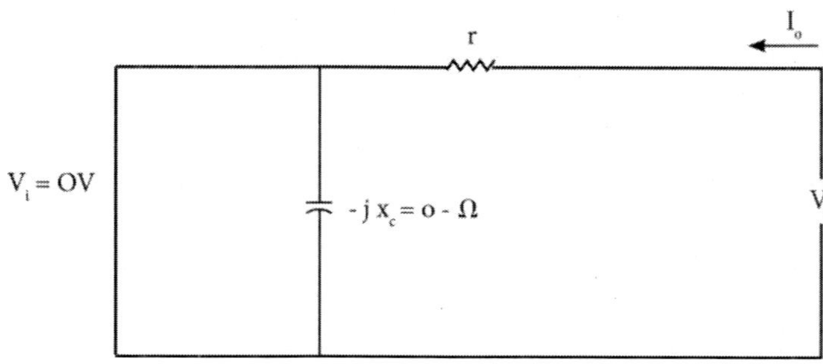

Fig. 8.2(c)

$$\mathbf{y}_o = \frac{1}{5\ k\Omega} = 0{,}2\ mS$$

(3) Modelo Geral com Parâmetros y:

O modelo y geral do circuito equivalente com FET (JFET e MOSFET) é dado na fig. 8.3 onde é fácil ver que as quantidades y_rV_o e y_fV_i, são as intensidades das correntes controladas por tensões.

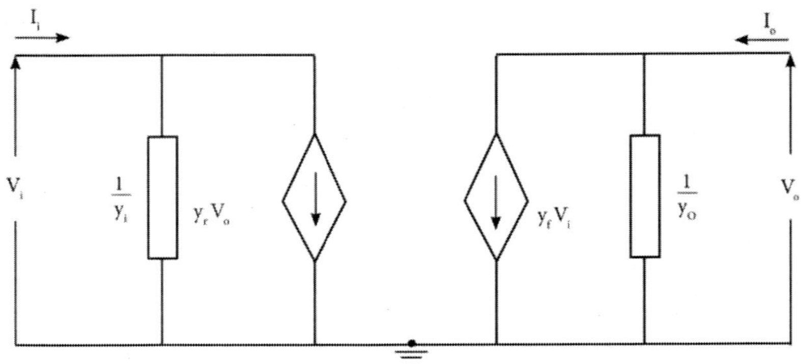

Fig. 8.3

Verifica-se, ademais, que no modelo y existe a perfeita correspondência entre os parâmetros y (módulos) e os parâmetros h, como se segue:

$$y_i = 1/h_i \, ; \quad y_r = - h_r/h_i; \quad y_f = h_f/h_i \quad \text{e} \quad y_o = (h_i h_o - h_r h_f)/h_i$$

Obviamente vale a conversão recíproca, ou seja, $h_i = 1/y_i$; $h_r = - y_r/y_i$, etc.

Para adequar o modelo y geral às conexões padronizadas, basta juntar ao índice de cada parâmetro y o índice pertinente da conexão (s, g, d) e teremos:

- Para o modelo y de FET na conexão SC: os parâmetros y passam a ser denotados por y_{is}, y_{rs}, yfs e y_{os}, sendo, ademais, $Re(y_{os}) = 1/r_d = g_{os}$. Note-se que g_m, quantidade CC, toma-se aqui, $g_m \cong Re(y_{fs}) = g_{fs}$.

- Para o circuito com FET na conexão GC: elas serão y_{ig}, y_{rg}, y_{fg} e y_{og};

- Para o circuito com FET na conexão DC: elas serão y_{id}, y_{rd}, y_{fd} e y_{od};

Por exemplo, para o modelo y de FET na conexão S, em torno de Q, as quantidades elétricas retro definidas são tomadas pelos seus incrementos, valendo as seguintes aproximações: $I_g \cong \Delta I_g$, $I_d \cong \Delta I_D$, $V_{gs} \cong \Delta V_{GS}$, $V_{ds} \cong \Delta V_{DS}$, de modo que eles são ora redefinidos como se segue:

- admitância de entrada:

$$y_{is} = \left.\frac{I_g}{V_{gs}}\right|_{Vds=0} \tag{8.3a}$$

- admitância de transferência direta:

$$y_{fs} = \left.\frac{I_d}{V_{gs}}\right|_{Vds=0} \tag{8.3b}$$

- admitância de transferência reversa:

$$y_{rs} = \left.\frac{I_g}{V_{gs}}\right|_{Vgs=0} \tag{8.3c}$$

- admitância de saída:

$$y_{os} = \left.\frac{I_d}{V_{ds}}\right|_{Vgs=0} \tag{8.3d}$$

(4) Capacitâncias Parasitas do FET:

Quando o FET (e TBJ) passa a operar em alta frequência, cargas elétricas são acumuladas nas junções manifestando efeito capacitivo, e por consequência em cada par de terminais do FET (e TBJ) aparece pequena capacitância parasita ou capacitância intraelétrodo, que influencia significativamente o ganho do amplificador FET (e TBJ). Tais capacitâncias estão indicadas no JFET da fig. 8.4, respectivamente, chamadas de capacitância porta-fonte C_{gs}, capacitância dreno-fonte C_{ds} e capacitância porta-dreno C_{gd}. No TBJ, fig. 8.5, as capacitâncias intraelétrodos são designadas por capacitância base-emissor C_{be}, capacitância base-coletor C_{bc} e a capacitância coletor-emissor C_{ce}. No amplificador FET (e TBJ), além das citadas, são consideradas parasitas as capacitâncias das fiações (de entrada, C_{wi} e de saída,

C_{wo}) que, como aquelas, são capacitâncias de desvio à terra.

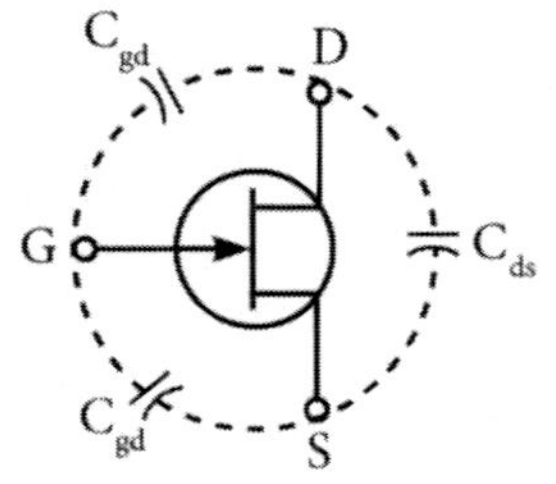

Fig. 8.4

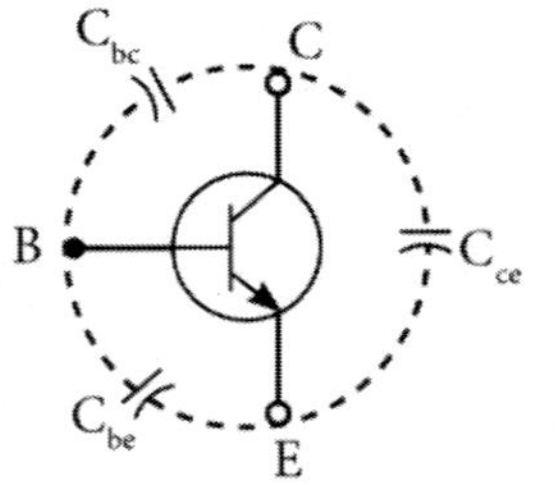

Fig. 8.5

Tabela 8.1

Capacitores Valores padronizados em pF			
10	100	1.000	10.000
12	120	1.200	
15	150	1.500	15.000
22	220	2.200	22.000
27	270	2.700	
33	330	3.300	33.000
39	390	3.900	
47	470	4.700	47.000
56	560	5.600	
68	680	6.800	
82	820	8.200	

Comercialmente são oferecidos valores padronizados de capacitâncias em pF, tabela 8.1; para os valores em μF, dividir cada um deles por 100.

8.2. Modelo "y " de Amplificadores a FET

A seguir vamos exemplificar o modelo "y" que indistintamente vale para o JFET e D-MOSFET.

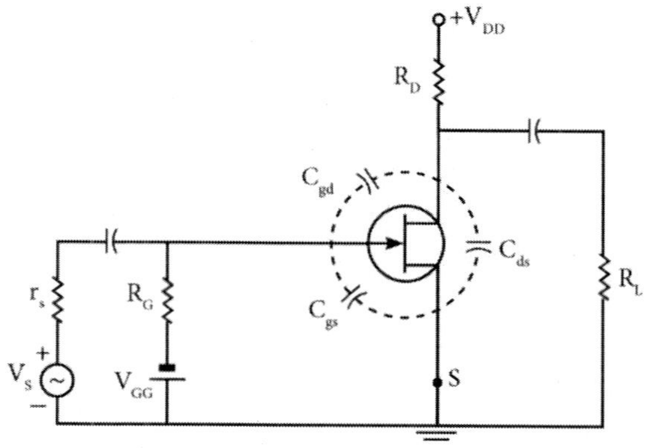

Fig. 8.6(a)

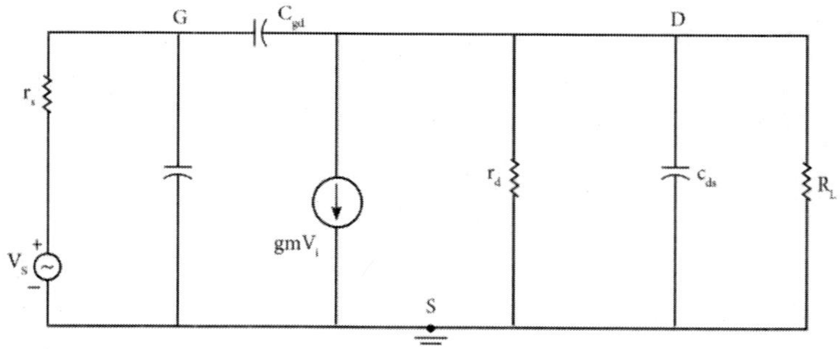

Fig. 8.6(b)

Seja o circuito amplificador a JFET (e D-MOSFET) de polarização fixa, na conexão SC, da fig. 8.6(a). Primeiramente vamos substituí-lo pelo modelo equivalente CA de fonte de corrente (desprezada a alta impedância RG, e consideram-se C1 e C_2 como curtos-circuitos) fig. 8.6(b), para o qual temos: $C_{is}^{(1)} = C_{gs} + C_{gd}$, $C_{rs} = C_{gd}$, $C_{fs} = C_{gd}$ e $C_{os} = C_{gd} + C_{ds}$, e, por consequência, as respectivas admitâncias serão:

$$\mathbf{y}_{is} = \mathbf{j}\ \omega(C_{gs} + C_{gd}) \quad (8.4a)$$

$$\mathbf{y}_{rs} = -\mathbf{j}\ \omega C_{gd} \quad (8.4b)$$

$$\mathbf{y}_{fs} = g_{fs} - \mathbf{j}\ \omega C_{gd} \quad (8.4b)$$

$$\mathbf{y}_{os} = 1/rd + \mathbf{j}\,\omega\,(C_{gd} + C_{ds}) \qquad (8.4c)$$

com as quais estruturamos o modelo "y" da fig. 8.6(c), para o qual se deseja estabelecer as expressões dos ganhos de tensão e de corrente, bem como as impedâncias de entrada e de saída.

(1) Nas especificações do fabricante acrescenta-se mais um s ao subscrito de cada capacitância.

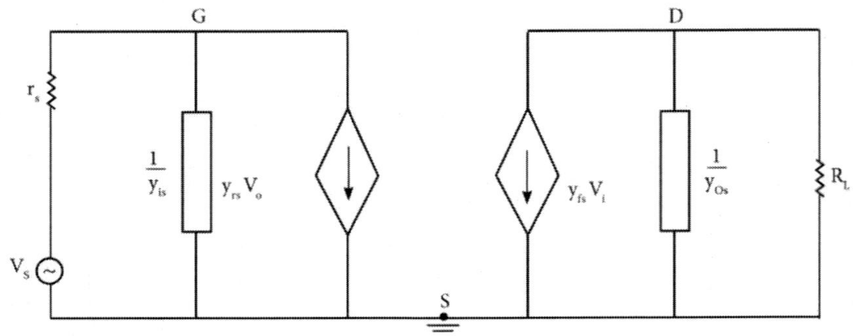

Fig. 8.6(c)

- Ganhos de tensão e de corrente com R_L:

Na fig. 8.6(c), aplicando a LKC no nó D temos:

$$\mathbf{I}_o = \mathbf{y}_{fs}\mathbf{V}_i + \mathbf{y}_{os}\,\mathbf{V}_o \qquad (1)$$

Substituindo Io = -Vo /RL e após evidenciando V_o, obtemos

$$\mathbf{V}_o = -\,\mathbf{y}_{fs}\,\mathbf{V}_i\,\frac{R_L}{1 + \mathbf{y}_{os}\,R_L} \qquad (2)$$

Obviamente (2) oferece o ganho de tensão, $\mathbf{V}_o/\mathbf{V}_i$, o qual, na circunstância presente, impõe-se redefíni-lo como número complexo e concluir que

$$\mathbf{A}_V = -\,\frac{\mathbf{y}_{fs}}{\mathbf{y}_{os} + 1/R_L} \qquad (8.5a)$$

E doravante vamos considerar $A_V = |\mathbf{A}_V|$, convindo manter o sinal (-) no 2º membro.

Aplicando a LKC no nó G, virá

$$\mathbf{I}_i = \mathbf{y}_{is}\,\mathbf{V}_i + \mathbf{y}_{rs}\,\mathbf{V}_o$$

Introduzindo nesta, (2) e simplificando, encontramos

$$\mathbf{I}_i = \mathbf{V}_i\,(\mathbf{y}_{is} - \frac{\mathbf{y}_{fs}\,\mathbf{y}_{rs}\,R_L}{1 + \mathbf{y}_{os}\,R_L}) \qquad (3)$$

Levando (2) em (1) e simplificando, achamos

$$\mathbf{I}_o = \mathbf{V}_i\,(\mathbf{y}_{fs} - \frac{\mathbf{y}_{os}\,\mathbf{y}_{fs}\,R_L}{1 + \mathbf{y}_{os}\,R_L}) \qquad (4)$$

Dividindo ordenadamente (4) por (3), virá o ganho de corrente, $\mathbf{I}_o/\mathbf{I}_i$, também redefinido como número complexo,

$$\mathbf{A}_i = - \frac{\mathbf{y}_{fs}\,/R_L}{\mathbf{y}_{is}\,\mathbf{y}_{os} - \mathbf{y}_{rs}\,\mathbf{y}_{fs} + \mathbf{y}_{is}\,/R_L} \qquad (8.5b)$$

E de igual modo passamos a considerar $A_i = |\,\mathbf{A}_i\,|$.

- Impedâncias de entrada e saída:

De (3) podemos concluir $\mathbf{z}_i = \mathbf{V}_i/\mathbf{I}_i$, isto é,

$$\mathbf{z}_i = \frac{1}{\mathbf{y}_{is} - \dfrac{\mathbf{y}_{fs}\,\mathbf{y}_{rs}\,R_L}{1 + \mathbf{y}_{os}\,R_L}} \qquad (8.5c)$$

Tendo em conta que

$$\mathbf{V}_i = (r_S//\,^1/\mathbf{y}_{is})(\mathbf{y}_{rs}\mathbf{V}_o) = \frac{\mathbf{y}_{rs}\,r_S}{1 + r_S\,\mathbf{y}_{is}}\mathbf{V}_o$$

substituindo em (1), podemos concluir a relação $\mathbf{z}_o = \mathbf{V}_o/\mathbf{I}_o$, ou seja,

$$\mathbf{z}_o = \frac{1}{\mathbf{y}_{os} - \dfrac{\mathbf{y}_{fs}\,\mathbf{y}_{rs}\,r_S}{1 + \mathbf{y}_{is}\,r_S}} \qquad (8.5d)$$

Exemplo 8.2

. Para o circuito da fig. 8.6(a), operando na frequência de 20 MHz, são dados: $r_S = 25\ \Omega$, $R_G = 10\ M\Omega$, $r_d = 50\ k\Omega$, $R_L = 5\ k\Omega$, $g_m = 3$ mS, assim como $C_{gs} = 4$ pF, $C_{gd} = 1$ pF e $C_{ds} = 0{,}6$ pF. Representar o modelo y, com os valores calculados dos parâmetros y e determinar A_V, A_i, z_i e z_o. Ignorar R_G.

Sendo $\omega = 2\pi(2\text{x}10^7\ \text{Hz}) \cong 1{,}2566\text{x}10^8$ rad/s, e usando (8.4a, b, c, d), virão:

$$\mathbf{y}_{is} = \mathbf{j}\omega\,(C_{gs} + C_{gd}) = \mathbf{j}\,(1{,}2566\text{x}10^8\ s^{-1})(4 + 1)10^{-12}\ F \cong 0{,}628\ \underline{|90^o}\ mS$$

$$\mathbf{y}_{rs} = -\,\mathbf{j}\omega\,(C_{gd} = -\,\mathbf{j}\,(1{,}2566\text{x}10^8\ s^{-1})(1\text{x}10^{-12}\ F) \cong 0{,}126\ \underline{|-90^o}\ mS$$

$$\mathbf{y}_{fs} = g_{fs} - \mathbf{j}\,\omega C_{gd} = 3\ mS - \mathbf{j}\,(1{,}2566\text{x}10^8\ s^{-1})(1\text{x}10^{-12}\ F) \cong 3{,}0\ \underline{|-2{,}41^o}\ mS$$

$$\mathbf{y}_{os} = 1/r_d + \mathbf{j}\,\omega\,(C_{gd} + C_{ds}) = 1/50\ k\Omega + \mathbf{j}\,(1{,}2566\text{x}10^8\ s^{-1})[1{+}0{,}6)10^{-12}\ F]$$

$$\cong 0{,}02 + \mathbf{j}\,0{,}201\ mS = 0{,}202\ \underline{|84{,}32^o}\ mS$$

E também

$$\frac{1}{\mathbf{y}_{is}} = \frac{1}{0{,}628\ \underline{|90^o}\ mS} \cong 1{,}59\ \underline{|-90^o}\ k\Omega$$

$$\frac{1}{\mathbf{y}_{os}} = \frac{1}{0{,}202\ \underline{|84{,}32^o}\ mS} \cong 4{,}95\ \underline{|-84{,}32^o}\ k\Omega$$

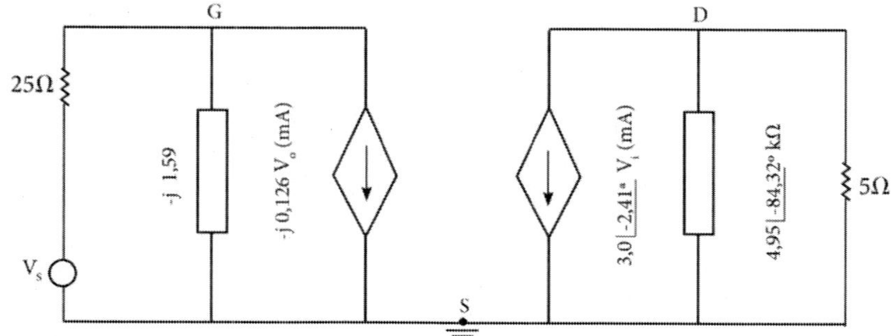

Fig. 8.6(d)

Na fig. 8.6(d) estão indicados os valores dos parâmetros y pertinentes. É interessante notar que, alternativamente, tomar $1/y_k$ é o mesmo que calcular $^1/g_k$ //-j $/b_k$, como foi feito no exemplo 8.1. Aquí, por exemplo, para $\mathbf{y}_{os} = 0{,}02 + \mathbf{j}\ 0{,}201$, temos

$$\frac{1}{g_{os}} = \frac{1}{0{,}02 \text{ mS}} = 50 \text{ k}\Omega \quad \text{e} \quad \frac{1}{\mathbf{j}\ b_{os}} = \frac{1}{\mathbf{j}\ 0{,}201 \text{ mS}} = -\ \mathbf{j}\ 4{,}975 \text{ k}\Omega$$

Estas impedâncias da admitância estão indicadas no detalhe da fig. 8.6(e), e então podemos confirmar que

$$\frac{1}{\mathbf{y}_{os}} = 50 \text{ k}\Omega // -\mathbf{j}\ 4{,}975 \text{ k}\Omega = 4{,}95\ \underline{|-84{,}32^\circ}\ \text{k}\Omega$$

O ganho de tensão é dado por (8.5a):

$$A_V = -\ \left|\left[\frac{3{,}0\ \underline{|-2{,}41^\circ}\ \text{mS}}{(0{,}02 + \mathbf{j}\ 0{,}201)\text{mS} + 1/5 \text{ k}\Omega}\right]\right| \cong -\left|10{,}67\ \underline{|44{,}83^\circ}\right| \cong -10{,}067$$

Este resultado mostra que na alta frequência as capacitâncias parasitas reduz o valor de A_V.

Calculando os produtos:

$$\mathbf{y}_{is}\,\mathbf{y}_{os} = (0{,}628\ \underline{|90^\circ}\ \text{mS})(0{,}202\ \underline{|84{,}32^\circ}\ \text{mS}) \cong 0{,}127\ \underline{|174{,}32^\circ}\ (\text{mS})^2$$

$$= -\,0{,}126 + \mathbf{j}\,0{,}013\ (\text{mS})^2$$

$$\mathbf{y}_{rs}\,\mathbf{y}_{fs} = (0{,}126\ \underline{|-90^{o}}\ \text{mS})(3{,}0\ \underline{|-2{,}41^{o}}\ \text{mS}) = 0{,}378\ \underline{|-92{,}41^{o}}\ (\text{mS})^2$$

$$= -\,0{,}016 - \mathbf{j}\,0{,}378\ (\text{mS})^2$$

$$\frac{\mathbf{y}_{fs}}{R_L} = \frac{3{,}0\ \underline{|-2{,}41^{o}}\ \text{mS}}{5\ \text{k}\Omega} = 0{,}60\ \underline{|-2{,}41^{o}}\ (\text{mS})^2$$

$$\frac{\mathbf{y}_{is}}{R_L} = \frac{\mathbf{j}\,0{,}628\ \text{mS}}{5\ \text{k}\Omega} = \mathbf{j}\,0{,}1256\ (\text{mS})^2$$

Substituindo em (8.5b), virá

$$A_i = -\,|\{\frac{0{,}60\ \underline{|-2{,}41^{o}}\ (\text{mS})^2}{[-0{,}126 + \mathbf{j}\,0{,}013 - (-\,0{,}016 - \mathbf{j}\,0{,}378) + \mathbf{j}\,0{,}1256](\text{mS})^2}| \cong -\,1{,}14$$

aqui novamente vemos que na alta frequência as capacitâncias parasitas afetam significativamente o valor de A_i.

As impedâncias serão dadas por (8.5c) e (8.5d),

$$\mathbf{z}_i = \frac{1}{\mathbf{j}\,0{,}628\ \text{mS} - \dfrac{0{,}378\ \underline{|-92{,}41^{o}}\ (\text{mS})^2\,(5\ \text{k}\Omega)}{1 + (0{,}02 + \mathbf{j}\,0{,}201)(\text{mS})^2\,(5\ \text{k}\Omega)}} \cong 285 - \mathbf{j}\,4.717\ (\Omega)$$

$$\mathbf{z}_o = \frac{1}{(0{,}02 + \mathbf{j}\,0{,}201)\text{mS} - \dfrac{0{,}378\ |-92{,}41^{o}\ (\text{mS})^2\ 0{,}025\ \text{k}\Omega}{1 + \text{j}\,0{,}628\ \text{mS}\ (0{,}025\ \text{k}\Omega)}} \cong 2.378 - \mathbf{j}2.493\ (\Omega)$$

Exemplo 8.3

. Usando o modelo de fonte de tensão, fig. 8.6(b), calcular A_V para os mesmos dados do Exemplo 8.2 retro.

A admitância equivalente vista da saída é dada por

$$\mathbf{y}_{eq} = \mathbf{y}_L + g_d + \mathbf{y}_{ds} + g_d \qquad (1)$$

como no circuito equivalente da fig. 8.6(b); por outro lado, temos a corrente de saída, com $V_S = 0$ V,

$$\mathbf{I}_o = (- g_m \mathbf{V}_i + \mathbf{V}_i \mathbf{y}_{gd}) = - (g_m - \mathbf{y}_{gd}) V_i \qquad (2)$$

Então,

$$\mathbf{V}_o = \frac{1}{\mathbf{y}_{eq}} (- g_m \mathbf{V}_i + \mathbf{Vi}\, \mathbf{y}_{gd}) \qquad (3)$$

Evidenciando $\mathbf{V}_o/\mathbf{V}_i$, podemos concluir que

$$\mathbf{A}_V = - \frac{g_m - \mathbf{y}_{gd}}{\mathbf{y}_L + g_d + \mathbf{y}_{ds} + \mathbf{y}_{gd}} \qquad (8.6a)$$

Do Exemplo.8.2, temos os valores dados:

$$\mathbf{y}_L = \frac{1}{R_L} = \frac{1}{5\ k\Omega} = 0{,}2\ mS$$

$$g_d = \frac{1}{r_d} = \frac{1}{50\ k\Omega} = 0{,}02\ mS$$

$$\mathbf{y}_{ds} = - \mathbf{j}\omega C_{ds} = - \mathbf{j}\ (1{,}2566 x 10^8\ s^{-1})(0{,}6 x 10^{-12}\ F) \cong 0{,}075\ \underline{|-90^o}\ mS$$

$$\mathbf{y}_{gd} = - \mathbf{j}\omega Cgd = - \mathbf{j}\ (1{,}2566 x 10^8\ s^{-1})(1 x 10^{-12}\ F) \cong 0{,}126\ \underline{|-90^o}\ mS$$

$$g_m = 3\ mS$$

$$\mathbf{y}_{gs} = -\,\mathbf{j}\omega C_{gs} = \mathbf{j}\ (1{,}2566x108\ s\text{-}1)(4x10\text{-}12\ F) \cong 0{,}503\ \underline{|-90^o}\ mS$$

Levando estes valores em fig. 8.6(a) e fig. 8.6(b), temos, respectivamente:

$$A_V = -\left|\frac{(3 - \mathbf{j}\ 0{,}126)\ mS}{(0{,}2 + 0{,}02\ - \mathbf{j}\ 0{,}075 - \mathbf{j}\ 0{,}126) mS}\right| \cong -\ 10{,}067$$

que confirma o resultado já obtido.

Exemplo 8.4

. Para o circuito da fig. 8.6(a) operando na frequência de 10 MHz, são dados: $r_S = 500\ \Omega$, $R_G = 100\ M\Omega$, $r_d = 100\ k\Omega$, $R_L = 2\ k\Omega$, assim como $\mathbf{y}_{is}$ = 0,2 + **j** 0,68 mS, $\mathbf{y}_{rs}$ = -0,02 – j 0,40 mS, $\mathbf{y}_{fs}$ = 4 – **j** 0,40 mS, e $\mathbf{y}_{os}$ = 0,002 + **j** 0,47 mS, determinar A_V, A_i, $\mathbf{z}_i$ e $\mathbf{z}_o$; e representar o modelo y, com os valores calculados dos parâmetros y.

Temos

$$\mathbf{y}_{is} = 0{,}2 + \mathbf{j}\ 0{,}68\ (mS) = 0{,}71\ \underline{|73{,}61^o}\ mS$$

$$\mathbf{y}_{rs} = -0{,}02 - \mathbf{j}\ 0{,}40\ (mS) = \ 0{,}40\ \underline{87{,}14^o}\ mS$$

$$\mathbf{y}_{fs} = \ 4 - \mathbf{j}\ 0{,}40\ (mS) \quad = 4{,}02\ \underline{|-5{,}71^o}\ mS$$

$$\mathbf{y}_{os} = 0{,}002 + \mathbf{j}\ 0{,}47\ (mS) = 0{,}47\ \underline{|88{,}78^o}\ mS$$

$$\frac{1}{\mathbf{y}_{is}} = \frac{1}{0{,}71\ \underline{|73{,}61^o}\ mS} \cong 1{,}408\ \underline{|-73{,}61^o}\ (k\Omega)$$

$$\frac{1}{\mathbf{y}_{os}} = \frac{1}{0{,}47\ \underline{|88{,}78^o}\ mS} \cong 2{,}128\ \underline{|-88{,}78^o}\ (k\Omega)$$

O ganho de tensão é dado por (8.5a):

$$A_V = -\left|\left[\frac{4{,}02\ \underline{|-5{,}71^o}\ \text{mS}}{(\ 0{,}01 + \mathbf{j}\ 0{,}47)\text{mS} + {}^{1}/2\ \text{k}\Omega}\right]\right| \cong -\ 5{,}80$$

Calculando os produtos:

$$\mathbf{y}_{is}\ \mathbf{y}_{os} = (0{,}71\ \underline{|73{,}61^o}\ \text{mS})(0{,}47\ \underline{|88{,}78^o}\ \text{mS}) \cong 0{,}334\ \underline{|162{,}39^o}\ (\text{mS})^2$$

$$= -\ 0{,}318 + \mathbf{j}\ 0{,}01\ (\text{mS})^2$$

$$\mathbf{y}_{rs}\ \mathbf{y}_{fs} = (0{,}40\ \underline{|73{,}61^o}\ \text{mS})(\ 4{,}02\ \underline{|-5{,}71^o}\ \text{mS}) \cong 1{,}608\ \underline{|81{,}43^o}\ (\text{mS})^2$$

$$=\ 0{,}24 + \mathbf{j}\ 1{,}59\ (\text{mS})^2$$

$$\mathbf{y}_{fs}\ /R_L = \frac{4{,}02\ \underline{|-5{,}71^o}\ \text{mS}}{2\ \text{k}\Omega} = 2{,}01\ \underline{|-5{,}71^o}\ \ (\text{mS})^2$$

$$\mathbf{y}_{is}\ /R_L = \frac{0{,}71\ \underline{|73{,}61^o}\ \text{mS}}{2\ \text{k}\Omega} = 0{,}355\ \underline{|73{,}61^o}\ (\text{mS})2 = 0{,}10 + \mathbf{j}\ 0{,}34\ (\text{mS})^2$$

O ganho de corrente conforme (8.5b):

$$A_i = -\left|\left\{\frac{2{,}01\ \underline{|-5{,}71^o}\ (\text{mS})^2}{[-\ 0{,}318 + \mathbf{j}\ 0{,}101 - (0{,}024 + \mathbf{j}\ 1{,}59) + 0{,}1 + \mathbf{j}\ 0{,}34](\text{mS})^2}\right\}\right| \cong -\ 1{,}71$$

As impedâncias são dadas por (8.5c) e (8.5d),

$$\mathbf{z}_i = \frac{1}{0{,}2 + \mathbf{j}\ 0{,}68\ (\text{mS}) - \dfrac{1{,}608\ \underline{|81{,}43^o}\ (\text{mS})^2\ 2\ \text{k}\Omega}{1 +\ 0{,}47\ \underline{|88{,}87^o}\ \text{mS}\ 2\ \text{k}\Omega}} \cong 505 -\ \mathbf{j}\ 242\ \ (\Omega)$$

$$\mathbf{z}_o = \frac{1}{0{,}01 + \mathbf{j}\,0{,}47\ (\text{mS}) - \dfrac{1{,}608\ \underline{|81{,}43^o}\ (\text{mS})^2\ 0{,}5\ \text{k}\Omega}{1 + 0{,}71\ \underline{|73{,}61^o}\ \text{mS}\ 0{,}5\ \text{k}\Omega}} \cong 2{,}6 - \mathbf{j}\ 1.420\ (\Omega)$$

8.3. Capacitância de Realimentação e Capacitância Miller

No circuito equivalente da fig. 8.6(b), a capacitância C_{gd} interliga as malhas de entrada e saída. Para amplificadores inversores (FET e TBJ) em cascata, costuma-se intercalar um capacitância de realimentação, C_f (o índice “f” de feedback), em cada estágio, ora genericamente indicado no quadripolo da fig. 8.7(a).

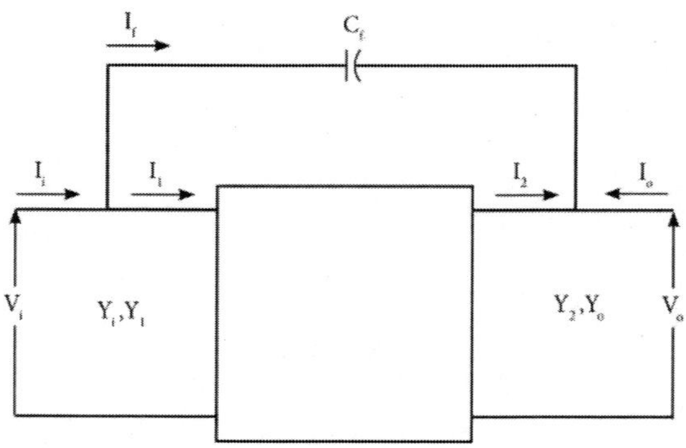

Fig. 8.7(a)

Aplicando a LKC no nó G, da fig. 8.7(a), temos

$$\mathbf{I}_i = \mathbf{I}_1 + \mathbf{I}_f = \frac{\mathbf{V}_i}{r_1} + \frac{(\mathbf{V}_i - \mathbf{V}_o)}{-\mathbf{j}\ x_{Cf}}$$

sendo $\mathbf{I}_i = \mathbf{y}_i\mathbf{V}_i$, $\mathbf{I}_1 = \mathbf{y}_1\mathbf{V}_i$, $(\mathbf{V}_i - \mathbf{V}_o) = \mathbf{V}_i(1 - A_V)$ e $^1/\text{-}\mathbf{j}x_{Cf} = \mathbf{j}\omega C_f$, substituindo acima, e eliminando $\mathbf{V}_i$, obtemos

$$y_i = y_1 + \mathbf{j}\omega C_f (1 - A_V) \qquad (8.6a)$$

por sua parte, o 2º termo do 2º membro acima é a susceptância capacitiva de entrada, da admitância de realimenação,

$$\mathbf{y}_{fi} = \mathbf{j}\omega C_f (1 - A_V) \qquad (8.6b)$$

e o produto C_f $(1 - A_V)$ é denominado capacitância Miller, C_{Mi}, no caso, referida à entrada:

$$C_{Mi} = C_f (1 - A_V) \qquad (8.6c)$$

Como se pode ver, C_{Mi} é função de A_V, que tendo valor negativo aumenta C_f do fator $(1 - A_V)$; C_{Mi} é também entendida como a capacitância de realimentação refletida na entrada, fig. 8.7(b), e essa equivalência é chamada de efeito Miller. A capacitância Miller é levada em conta na alta frequência quando ela concorre para reduzir o ganho do amplificador, mas acaba por afetar a si mesma. Quando se tiver $|A_V| >> 1$, vale a aproximação, $C_{Mi} \cong C_f$ $|A_V|$

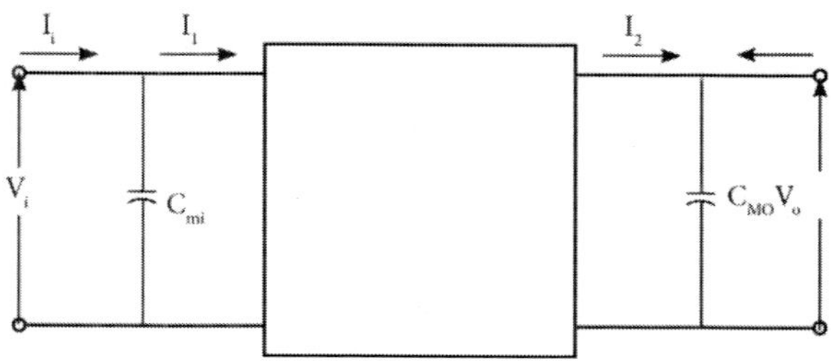

Fig. 8.7(b)

De modo análogo, aplicando a LKC no nó D, da fig. 8.7(a), temos

$$\mathbf{I}_o = -\mathbf{I}_2 - \mathbf{I}_f$$

sendo $\mathbf{I}_o = \mathbf{y}_o\, \mathbf{I}_o$, $-\mathbf{I}_2 = \mathbf{V}_o/r_2 = \mathbf{y}_2\mathbf{V}_o$ e $-\mathbf{I}_f = -\mathbf{V}_i\,(1 - A_V)\,\mathbf{j}\omega C_f$; substituindo estes valores acima e dividindo por $\mathbf{V}_o$, obtemos

$$\mathbf{y}_o = \mathbf{y}_2 + \left[\frac{-\mathbf{V}_i\,(1 - A_V)\,\mathbf{j}\omega C_f}{\mathbf{V}_o}\right]$$

donde podemos concluir que

$$\mathbf{y}_o = \mathbf{y}_2 + \mathbf{j}\omega C_f\,(1 - \frac{1}{A_V}) \qquad (8.7a)$$

De modo similar, temos

$$\mathbf{y}_{fo} = \mathbf{j}\omega C_f\,(1 - \frac{1}{A_V}) \qquad (8.7b)$$

a susceptância capacitiva de saída da admitância de realimenação; por sua parte, o produto $C_f\,(1 - 1/A_V)$ é denominado de capacitância Miller, refletida na saída,

$$C_{Mo} = C_f\,(1 - \frac{1}{A_V}) \qquad (8.7c)$$

Aquí C_{Mo} é função de $1/A_V$. Ademais, quando se tiver $|A_V| >> 1$, vale a aproximação, $C_{Mo} \cong C_f$.

Concluindo: o quadripolo da fig. 8.7(a) passa a ser representado pelo seu equivalente da fig. 8.7(b), com as capacitâncias Miller equivalentes em paralelo, e subsequentemente as admitâncias de realimenação.

Exemplo 8.5

. Para o JFET da fig. 8.8(a) tem: $C_{gs} = 2$ pF, $C_{gd} = 5{,}6$ pF e $C_{ds} = 0{,}2$ pF, e as capacitâncias de fiações, $C_{wi} = 3$ pF e $C_{wo} = 4$ pF. Operando na frequência de 10 MHz e tem ganho de tensão $A_V = -12{,}5$. Calcular as capacitâncias de entrada e saída do JFET, assim como as susceptâncias capacitivas.

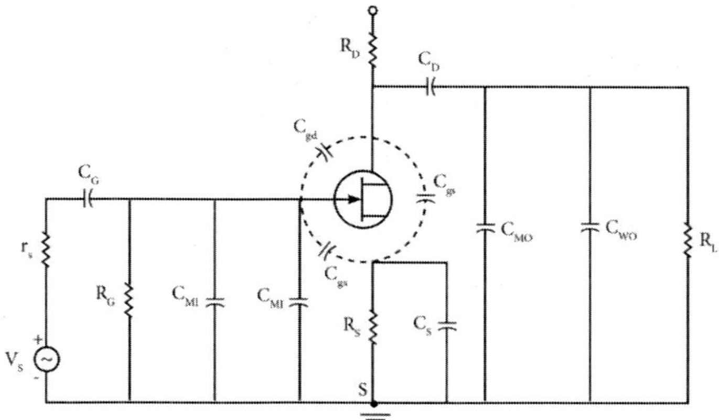

Fig. 8.8(a)

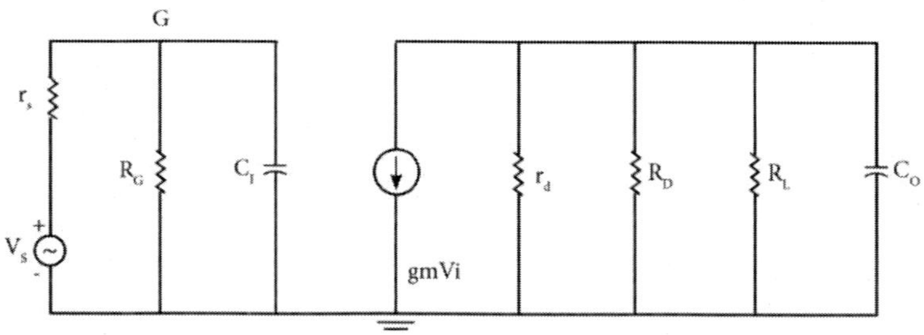

Fig. 8.8(b)

No caso, a capacitância de realimentação, $C_f = C_{gd} = 5{,}6$ pF. Então, usando (8.6c) e (8.7c), temos

$$C_{Mi} = 5{,}6 \text{ pF } [1 - (-12{,}5)] = 75{,}6 \text{ pF}$$

$$C_{Mo} = 5{,}6 \text{ pF } \left(1 - \frac{1}{-12{,}5}\right) = 6{,}048 \text{ pF}$$

Sendo $\omega = 2\pi(10\text{x}10^6 \text{ Hz}) \cong 6{,}283\text{x}10^7 \text{ s}^{-1}$, temos por (8.6c) e (8.7c):

$$\mathbf{y}_{Mi} = \mathbf{j}(6{,}283\text{x}10^7 \text{ s}^{-1})(75{,}6\text{x}10^{-12} \text{ F}) \cong \mathbf{j}\ 4{,}75 \text{ mS}$$

$$y_{Mo} = \mathbf{j}(6{,}283\text{x}10^7 \text{ s-1})\ (6{,}048\text{x}10^{-12} \text{ F}) \cong \mathbf{j}\ 0{,}38 \text{ mS}$$

Com efeito, temos as capacitâncias de entrada e saída:

$$C_i = C_{gs} + C_{Mi} + C_{wi} = (2 + 75{,}6 + 3) \text{ pF} = 80{,}6 \text{ pF}$$

$$C_o = C_{ds} + C_{Mo} + C_{wo} = (0{,}2 + 6{,}048 + 4) \text{ pF} = 10{,}248 \text{ pF}$$

indicados no circuito equivalente da fig. 8.8(b).

E as respectivas susceptâncias capacitivas,

$$\mathbf{y}_i = \mathbf{j}(6{,}283\text{x}10^7 \text{ s}^{-1})(75{,}6\text{x}10^{-12} \text{ F}) = \mathbf{j}\ 4{,}75 \text{ mS}$$

$$\mathbf{y}_o = \mathbf{j}(6{,}283\text{x}10^7 \text{ s}^{-1})\ (10{,}248\text{x}10^{-12} \text{ F}) \cong \mathbf{j}\ 0{,}64 \text{ mS}$$

Exercícios:

01) Para um amplificador JFET (e D-MOSFET) de polarização fixa, na conexão SC, operando na frequência de 15 MHz, são dados: $r_S = 50\ \Omega$, $R_G = 150\ \text{M}\Omega$, $r_d = 80\ \text{k}\Omega$, $R_L = 3\ \text{k}\Omega$ e $g_m = 4$ mS, assim como as capacitâncias parasitas: $C_{gs} = 3{,}3$ pF, $C_{gd} = 2{,}7$ pF e $C_{ds} = 0{,}8$ pF. Calcular as admitâncias pertinentes e determinar A_V e Ai, $\mathbf{z}_i$ e $\mathbf{z}_o$. Ignorar R_G.
R. $A_V = -\ 8{,}39$, $A_i = -\ 1{,}10$, $\mathbf{z}_i = 345 - \mathbf{j}\ 318\ (\Omega)$ e $\mathbf{z}_o = 33 - \mathbf{j}\ 475\ (\Omega)$.

02) Para um amplificador inversor (FET ou TBJ) de polarização fixa, na conexão SC, operando na frequência de 10 MHz, são dados: $r_S = 40\ \Omega$, $R_G = 120\ \text{M}\Omega$, $r_d = 50\ \text{k}\Omega$, $R_L = 4\ \text{k}\Omega$ e gm = 3,6 mS, assim como as as capacitâncias parasitas: $C_{gs} = 4$ pF, $C_{gd} = 6$ pF e $C_{ds} = 0{,}8$ pF. Calcular as admitâncias pertinentes e determinar A_V e Ai, $\mathbf{z}_i$ e $\mathbf{z}_o$. Ignorar R_G.
R. $A_V = -\ 9{,}87$, $A_i = -\ 2{,}95$, $\mathbf{z}_i = 739 - \mathbf{j}\ 272\ (\Omega)$ e $\mathbf{z}_o = 724 - \mathbf{j}\ 800\ (\Omega)$.

03) Para um JFET operando na frequência de 5 MHz são dados: $A_V = -\ 25$, $C_{gs} = 3{,}4$ pF, $C_{gd} = 4{,}7$ pF e $C_{ds} = 0{,}3$ pF; e as capacitâncias de fiações, $C_{wi} = 5{,}6$ pF e $C_{wo} = 6{,}7$ pF, calcular as capacitâncias de entrada e saída do JFET, assim como as susceptâncias capacitivas decorrentes.
R. $C_i = 121{,}2$ pF, $C_o = 11{,}89$ pF, $\mathbf{y}_i = -\ \mathbf{j}\ 3{,}81$ mS e $\mathbf{y}_i = -\ \mathbf{j}\ 0{,}37$ mS.

9 – RESPOSTA EM FREQUÊNCIA

9.1. Introito

[1] Banda de Frequência

A faixa de valores de frequências que faculta a propagação de pequeno sinal AC sem maiores distorções recebe o nome de banda média, banda passante ou largura da banda de frequências, BW, dada por

$$BW = f_2 - f_1$$

onde f_1 designa a frequência de corte inferior e f_2, a frequência de corte superior. Relacionando a frequência com o ganho de tensão para o amplificador RC, esboça-se a curva típica de frequência versus ganho de tensão, fig. 9.1, onde a ordenada $A_m = A_{V(BM)}$ referenda o patamar da banda média, BM, onde a curva é constante; a ordenada $A_m/\sqrt{2} = 0{,}707A_m = A_{V(média)}$, intercepta a curva nos pontos 1 e 2, cujas projeções determinam as abcissas que são as frequências de cortes, f_1 e f_2; e no gráfico ficam delimitadas as faixas de baixa, média e alta frequência (BF, MF e AF). Os pontos 1 e 2 também referendam as potências elétricas do sistema em que se efetiva o corte, por isso são chamados de pontos de meia-potência, nos quais a potência de corte é igual aà potência de saída na banda média, BM, ou seja, P_{corte} = 🗀 P_{BM}.

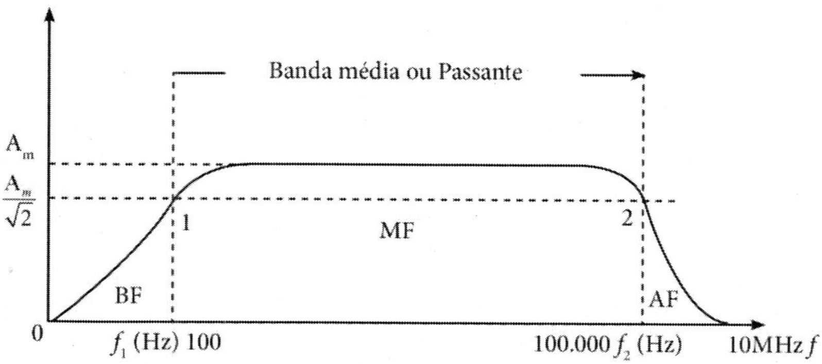

Fig. 9.1

Como os amplificadores FET e TBJ podem operar tanto na BF quanto na AF resultam dois tipos de problemas, que serão analisados, cada um de per si, como veremos a seguir.

[2] Reatância Capacitiva e Frequência

Como já vimos, a reatância capacitiva é função da frequência através da equação de definição,

$$x_C = \frac{1}{2\pi\, f\, C} \qquad (9.1a)$$

A rápida análise desta equação mostra que na alta frequência, $f \to \infty$ Hz, tem-se $x_C \to 0\ \Omega$, isto é, a reatância capacitiva comportar-se-á como um curto-circuito; mas como vimos ela deixa de ser curto-circuito enquanto capacitâncias parasitas, que afeta o desempenho do ganho de tensão (item 8.3). Na baixa frequência, $f \to 0$ Hz, tem-se $x_C \to \infty\ \Omega$, ou seja, a reatância capacitiva comporta-se como um circuito-aberto; e fora desse limite ela não pode ser mais desprezada, já que as capacitâncias de acoplamento e de desvio respondem a baixas frequência provocando queda no ganho de tensão. Mais adiante serão analisadas duas situações.

Para a situação especial com $x_C = R$, tem-se um limite inferior da média frequência, $f = f_l$ e $C = C_l$, que permite concluir da equação (9.1a) que

$$f_l = \frac{1}{2\pi\, R\, C_l} \qquad (9.1b)$$

onde f_l é a frequência de corte inferior, que se aplica a amplificadores inversores (TBJ e FET).

9.2. Análise de Amplificadores em Baixa Frequência

Os amplificadores FET e TBJ quando passam a operar em baixa frequência apresentam comportamento peculiar que passaremos a analisar.

[1] Ganho de Tensão na BF

No circuito RC da fig. 9.2, temos a combinando de uma capacitância de acoplamento C_l com a resistência R. Aplicando o divisor de tensão sobre R, virá

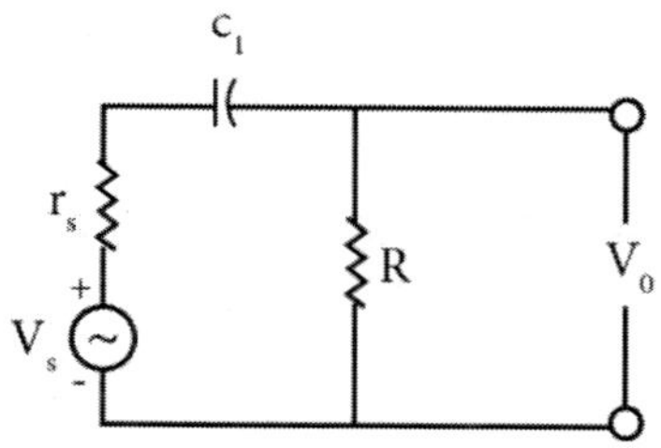

Fig. 9.2

$$V_o = \frac{R}{R - \mathbf{j}\, x_{C1}} Vi$$

Donde se segue ganho de tensão para a BF,

$$\mathbf{A}_V = \frac{R}{R - \mathbf{j}\, x_{C1}} \tag{9.2a}$$

Para estas expressões, o ângulo de fase entre V_o e V_i é ϕ = arc tg $(-x_{C1}/R)$, e indica o quanto V_o está adiantado de V_i.

E tomando o módulo $|\mathbf{A}_V| = A_V$, de (9.2a), virá

$$A_V = \frac{R}{\sqrt{R^2 + x_{C1^2}}} \tag{9.2b}$$

ou, sob a forma alternativa,

$$A_V = \frac{R}{\sqrt{R + (x_{C1}/R)^2}} \tag{9.2c}$$

Para a condição de se ter $x_{C1} = R$, tem-se $A_V = A_{V\,(med)}$, ou seja,

$$A_{V(med)} = \frac{1}{\sqrt{2}} \cong 0{,}707 \tag{9.2d}$$

que é o ganho de tensão médio, já referendado na curva da fig. 9.1.

[2] Potência Elétrica de Amplificador

Se R é a resistência elétrica interna de um amplificador que dissipa no nível de entrada a potência elétrica, $P_i = P_1 = 1/2V_1^2/R$, e no de saída a potência elétrica, $P_o = P_2 = V_2^2/R$, então, a relação desta com aquela será

$$\frac{P_2}{P_1} = (\frac{V_2}{V_1})2 \qquad (9.3a)$$

É usual expressar cada membro acima em decibéis (vide nossa Mecânica 2, item 19.3[2]); para o 1º membro, temos o ganho de potência, em decibéis,

$$A_P\,(dB) = 10 \log \frac{P_2}{P_1} \qquad (9.3b)$$

onde log é a abreviatura para logarítimo decimal. Na técnica usa-se tomar como referência, P_1 = 1 mW. Para o 2º membro em tela, resultará o ganho de tensão, em decibéis,

$$A_V(dB) = 20 \log \frac{V_2}{V_1} \qquad (9.3c)$$

Aplicando a esta expressão: $V_2 = 1/2\ V_1$, resulta, $A_{V(1)}(dB) \cong -6{,}02$; $V_2 = V_{(BM)}\ 1/\sqrt{2}\ V_1$, dá, $A_{V\,(1/\sqrt{2})}\,(dB) \cong -3{,}01$; $V_2 = V_1$, virá, $A_{V\,(1)}\,(dB) = 0$; $V_2 = 2V_1$, tem-se $A_{V\,(2)}\,(dB) \cong 6{,}02$; $V_2 = 3V_1$, $A_{V\,(3)}\,(dB) \cong 9{,}54$; e assim por diante.

De igual modo, na expressão (8.9b): para $P_2 = 1/2\ P_1$, virá, $A_{P(1/2)}(dB) \cong -3{,}01$; $P_2 = P_1$, resulta $A_{P(1)}\,(dB) = 0$; $P_2 = 2P_1$, obtém-se $A_{P(2)}\,(dB) \cong 3{,}01$; $P_2 = 3P_1$, tem-se $A_{P\,(3)}\,(dB) \cong 4{,}77$, etc.

Exemplo 9.1

. Um aparelho de aúdio tem potência de saída de 200 W e ganho de tensão de 32 dB, alimenta dois alto-falantes de 4 Ω. Achar a tensão de entrada e o ganho de potência em dB se a resistência interna é de 20 Ω.

Inicialmente, temos

$$V_o = \sqrt{(200W)(2x4\Omega)} = 40\ V$$

$$32\ dB = 20\ \log\left(\frac{40\ V}{V_i}\right)$$

Daí, deduz-se que

$$V_i = \left(\frac{40\ V}{10^{1,6}}\right) \cong 1\ V$$

Por sua parte,

$$P_i = \frac{(1V)2}{20\ \Omega} = 0,05\ W$$

Então,

$$A_P(dB) = 10\ \log\left(\frac{200\ W}{0,05\ W}\right) \cong 3,6\ dB$$

Exemplo 9.2

. Achar a expressão de A_V em função das frequências f e f_1, e expressar o resultado em decibéis.

Introduzindo em (9.2c), $x_{C1} = {}^1/2\pi\ f\ C_1$, virá

$$A_V = \frac{1}{\sqrt{1+\left(\frac{1}{2\pi}f\ C_1\right)^2}}$$

E tendo em conta (9.1b), podemos concluir que

$$A_V = \frac{1}{\sqrt{1+\left(f_1/f\right)^2}} \qquad (9.4a)$$

Convertendo-a para decibéis, virá

$$A_V\ (dB) = 20 \log \frac{1}{\sqrt{1+(f_l/f)^2}} \qquad (9.4b)$$

A expressão sob log é simplificada para

$$A_V\ (dB) = -10 \log [\, 1 + (\frac{f_l}{f})^2]$$

Para $(f_l/f)^2 >> 1$, despreza-se 1 e tem-se finalmente

$$A_V\ (dB) = -20 \log (\frac{f_l}{f})^2 \qquad (9.4c)$$

A representação gráfica desta equação é chamada de diagrama de Bode, esboçada na fig. 9.3, no qual se toma em escala logarítimica as abcissas: $f = f_l/10$; $f = f_l/4$; $f = f_l/2$; $f = f_l$; $f = 2\,f_l$;. ..; $f = 10\,f_l$; e em escala ordinária, as ordenadas correspondentes de A_{VB} (dB): 0; - 3; - 6; - 9; - 12;. ..; - 20. A curva contínua representa a resposta real e a reta tracejada, a resposta assintótica.

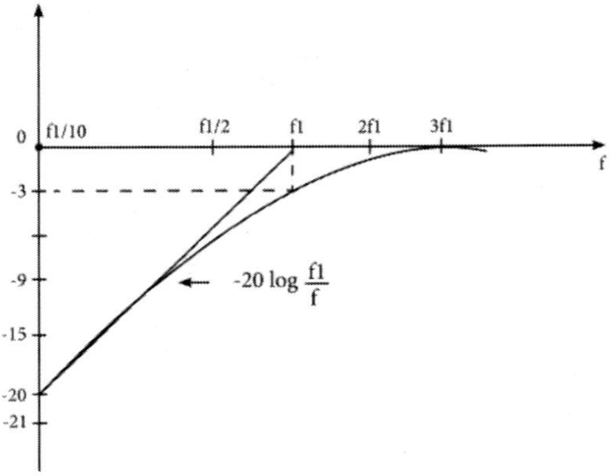

Fig. 9.3

É interessante destacar que a razão $f = f_l$ corresponde à queda de genho de ganho de tensão – 3 dB; $f_l/f = 2$ é chamada de oitava e corresponde à queda de ganho de ganho de tensão de cerca de – 6 dB; enquanto a razão $f_l/f = 10$ é denominada década e corresponde à queda de genho de tensão – 20 dB.

Note-se, ademais, que nas quatro últimas expressões acima deduzidas o ângulo de fase ou de deslocamento entre V_i e V_o é dado por ϕ = arc tg (f_l/f).

Exemplo 9.3

. Para o circuito RC da fig. 9.2, são dados: R = 2 kΩ e C = 1 μF. Calcular a frequência de corte inferior, assim como um oitavo e uma década abaixo do corte.

Por (9.1b), temos

$$f_l = \frac{1}{2\pi\,(2 \times 10^3\ \Omega)(1 \times 10^{-6}\ F)} \cong 79{,}57\ Hz$$

Por conseguinte, temos um oitavo abaixo do corte, $f_l/2$ = 39,785 Hz e uma década abaixo do corte, $f_l/10$ = 7,975 Hz.

[3] Respostas em BF das Capacitâncias do FET e TBJ

Como já referendamos, as respostas em BF das capacitâncias C_G, C_D e C_S de amplificador FET, assim como das capacitâncias C_B, C_C e C_E de amplificador TBJ, concorrem para a queda de genho de tensão. Com base na equação de definição (9.1b), damos, a seguir, as fórmulas que determinam as frequências para o amplificador a FET e a TBJ:

(1) Para o JFET (e MOSFET) na conexão SC, fig. 9.4, com $R_G = R_1//R_2$, as frequências funções das capacitâncias C_G, C_D e C_S são, respectivamente:

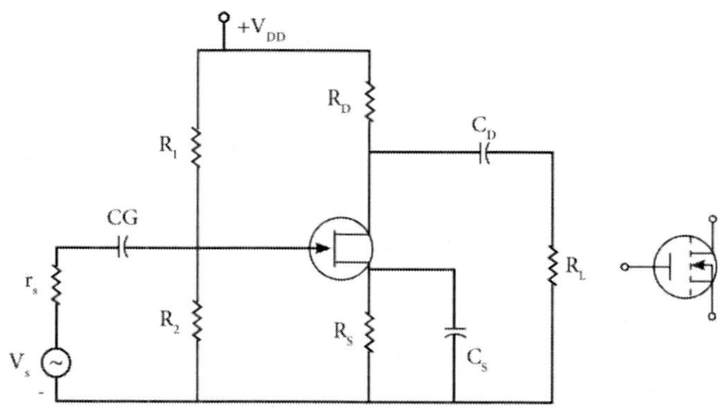

Fig. 9.4

$$f_G = \frac{1}{2\pi\,(r_S + R_G)C_G} \qquad (9.5a)$$

$$f_D = \frac{1}{2\pi\,(R_D//r_d + R_L)C_D} \qquad (9.5b)$$

$$f_S = \frac{1}{2\pi\,(R_S//1/g_m)C_S} \qquad (9.5c)$$

A composição das resistências de cada denominador é feita da simples inspeção do circuito equivalente do amplificador; e no caso de (9.5c) tomou-se a aproximação $R_S//1/g_m$. Elege-se como frequência de corte inferior a de maior valor entre as calculadas.

Exemplo 9.4

. Para o amplificador a JFET na conexão SC, fig. 9.4, são dados: $r_S = 1$ kΩ, $R_G = 330$ kΩ , $R_D = 2{,}4$ kΩ, $R_S = 600$ Ω, $g_m = 3{,}20$ mS, $r_d = 50$ kΩ, $R_L = 10$ kΩ ; e $C_G = 0{,}05$ μ F, $C_D = 0{,}08$ μF e $C_S = 1{,}2$ μ F. Achar a frequência de corte inferior.

Para $C_G = 0{,}05$ μF, temos: $r_S + R_B = 1$ kΩ + 330 kΩ = 331 kΩ; levando estes valores em (9.6a), virá

$$f_G = \frac{1}{2\,\pi\,(331\text{x}10^3\,\Omega)(0{,}05\text{x}10^{-6}\,\text{F})} \cong 9{,}62\ \text{Hz}$$

Para $C_D = 0{,}08$ μF, temos: $R_D//r_o + R_L = 2{,}4$ kΩ//50 kΩ + 10 kΩ = 12,29 kΩ; introduzindo estes valores em (9.6b), virá

$$f_D = \frac{1}{2\pi\,(12{,}29\text{x}10^3\,\Omega)(0{,}08\text{x}10^{-6}\,\text{F})} \cong 161{,}87\ \text{Hz}$$

Para C_S = 1,2 μ F, temos: $R_S//(1/g_m)$ = 0,6 kΩ//(^{1}/3,20 mS) ≅ 0,205 kΩ; introduzindo estes valores em (9.6c), virá

$$f_S = \frac{1}{2\pi\,(0{,}205\text{x}10^3\ \Omega\,)(8{,}2\text{x}10^{-6}\ \text{F})} \cong 94{,}68\ \text{Hz}$$

Então, a frequência de corte inferior é, então, $f_l = f_D$ = 161,87 Hz.

(2) Para o TBJ de conexão EC, fig. 9.5, sendo $R_B = R_1//R_2$, as frequências funções das capacitâncias C_B, C_C e C são, respectivamente:

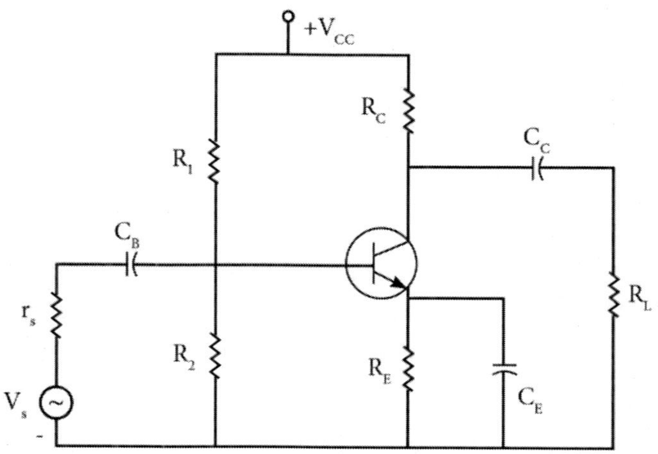

Fig. 9.5

$$f_B = \frac{1}{2\pi\,(r_S + R_B//(r_e)C_B} \qquad (9.6a)$$

$$f_C = \frac{1}{2\pi\,(R_C//r_o + R_L)C_C} \qquad (9.6b)$$

$$f_E = \frac{1}{2\pi\,[R_E//(r_S//R_B)/\beta + r_e]C_E} \qquad (9.6c)$$

Exemplo 9.5

. Para o amplificador a TBJ na conexão EC, fig. 9.5, são dados: $r_S = 500\ \Omega$, $R_B = 16\ k\Omega$, $R_C = 2\ k\Omega$, $R_E = 1{,}2\ k\Omega$, $r_e = 20\ \Omega$, $r_o = 40\ k\Omega$, $R_L = 4\ k\Omega$ e $\beta = 90$; $C_B = 1{,}2\ \mu F$, $C_C = 1{,}5\ \mu F$ e $C_E = 8{,}2\ \mu F$. Achar a frequência de corte inferior.

Para $C_B = 1{,}2\ \mu F$, temos: $\beta r_e = 90(0{,}20\ k\Omega) = 1{,}8\ k\Omega$ e $r_S + R_B//\beta r_e = 0{,}5\ k\Omega + 16\ k\Omega //1{,}8\ k\Omega \cong 1{,}62\ k\Omega$; levando estes valores em (9.6a), virá

$$f_B = \frac{1}{2\pi\ (1{,}62x10^3\ \Omega)(1{,}2x10^{-6}\ F)} \cong 81{,}87\ Hz$$

Para $C_C = 1{,}5\ \mu F$, temos: $R_C//r_o + R_L = 2\ k\Omega//40\ k\Omega + 4\ k\Omega \cong 5{,}90\ k\Omega$; introduzindo estes valores em (9.6b), virá

$$f_C = \frac{1}{2\pi\ (5{,}90x10^3\ \Omega)(1{,}5x10^{-6}\ F)} \cong 17{,}98\ Hz$$

Para $C_E = 8{,}2\ \mu F$, temos: $R_E//(r_S//R_B)/\beta + r_e = 1{,}2\ k\Omega\ //[(0{,}5\ k\Omega//16\ k\Omega)/90] + 0{,}02\ k\Omega) \cong 25\ \Omega$; introduzindo estes valores em (9.6c), virá

$$f_E = \frac{1}{2\pi\ (25\ \Omega)(8{,}2x10^{-6}\ F)} \cong 776{,}37\ Hz$$

A frequência de corte inferior é, com efeito, $f_1 = f_E = 776{,}37$ Hz.

(3) Para o TBJ na conexão BC, fig. 9.6, temos as frequências funções das capacitâncias C_C e C_E são, respectivamente:

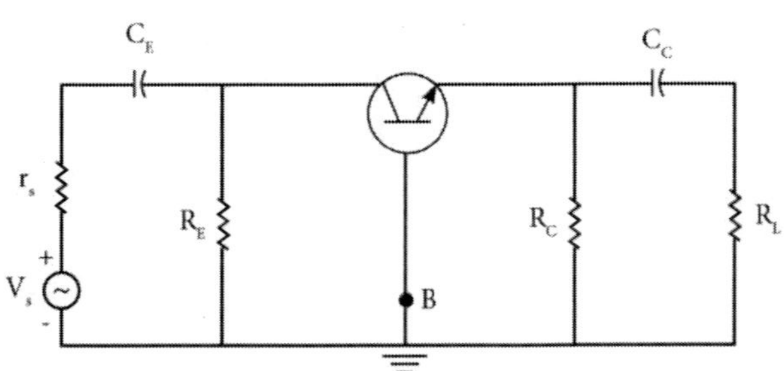

Fig. 9.6

$$f_C = \frac{1}{2\pi\,(R_C//r_C + R_L)C_C} \qquad (9.7a)$$

$$f_E = \frac{1}{2\pi\,(r_S + R_E//r_e)C_E} \qquad (9.7b)$$

(4) Para o TBJ na conexão CC, fig. 9.7, temos as frequências funções das capacitâncias C_B e C_C são, respectivamente:

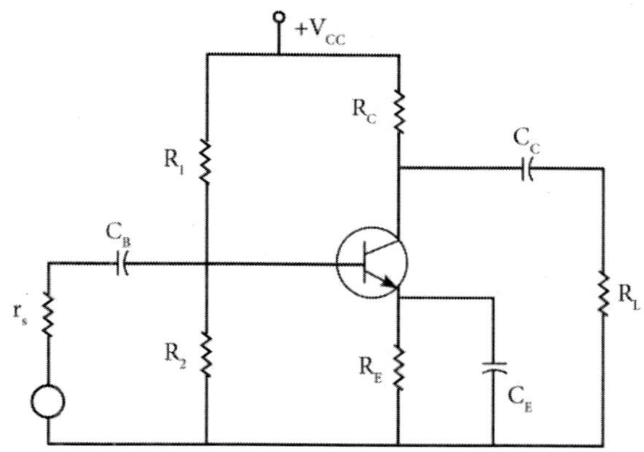

Fig. 9.7

$$f_B = \frac{1}{2\pi\,[r_S + R_B//\beta r_e + R_L]C_B} \qquad (9.8a)$$

$$f_C = \frac{1}{2\pi\,[R_E//(r_S//R_B)\,)/\beta + r_e\,]C_C} \qquad (9.8b)$$

Para estes dois casos, obviamente, valem as observções de (1).

Reciprocamente, dada a frequência de corte inferior, dimensiona-se a capacitância C_E (ou C_S), assim como as demais, recorrendo-se às fórmulas estabelecidas.

9.2. Análise de Amplificadores em Alta Frequência

Os amplificadores FET e TBJ também podem operar em alta frequência e quando isto acontece aparecem as influências das capacitâncias parasitas, como aludimos nos itens 8.1[4] e 8.3.

[1] Ganho de Tensão na AF

No circuito RC da fig. 9.8, temos a combinando de uma capacitância de desvio C_1 com a resistência R. Aplicando o divisor de tensão sobre $-j\, x_{C2}$, virá

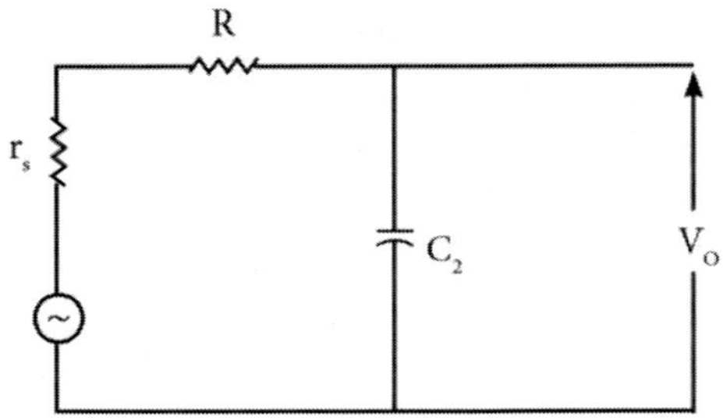

Fig. 9.8

$$V_o = \frac{-\mathbf{j}\, x_{C2}}{-\mathbf{j}\, x_{C2} + R} V_i$$

Donde se segue o ganho de tensão para a AF,

$$\mathbf{A}_V = \frac{-j\, x_{C2}}{R - \mathbf{j}\, x_{C2}} \qquad (9.9a)$$

ou melhor,

$$\mathbf{A}_V = \frac{1}{1 + \mathbf{j}\, R/x_{C2}} \qquad (9.9b)$$

E temos aquí o âangulo de fase, $\phi = \text{arc tg}\, (- x_{C2}/R)$.

E tomando o módulo $|\, \mathbf{A}_V \,| = AV$, de (9.2b), virá

$$A_V = \frac{1}{\sqrt{1+\left(x_{C1}/R\right)^2}} \qquad (9.9c)$$

Exemplo 9.6

. Achar a expressão de A_V em função das frequências f e f_2, e expressar o resultado em decibéis.

Introduzindo em (9.9c), $x_{C2} = {}^1/2\pi f_{C2}$, virá

$$A_V = \frac{1}{\sqrt{1+\left({}^1/2\pi fRC_2\right)^2}}$$

Definindo, $f_2 = {}^1/2\pi\ RC_2$, podemos concluir que

$$A_V = \frac{1}{\sqrt{1+\left(f/f_2\right)^2}} \qquad (9.10a)$$

Convertendo-a para decibéis, temos

$$A_V(dB) = 20\log\left[\frac{1}{\sqrt{1+\left(f/f_2\right)^2}}\right] \qquad (9.10b)$$

A expressão sob log é simplificada para

$$A_V\ (dB) = -\ 10\ \log\ [1 + (\frac{f}{f_2})^2] \qquad (9.10c)$$

[2] Respostas em AF das Capacitâncias Parasitas

Como já vimos, o FET apresenta as capacitâncias parasitas de entrada, $C_i = C_{gs} + C_{Mi} + C_{wi}$ e de saída, $C_o = C_{ds} + C_{Mo} + C_{wo;}$ e de modo semelhante o TBJ tem as capacitâncias parasitas de entrada, $C_i = C_{be} + C_{wi} + C_{Mi}$ e de saída, $C_o = C_{ce} + C_{wo} + C_{Mo}$. A seguir damos as fórmulas para os cálculos das frequências em função das capacitâncias pertinentes.

(1) Para o JFET (e MOSFET) na conexão SC, fig. 9.9, com $R_G = R_1//R_2$, as frequências em função das capacitâncias Ci e Co são, respectivamente:

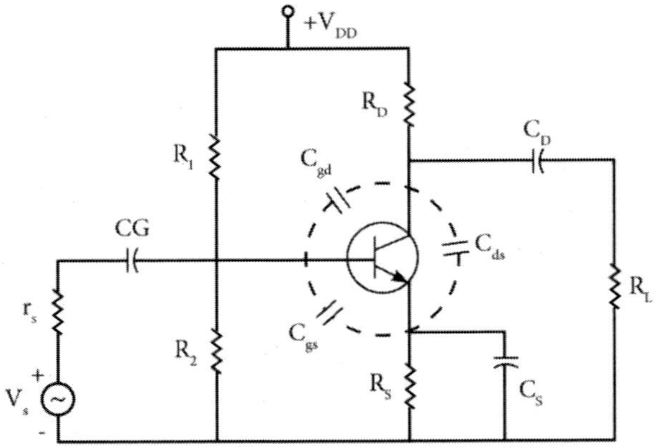

Fig. 9.9

$$f_{iG} = \frac{1}{2\pi\ (r_S//R_G)C_i} \qquad (9.11a)$$

$$f_{oD} = \frac{1}{2\pi\ (r_d//R_D//R_L)C_o} \qquad (9.11b)$$

Elege-se como frequência de corte superior a de menor valor entre as calculadas.

Exemplo 9.7

. Para o amplificador a JFET na conexão SC, fig. 9.9, são dados: r_S = 500 Ω, R_1 = 1 MΩ, R_2 = 600 kΩ, R_D = 2,5 kΩ, R_S = 600 Ω, g_m = 2,5 mS, r_d = 50 kΩ, R_L = 20 kΩ; e C_{gs} = 2 pF, C_{gd} = 3 pF, C_{ds} = 0,2 pF; C_{wi} = 2 pF e C_{wo} = 3 pF. Achar a frequência de corte superior.

Para a determinação das capacitâncias Miller usa-se o valor de A_V, na BF ou MF, ora aplicado ao circuito equivalente da fig. 8.8(b), que oferece Vo = (rd//RD//RL)(-gmVi), e por conseguinte,

$$A_V = -\ g_m\ (r_d//R_D//R_L) = -\ 2{,}5\ mS\ (50\ k\Omega//2{,}5\ k\Omega//20\ k\Omega) \cong\ -\ 5{,}32$$

Sendo

$$C_i = C_{gs} + C_{gd}\ (1 - AV) + C_{wi}\ = [2 +\ 3(1+5{,}32) + 2]\ pF = 22{,}96\ pF$$

$r_S//R_G = 0,5\ k\Omega\ //(1.000\ k\Omega//600\ k\Omega) \cong\ 0,5\ k\Omega$

E levando estes valores em (9.11a), virá

$$f_{Gi} = \frac{1}{2\pi\ (0,5x10^3\ \Omega)(22,96x10^{-12}\ F)} \cong\ 13,86\ MHz$$

De igual modo, temos

$$C_o = C_{ds} + C_{gd}\ (1 - 1/AV) + C_{wo} = [0,2 + 3(1+1/5,32)+ 3]pF = 6,76\ pF$$

$$r_d//R_D\ //R_L = 50\ k\Omega//2,5\ k\Omega//20\ k\Omega) \cong\ 2,13\ k\Omega$$

Substituindo estes valcres em (9.11b), virá

$$f_{Do} = \frac{1}{2\pi\ (2,13x10^3\ \Omega)(6,76x10^{-12}\ F)} \cong 11,05\ MHz$$

Por conseguinte, a frequência de corte superior será $f_2 = f_{Do} \cong 11$ MHz.

(2) Para o TBJ na conexão EC, fig. 9.10, sendo $R_B = R_1//R_2$, e as frequências funções das capacitâncias C_B e C_C são, respectivamente:

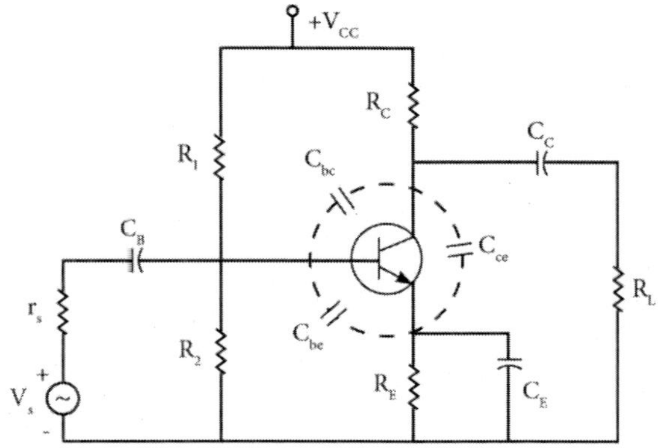

Fig. 9.10

$$f_{Bi} = \frac{1}{2\pi\ (r_S//R_B//(r_e)C_i} \qquad (9.12a)$$

$$f_{Co} = \frac{1}{2\pi\ (r_o/R_C//R_L)C_o} \qquad (9.12b)$$

Verifica-se que na AF o fator de amplificação de EC, β (ou h_{fe}), é função da frequência e seu valor cai a partir de -20 dB/década (na inclinação de –1) acima da frequência de corte superior. Designando por β_m (ou h_{fem}) o seu valor na BF ou MF, e por $\beta_m/\sqrt{2}$ o seu valor médio, a intercepção deste com a curva β versus f do gráfico (em escalas log-log) da fig. 9.11, determina a frequência f_β (ou f_{hfe}); e para $\beta = 1$ localiza-se a frequência f_T, que é chamada na folha de dados, de produto ganho-largura de banda. Do gráfico da fig. 9.11, podemos concluir a relação de intervalos seguinte:

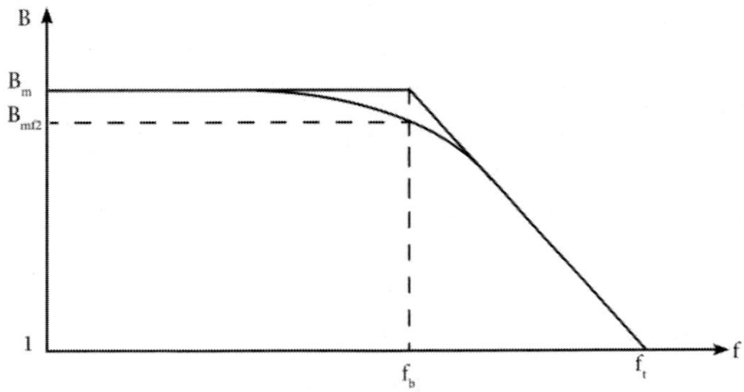

Fig. 9.11

$$\log \beta_m - \log 1 = \log f_T - \log f_\beta$$

ou ainda,

$$\log \beta_m = \log \left(\frac{f_T}{f_\beta}\right)$$

Após tomar o antilog, podemos concluir que

$$f_\beta = \left(\frac{f_T}{\beta_m}\right) \qquad (9.12c)$$

Aquí também toma-se como frequência de corte superior a de menor valor entre as calculadas.

Para o TBJ na conexão BC, operando na AF, de igual modo, temos o fator de amplificação α função da frequência; e com procedimento análogo, definem-se os parâmetros α_m, $\alpha_m/\sqrt{2}$, f_α e f_T; e chega-se à conclusão de que vale a relação seguinte:

$$f_\alpha \cong f_T \qquad (9.12d)$$

Exemplo 9.8

. Para o amplificador a TBJ na conexão EC, fig. 9.10, são dados: $\beta = 80$, $r_e = 40\ \Omega$, $r_S = 250\ \Omega$, $R_1 = 160\ \pi$, $R_2 = 32\ k\Omega$, $R_C = 2{,}5\ k\Omega$, $R_E = 820\ \Omega$, $r_o = 100\ k\Omega$, $R_L = 16\ k\Omega$,$f_T = 80$ MHz; e $C_{be} = 33$ pF, $C_{bc} = 2{,}2$ pF, $C_{ce} = 4{,}7$ pF, $C_wi = 3{,}9$ pF e $C_{wo} = 6{,}8$ pF. Achar a frequência de corte superior.

Com o circuito equivalente da fig. 8.8(b), na MF, tiramos: $V_o = (r_o//R_D//R_L)(-g_mV_i)$, e por conseguinte

$$A_V = -\frac{(r_o//R_D//R_L)}{r_e} = \frac{(100\ k\Omega\ //2{,}5\ k\Omega\ //16\ k\Omega)}{0{,}04\ k\Omega} \cong -53$$

Sendo

$$C_i = C_{be} + C_{bc}\,(1 - A_V) + C_{wi} = [33 + 2{,}2(1+53) + 3{,}9]\text{pF} = 155{,}7\ \text{pF}$$

$$r_S//R_1//R_2//\beta r_e = 0{,}25\ k\Omega//(160\ k\Omega//32\ k\Omega//3{,}2\ k\Omega\ ) \cong 0{,}230\ k\Omega$$

E levando estes valores em (9.12a), virá

$$f_{Bi} = \frac{1}{2\pi\ (0{,}230\text{x}10^3\ \Omega)(155{,}7\text{x}10^{-12}\ \text{F})} \cong 4{,}44\ \text{MHz}$$

De igual modo, temos:

$$C_o = C_{ce} + C_{bc}(1 - 1/A_V) + C_{wo} = [4{,}7 + 2{,}2(1 + 1/53) + 6{,}8]\text{pF} \cong 13{,}74 \text{ pF}$$

$$r_o // R_C // R_L = 100 \text{ k}\Omega // 2{,}5 \text{ k}\Omega // 16 \text{ k}\Omega \cong 2{,}12 \text{ k}\Omega$$

Substituindo estes valores em (9.12b), virá

$$f_{Co} = \frac{1}{2\pi\,(2{,}12\text{x}10^3\ \Omega)(13{,}74\text{x}10^{-12}\text{ F})} \cong 5{,}46 \text{ MHz}$$

Por (9.12c), virá

$$f_\beta = \frac{90 \text{ MHz}}{80} = 1{,}125 \text{ MHz}$$

Então, a frequência de corte superior será $f_2 = f_\beta = 1{,}125$ MHz.

[3] Respostas de frequências em Multiestágio

Para um sistema de n amplificadores idênticos em cascata, o ganho de tensão dado por (5.15b) fica particularizado como $A_V(tot) = (A_V)^n$. Para a AF, por (9.10b), passamos a ter

$$A_{V(tot)} = \frac{1}{\sqrt{1 + (f_1 / f2)^2}}$$

Se f_2' é a frequência de corte superior do sistema, para $A_{V(tot)} = 1/\sqrt{2}$, virá

$$\frac{1}{\sqrt{1 + (f_2' / f_2)^2}} = \frac{1}{\sqrt{2}}$$

tirando o valor de f_2', encontramos

$$f_2' = f_2\sqrt{2^{1/n} - 1} \qquad (9.13a)$$

Por exemplo, para o biestágio, n = 2 , virá a frequência de corte superior do sistema, $f_2' \cong 0{,}64\ f_2$; para n = 3, resulta $f_2' \cong 0{,}51\ f_2$; e assim por diante.

De igual modo: um sistema de n amplificadores idênticos em cascata, em BF, se f_2' é a frequência de corte inferior do sistema, para $A_{V(tot)} = {}^1/\sqrt{2}$, virá

$$\frac{1}{\sqrt{1+\left(f_1/f_1'\right)^2}} = \frac{1}{\sqrt{2}}$$

Daí podemos concluir que

$$f_1' = \frac{f_1}{\sqrt{2^{1/n}-1}} \qquad (9.13b)$$

Por exemplo, para o biestágio, n = 2 , virá a frequência de corte inferior do sistema, $f_1' \cong 1{,}55\ f_1$; para n = 3, resulta $f_1' \cong 1{,}96\ f_1$; e assim por diante.

Exemplo 9.9

. Achar as frequências de corte inferior e superior de um triestágio no qual cada estágio tem $f_1 = 50$ Hz e $f_2 = 5$ MHz.

Sendo n = 3, e tendo em conta os valores acima tabelados, podemos concluir que

$f_1' = 1{,}96\ (50\ \text{Hz}) = 98\ \text{Hz}$

$f_2' = 0{,}51\ (5\ \text{MHz}) = 2{,}55\ \text{MHz}$

Exercícios:

1) Um amplificador tem frequência de corte inferior de 530 Hz e frequência de corte superior de 1.620 kHz e alimenta uma carga de 8 Ω com potência de 80 W em 900 Hz. Achar a banda média e a tensão na carga, na frequência de 900 Hz.
R. 1.090; e 20 V.

2) Um amplificador tem na entrada a tensão de 1,08 V sobre a carga de 1,2 kΩ e na saída a tensão de 24 V sobre a carga de 120 Ω. Determinar em decibéis os ganhos de tensão e de potência.
R. 37,27 dB e 26,94 dB.

3) Um amplificador tem na entrada a tensão de 4,8 mV, e no nível 1, em relação ao da entrada, o ganho de tensão de –3,52 dB; no nível 2, o ganho de tensão em relação ao nível 1 é de 19,08 dB. Calcular as tensões nos níveis 1 e 2, assim como o ganho de tensão no nível 2 em relação à entrada.
R. $V_1 = 3{,}2$ mV; $V_2 = 28{,}8$ mV; $A_{V(2/1)} = 15{,}56$ dB.

4) Para o circuito da fig. 9.2 são dados: $r_S = 180\ \Omega$, $R = 820\ \Omega$ e $C_1 = 1\ \mu F$. Calcular a frequência de corte. Se o ganho total de tensão é 33,624 824 75 dB, na BM, achar o ganho de tensão em dB.
R. 530,52 Hz e 38,06 dB.

5) Para o amplificador a FET na conexão SC, fig. 9.4, são dados: $r_S = 750\ \Omega$, $R_1 = 180\ k\Omega$, $R_2 = 62\ k\Omega$, $R_D = 2{,}7\ k\Omega$, $R_S = 1{,}6\ k\Omega$, $g_m = 2{,}5$ mS, $r_d = 60\ k\Omega$, $R_L = 6{,}2\ k\Omega$; e $C_G = 0{,}22\ \mu F$, $C_D = 0{,}56\ \mu F$ e $C_S = 3{,}3\ \mu F$. Achar a frequência de corte inferior.
R. $f_1 = f_S = 150{,}71$ Hz.

6) Para o amplificador a TBJ na conexão EC, fig. 9.5, são dados: $r_S = 560\ \Omega$, $R_1 = 75\ k\Omega$, $R_2 = 12\ k\Omega$, $R_C = 4{,}7\ k\Omega$, $R_E = 1\ k\Omega$, $r_e = 40\ \Omega$, $r_o = 50\ k\Omega$, $R_L = 3{,}6\ k\Omega$ e $\beta = 80$ e $C_B = 0{,}51\ \mu F$, $C_C = 0{,}56\ \mu F$ e $C_E = 12\ \mu F$. Achar a frequência de corte inferior.
R. $f_1 = f_B = 108{,}36$ Hz.

7) Para o amplificador a JFET na conexão SC, fig. 9.8, são dados: $r_S = 800\ \Omega$, $R_1 = 160\ k\Omega$, $R_2 = 40\ k\Omega$, $R_D = 4\ k\Omega$, $R_S = 500\ \Omega$, $g_m = 4$ mS, $r_d = 100\ k\Omega$, $R_L = 5\ k\Omega$; e $C_{gs} = 110$ pF, $C_{gd} = 3{,}3$ pF, $C_{ds} = 1$ pF, $C_{wi} = 4{,}7$ pF e $C_{wo} = 5{,}6$ pF. Achar a frequência de corte superior.
R. $f_1 = f_{Gi} = 4{,}39$ MHz.

8) Para o amplificador a JFET na conexão EC, fig. 9.9, operando na frequência de 10 MHz, são dados: $r_S = 50\ \Omega$, $R_1 = 3{,}9\ M\Omega$, $R_2 = 1{,}8\ M\Omega$, $R_D = 2\ k\Omega$, $R_S = 820\ \Omega$, $R_L = 10\ k\Omega$; e os parâmetros y: $y_{is} = j\ 0{,}50$ mS, $y_{fs} = 3{,}2 - j\ 0{,}21$mS e $y_{os} = 0{,}02 + j\ 0{,}24$ mS. Calcualr a frequência de corte superior.

Desprezar as capacitâncias de fiação.
R. $f_1 = f_{Gi} = 2{,}51$ MHz.

9) Para o amplificador a TBJ na conexão EC, fig. 9.10, são dados: $\beta = 100$, $r_e = 25\ \Omega$, $r_S = 500\ \Omega$, $R_1 = 100\ k\Omega$, $R_2 = 40\ k\Omega$, $R_C = 4\ k\Omega$, $R_E = 1{,}0\ \Omega$, $r_o = 80\ k\Omega$, $R_L = 10\ k\Omega$; $f_T = 50$ MHz; e $C_{be} = 3{,}9$ pF, $C_{bc} = 2{,}7$ pF, $C_{ce} = 5{,}6$ pF, $C_wi = 4{,}7$ pF e $C_{wo} = 10$ pF. Achar a frequência de corte superior.
R. $f_1 = f_{Co} = 3{,}14$ MHz.

10 – AMPLIFICADORES OPERACIONAIS

10.1. Introito

No capítulo 4 introduzimos o amplificador operacional, amp-op, como um sistema de duas portas. Na verdade, o amp-op[1] é um dispositivo de circuito integrado composto de multiestágio de amplificadores diferenciais, como o CI 741 esquematizado na fig. 10.1(a), e por isso pode apresentar vários terminais de entrada e de saída. Apresenta como características gerais alta resistência de entrada, baixa resistência de saída e elevado ganho de tensão.

[1] Industrializado em 1965 com a referência comercial 741.

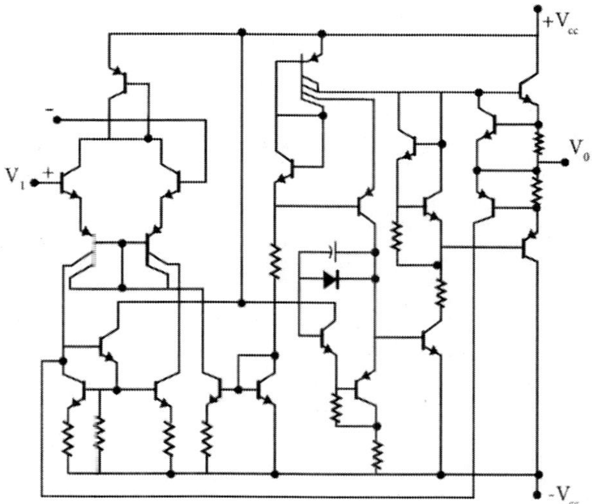

Fig. 10.1(a)

A fig. 10.1(b) é a representação simbólica do amp-op com malha aberta, e a fig. 10.1(c), o circuito equivalente. Neles destacamos a entrada negativa V_1 chamada de entrada inversora e a entrada positiva V_2 denominada entrada não-inversora; o sinal V_1 inverte a fase na saída enquanto o sinal V_2 não muda de fase na saída. Denota-se por, $V_d = V_1 - V_2$ a tensão diferencial, por $R_{Th} = R_d$ a resistência diferencial, por V_{CC} a tensão de polarização e por V_o a tensão de saída. Ademais, define-se ganho de tensão em malha aberta ou diferencial, A_{VD}, por

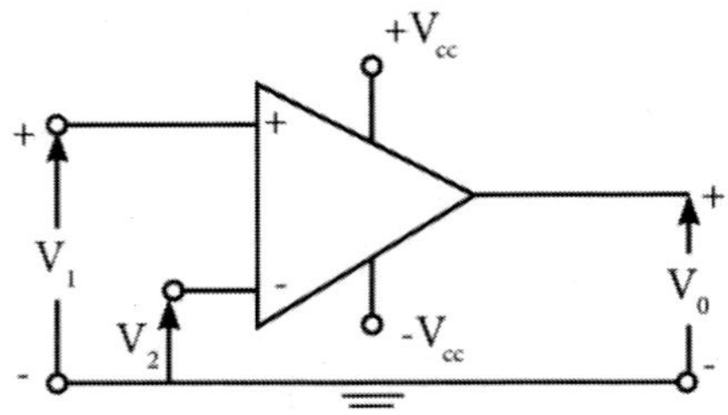

Fig. 10.1(b)

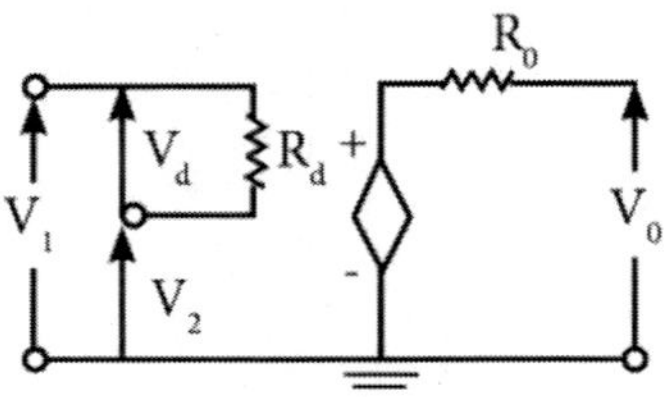

Fig. 10.1(c)

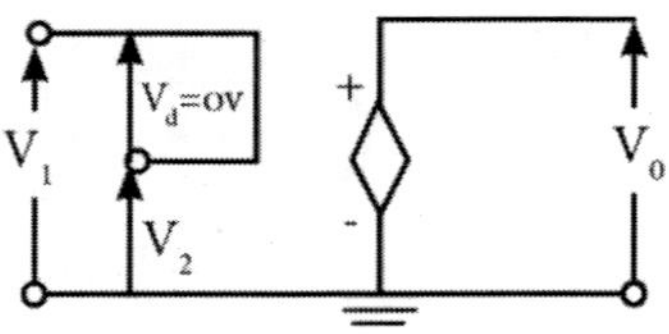

Fig. 10.1(d)

$$A_{VD} = -\frac{V_o}{V_d} \qquad (10.1a)$$

Donde

$$V_o = - A_{VD}.\, V_d \qquad (10.1b)$$

Se não há a mudança de fase, $A_{VD} > 0$. Quando o valor de A_{VD} torna-se muito elevado, V_o atinge valor máximo e passa a ser chamado de tensão de saturação, V_{osat}, que é cerca 2V menor V_{CC}.

- **Amplificador Operacional Ideal**

Verifica-se que R_d tem valor elevado (ordem de MΩ) e que a resistência de saída, R_o, tem valor baixo (ordem de Ω). Estas duas condições, na prática, sugerem o conceito de amplificador operacional ideal, inscrito ao símbolo do triângulo, como aquele que tem valor infinito para a resistência de entrada, $R_d = \infty\ \Omega$, e valor nulo para a resistência de saída, $R_o = 0\Omega$; por consequência, também resulta nula a corrente, $I_d = 0$ A, e a tensão de saída deixa de depender da impedância de carga, como indicado no circuito equivalente da fig. 10.1(d), que será considerado nas deduções que se seguem. Ademais, com $V_d = 0$ V, diz-se que a tensão diferencial é um curto-circuito virtual.

10.2. Amplificdores Operacionais Básicos

Os amp-ops. básicos são os seguinte:

[1] Amplificador Inversor

O amp-op inversor é provido de resistência de realimentação R_f, e uma resistência R_1 na entrada, com as tensões de entrada e saída em oposições, fig. 10.2(a).

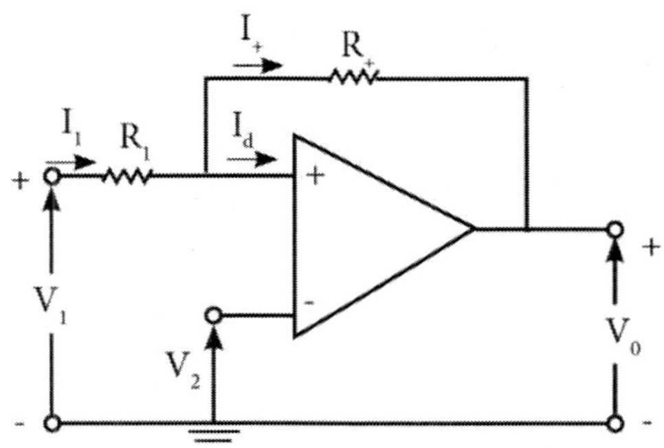

Fig. 10.2(a)

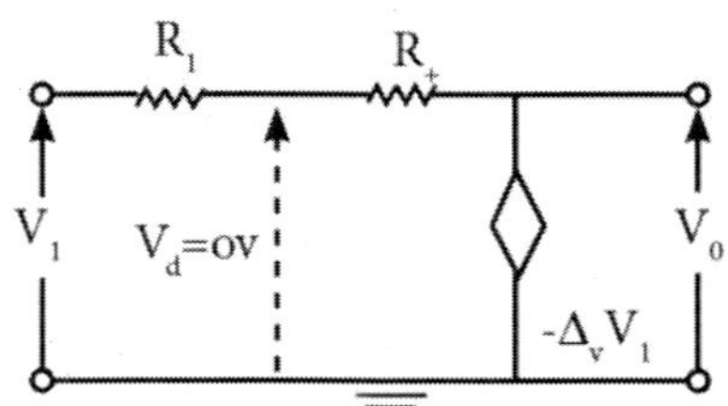

Fig. 10.2(b)

No circuito equivalente da fig. 10.2(b), temos $I_i = I_f$, já que $I_d = 0$ A, $I_o = - I_f$ e, portanto,

$$\frac{V_1}{R_1} = - \frac{V_o}{R_f} \qquad (10.2a)$$

Donde o ganho de tensão

$$A_V = - \frac{R_f}{R_1} \qquad (10.2b)$$

Como o 2º membro acima é constante, o amp-op inversor tem ganho de tensão constante. Pondo $- R_f / R_1 = k_1$, virá

$$V_o = k_1 V_1 \qquad (10.2c)$$

indicando que V_o é controlado pela fonte de tensão V_1, sendo este um exemplo de fonte controlada por tensão.

Exemplo 10.1

. Para o amp-op da fig. 10.2(a) são dados: $R_1 = 5$ kΩ, $R_f = 330$ kΩ e $V_1 = 2$ mV. Achar o ganho de tensão e a tensão de saída.

Por (10.2b), virá

$$A_V = - \frac{330 \text{ k}\Omega}{5 \text{ k}\Omega} = - 66$$

De $A_V = V_o / V_1$, tiramos $V_o = A_V . V_1$ e, portanto,

$$V_o = (- 66)\,(2 \text{ mV}) = - 132 \text{ mV}$$

[2] Amplificador Não-Inversor

O amp-op não-inversor possui as resistências R_f e R_1 como indicadas na fig. 10.3(a), com as tensões de entrada e saída em fase.

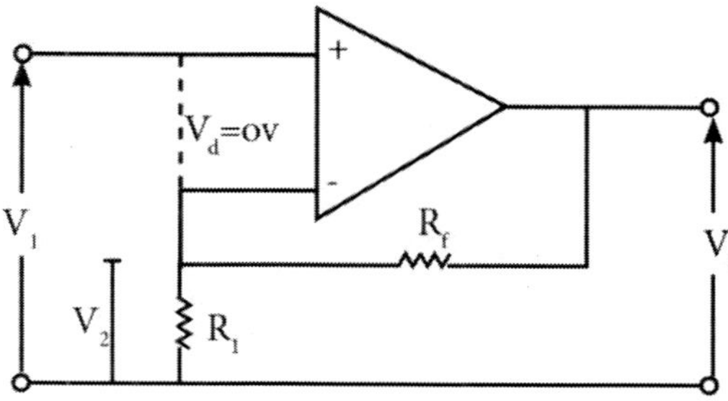

Fig. 10.3(a)

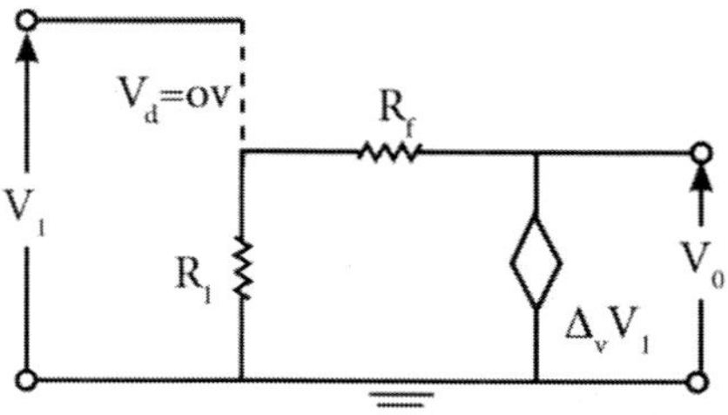

Fig. 10.3(b)

No circuito equivalente, fig. 10.3(b), $V_1 = V_2$, já que $V_d = 0V$; então, aplicando o divisor de tensão sobre R_1, virá

$$V_1 = \frac{R_1}{R_1 + R_f} V_o \qquad (10.3a)$$

E concluir que

$$A_V = 1 + \frac{R_f}{R_1} \qquad (10.3b)$$

Aqui também temos o 2º membro constante, o que torna o ganho de tensão constante. De (10.3a), tirando o valor de V_o e pondo $1 + R_f/R_1 = k_2$, virá

$$V_o = k_2 V_1 \qquad (10.3c)$$

que também exemplifica que V_o é controlada por V_1.

Exemplo 10.2

. Para o amp-op da fig. 10.3(a) são dados: $R_1 = 40\ k\Omega$, $R_f = 220\ k\Omega$ e $V_1 = 1{,}8\ V$. Achar o ganho de tensão e a tensão de saída.

Por (10.3b), virá

$$A_V = 1 + \frac{220\ k\Omega}{40\ k\Omega} = 6{,}5$$

Sendo $V_o = A_V . V_1$, virá

$$V_o = (6{,}5)\ (1{,}8\ V) = 11{,}7V$$

Em particular, com $V_o = V_1$, sem inversão de fase, implica termos $A_V = 1$, e o amp-op é chamado de seguidor unitário ou buffer, dado na fig. 10.4 .

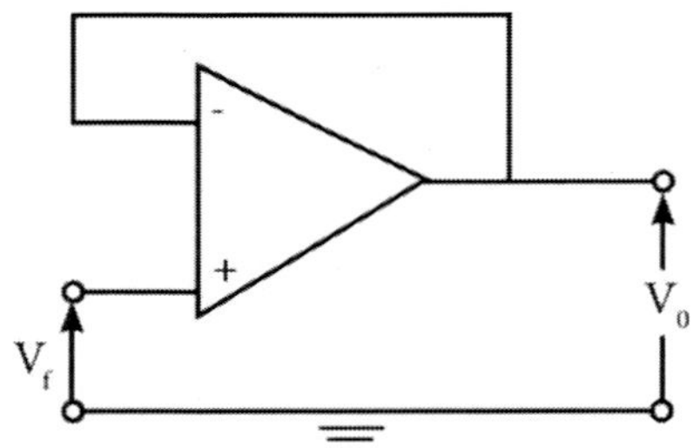

Fig. 10.4

O amp-op não-inversor pode operar em duas modalidades que passaremos a examinar.

(1) Operação em Modo-Comum (MC)

No amp-op da fig. 10.5 supondo que os sinais de entrada V_1 e V_2 têm a mesma amplitude e polaridade, temos $V_1 = V_2 = V_S$. Então, define-se tensão de modo-comum, V_C, como a média aritmética das tensões V_1 e V_2, no caso, V_C e V_S, e o ganho de tensão de modo-comum, A_{VC}, será

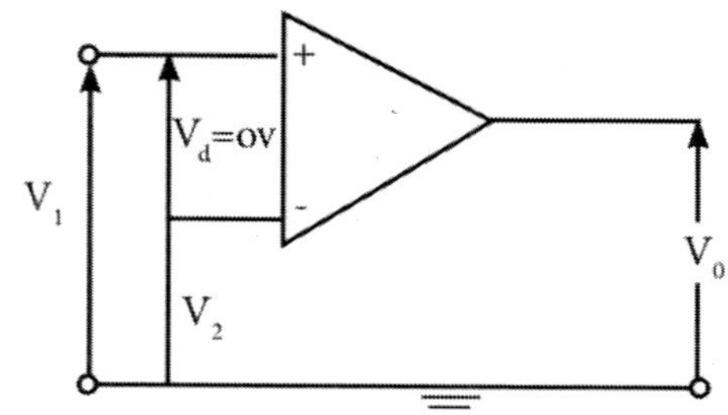

Fig. 10.5

$$A_{VC} = \frac{V_o}{V_C} \qquad (10.4a)$$

Com $V_d \cong 0V$, significa rejeição na saída dos sinais de entrada, e com isso tem-se uma baixa amplificação na saída.

(2) Operação em Modo-Diferencial (MD)

Para o mesmo amp-op da fig. 10.6, com os sinais de entrada V_1 e V_2 com polaridades opostas e mesma amplitude, isto é, $V_1 = -V_2$; define-se a tensão de modo-diferencial, V_d, no caso, $V_d = V_1 - (-V_1) = 2\ V_1$, de modo que o ganho de tensão de modo-diferencial é conforme (10.1a), ora repetido,

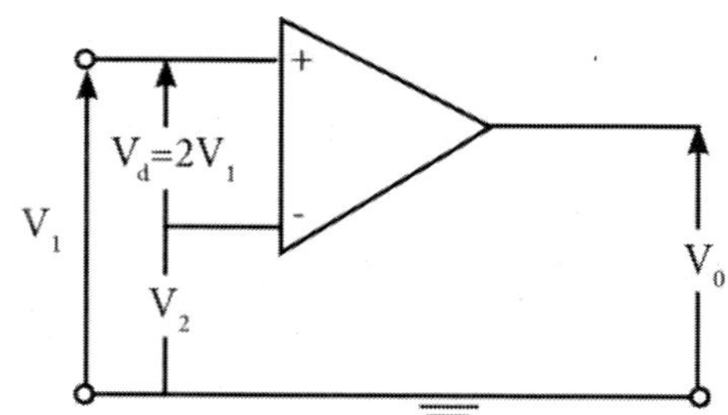

Fig. 10.6

$$A_{VD} = -\frac{V_o}{V_d} \qquad (10.4b)$$

Neste caso, as componentes dos sinais de entrada contribuem para maior amplificação na saída. Quando acontecer a ocorrência de ambas as modalidades, os dois resultados são combinados e expressos como

$$V_o = A_{VC} . V_C + A_{VD} . V_d \tag{10.4c}$$

A divisão de A_{VD} por A_{VC} define a razão de rejeição de modo comum, denota-se por ρ_{DC} (usa-se também CMRR), isto é,

$$\rho_{DC} = \frac{A_{VD}}{A_{VC}} \tag{10.5a}$$

Alternativamente, pode-se expressar (10.5a) em decibéis, e temos

$$\rho_{DC}\,(dB) = 20 \log \frac{A_{VD}}{A_{VC}} \tag{10.5b}$$

Exemplo 10.3

. Para o amp-op da fig. 10.6, são dados: A_{VD} = 15.000 e A_{VC} = 30. Achar ρ_{DC} e dar o resultado em decibéis.

$$\rho_{DC} = \frac{15.000}{30} = 500$$

$$\rho_{DC}\,(dB) = 20 \log (500) = 53{,}98 \text{ dB}$$

[3] Amplificador Somador

O amp-op somador inversor possui resistência de realimentação R_f e duas ou mais resistências R_f à entrada, particularizadas com três na fig. 10.7, com as tensões de entrada e de saída em oposições.

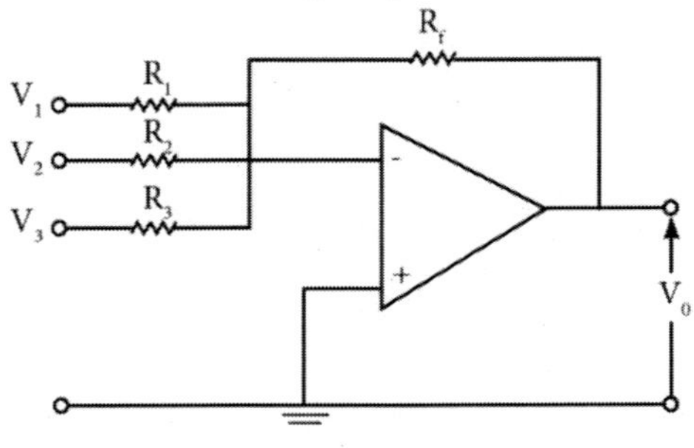

Fig. 10.7

Aplicando a análise nodal no nó da entrada e considerando $V_d = 0V$, é fácil concluir que

$$\frac{-V_o}{R_f} = \frac{V_1}{R_1} + \frac{V_2}{R_2} + \frac{V_3}{R_3} \qquad (10.6a)$$

Donde

$$V_o = - R_f\left(\frac{V_1}{R_1} + \frac{V_2}{R_2} + \frac{V_3}{R_3}\right) \qquad (10.6b)$$

Exemplo 10.4

. Para o amp-op da fig. 10.7 são dados: $V_1 = 1{,}5$ V e $R_1 = 430$ kΩ; $V_2 = -2{,}4$ V e $R_1 = 560$ kΩ; $V_3 = 3{,}2$ V e $R_3 = 750$ kΩ; e $R_f = 820$ kΩ. Callcular V_o.

Por (10.5b), virá

$$Vo = - 820\ k\Omega\ \left(\frac{1{,}5\ V}{430\ k\Omega} + \frac{-2{,}4\ V}{560\ k\Omega} + \frac{3{,}2\ V}{750\ k\Omega}\right) \cong - 2{,}85\ \ V$$

[4] Amplificador Diferenciador

O amp-op diferenciador inversor, fig. 10.8, tem um capacitor C na entrada que produz um diferencial de tempo no sinal de entrada.

Sendo $V_d \cong 0$ V, tem-se, $i_1 = - i_f$; donde

$$i_1 = C\frac{dv_i(t)}{dt} \qquad (10.7a)$$

Por sua parte, $v_o(t) = - R_f\, i_f$; então, podemos concluir que

$$v_o(t) = - R_f\, C\frac{dv_i(t)}{dt} \qquad (10.7b)$$

Note-se que o produto $R_f\, C$ tem dimensão de tempo.

Exemplo 10.6

. Para o amp-op da fig. 10.8, são dados: v_1 (t) = 0,5 + 2 sen ωt (V), R_f = 910 kΩ. e C = 1,2 μ F. Achar a tensão de saída.

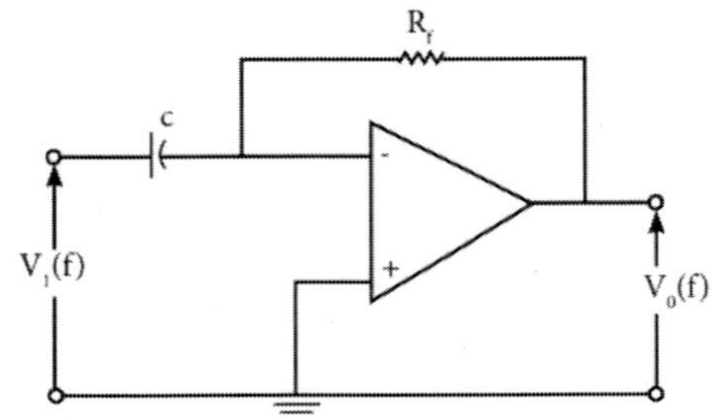

Fig. 10.8

Temos dv_1 (t)/dt = 2 cos ωt (V); e por (10.6b) virá

$$v_o(t) = -(910\text{x}10^3\ \Omega)(1{,}2\text{x}10^{-6}\ \text{F})(2\omega \cos \omega t\ (\text{V}) \cong -2{,}184\ \omega\cos \omega t\ (\text{V})$$

[5] Amplificador Integrador

O amp-op integrador inversor, fig. 10.9, tem o capacitor integrando os sinais de entrada e saída.

Supondo $V_d \cong 0$ V, temos $i_1 = v_1$ (t)/R e $i_f = - C_f\, dv_o(t)/dt$; deste tira-se

$$v_o(t) = -\frac{1}{C_f} \int i_f\, dt \qquad (10.8a)$$

Aquí também $I_1 = - I_f$, donde podemos concluir que

$$v_o(t) = -\frac{1}{RC_f} \int v_i\,(t)\, dt \qquad (10.8b)$$

Exemplo 10.7

. Para o amp-op da fig. 10.9 são dados: $v_i(t)$ = 4 sen ωt (V), R = 82 kΩ e C_f = 1,8 μ F. Achar a tensão de saída.

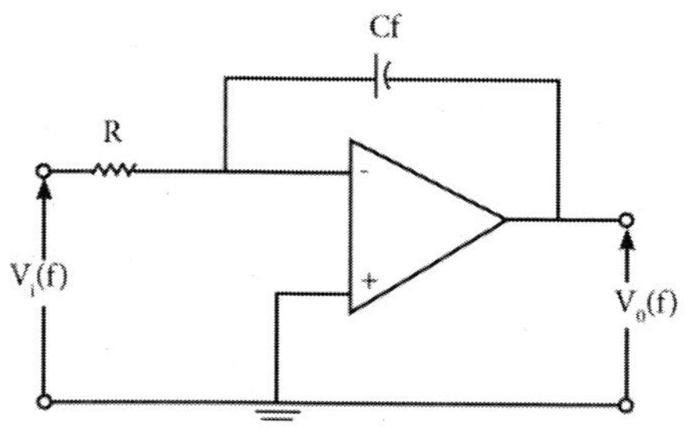

Fig. 10.9

Temos $\int 4$ sen ωt dt (V) = -4 cos ωt V.s, desprezada a constante; e R C_f = ($820x10^3$ Ω)($1,8x10^{-3}$ F) = 1,476 s ; então, por (10.6b), virá

$$v_o(t) = -\frac{1}{1{,}476\ s}(-4 \cos \omega t\ V.s) \cong 2{,}71 \cos \omega t\ (V)$$

- **Tensão de Compensação ou Offset**

Devido à complexidade da estrutura interna do amp-op e o alto valor da impedância de entrada, aparece nesta uma tensão indesejável chamada tensão de compensação ou offset, V_{IO} (da ordem do mV), fig. 10.10, e a subsequente corrente de compensação ou offset, I_{IO} (ordem do nA), não produzidas pelo sinal de entrada, mas por alguma inperfeição na casamento de amplificadores diferenciais componentes. Na saída tem-se a tensão de compensação de saida, $V_{o(IO)}$ (sob a forma de ruído) e para eliminá-la coloca-se na entrada uma fonte compensatória de igual valor e polaridade oposta a ela. Os valores de V_{IO} e I_{IO} são fornecidos pela folha de dados; e $V_{o(IO)}$ é cálculado por

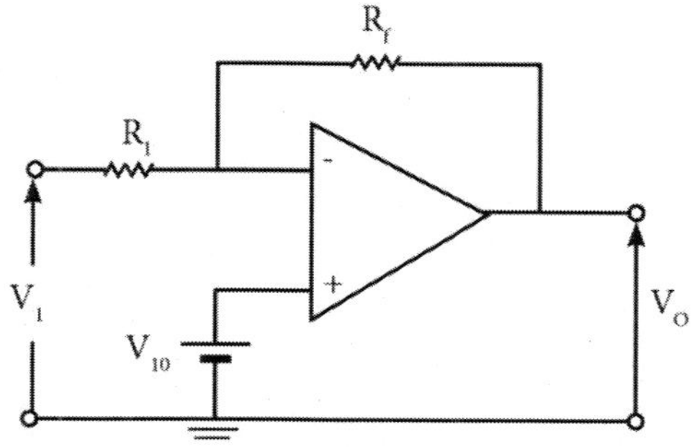

Fig. 10.10

$$V_{o(IO)} = \frac{R_1 + R_f}{R_1} V_{IO} \qquad (10.9a)$$

• Ganho versus Frequência

Verifica-se que o ganho de tensão diferencial decai com o aumento da frequência até atingir o valor 1, diagrama da fig. 10.11 (símile da fig. 9.11), onde a interceção de 0,707A_{VD} com a curva, determina a frequência de corte, f_C, e para A_{VD} = 1, tem-se f_T, que é chamado de produto largura de banda do amp.op, e dado por

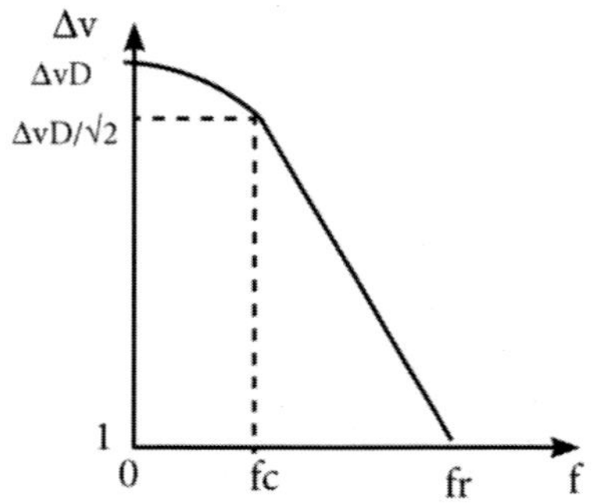

Fig. 10.11

$$f_T = A_{VD} . f_C \qquad (10.9b)$$

[6] Amplificador Exponencial ou Logarítimico

O amp-op logarítimico, fig. 10.12, tem um díodo integrando os sinais de entrada e saída.

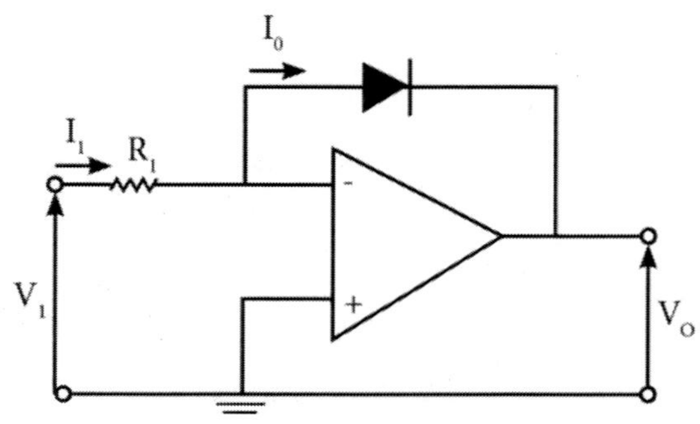

Fig. 10.12

Para o qual temos V_D = -V_o e I_D = I_1; e a corrente do díodo virá dada pela equação (2.3c), ora aproximada como

$$I_D = I_o\, e^{-V_o/\eta V_T} \qquad (9.10a)$$

Onde temos: η= 1 para o Ge e η = 2 para o Si; V_D = 0,7 V; e $V_T \cong 0,026$ V, à temperatura ambiente. Ademais, sendo, $V_1 = R_1\, I_1$, teremos

$$V_1 = R_1\, I_o\, e^{-V_o/\eta V_T} \qquad (9.10b)$$

Alternativamentem, aplicando logarítimo neperiano, ln, nesta expressão, obtemos

$$\ln V_1 = \ln R_1\, I_o - \frac{V_o}{\eta V_T} \qquad (9.10c)$$

Como se impõe um valor pequeno de $V_o = V_{o1}$, usa-se um 2º estágio com R_f
para elevar V_{o2}, e o ganho de tensão será dado por

$$A_V = - \frac{R_f}{R_2} \qquad (10.9d)$$

Exemplo 10.8
. Para o amp-op da fig. 10.12(a) com díodo de Si são dados: V_D = 0,7 V, R_1 = 360 kΩ e I_D = 2 μA. Calcular tensão de entrada.

Temos $V_o/\eta V_T$ = 0,7 V/2x0,026 V ≅ 13,46; e por (9.10b) virá

$$V1 = (360\ k\Omega)(2\ \mu A)\, e^{-13,46} \cong 1,027\ \mu V$$

[7] Amplificadores Operacionais em Multiestágios
Para um multiestágios de j amp.ops em cascata, o ganho de tensão do sistema será dado pela expresão (5.15b) e (5.15c), ora repetidas:

$$A_V = A_1\, A_2\, A_3 \ldots Aj\text{-}1 \qquad (10.11a)$$

$$A_V = \frac{V_{oj}}{V_{i1}} \qquad (10.11b)$$

Sem perda de generalidades, consideremos dois amp.ops em cascata, fig. 10.13; o 1º estágio é um amp.op não-inversor, e os outros são inversores. Então, A_1 é dado por (10.3b) e as demais por (10.2b), de modo que podemos concluir que

$$A_{VC} = (1 + \frac{R_f}{R_1})(-\frac{R_f}{R_2}) \qquad (10.12a)$$

Se desejarmos achar o ganho total de tensão, A_{VS}, devemos incluir a resistência da fonte, r_S, que forma um divisor de tensão com R_1, compondo mais um fator a ser incluido na expressão (10.12a, que passa a ser

$$A_{VS} = (\frac{R_1}{R_1 + r_S})(1 + \frac{R_f}{R_1})(-\frac{R_f}{R_2}) \qquad (10.12b)$$

Poder-se-ia acrescentar mais um fator final (10.12b) se for lavada em conta a resistência de carga que forma um divisor de tensão com R_{oj}, contudo, dispensável para o amp.op ideal.

Exemplo 10.9

. Para o multiestágio com dois amp.ops em cascata, fig. 10.13, são dados: R_f = 560 kΩ, R_1 =27 kΩ, R_1 = 43 kΩ e V_{o2} = -14,15 V. Calcular o ganho de tensão do sistema e a tensão de entrada do 1º estágio. Se a resistência da fonte é r_S = 820 Ω, achar o ganho total de tensão.

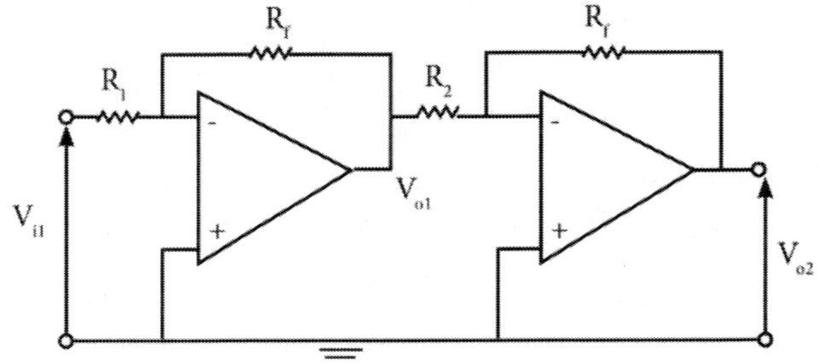

Fig. 10.13

Por (10.12a), virá,

$$A_{VC} = \left(1 + \frac{560\ k\Omega}{27\ k\Omega}\right)\left(-\frac{560\ k\Omega}{43\ k\Omega}\right) \cong -283$$

Usando (10.10b), temos

$$V_{i1} = \frac{V_{o2}}{A_{VC}} = \frac{-14,15\ V}{-283} = 50\ mV$$

Conforme (10.11), temos

$$A_{VS} = \left[\frac{27\ k\Omega}{(27 + 0,820)k\Omega}\right](-283) \cong -275$$

Para o multiestágio com três amp.ops em paralelo, fig. 10.14, com todos eles inversor, podemos aplicar (10.2b) reiteradamente e concluir:

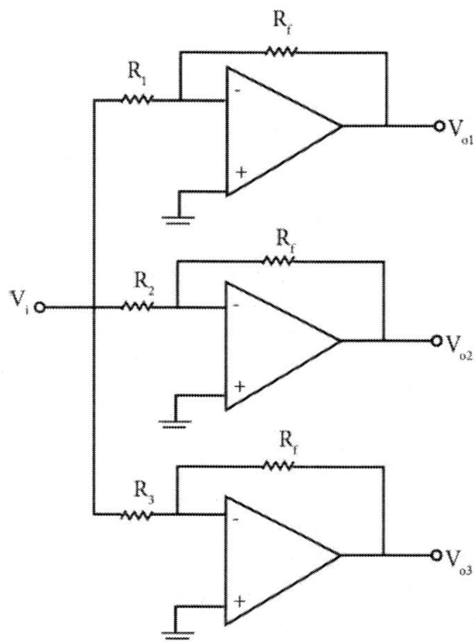

Fig. 10.14

$$A_{VP} = \left(-\frac{R_f}{R_1}\right)\left(-\frac{R_f}{R_2}\right)\left(-\frac{R_f}{R_3}\right) \qquad (10.12c)$$

Exemplo 10.10

Para o multiestágio com três amp.ops em paralelo, fig. 10.14, são dados: $A_1 = -9{,}15$, $A_2 = -13{,}02$, $A_3 = -37{,}68$ e $R_f = 560\ k\Omega$. Achar a resistência de cada estágio do sistema.

Temos

$$R_1 = -\frac{R_f}{A_1} = -\frac{560\ k\Omega}{-9{,}15} = 47\ k\Omega$$

$$R_2 = -\frac{R_f}{A_2} = -\frac{560\ k\Omega}{-13{,}02} = 33\ k\Omega$$

$$R_3 = -\frac{R_f}{A_3} = -\frac{560\ k\Omega}{-37{,}68} = 56\ k\Omega$$

10.3. Filtros Ativos

A parte da malha do circuito de um amp-op que contém a composição RC constitui um filtro ativo, que pode se apresentar sob três configurações, a saber:

[1] Filtro Passa-Baixas: é o que deixa passar sinais de frequência até a frequência de corte, f_C; se a malha contém apenas uma composição de RC paralelo, ele é chamado de filtro ativo passa-baixas de 1ª ordem, fig. 10.15(a); e quando a malha contém duas composições RC paralelo, ele é denominada filtro ativo passa-baixas de 2ª ordem, fig. 10.15(b); onde se tem, em geral, $R_1 = R_2$ e $C = C_2$.

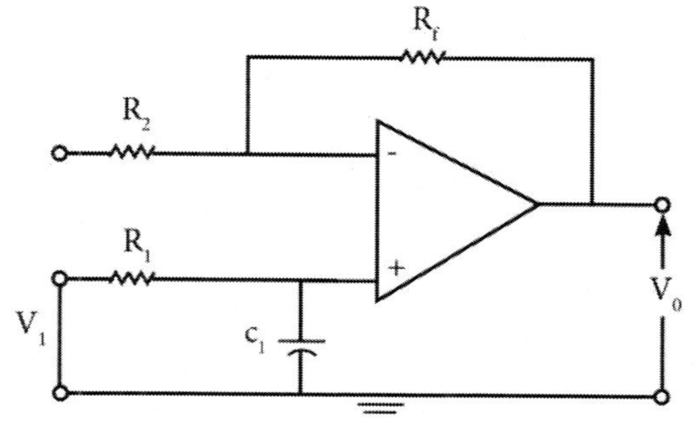

Fig. 10.15

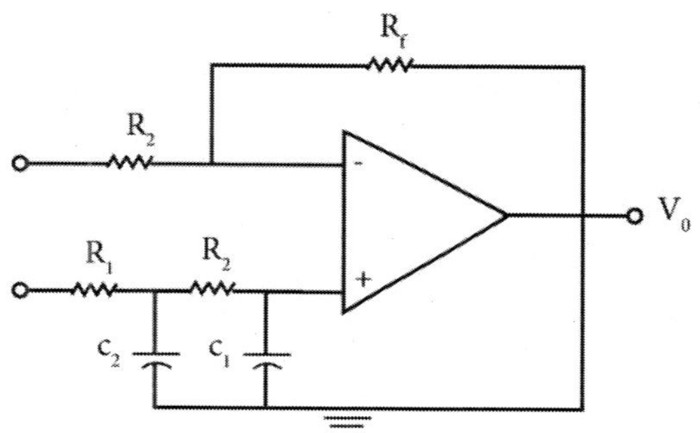

Fig. 10.15(b)

O gráfico da variação de A_V x f é dado na fig. 10.16, onde inclinação 1-2 refere-se à 1ª ordem, e a 2-3, da 2ª ordem. E o cálculo da frequência de corte, f_C, neste e nos demais casos, é dada pela expressão

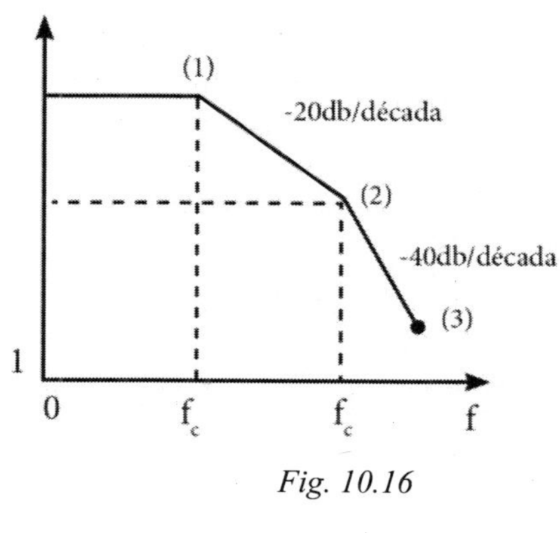

Fig. 10.16

$$f_C = \frac{1}{2\pi R_1 C_1} \quad (10.13a)$$

E o cálculo do ganho de tensão é dado por

$$A_V = 1 + \frac{R_f}{Re} \quad (10.13b)$$

Exemplo 10.11

. Para o filtro passa-baixas de 1ª ordem do amp-op da fig. 10.15(a), são dados: $A_V \cong 20$, $C_1 = 0{,}22\ \mu F$, $R_1 = 3{,}6\ k\Omega$ e $R_e = 43\ k\Omega$. Achar a resistência de realimentação e determinar a frequência de corte, f_C.

De (10.13b), tiramos

$$R_f = (A_V - 1)R_e = (20 - 1)(43\ k\Omega) \cong 82\ k\Omega$$

E por (10.13a) temos

$$f_C = \frac{1}{2\pi\,(3{,}6\text{x}10^3\ \Omega)(0{,}22\text{x}10^{-6}\ F)} \cong 201\ Hz$$

Exemplo 10.12

. Para o filtro passa-baixas de 2ª ordem do amp-op da fig. 10.17(b), são dados: $C_1 = C_2 = 0{,}15\ \mu F$ e $R_1 = R_2 = 3{,}4\ k\Omega$. Achar a frequência de corte, f_C'.

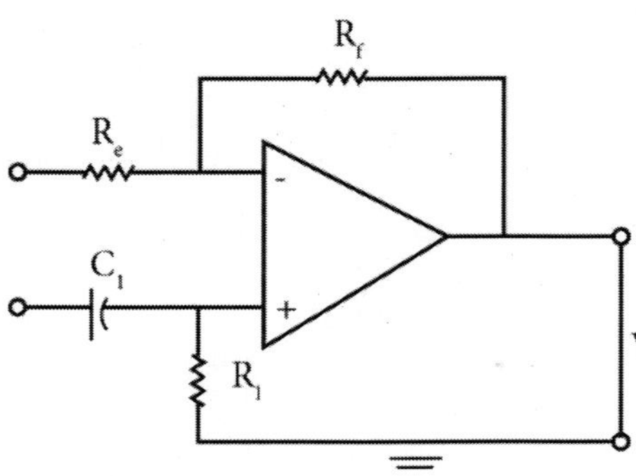

Fig. 10.17(a)

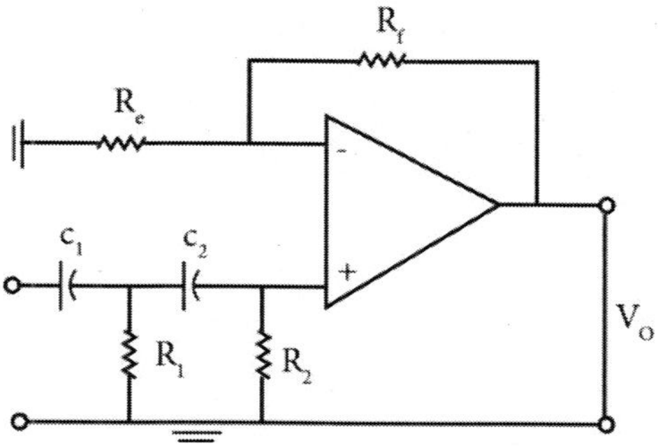

Fig. 10.17(b)

De (10.13a), temos

$$f_C' = \frac{1}{2\pi\,(7{,}5\times10^3\,\Omega)(0{,}15\times10^{-6}\,F)} \cong 141{,}47\ \text{Hz}$$

[2] Filtro Passa-Altas: é o que deixa passar sinais com frequência acima da frequência de corte, f_C. Também pode configurasse como filtro ativo passa-altas de 1ª ordem, se a malha contém apenas uma composição RC em paralelo, fig. 10.17(a); e filtro ativo passa-altas de 2ª ordem quando a malha contém duas composições RC em paralelo, fig. 10.17(b), e de igual modo, tem-se $R_1 = R_2$ e $C_1 = C_2$.

O gráfico da variação de A_V x f dado na fig. 10.18, com a inclinação 1-2, refere-se à 1ª ordem, e a 2-3, àa 2ª ordem. E o cálculo da frequência de corte f_C e do ganho de tensão são dados pelas expressões deduzidas, (10.13b) e (10.13b), como já mencionamos.

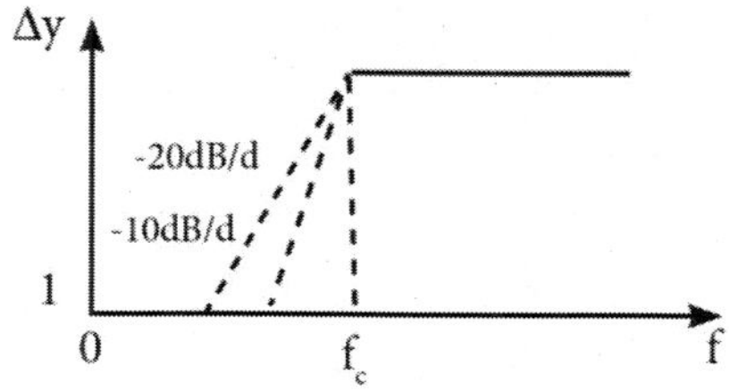

Fig. 10.18

Exemplo 10.13

. Para o filtro passa-altas de 1ª ordem do amp-op da fig. 10.17(a), são dados: $A_V = 26$, $C_1 = 0{,}047\ \mu F$, $R_1 = 3{,}3\ k\Omega$ e $R_e = 3\ k\Omega$. Achar a resistência de realimentação e determinar a frequência de corte, f_C.

De (10.12b), tiramos

$$R_f = (A_V - 1)R_e = (26 - 1)(3\ k\Omega) = 75\ k\Omega$$

E por (10.13a) temos

$$f_C = \frac{1}{2\pi\ (3{,}3\ \text{x}10^3\ \Omega)(0{,}047\text{x}10^{-6}\ F)} \cong 1{,}03\ kHz$$

[3] Filtro ativo passa-banda: é o que deixa passar sinais com frequência acima da frequência de corte, f_{C1}, e abaixo da frequência de corte, f_{C2}, contendo na malha duas composições RC iguais, fig. 10.19.

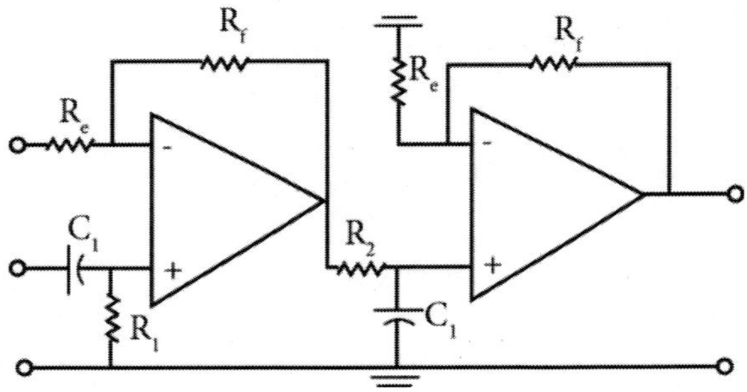

Fig. 10.19

O gráfico da variação de A_V x f é dado na fig. 10.20, com duas inclinações de ±20 dB/década. E o cálculo das frequência de corte, f_{Cj}, e do ganho de tensão são dados pelas expressões (10.13b) e (10.13b).

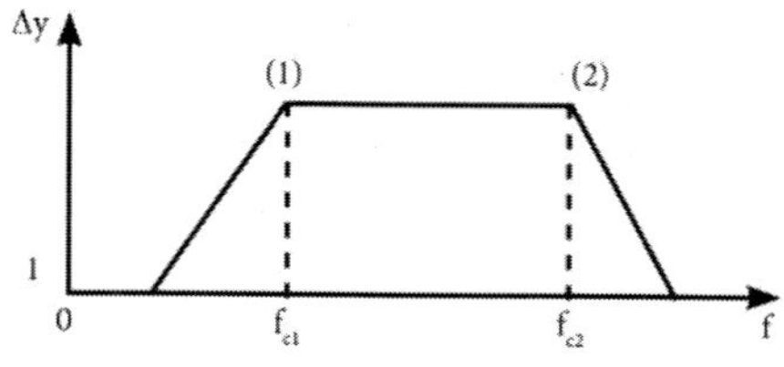

Fig. 10.20

Exemplo 10.14

. Para o filtro passa-banda do amp-op da fig. 10.19, são dados: $R_1 = R_2 = 12\ k\Omega$, $C_1 = 0{,}12\ \mu F$ e $C_2 = 0{,}0062\ \mu F$. Calcular as frequências de corte.

Temos

$$f_{C1} = \frac{1}{2\pi\,(12\ x10^3\ \Omega)(0{,}12x10^{-6}\ F)} \cong 100{,}52\ Hz$$

$$f_{C2} = \frac{1}{2\pi\,(12\ x10^3\ \Omega)(0{,}0062x10^{-6}\ F)} \cong 2{,}14\ kHz$$

Exercícios:

1) Para um amp-op inversor são dados: $R_1 = 34\ k\Omega$, $R_f = 680\ k\Omega$ e $V_1 = 60$ mV. Calcular o ganho de tensão e a tensão de saída.
R. -20 e -1,2 V.

2) Para um amp-op não-inversor são dados: $R_1 = 20\ k\Omega$, $R_f = 430\ k\Omega$ e $V_1 = 400$ mV. Calcular o ganho de tensão e a tensão de saída.
R. 22,5 e 9 V.

3) Para um amp-op no modo comum são dados: $A_{VD} = 22.500$ e $A_{VC} = 60$. Achar ρ_{DC} e expressar o resultado em decibéis.
R. 51,48 dB.

4) Para um amp-op somador inversor são dados: $V_1 = 4$ V e $R_1 = 360\ k\Omega$; $V_2 = 2$ V e $R_2 = 200\ k\Omega$; $V_3 = -3$ V e $R_3 = 300\ k\Omega$; e $R_f = 470\ k\Omega$. Calcular V_o.
R. – 14,4 V.

5) Para um amp-op diferenciador inversor são dados: $v_i = 0{,}2 + 0{,}5$ sen ωt (V), $R_f = 240$ kΩ e $C = 1{,}5$ μF. Determinar V_o.
R. – 1,8 cos ωt (V).

6) O circuito da fig. 10.P1 é uma variação do amp.op exponencial, operando na frequência de 1 kHz, para o qual são dados: $V_1 = 0{,}7$ V, $R_1 = 5$ kΩ, $R_f =$ 160 kΩ e $C_f = 0{,}5$ μF. Calcular A_V. Note-se que $z_o = z_f$ e $z_1 = R_1$.
R. – 6,24.

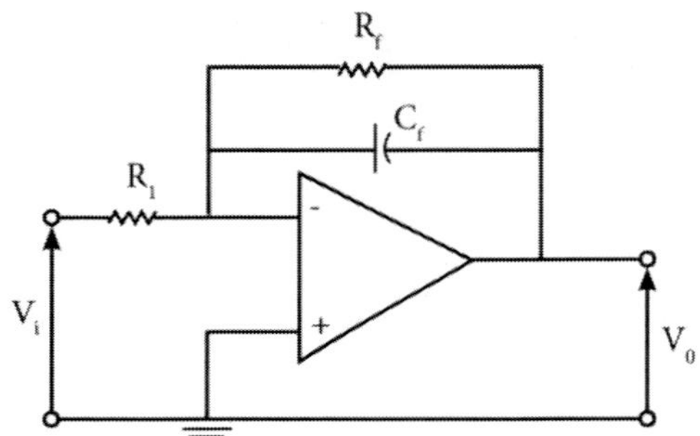

Fig. 10.P1

7) O circuito da fig. 10.P2 é uma variação do amp.op exponencial, para o qual são dados: $V_1 = 0{,}7$ V, $R_f = 30$ kΩ, $I_D = 1{,}2$ nA; e o díodo é de Si. Achar V_o.
R. – 25,27 V.

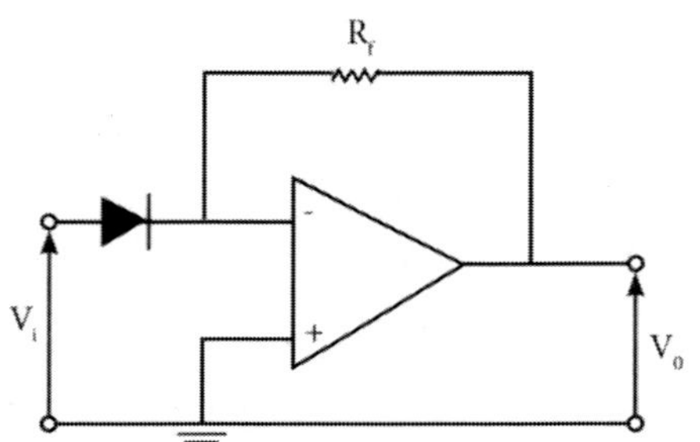

Fig. 10.P2

8) Para um multestágio com três amp-ops em cascata, são dados os ganhos de tensão: $A_1 = 16$, $A_2 = -20$ e $A_3 = 30$; e $R_f = 330$ kΩ. Calcular R_1, R_2 e R_3.
R. $R_1 = 22$ kΩ, $R_2 = 16{,}5$ kΩ e $R_3 = 11$ kΩ.

9) Para um multestágio com três amp-ops em paralelos, são dados os ganhos de tensão: $A_1 = 15$, $A_2 = -25$ e $A_3 = -30$; e $R_f = 680$ kΩ.
R. $R_1 = 40$ kΩ, $R_2 = 24$ kΩ e $R_3 = 20$ kΩ.

10) Para um filtro passa-baixas de 1º ordem, são dados: $A_V = 16$, $R_1 = 4{,}7$ kΩ e $R_e = 22$ kΩ . Determinar R_f e a frequência de corte.
R. 330 kΩ e 338,63 Hz.

11) Para um filtro passa-baixas de 2º ordem, são dados: $A_V = 36{,}83$, $R_1 = R_2 = 2{,}4$ kΩ e $R_e = 12$ kΩ. Determinar R_f e a frequência de corte.
R. 430 kΩ e 221 Hz.

12) Para um filtro passa-altas de 1º ordem, são dados: $A_V \cong 20$, $C_1 = 0{,}051$ μF, $R_1 = 2{,}7$ kΩ e $R_e = 3$ kΩ. Determinar R_f e a frequência de corte.
R. 57 kΩ e 1,16 kHz.

13) Para o filtro passa-banda de 2ª ordem, são dados: $R_1 = R_2 = 22$ kΩ, $C_1 = 0{,}09$ μF e $C_2 = 0{,}0052$ μF. Calcular as frequências de corte.
R. 80,38Hz e 1,45 kHz.

11 – AMPLIFICADORES REALIMENTADOS

11.1. Introito

No Capítulo 10 introduzimos o conceito de realimentação como sendo o retorno de parte do sinal (tensão ou corrente) de saída aplicado à entrada do amplificador. Esta parcela de sinal é recombinada com o sinal da fonte de alimentação e passa a alimentar novamente o amplificador. Como de hábito, as quantidades elétricas afetas a realimentação terão o subscrito f, como V_f, I_f, R_{if}, z_{if}, A_{Vf}, etc.

Para esquematizar a realimentação do amplificador, pode-se usar um quadripolo representativo deste e outro para representar a realimentação, os quais são conectados por blocos intermediários, denominados amostrador ou exemplificador, e misturador ou comparado, com indicados na fig. 11.1(a), ou de forma simplificada, em diagrama de blocos, como na fig. 11.1(b). O processo de realimentação consiste em tomar-se a amostra do sinal de saída X_o, que o realimentador transfere como amostra do sinal de realimentação, X_f ,ao misturador ou comparado, na entrada, que por sua parte irá combinar-se com o sinal da fonte de alimentação, X_S. A realimentação será negativa quando a amostra do sinal de realimentação está em oposição com o sinal da fonte; e positiva quando ela está em fase com o sinal da fonte.

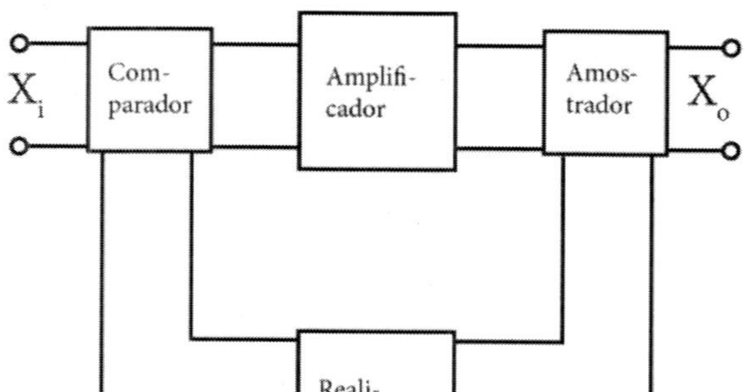

Fig.11.1(a)

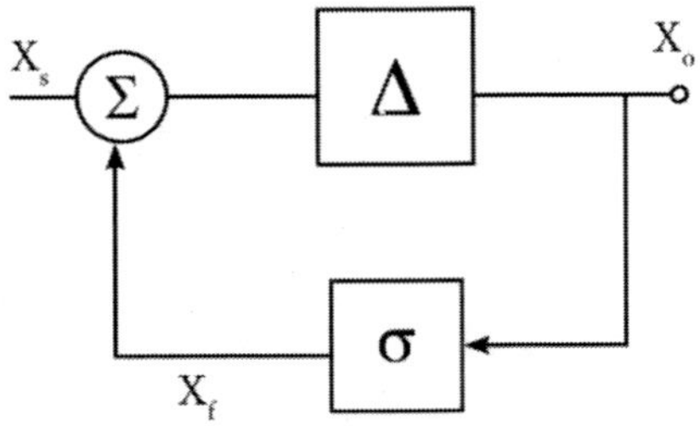

Fig.11.1(b)

Com efeito, define-se transferência ou fator de realimentação, σ, como a razão do sinal transferido pelo sinal da saída, isto é,

$$\sigma = \frac{X_f}{X_o} \qquad (11.1a)$$

Obviamente, $\sigma < 1$ é adimensional; ademais, $X_S = X_i + X_f = X_i + \sigma X_o$, e o ganho total do amplificador realimentado (tensão ou corrente),

$$A_f = \frac{X_o}{X_S} \qquad (11.1a)$$

O circuito de realimentação corrige desvios de parâmetros do amplificador, estabiliza o ganho de tensão ou corrente total, melhora a largura de frequência, controlando aasim o amplificador mantendo a linearidade de sua performace.

11.2. Tipos de Realimentação

Para o amplificador, o circuito de realimentação representa uma carga elétrica adicional que deve ser compensada para não alterar as condições de operação do amplificador. E isto se faz com o concurso de quatro conexões tipos, relativamente à fonte de tensão, que passaremos a estudar.

[1] Realimentação de Tensão em Série (TS):

O diagrama de realimentação de tensão em série é dado na fig. 11.2, de onde tiramos:

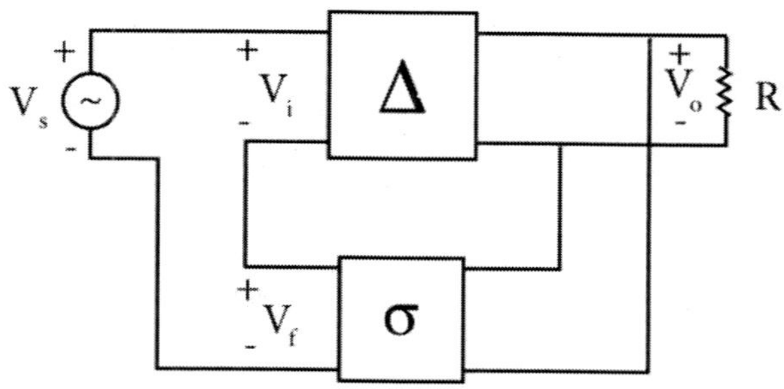

Fig.11.2

$$V_i = V_S - V_f = V_S - \sigma Vo \qquad (1)$$

$$V_o = A_V V_i \qquad (2)$$

Introduzindo (1) em (2) e estabelecendo a relação V_o/V_S, que define o ganho de tensão total do amplificador realimentado por

$$A_{Vf} = \frac{A_V}{1 + \sigma A_V} \qquad (11.2a)$$

Quando $\sigma A_V >> 1$, vale a aproximação $A_{Vf} \cong 1/\sigma$; σA_V é frequentemente chamado de ganho de estágio.

Se levarmos em conta a resistência da fonte de alimentação, r_S, em decorrência, $I_S = V_S/(r_S + z_{if})$ e $I_o = V_o/R_L$, com os quais podemos concluir o ganho de corrente total do amplificador realimentado, I_o/I_S, ou seja,

$$A_{if} = A_{Vf} \frac{r_S + z_{if}}{R_L} \qquad (11.2b)$$

A impedância de entrada com realimentação, $z_{if,}$ é definida por

$$z_{if} = \frac{V_S}{I_i}$$

Substituindo $V_{S,}$ virá

$$z_{if} = \frac{V_i (1 + \sigma A_V)}{I_i}$$

segue daí que

$$z_{if} = z_i (1 + \sigma A_V) \qquad (11.3a)$$

Este resultado mostra que a impedância de entrada aumenta com a realimentação. Na média frequência a (11.3a) particulariza-se para

$$R_{if} = R_i (1 + \sigma A_V) \qquad (11.3b)$$

Para obter a impedância de saída com realimentação, z_{of}, devemos curto-circuitar a fonte de tensão, $V_S = 0$ V, e aplicar aos terminais de saída uma tensão de acionamento V_p, com I_p, corrente dele decorrente, e a impedância de saída com realimentação fica definida por

$$z_{of} = \frac{V_P}{I_P}$$

Como também, $V_P = z_o I_P + A_V V_i$ e $V_i = -V_f = - \sigma A_V V_P$, segue-se que $V_P = z_o I_P + A_V V_i - \sigma A_V V_P$ e, portanto,

$$z_{of} = \frac{z_o}{1 + \sigma A_V} \qquad (11.3c)$$

Esta expressão evidencia que a impedância de saída diminui com a realimentação.

De igual modo, para a média frequência, temos

$$R_{of} = \frac{R_o}{1 + \sigma A_V} \qquad (11.3d)$$

Exemplo 11.1

. Para o amplificador realimentado por TS da fig. 11.3(a), são dados: r_S = 120 Ω, $r_{e1} = r_{e2} = r_e$ = 10 kΩ, $R_1 = R_3$ = 51 kΩ, $R_2 = R_4$ = 39 kΩ, $R_{C1} = R_{C2} = R_C$ = 2,4 kΩ, $R_{E1} = R_{E2}$ = 300 Ω, R_f = 3,6 kΩ e β = 80. Calcular: A_{Vf}, R_{if}, R_{of}, e A_{if}.

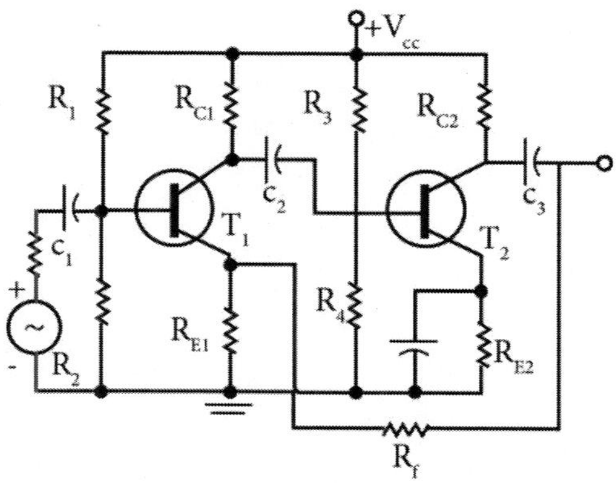

Fig.11.3a

Para achar A_V, desativamos a realimentação com o seguinte procedimento: curto-circuita-se a saída de T_2, para achar o circuito de entrada, o que deixa R_E em paralelo com R_f; e para determinar o circuito de saída abre-se o circuito no emissor de T_1, o que deixa R_E em série com R_f; como indicados no circuito equivalente da fig. 11.3(b), onde supõe-se que $r_o // R_{Cj} = R_{Cj}$; e do qual tiramos:

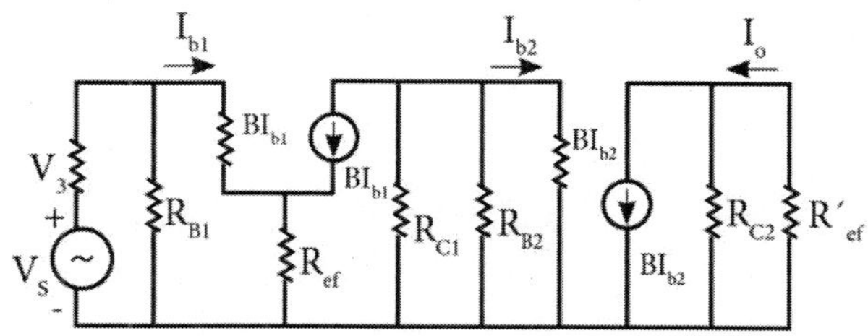

Fig.11.3b

$$V_o = R_{C2}//R_{ef}' \,(-\beta\, I_{b2}) \quad \text{e} \quad V_i = [\beta r_e + \beta R_{ef}] I_{b1}$$

onde fizemos $R_{ef}' = R_E + R_f$ = 0,3 kΩ + 3,6 kΩ = 3,9 kΩ; $I_e \cong \beta I_b$; $R_{ef} = R_E // R_f \cong$ 0,28 kΩ; assim como R_{B2} = 51 kΩ//39 kΩ ≅ 22,1kΩ; e βr_e =

$80(10\ \Omega) = 0{,}8\ k\Omega$.

Compondo a relação V_o/V_i, obtemos

$$\frac{V_o}{V_i} = -\frac{R_{C2}//R_{ef}'}{r_e + R_{ef}}\left(\frac{I_{b2}}{I_{b1}}\right)$$

E usando o divisor de corrente sobre βr_e, virá

$$\frac{I_{b2}}{I_{b1}} = (-\beta)\frac{R_{C1}//R_{B2}}{R_{C1}//R_{B2} + \beta r_e}$$

E podemos concluir o ganho de tensão

$$A_V = \beta\,\frac{(R_{C2}//R_{ef}')(R_{C1}//R_{B2})}{(r_e + R_{ef})(R_{C1}//R_{B2} + \beta r_e)}$$

Sendo $R_{C2}//R_{ef}' = 2{,}4\ k\Omega//3{,}9\ k\Omega \cong 1{,}49\ k\Omega$; $R_{C1}//R_{B2} = 2{,}4\ k\Omega//22{,}1k\Omega \cong 2{,}16\ k\Omega$; e junto com os damais valores dados, virá

$$A_V = 80\,\frac{(1{,}49\ k\Omega)(2{,}16\ k\Omega)}{(0{,}01 + 0{,}28)k\Omega\ (2{,}16 + 0{,}8)\ k\Omega} \cong 300$$

Retomando a realimentação, temos

$$\sigma = \frac{V_f}{V_o} = \frac{R_E}{R_E + R_f} = \frac{0{,}30\ k\Omega}{(0{,}3 + 3{,}6)k\Omega} \cong 0{,}077$$

Por (11.2a), virá

$$A_{Vf} = \frac{300}{1 + 0{,}077(300)} \cong 12{,}45$$

Sendo a resistência de entrada, $R_i = R_B//[(\beta re + (\beta + 1)R_{ef}]$, ou seja,

$$R_i = 22{,}1\ \text{k}\Omega // [0{,}8\ \text{k}\Omega + (1 + 80)(0{,}28\ \text{k}\Omega)] \cong 11{,}38\ \text{k}\Omega$$

Então, por (11.3b), virá

$$R_{if} = 11{,}38\ \text{k}\Omega\ [1 + (0{,}077)(300)] \cong 274{,}26\ \text{k}\Omega$$

Para achar a resistência de saída, desconecta-se a realimentação no ponto de saída do 2º emissor, resulta $R_{ef}' = R_E + R_f = (0{,}30 + 3{,}6)\text{k}\Omega = 3{,}9\ \text{k}\Omega$; e sendo $R_o = R_{ef}' // R_{C2} = 3{,}9\ \text{k}\Omega // 2{,}4\ \text{k}\Omega \cong 1{,}49\ \text{k}\Omega$; então, por (11.3d), virá

$$R_{of} = \frac{1{,}49\ \text{k}\Omega}{1 + (0{,}077)(300)} \cong 62\ \Omega$$

Usando (11.2b), virá o ganho de corrente total,

$$A_{if} = 12{,}45 \frac{0{,}12\ \text{k}\Omega + 216\ \text{k}\Omega}{2{,}4\ \text{k}\Omega} \cong 1.129$$

[2] Realimentação de Corrente em Paralelo (CP):

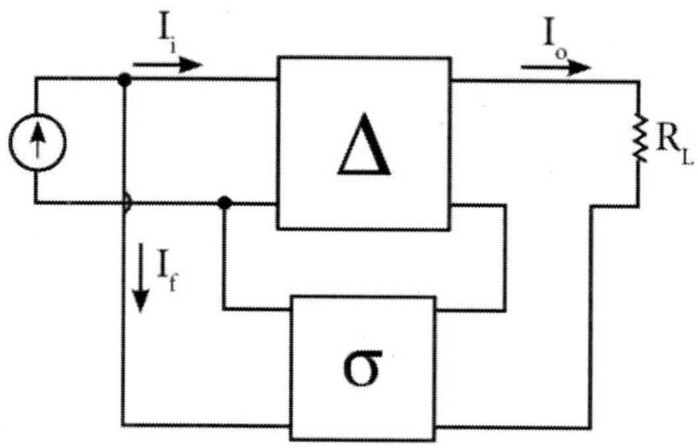

Fig.11.4

O diagrama de realimentação de corrente em paralelo é dado na fig. 11.4, de onde tiramos:

$$I_S = I_i + I_f = I_i \left(1 + \frac{I_f}{I_i}\right)$$

Pondo $I_f / I_i = (I_f/I_o)(I_o/I_i)$ e agora definindo $\sigma = I_f/I_o$, e sendo $I_i = I_o/A_i$, a expressão supra tona-se

$$I_S = I_o\left(\frac{1}{A_i} + \sigma\right)$$

Como a relação, I_o/I_S, define o ganho de corrente total do amplificador realimentado, podemos concluir que

$$A_{if} = \frac{A_i}{1 + \sigma A_i} \qquad (11.4a)$$

E quando $\sigma A_i >> 1$, vale a aproximação $A_{if} \cong {}^1/\sigma$. Da fig. 11.4, também tiramos

$$V_o = R_L\, I_o \qquad \text{e} \qquad V_S = I_S\,(r_S + R_{if})$$

Compondo a relação, V_o/V_S, definimos o ganho de tensão total do amplificador realimentado,

$$A_{Vf} = A_{if} \frac{R_L}{r_S + R_{if}} \qquad (11.4b)$$

As impedâncias de entrada e de saída, com realimentação, z_{if} e z_{of}, são respectivamente:

$$z_{if} = \frac{z_i}{1 + \sigma A_i} \qquad (11.5a)$$

$$z_{of} = z_o\,(1 + \sigma A_i) \qquad (11.5b)$$

ou quando resistências

$$R_{if} = \frac{R_i}{1 + \sigma A_i} \tag{11.5a'}$$

$$R_{of} = R_o\,(1 + \sigma A_i) \tag{11.5b'}$$

Exemplo 11.2

. Para o amplificador realimentado por CP da fig. 11.5(a), são dados: r_S = 110 Ω, r_e = 15 Ω, $R_1 = R_2 = R_C$ = 2,2 kΩ, R_E = 200 Ω, R_f = 2,7 kΩ, e β = 60. Calcular: A_{if}, R_{if}, R_{of} e A_{Vf}.

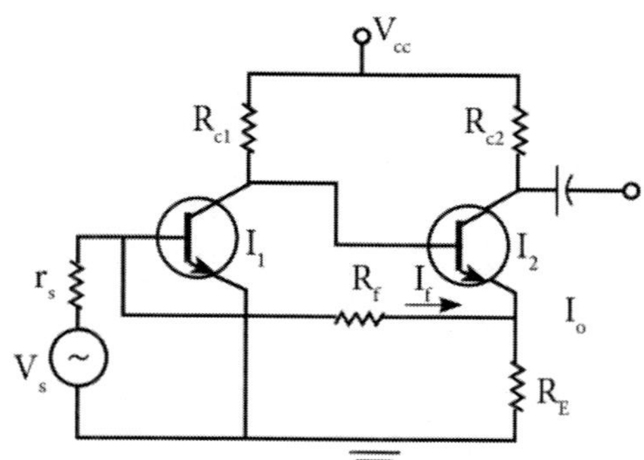

Fig.11.5(a)

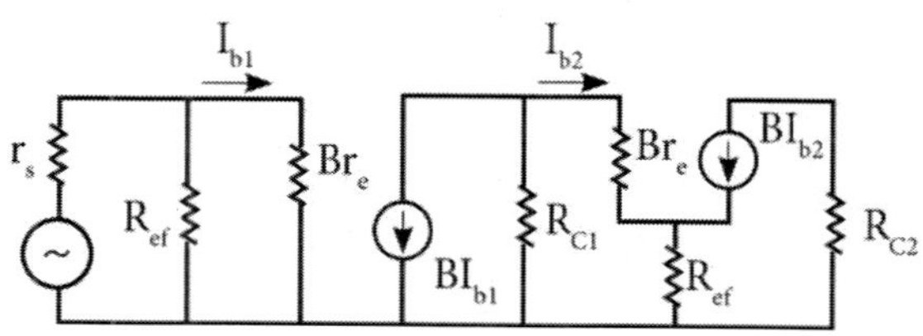

Fig.11.5(b)

Para achar A_i, devemos desativar a realimentação da seguinte forma: abre-se a saída em T_2, para achar o circuito de entrada, o que deixa R_E em série com R_f; e para determinar o circuito de saída curto-circuita-se a entrada de T_1, o que deixa R_E em paralelo com R_f; como indicados no circuito equivalente da fig. 11.5(b), onde supõe-se que $r_o//R_{Cj} = R_{Cj}$. Sendo, $R_{ef} = R_E + R_f$ =0,20 kΩ + 2,7 kΩ = 2,9 kΩ e $R_{ef}' = R_E\,//R_f$ =0,20 kΩ//2,7 kΩ ≅ 0,186 kΩ.

Usando a definição recursiva,

$$A_i = \frac{I_o}{I_i} = \left(\frac{I_o}{I_{b2}}\right)\left(\frac{I_{b2}}{I_{b1}}\right)\left(\frac{I_{b1}}{I_i}\right)$$

Estabelecendo cada relação e substituindo os dados, temos

$$\frac{I_o}{I_{b2}} = -\beta = -60$$

$$\frac{I_{b2}}{I_{b1}} = (-\beta)\frac{R_{C1}//[\beta r_e + (1+\beta)R_{ef}']}{R_{C1} + [\beta r_e + (1+\beta)R_{ef}']}$$

$$\frac{I_{b2}}{I_{b1}} = -60\frac{2{,}2\text{ k}\Omega//[0{,}9\text{ k}\Omega + (1+60)(0{,}186\text{ k}\Omega)]}{2{,}2\text{ k}\Omega + [0{,}9\text{ k}\Omega + (1+60)(0{,}186\text{ k}\Omega)]} \cong -7{,}75$$

$$\frac{I_{b1}}{I_i} = \frac{R_f}{R_f + \beta r_e} = \frac{2{,}7\text{ k}\Omega}{(2{,}7+0{,}9)\text{k}\Omega} \cong 0{,}75$$

$$A_i = (-60)(-7{,}75)(0{,}75) \cong 348{,}75$$

Retomando a realimantação: aplicando o divisor de correntre no nó de saída, fig. 11.5(a), obtemos $I_f/I_o = R_E/(R_E + R_f)$, onde agora $\sigma = I_f/I_o$, de modo que

$$\sigma = \frac{R_E}{R_E + R_f} = \frac{0{,}20\text{ k}\Omega}{(0{,}2+2{,}7)\text{k}\Omega} \cong 0{,}069$$

Então, por (11.4a) virá

$$A_{if} = \frac{348{,}75}{1 + 0{,}069(348{,}75)} \cong 13{,}91$$

Sendo $R_i = R_{ef}//\beta r_e = 2{,}9\ k\Omega//0{,}9\ k\Omega \cong 0{,}69\ k\Omega$ e $R_L = 2{,}2\ k\Omega$, temos a resistência de entrada com realimentação

$$R_{if} = \frac{R_i}{1 + \sigma A_i} = \frac{0{,}69\ k\Omega}{1 + 0{,}069(348{,}75)} \cong 27{,}53\ \Omega$$

E, portanto,

$$A_{Vf} = A_{if}\frac{R_{C2}}{r_S + R_{if}} = 13{,}91\frac{2{,}2\ k\Omega}{(0{,}11 + 0{,}02753)k\Omega} \cong 222{,}51$$

[3] Realimentação de Tensão em Paralelo (TP):

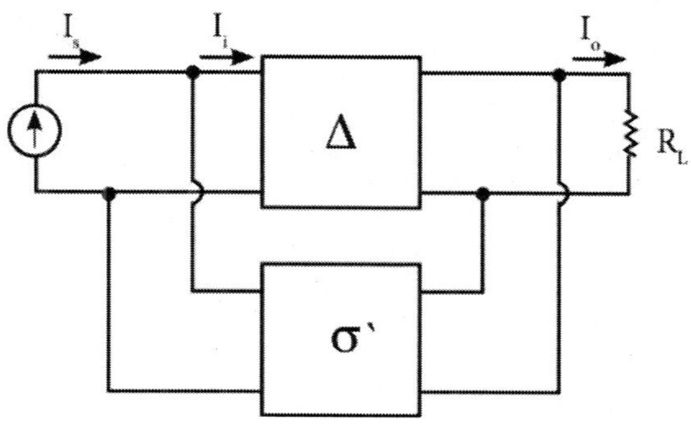

Fig.11.6

O diagrama de realimentação de tensão em paralelo é dado na fig. 11.6.

Aqui a relação V_o/I_S é chamada de transresistência com a realimenteção, designa-se por R_{mf}, e é estabelecida como se segue:

$$R_{mf} = \frac{V_o}{I_i + I_f} = \frac{V_o}{I_i\,(1 + I_f/I_i)}$$

Por sua vez, a relação V_o/I_i é denominada transresistência sem a realimenteção, designa-se por R_m; para este caso e o seguinte, convém redefinir o fator de tramissão inversa como $\sigma' = I_f/V_o$, que tem dimensão de admitância; e no denominador, pondo $I_f/I_i = (I_f / V_o)/(V_o/I_i) = \sigma' R_m$, podemos concluir que

$$R_{mf} = \frac{R_m}{1 + \sigma' R_m} \qquad (11.6a)$$

Também temos

$$R_{if} = \frac{R_i}{1 + \sigma' R_m} \qquad (11.6b)$$

Como σ', R_{mf} e R_{mf} decorrem de cálculos, podem apresentar valores negativos, daí o prefixo trans.

A relação V_o/V_S define o ganho de tensão total do amplificador realimentado; e sendo $V_S = (r_S + R_{if})\, I_S$ e $V_o/I_S = R_{mf}$, podemos concluir que

$$A_{Vf} = \frac{R_{mf}}{r_S + R_{if}} \qquad (11.7a)$$

Sendo o ganho de corrente total do amplificador realimentado, I_o/I_S, pondo $I_o = V_o/R_L$ e $V_o/I_S = R_{mf}$, vale concluir que

$$A_{if} = \frac{R_{mf}}{R_L} \qquad (11.7b)$$

Exemplo 11.3

. O amplificador realimentado por TP da fig. 11.7(a) é o mesmo da fig. 5.8(a) do Exemplo 5.6, com dados ora repetidos: $r_e = 15\ \Omega$, $R_C = 3\ k\Omega$, $R_f = 200\ k\Omega$, $\beta = 100$; e acrescentamos, $r_S = 125\ \Omega$. Calcular: R_{mf}, R_{if}, A_{Vf} e A_{if}.

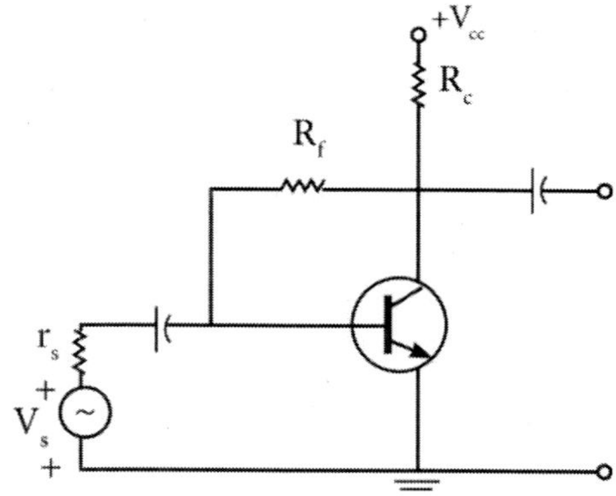

Fig.11.7a

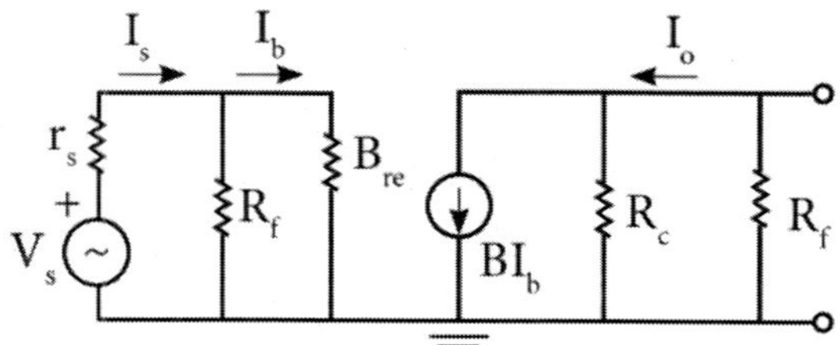

Fig.11.7b

Para desativar a realimentação, curto-circuita-se a saída, o que deixa R_f em paralelo com r_S; e para determinar o circuito de saída, curto-circuita-se a entrada, o que deixa R_f em paralelo com R_C; como indicados no circuito equivalente da fig. 11.7(b), de igual modo admite-se que $r_o//R_{Cj} = R_{Cj}$.

Temos

$$I_f = \frac{V_i - V_o}{R_f} \cong -\frac{V_o}{R_f}$$

E daí vale concluir que

$$\sigma' = -\frac{1}{R_f} = -\frac{1}{200\ k\Omega}$$

Usando

$$R_m = \left(\frac{V_o}{I_b}\right)\left(\frac{I_b}{I_i}\right) = -\beta\,(R_C\,//R_f)\left(\frac{R_f}{R_f + \beta r_e}\right)$$

$$R_m = -100\,(3\text{ k}\Omega//200\text{k}\Omega)\left[\frac{200\text{ k}\Omega}{(200 + 1,15)\text{k}\Omega}\right] \cong -293,80\text{ k}\Omega$$

Aplicando (11.6a), virá

$$R_{mf} = \frac{-293,80\text{ k}\Omega}{1 + \dfrac{-293,80\text{ k}\Omega}{-200\text{ k}\Omega}} \cong -119\text{ k}\Omega$$

E sendo $R_i = R_f//\beta r_e = 200\text{ k}\Omega//1,15\text{ k}\Omega \cong 1,14\text{ k}\Omega$, usando (11.6b), virá

$$R_{if} = \frac{1,14\text{ k}\Omega}{1 + \dfrac{-293,80\text{ k}\Omega}{-200\text{ k}\Omega}} \cong 0,462\text{ k}\Omega$$

Então, por (11.7a), temos

$$A_{Vf} = \frac{-119\text{ k}\Omega}{(0,12 + 0,462)\text{k}\Omega} \cong -204,47$$

Considerando $R_L = R_C = 3\text{ k}\Omega$, por (11.7b), virá

$$A_{Vf} = \frac{-119\text{ k}\Omega}{3\text{ k}\Omega} \cong -39,67$$

[4] Realimentação de Corrente em Série (CS):

O diagrama de realimentação de corrente em série é dado na fig. 11.8. A relação I_o/V_S é denominada transcondutância com a realimentação, designa-se por g_{mf}, e é estabelecida como se segue:

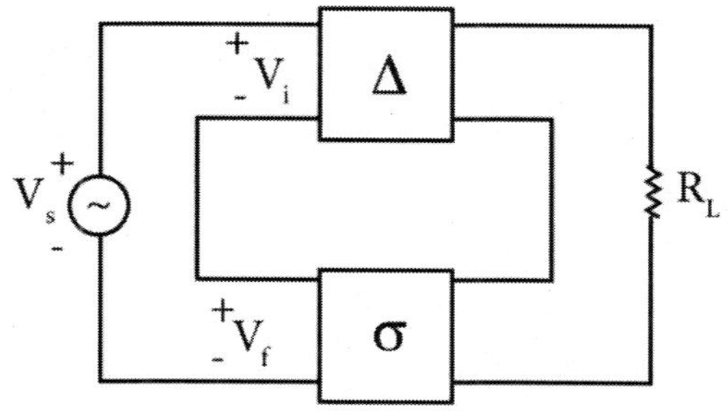

Fig.11.8

$$g_{mf} = \frac{I_o}{V_i + V_f} = \frac{I_o}{V_i\,(1 + V_f/V_i)}$$

Já a relação I_o/V_i é a transcondutância sem a realimentação, designa-se por g_m [em consonância com o parâmetro $y_f = g_m$ e equação (8.1b)]; o fator de tramissão inversa é ora definido como $\sigma'' = V_f/I_o$, e agora tem dimensão de resistência; no denominador, V_f/V_i, desdobra-se, $V_f/V_i = (V_f/I_o)/(I_o/V_i) = \sigma'' g_m$, o que leva a concluir que

$$g_{mf} = \frac{g_m}{1 + \sigma'' g_m} \qquad (11.7a)$$

Neste caso, temos ainda

$$R_{if} = R_i\,(1 + \sigma'' g_m) \qquad (11.7b)$$

Como $V_o/V_S = I_o R_L/V_S$ e $I_o/V_S = g_{mf}$, o ganho de tensão total do amplificador realimentado será dado por

$$A_{Vf} = g_{mf} R_L \qquad (11.8a)$$

E sendo $I_S = V_S/(r_S + R_{if})$, o ganho de corrente total do amplificador realimentado, I_o/I_S, virá dado por

$$A_{if} = g_{mf}\,(r_S + R_{if}) \qquad (11.8b)$$

Exemplo 11.4

. O amplificador realimentado por CS da fig. 11.9(a) é o mesmo da fig. 5.4(a) do Exemplo 5.2, com dados ora repetidos: R_C = 2,7 kΩ, $R_B = R_f$ = 400 kΩ, β = 110; r_e = 10,166 Ω, acrescentamos r_S = 50 Ω; ignorar r_c/β. Achar: g_{mf}, R_{if}, A_{Vf} e A_{if}.

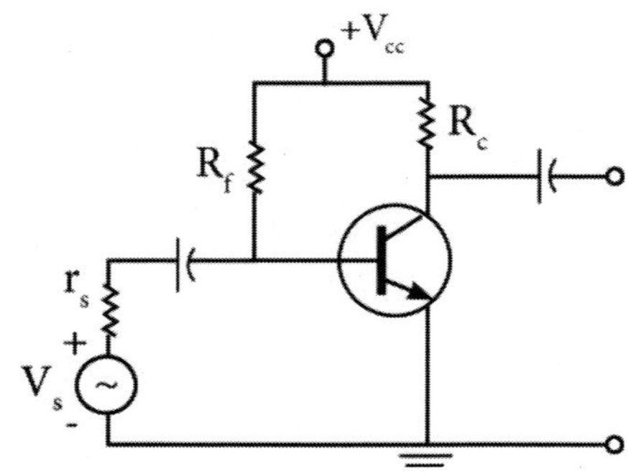

Fig.11.9(a)

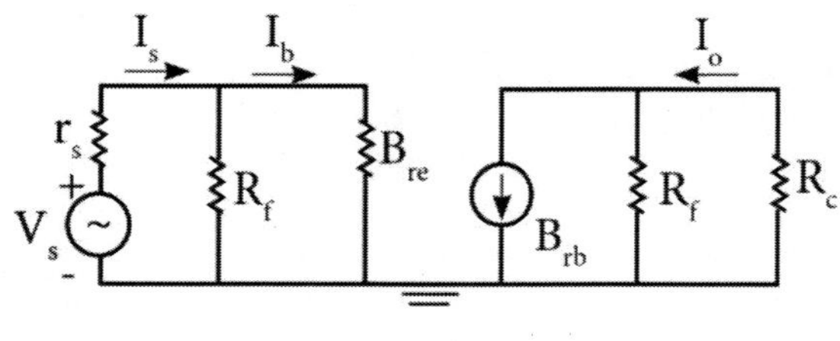

Fig.11.9(b)

O circuito equivalente da fig. 11.9(b), do qual temos

$$g_m = \frac{I_o}{V_i} = \frac{-\beta I_b}{\beta r_e\, I_b} = -\frac{1}{r_e} = -\frac{1}{10{,}166\ \Omega} \cong -0{,}098\ \Omega^{-1}$$

$$\sigma'' = \frac{V_f}{I_o} = \frac{\beta r_e\, I_b}{-\beta I_b} = -r_e = -10{,}166\ \Omega$$

Por (11.7a), virá

$$g_{mf} = \frac{-\,0{,}098\ \Omega^{-1}}{1 + (-\,10{,}166\ \Omega)(0{,}098\ \Omega^{-1})} \cong -\,0{,}049\ \Omega^{-1}$$

Sendo $R_i = R_f//\beta r_e \cong \beta r_e = 1{,}118\ k\Omega$ e considerando $R_L = R_C = 2{,}7\ k\Omega$; por (11.7b), temos:

$$R_{if} = R_i\,(1 + \sigma''g_m) = 1{,}118\ k\Omega\ [1 + (-10{,}166\ \Omega\ )(-0{,}098\ \Omega^{-1})] \cong 2{,}23\ k\Omega$$

Usando (11.8a), virá

$$A_{Vf} = g_{mf}\ R_C = (-0{,}049\ \Omega^{-1})(2.700\ \Omega) = -132{,}3$$

E por (11.8b)

$$A_{if} = g_{mf}\,(r_S + R_{if}) = (-0{,}049\ \Omega^{-1})(50 + 2.230)\Omega = -111{,}72$$

11.3. Circuitos Osciladores

Vimos que na realimentação positiva o sinal de realimentação X_f deve estar em fase com o sinal de entrada X_i.

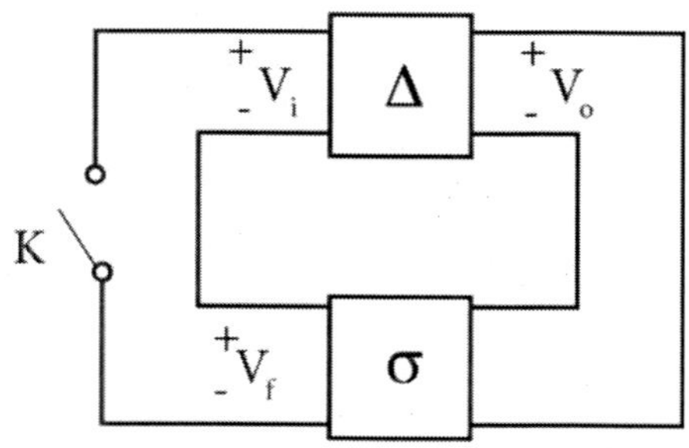

Fig.11.10

No circuito amplificador realimentado da fig. 11.10, supõe-se que é dotado de várias malhas de alimentação com resistências e capacitores, não mostradas. Ele pode ser posto em oscilação, após operar a chave K, de modo a se ter $V_f = V_i$, sendo esta a 1ª condição de oscilação; como, $V_f = \sigma A_V\ V_i$, impõe-se que $\sigma A_V = 1$ e, portanto, $A_V = 1/\sigma$, que é a 2ª condição de oscilação do circuito, conhecido como critério de Barkhausen. Na verdade, para que a oscilação se efetiva, A_V deve ser um pouco maior que σ, ou seja,

$$A_V > \frac{1}{\sigma} \qquad (11.9a)$$

Os circuitos osciladores são de duas classes: analógicos (processam sinais contínuos, como os senóidais) e digitais (processam sinais discretos, como de pulsos). A seguir vamos estudar apenas os principais osciladores senóidais.

[1] Osciladores Senoidais RC

Eles são de dois tipos, a saber:

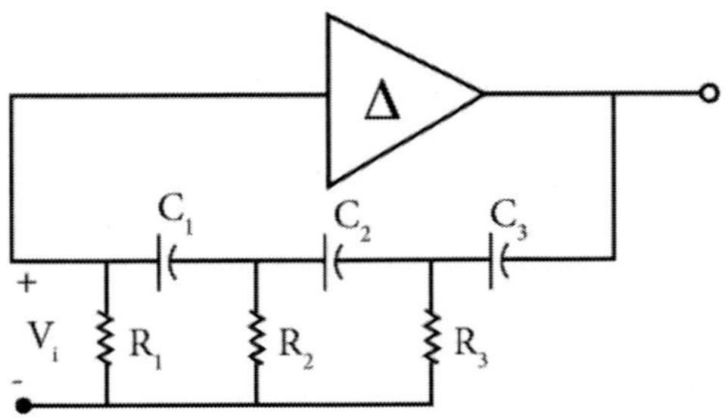

Fig.11.11

(1) Oscilador Phase-Shift ou de deslocamento, RC da fig. 11.11, no qual V_f está deslocada de 180º elétricos de V_o. Verifica-se que as malhas RC introduzem uma atenuação na tensão de realimentação V_f de 29 vezes da tensão de saída V_o, ou seja, $V_f = V_o/29$; donde segue-se que σ =1/29, e, por consequência, a condição (11.9b) passa a ser

$$|A_V| > 29 \qquad (11.9b)$$

Também comprova-se que a frequência de oscilação é dada por

$$f_{os} = \frac{1}{2\pi\sqrt{6}RC} \qquad (11.9c)$$

Exemplo 11.5

. Para o oscilador phase-shift com transistor, fig. 11.12, são dados: R_1 = 43 kΩ, R_2 = 27 kΩ, R = 7,5 kΩ, R_C = 2 kΩ, R_E = 20 kΩ, R_F = 2 kΩ, r_o = 40 kΩ, C = 820 pF, C_F = 82 pF, β = 300 e r_e = 16 Ω. Calcular: f_{os} e A_V .

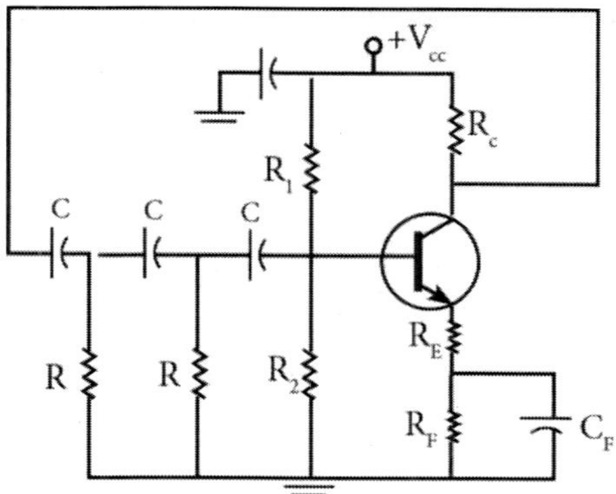

Fig.11.12

Por (11.9c), temos,

$$f_{os} = \frac{1}{2\pi\sqrt{6}\,(7{,}5\text{x}10^3\ \Omega)(820\text{x}10^{-12}\ \text{F})} \cong 10{,}56\ \text{kHz}$$

Sendo $V_o = R_o(-\beta I_b)$ e $V_i = R_i\, I_b$, virá

$$A_V = -\ \beta\,\frac{R_o}{R_i}$$

onde $R_o = R_C\,//r_o$ = 2 kΩ//40 kΩ ≅ 1,9 kΩ e $R_i = R_1//R_2\,//[\beta r_e + (\beta + 1)R_E]$ = 43 kΩ//27 kΩ//[4,8 kΩ + 301x 20 kΩ] ≅ 16,54 kΩ.

Então,

$$A_V = -\ 300\,\frac{1{,}9\ \text{k}\Omega}{16{,}54\ \text{k}\Omega} \cong -\ 34{,}46$$

E, portanto, A_V supera a atenuação prescrita que é de - 29.

(2) Oscilador em Ponte de Wien

O circuito oscilador em ponte de Wien com amp-op é dado na fig. 11.13, onde V_3 está em fase com V_i; o ramo das resistências R_1 e R_2 introduz realimentação negativa, enquanto o ramo RC que produz a realimentação positiva que se efetiva para dada frequência de oscilação f_{os}, para a qual V_2 fica em fase com V_i e sofre a atenuação de 3 vezes da tensão de entrada, ou seja, $V_2 = V_i/3$; daí segue-se que $\sigma = 1/3$ e tem-se $A_V > 3$.

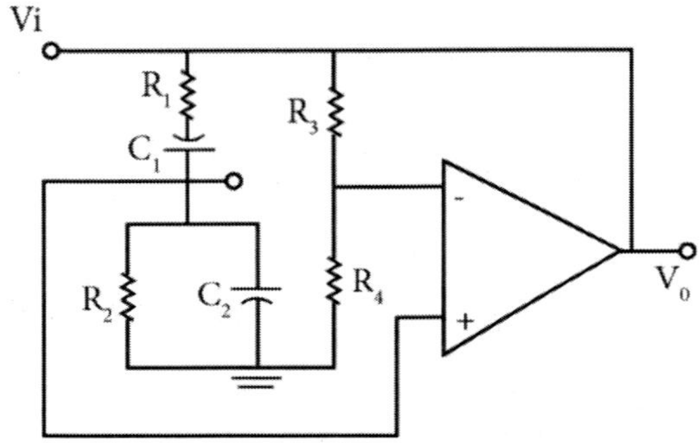

Fig.11.13

A frequência de oscilação é dada por

$$f_{os} = \frac{1}{2\pi \sqrt{R_1 C_1 R_2 C_2}} \qquad (11.10a)$$

Para $R_1 = R_2 = R$ e $C_1 = C_2 = C$, a expressão supra simplifica-se para

$$f_{os} = \frac{1}{2\pi RC} \qquad (11.10b)$$

Exemplo 11.6

. Para o oscilador em ponte de Wien da fig. 11.13, são dados: $R_1 = R_2 = R = 47$ kΩ, $R_3 = 270$ kΩ, $R_4 = 82$ kΩ e $C_1 = C_2 = C = 0{,}33$ nF. Calçular: f_{os} e A_V.

Usando (11.10b), virá

$$f_{os} = \frac{1}{2\pi\,(47x10^3\,\Omega)(0{,}33x10^{-9}\,F)} \cong 10{,}26\ kHz$$

Temos

$$A_V = -\frac{R_3}{R_4} = -\frac{270\ k\Omega}{82\ k\Omega} = -\ 3{,}29$$

que supera a atenuação prevista.

[2] Osciladores Senoidais LC

Que também são de dois tipos, a saber:

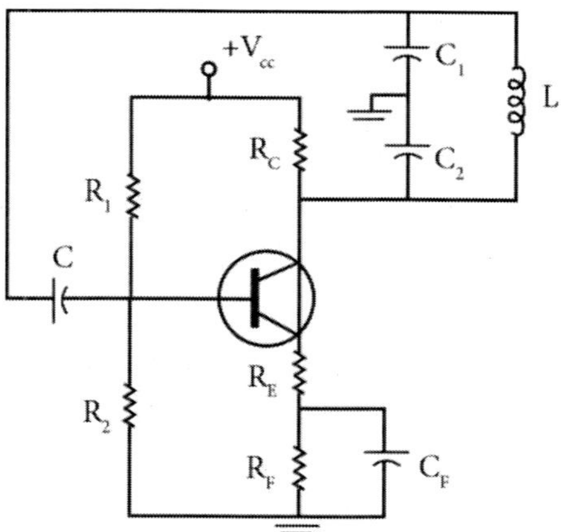

Fig.11.14

(1) Oscilador Colpitts com transistor é dado na fig. 11.14, com um circuito ressonante em paralelo, que produz um defasamento de 180° elétricos de V_o, e para o qual temos $V_f = (1/j\omega C_2)I_f$ e $V_o = 1/j\omega C_1\ I_f$, de modo que podemos concluir que

$$\sigma = \frac{C_1}{C_2} \qquad (11.10a)$$

E a condição (11.9a) cumpre-se, então, para

$$A_V > \frac{C_2}{C_1} \qquad (11.10b)$$

E sendo,

$$C_{eq} = \frac{C_1\, C_2}{C_1 + C_2} \qquad (11.10c)$$

a frequência virá dada por

$$f_{os} = \frac{1}{2\pi \sqrt{L\, C_{eq}}} \qquad (11.10d)$$

Como em geral tem-se $X_L >> X_{C2}$ despreza-se X_{C2} diante de X_L. Como já vimos, $R_i = R_1//R_2 //[\beta r_e + (\beta +1)R_E]$, e cumpre-se, ademais, que, $R_i >> X_{C2}$. Por outro lado, o indutor possui a resistência intrínseca R_b do enrolamento, e para o qual se define o fator de qualidade,

$$Q = \frac{\omega L}{R_b} \qquad (11.11a)$$

onde Q é adimensional; usa-se substituir R_b por $R_Q = Q\omega L$, para que este fique em paralelo com R_C na malha de saída, como indicado na fig. 11.15(a); no cálculo da impedância de saída, como $R_Q >> X_{C1}$, pode-se desprezar X_{C1}, como na fig. 11.15(b), e o ganho de tensão virá dado por

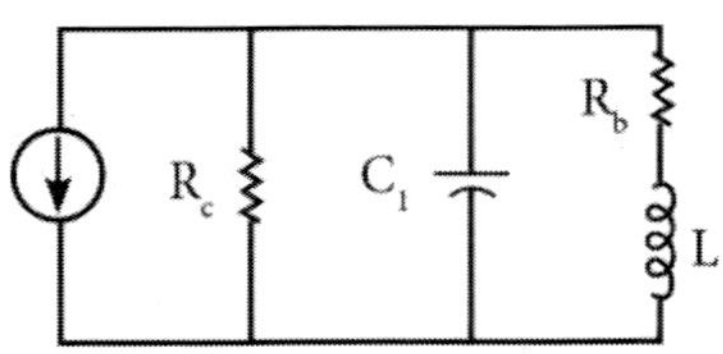

Fig.11.15(a)

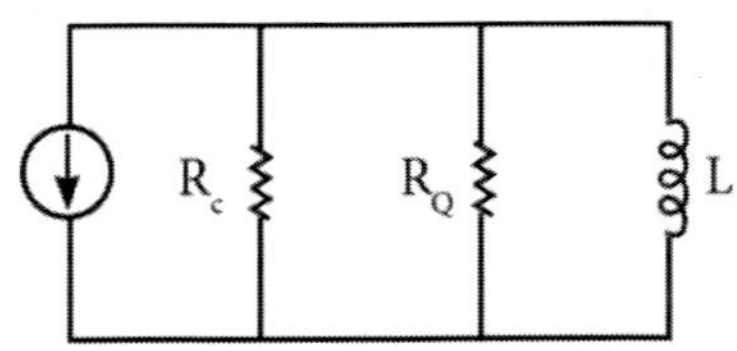

Fig.11.15(b)

$$A_V = -\beta \frac{R_C//R_Q}{R_i} \qquad (11.11b)$$

Exemplo 11.7

. Para o oscilador Colpitts da fig. 11.14, são dados: R_1 = 47 kΩ, R_2 = 33 kΩ, R_C = 3,6 kΩ, R_E = 200 Ω, C_1 = 100 pF, C_2 = 820 pF, L = 16 μH, Q = 25, β = 100 e r_e = 20 Ω. Calcular: f_{os} e A_V.

De (11.10c), virá

$$C_{eq} = \frac{(100\ \text{pF})(820\ \text{pF})}{(100 + 820)\text{pF}} \cong 89\ \text{pF}$$

donde a frequência

$$f_{os} = \frac{1}{2\pi\sqrt{(16\text{x}10^{-6}\ \Omega.\text{s})(89\text{x}10^{-12}\ \Omega^{-1}\text{s})}} \cong 4{,}2\ \text{MHz}$$

Sendo

$$R_Q = \omega L = 25[2\pi\ (4{,}2\text{x}10^{6}\ \text{s}^{-1})(16\text{x}10^{-6}\ \Omega.\text{s})] \cong 10{,}56\ \text{k}\Omega$$

$$R_i = 47\ \text{k}\Omega//33\ \text{k}\Omega//[2\ \text{k}\Omega + (101)200\ \Omega] \cong 8{,}17\ \text{k}\Omega$$

$$X_{C1} = \frac{1}{2\pi(4{,}2\text{x}10^{6}\ \text{s}^{-1})(100\text{x}10^{-12}\ \Omega^{-1}\text{s})} \cong 378{,}94\ \Omega$$

$$X_{C2} = \frac{1}{2\pi(4{,}2\text{x}10^{6}\ \text{s}^{-1})(820\text{x}10^{-12}\ \Omega^{-1}\text{s})} \cong 46{,}21\ \Omega$$

Então,

$$A_V = -100\frac{3{,}6\ \text{k}\Omega\ //10{,}56\ \text{k}\Omega}{8{,}17\ \text{k}\Omega} \cong -32{,}64$$

E, portanto,

$$A_V > \frac{1}{\sigma} = \frac{820\ \text{pF}}{100\ \text{pF}} = 8{,}2$$

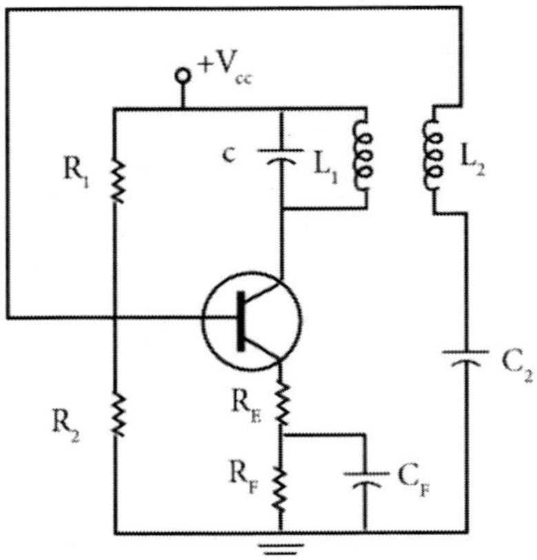

Fig.11.16

(2) Oscilador Hartley, dado na fig. 11.16, no qual V_o está no terminal de L_1 e V_f no terminal de L_2; o transistor introduz um defasamento de 180º e o indutor, igual defasamento, de modo que o defasamento total é nulo.

Sendo $X_{L1} = \omega L_1$ e $X_{L2} = \omega L_2$, para o oscilador Hartley, temos

$$\sigma = \frac{L_2}{L_1} \tag{11.12a}$$

E a condição (11.9a) cumpre-se para

$$|A_V| > \frac{L_1}{L_2} \tag{11.12b}$$

Por sua parte, o ganho de tensão é dado por

$$A_V = -\beta \frac{R_Q}{R_i} \tag{11.12c}$$

onde agora $R_Q = Q\omega L_1$; a frequência é dada por

$$f_{os} = \frac{1}{2\pi \sqrt{L_1 C}} \tag{11.12d}$$

Quando as indutâncias estão em série, substituir em (11.12d), L_1 por $L_{eq} = L_1 + L_2 + 2M$, sendo M a indutância mútua, assim como em R_Q.

Exemplo 11.8

. Para o oscilador Hartley da fig. 11.16, são dados: $R_1 = 50$ kΩ, $R_2 = 30$ kΩ, $R_E = 120$ Ω, $L_1 = 2$ mH, $L_2 = 0{,}5$ mH, C = 50 nF, Q = 60, β = 50 e $r_e = 24$ Ω. Calcular: f_{os} e A_V.

Por(11.12d), temos

$$f_{os} = \frac{1}{2\pi \sqrt{(2x10^{-3}\ \Omega.s)(50x10^{-9}\ \Omega^{-1}s)}} \cong 15{,}92 \text{ kHz}$$

$$X_{L1} = 2\pi\ (15{,}92x10^{3}\ s^{-1})\ (2x10^{-3}\ \Omega.s) \cong 200\ \Omega$$

$$R_Q = Q\omega\ L_1 = 60\ [2\pi\ (15{,}92x10^{3}\ s^{-1})](2x10^{-3}\Omega.s) \cong 12\ k\Omega$$

$$R_i = 50\ k\Omega//30\ k\Omega//[1{,}2\ k\Omega + (51)120\ \Omega] \cong 5{,}26\ k\Omega$$

$$A_V = -50 \frac{12\ k\Omega}{5{,}26\ k\Omega} \cong -114$$

que satisfaz a condição

$$|A_V| > \frac{2\ mH}{0{,}5\ mH} = 4$$

[3] Osciladores Senoidais a Cristal

Quando se deseja uma frequência de oscilação fixa ou estável, usa-se no circuito oscilador uma fina lâmina de cristal de quartzo(1) envelopada, como na fig. 11.17(a), com circuito equivalente na fig. 11.17(b), onde z_C é a impedância do cristal e C_p a capacitância das placas condutoras, o qual apresenta elevado Q.

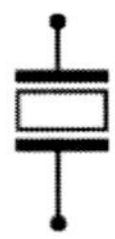

Fig.11.17(a)

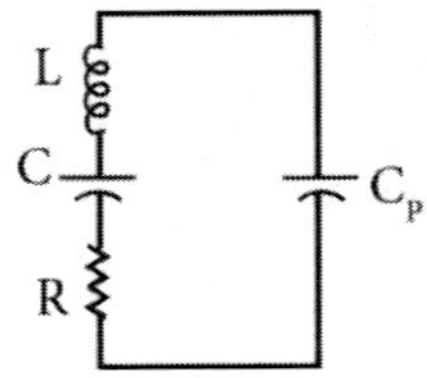

Fig.11.17(b)

(1) Como se sabe o cristal de quartzo detém propriedade piezoeléctrica; de igual modo: quando ele é submetido a uma tensão senoidal, expande-se durante a fase positiva e contrai-se durante a negativa, oscilando com frequência natural.

Um oscilador a cristal em série é mostrado na fig. 11.18; e na fig. 11.19 exemplifica-se um oscilador a cristal em paralelo.

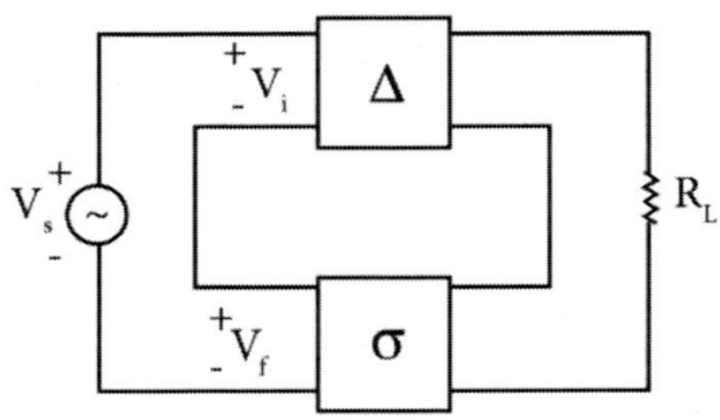

Fig.11.18

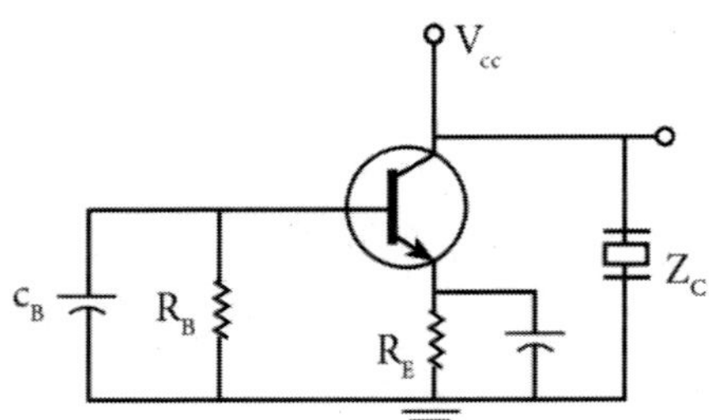

Fig.11.19

.. ..

Exercícios:

1) O amp-op da fig. 10.3(a) opera por TS; e são dados: $R_1 = 3$ kΩ e $R_f = 270$ kΩ. Achar: σ, A_{Vf}, R_{if} e A_{if}.
R. $\sigma \cong 0{,}11$, $A_{Vf} \cong 45{,}48$, $R_{if} \cong 6$ kΩ e $A_{if} \cong 183{,}84$.

2) O amplificador da fig. 11.P1 é realimentado por CP, para o qual são dados: $r_S = 820$ Ω, $r_e = 12$ Ω, $R_1 = R_2 = R_C = 3{,}6$ kΩ, $R_E = 1{,}2$ kΩ, $R_f = 12$ kΩ, e $\beta = 90$. Determinar: σ, A_{if}, R_{if} A_{Vf}.
R. $\sigma \cong 0{,}091$, $A_{if} \cong 10{,}52$, $R_{if} \cong 42{,}28$ Ω e $A_{Vf} \cong 43{,}92$.

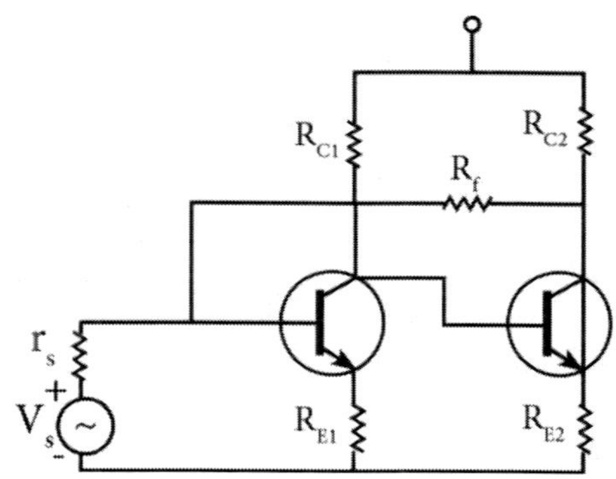

Fig.11.P1

3) O amplificador da 11.7(a) é realimentado por TP, para o qual são dados: $r_e = 20$ Ω, $R_C = 3{,}3$ kΩ, $R_f = 100$ kΩ, $\beta = 70$; $r_S = 40$ Ω. Calcular: R_{mf}, R_{if}, A_{Vf} e A_{if}.
R. $R_{mf} = -68{,}77$ kΩ, $R_{if} = 431$ Ω, $A_{Vf} = -146$ e $A_{if} = -20{,}84$.

4) O amplificador da fig. 11.P2 é considerado realimentado por CS, para o qual são dados: $R_B = 24$ kΩ, $R_C = 3$ kΩ, $R_E = 620$ Ω, $\beta = 100$, $r_e = 10$ Ω, e $r_S = 20$ Ω. Achar: σ", g_{mf}, A_{Vf}, R_{if} e A_{if}.
R. σ" = -620 Ω, $g_{mf} \cong -0{,}0008\ \Omega^{-1}$, $A_{Vf} \cong -2{,}41$, $R_{if} \cong 34{,}46$ kΩ e $A_{if} \cong -27{,}59$.

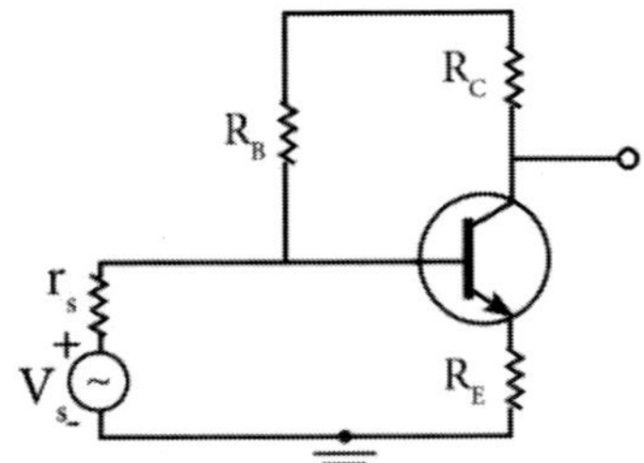

Fig.11.P2

5) Para o oscilador phase-shift com transistor, fig. 11.12, são dados: R_1 = 47 kΩ, R_2 = 33 kΩ, R = 12 kΩ, R_C = 4,3 kΩ, R_E = 16 kΩ, R_F = 1,1 kΩ, C = 330 pF, C_F = 56 pF, β = 250 e r_e = 10 Ω. Calcular: f_{os} e A_V.
R. $f_{os} \cong 16{,}41$ kHz; $A_V \cong -55{,}70$.

6) Para o oscilador em ponte de Wien da fig. 11.13, são dados: $R_1 = R_2 = R$ = 56 kΩ, R_3 = 360 kΩ, R_4 = 91 kΩ e $C_1 = C_2 = C$ = 0,82 nF. Calcular: f_{os} e A_V.
R. $f_{os} \cong 3{,}47$ kHz; $A_V \cong -3{,}96$.

7) Para o oscilador Colpitts da fig. 11.14, são dados: R_1 = 62 kΩ, R_2 = 43 kΩ, R_C = 2,2 kΩ, R_E = 120 Ω, C_1 = 120 pF, C_2 = 680 pF, L = 25 μH, Q = 40, β = 80 e r_e = 15 Ω. Calcular: f_{os} e A_V.
R. $f_{os} \cong 3{,}15$ MHz; $A_V \cong -168{,}10$.

8) Para o oscilador Hartley com FET, fig. 11.P3, são dados: R_G = 2 MΩ, L_1 = 1,8 mH, L_2 = 1,2 mH, M = 0,4 mH, C = 3,3 nF e Q = 60. Calcular f_{os}.
R. $f_{os} \cong 44{,}49$ kHz.

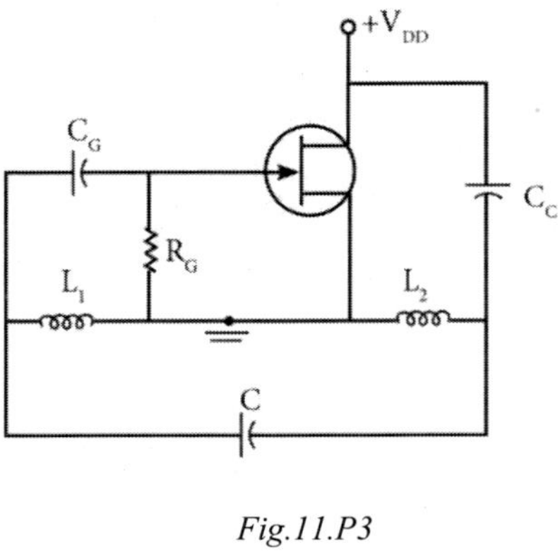

Fig.11.P3

APÊNDICE 1

1 - REVENDO A VELHA ELETRÔNICA

1.1. Válvula Termoeletrônica ou Díodo de Vácuo

Sir John Ambrose Fleming (1849-1945), engenheiro eletricista inglês, inspirado no tubo de Crookes e no efeito Edison (um filamento aquecido à alta temperatura transfere a corrente eletrônica para uma placa fria colocada dentro do bulbo a vácuo) inventou, em 1904, um dispositivo eletrônico que batizou de válvula termoeletrônica (depois chamado de díodo de vácuo) constituída de dois cilindros condutores metálicos coaxiais, que funcionam como elétrodos, onde o interno, chamado de cátodo emite elétrons, ao ser aquecido por um filamento incandescente disposto no seu interior, e o externo, denominado de ânodo ou placa, recebe os elétrons emitidos, quando entre eles se estabelece uma diferença de tensão; o conjunto é fixado dentro de uma ampola de vidro resistente com alto vácuo e interligado a dois circuitos elétricos independentes, um circuito elétrico auxiliar que fornece ao cátodo a fonte de calor e outro circuito elétrico principal, que atende aos elétrodos, como na representação esquemática da fig. 1.1(a). O díodo de vácuo tem representação simbólica na fig. 1.1(b), onde R_p é a resistência direta aparente da placa e a seta clara indica a sua polarização direta e também o sentido convencional da corrente elétrica (placa-cátodo) I_P; a sua curva característica tensão-corrente é dada na fig. 1.1(c), onde se tem $I_P \rightarrow 0$ para $\varepsilon_P < 0$, e $I_P \neq 0$ para $\varepsilon_P = 0$; essa curva é, às vezes, aproximada pela reta inclinada de $1/R_P$, fig. 1.1(d). Quando $R_P = 0$, o díodo de vácuo é dito ideal; se diretamente polarizado, equivale a um curto-circuito e se, inversamente polarizado, equivale a um circuito aberto cuja impedância tem valor infinito (já que a placa fria não emite elétrons); as duas situações são indicadas pelas posições da chave (fechada/aberta), fig. 1.2(a), e no gráfico da curva característica da fig. 1.2(b), onde se tem $I_P = 0$ para $\varepsilon_P < 0$.

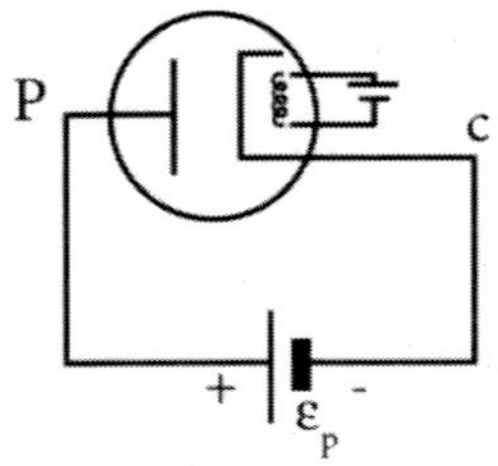

Fig.1.1(a)

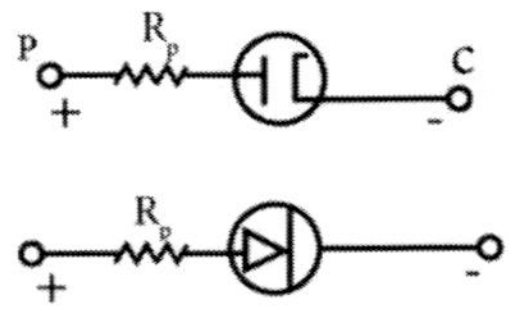

Fig.1.1(b)

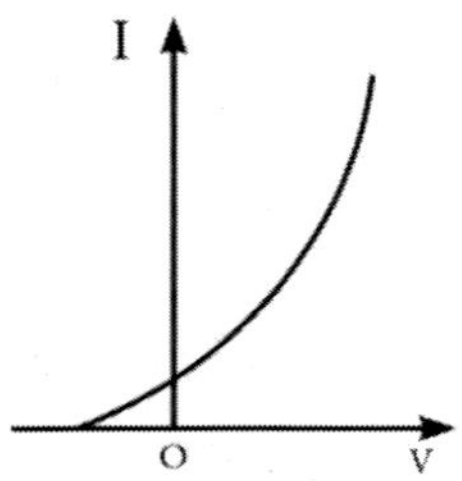

Fig.1.1(c)

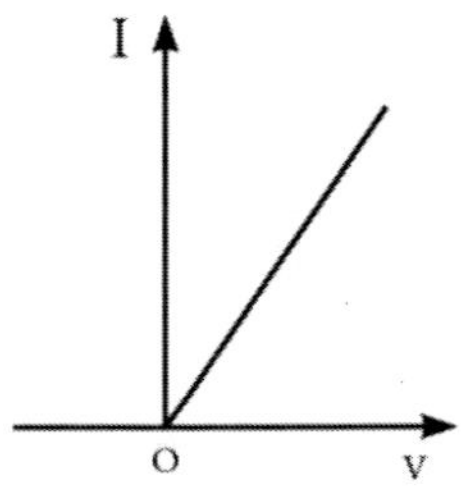

Fig.1.1(d)

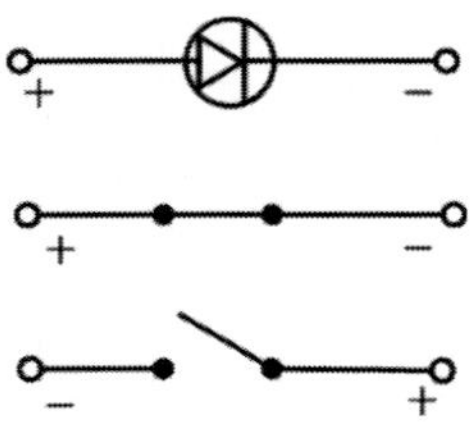

Fig.1.2(a)

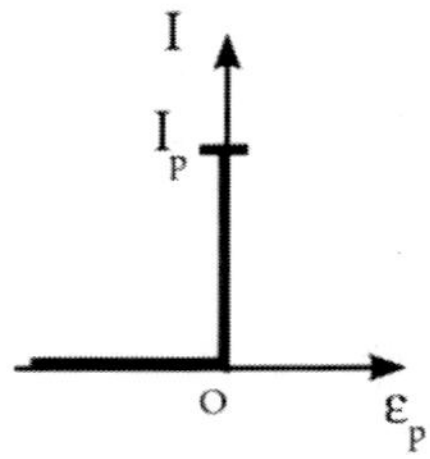

Fig.1.2(b)

Comercialmente o díodo de vácuo é designado por um código do fabricante constituído por algarismos e letras maiúsculas, por exemplo, 6 J 4, o 6 indica a tensão elétrica aproximada do filamento, J o tipo de díodo, e 4, o número de elementos conectados à base.

Quando o díodo de vácuo opera com fonte de tensão alternada, ele só conduz corrente elétrica durante os semicíclos positivos em que a placa tem polaridade positiva, ou seja, transforma a corrente alternada em pulsos de semiondas positivas, fig. 1.3, razão por que díodo de vácuo é chamado de dispositivo retificador.

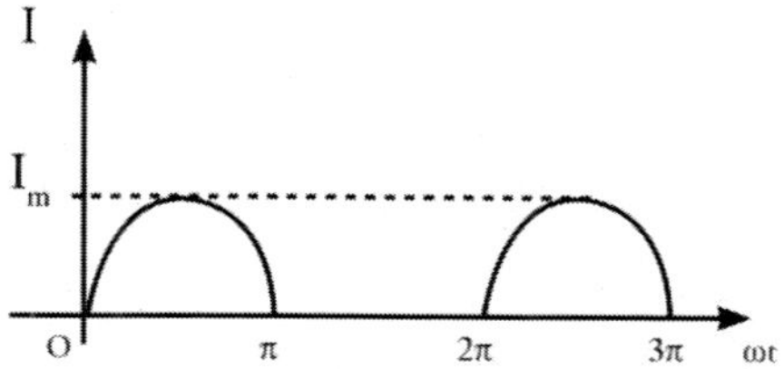

Fig.1.3

Exemplo 1.1

. Um díodo de vácuo de resistência direta R_P, fig. 1.4, opera com a tensão alternada, $v(t) = V_m$ sen ωt, e a resistência de carga R_L. Indicar as condições que se tem a corrente elétrica retificada por ele.

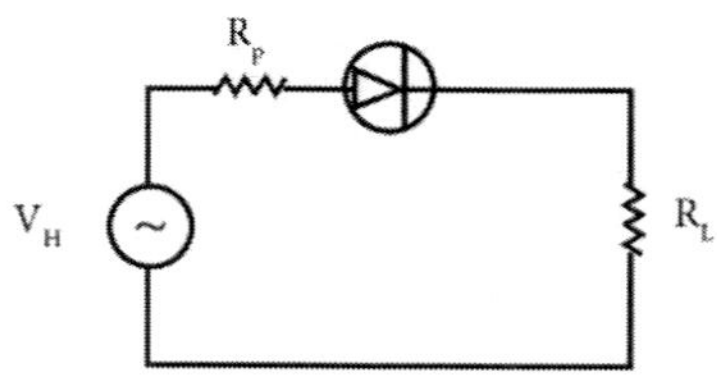

Fig.1.4

Usando a 2ª lei de Kirchhoff, temos à corrente instantânea de placa,

$$i_p = \frac{V_m \text{ sen } \omega t}{R_P + R_L} = I_m \text{ sen } \omega t \quad \text{para } 0 < \omega t < \pi$$

$$i_p = 0 \qquad \text{para } \pi < \omega t < 2\pi$$

pondo $I_m = V_m/(R_P + R_L)$; a meia onda se repete para os intervalos 2π a 3π; 4π a 5π, etc.; e anula-se para os intervalos 3π a 4π etc. como na fig. 1.3. O mesmo raciocínio vale para a tensão alternada, e(t).

Como é sabido, num condutor metálico à temperatura ambiente existem muitos elétrons livres que são os elétrons de valência que romperam seus laços com o núcleo, e se movem com velocidades aleatórias, cada um detendo certa energia cinética. Os que chegam à superfície do condutor são recapturados pelos núcleos, devido à barreira de potencial elétrico existente, de modo que, para cruzá-la, o elétron necessitará de energia adicional ou energia de liberação, usualmente chamada de função trabalho (porque representa o trabalho que o campo elétrico interno realiza para manter o elétron no seio do metal), que é própria para cada tipo de material condutor, da pureza do mesmo e do estado da sua superfície. Elevando-se a temperatura de um condutor metálico, a sua rede cristalina absorve a energia térmica e transfere-a aos elétrons livres, aumentando as suas velocidades médias, possibilitando que os mais rápidos vençam a barreira de potencial e abandonem a superfície do condutor, produzindo-se o fenômeno da emissão termoeletrônica.

Sendo E_{bp} a energia da barreira de potencial e E_{ce} a energia cinética máxima do elétron, então, a diferença entre elas será a função trabalho W, ou seja, o elétron é liberado da superfície do condutor sempre que $W = E_{bp} - E_{ce}$. Cada cátodo possui a sua função trabalho própria que está entre os limites $1eV \leq W \leq 5$ eV; por exemplo, a função trabalho do cobre é de 4,33 eV e a do tungstênio, 4,52 eV. Na fig. 1.5, tem-se o gráfico da energia em eletro-Volt, em função da distância de separação das superfícies dum cátodo.

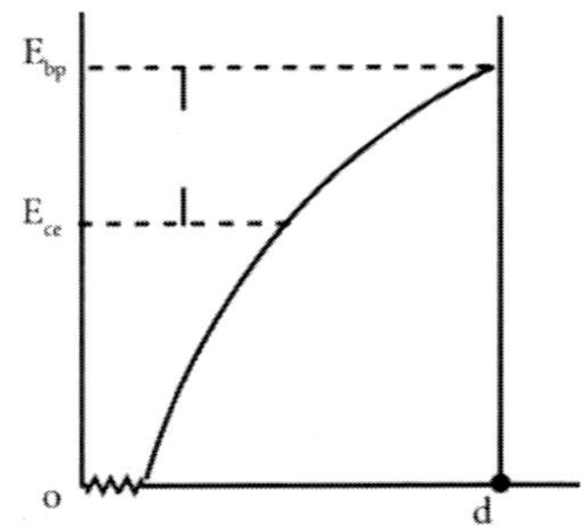

Fig.1.5

(1) Do Funcionamento do Díodo de Vácuo

A válvula termoeletrônica ou díodo de vácuo funciona da seguinte forma: aquecido o cátodo (C) a dada temperatura, os elétrons livres migram para a superfície do mesmo e, uma vez vencida a barreira de potencial, eles se libertam formando uma carga eletrônica espacial nas proximidades da superfície do cátodo, o qual torna-se positivamente carregado, e por sua vez, tende a atraí-los de volta. A aplicação de tensão elétrica entre os elétrodos que deixa a placa (P) com polaridade positiva estabelece entre esta e o cátodo um campo elétrico que impulsiona a carga eletrônica espacial para a placa, convertendo-a em corrente eletrônica que internamente fecha o circuito entre

C e P, e que é chamada de corrente de placa, I_P, em geral é pequena, da ordem do miliampère, que cresce conforme a exponencial da fig. 1.1(c). Pode-se variar a tensão elétrica entre C e P por meio de um reostato em paralelo com a fonte de tensão. Note-se que a corrente eletrônica tem sentido real de C para P, enquanto a corrente elétrica convencional tem sentido inverso, de P para C.

É interessante notar que o termo díodo significa dois caminhos, e no caso em exame temos: o 1º caminho é o do circuito elétrico auxiliar que proporciona o aquecimento do cátodo[(1)] com temperatura de ordem de 10^3 K[(2)] para produzir a emissão termoeletrônica, como vimos. Por conseguinte, o cátodo deve ser constituído de material que possa suportar altas temperaturas e não fundir, quebrar ou evaporar, para que proporcione o fenômeno da emissão termoeletrônica[(3)], a exemplo do tungstênio que opera em torno da temperatura de 2.500 K, abaixo do seu ponto de fusão que é de 3.653 K. O 2º caminho é o do circuito elétrico que integra os elétrodos e mantém a placa a potencial positivo em relação ao cátodo (este a potencial zero ou "terra") e fecha-se quando se estabelece a corrente de placa. Quando a tensão elétrica aplicada não é suficientemente adequada, parte do fluxo de elétrons pode não alcançar a placa e retornar à região do cátodo.

(1) O cátodo da fig. 1.1(a) é do tipo aquecido indiretamente, mas ele também pode ser aquecido diretamente, recoberto de óxido de bário ou outra que melhore o seu rendimento emissivo.

(2) K denota o grau Kelvin para o qual omite-se o símbolo (°).

(3) Tem-se a emissão termoiônica quando os portadores são íons metálicos, como no caso dos metais alcalinos com alguma impureza.

(2) Curva Característica do Funcionamento do Díodo de Vácuo

O díodo de vácuo é um elemento não-linear ou não-ôhmico e quando integra com circuito elétrico a composição passa a ser chamada de circuito eletrônico, cujo comportamento elétrico a dada temperatura absoluta já foi indicado na fig. 1.1(c). Contudo, para dada temperatura T de operação do cátodo, aumenta-se a tensão elétrica, ε_P, entre os elétrodos, a corrente eletrônica de placa, I_P, cresce até dado valor, além do qual ela se estabiliza, quando passa a ser chamada de corrente de saturação, I_S, mesmo que a tensão elétrica continue sendo aumentando, como na curva característica tensão-corrente da fig. 1.6(a). Fazendo o cátodo operar à temperatura T_2, $T_2 > T_1$, obtém-se uma 2ª curva como na fig. 1.6(b).

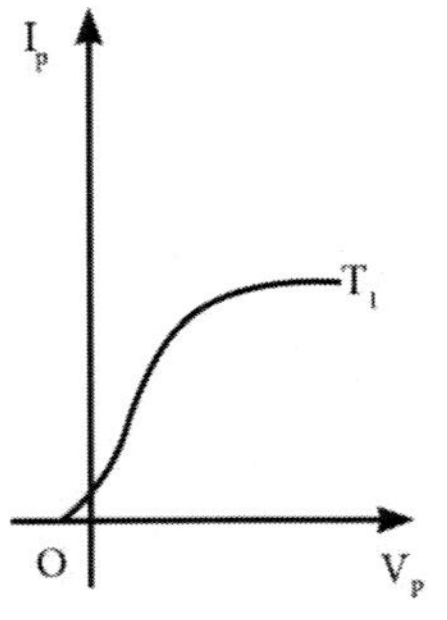

Fig.1.6(a)

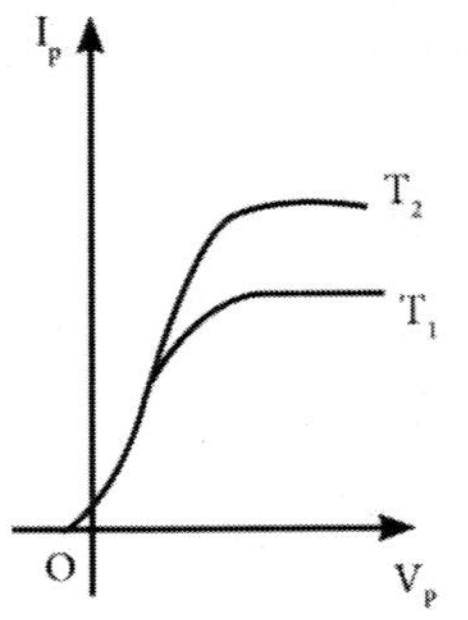

Fig.1.6(b)

Para o estudo do díodo de vácuo pelo método gráfico, elege-se um ponto de trabalho estático ou dito quiescente, Q (V_Q, I_Q) sobre a curva característica, fig. 1.7.

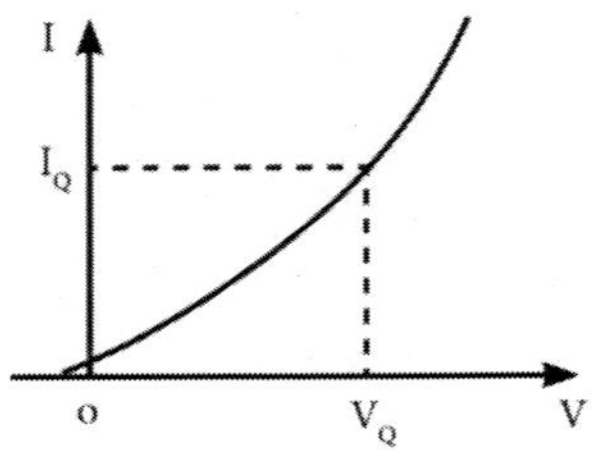

Fig.1.7

(3) Equação da Emissão Termoeletrônica

A equação que rege o comportamento da corrente eletrônica de saturação, I_S, no díodo de vácuo, foi estabelecida em função da área da superfície S do elétrodo, da característica do material do mesmo A_o, da temperatura absoluta T do cátodo, da função trabalho W e da constante de Boltzamann, k = 1,380 6 58x10^{-23} J/K, a qual foi tornada pública em 1914 por Sir Owen Willans Richardson (1879-1959), físico inglês, que se baseou na teoria cinética dos gases e foi depois reformulada em 1923 por S. Dushman (1883 - 1954), físico russo-americano, que passou a ter a seguinte forma

$$I_S = S\,A_o\,T^2\,e^{-W/kT} \qquad (1.1a)$$

apesar desta equação conter o quadrado da temperatura absoluta, é o fator exponencial que dominará, por fim, o comportamento da corrente eletrônica, cuja curva característica tensão-corrente é dada na fig. 1.6(a).

Alternativamente, a equação supra pode ser expressa em termos de densidade de corrente eletrônica, de módulo

$$J_S = A_o T^2 e^{-W/kT} \qquad (1.1b)$$

Exemplo 1.2

. Determinar a corrente elétrica de saturação do díodo de vácuo sabendo-se que o cátodo tem 4,29 cm^2 de área, opera temperatura de 2.000 K e W = 4,5 eV e tendo o parâmetro $A_o = 6x10^5\ A/m^2/K^2$.

Inicialmente,

$$W = 4{,}5\ eV\left(\frac{1{,}602\ 177\ 33\ x10^{-19}\ J}{1\ eV}\right) = 7{,}209\ 797\ 985x10^{-19}\ J$$

e

$$\frac{W}{kT} = \frac{7{,}209\ 797\ 985x10^{-19}\ J}{(1{,}380\ 658x10^{-23}\ J/K)\ (2x10^3\ K)} \cong 26{,}11$$

Alternativamente pode-se usar a constante de Boltzamann em eV e teríamos $W/kT = (11{,}604x10^3\ K/eV)(4{,}5\ eV)/(2x10^3K) \cong 26{,}11$.

Então, por (1.1a), virá

$$I_S = (5{,}29x10^{-4}\ m^2)\ (6x10^5\ A/m^2/K^2)\ (2x10^3\ K)^2\ e^{-26{,}11}$$

$$I_S = 5{,}811\ x10^{-3}\ A\ =\ 5{,}811\ mA$$

(4) Equação da Corrente de Placa

Para um díodo de vácuo de elétrodos planos de área S, paralelos, separados pela distância d, à guisa de um capacitor, a relação entre a corrente eletrônica de placa, I_P, e a tensão elétrica aplicada aos elétrodos, foi estabelecida em 1911 e por C. D. Child (18.. – 19..), físico norte-americano e independentemente, em 1913, por Irving Langmuir (1881-1957), químico norte-americano, que tem a forma

$$I_P = \frac{4}{9}\varepsilon_0\sqrt{\frac{2e}{m_e}}\frac{S}{d^2}\varepsilon_P^{3/2} \qquad (1.2a)$$

Substituindo os valores das constantes indicadas, ε_o = 8,854 187 817x10^{-12} $C^2/N.m^2$, e = 1,602 177 33x10^{-19} C e m_e = 9,109 389 7x10^{-31} kg, a equação supra simplifica-se para a forma aproximada

$$I_P = 2{,}33 \times 10^{-6} \left(\frac{S}{d^2}\right)\varepsilon_P^{3/2} \qquad (1.2b)$$

Como I_P é formada de carga eletrônica espacial, não pode chegar à placa um número de elétrons superior aos emitidos pelo cátodo, de modo que $I_P \leq I_S$.

Pondo $\alpha = 2{,}33 \times 10^{-6} S/d^2$ $(C^{5/2}/N.m^2.kg^{1/2})$, a equação acima toma a forma mais simples, usualmente chamada de ley de Child:

$$I_P = \alpha\, \varepsilon_P^{3/2} \qquad (1.2c)$$

Como o díodo de vácuo é um elemento não-linear, fig. 1.8(a), a resistência direta aparente, $R_P = \varepsilon_{PP}/I_P$, é também não-ôhmico; e substituindo I_P, temos

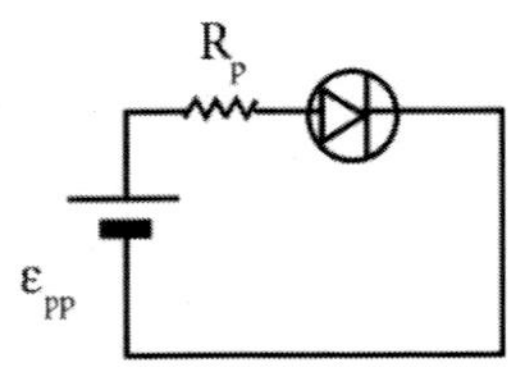

Fig.1.8(a)

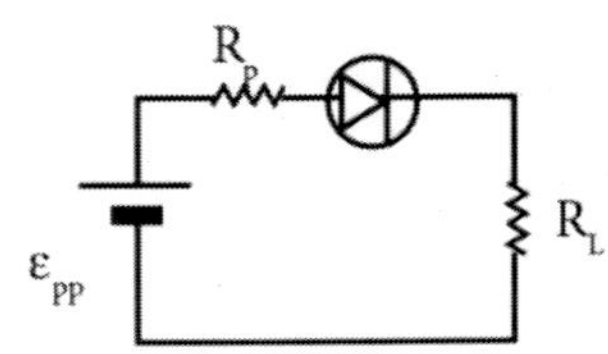

Fig.1.8(b)

$$R_P = \frac{1}{\alpha\, \varepsilon_{PP}^{1/2}} \qquad (1.2c)$$

Para pequenas variações de ε_{PP} em torno de Q, define-se a resistência dinâmica $r_P = d\varepsilon_{PP}/dI_P$, que introduzindo as diferenciais indicadas no resulta do supra, encontramos, r_P = [illegible] R_P.

Introduzindo no circuito eletrônico da fig. 1.8(a) uma resistência de carga, R_L, como na fig. 1.8(b), a equação do circuito é, $I_P R_L = - V_P + \varepsilon_{PP}$, donde

$$I_P = -\frac{1}{R_L} V_P + \frac{\varepsilon_{PP}}{R_L} \qquad (1.2d)$$

Tomando $I_P = 0$, tem-se ε_{PP} sobre o eixo das tensões, e para $\varepsilon_{PP} = 0$ obtém-se $I_P = V_P/R_L$, no eixo das correntes, fig. 1.9, e a reta traçada pelo ponto quiescente, Q, que intercepta os eixos V_P e I_P, denomina-se reta de carga estática, de inclinação $-1/RL$.

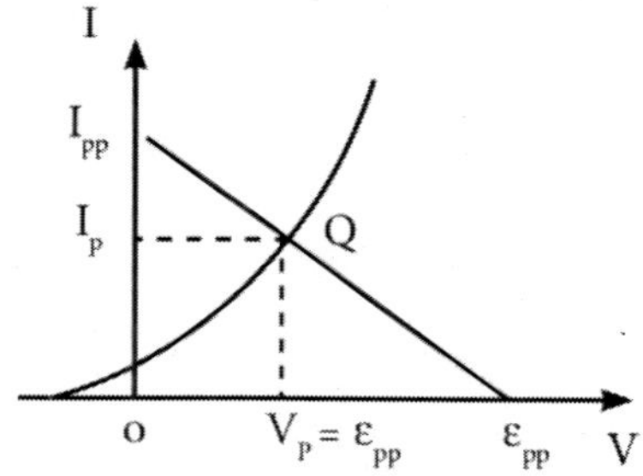

Fig.1.9

Exemplo 1.3

. Dado o circuito eletrônico, fig. 1.10(a), com fonte de tensão elétrica de 13,5 V em série com um díodo de vácuo ideal e a resistência de carga de 450 Ω. Usando o gráfico do díodo, fig. 1.10(b), achar as tensão e corrente de placa, bem como a potência elétrica quiescente (isto é, em descanso).

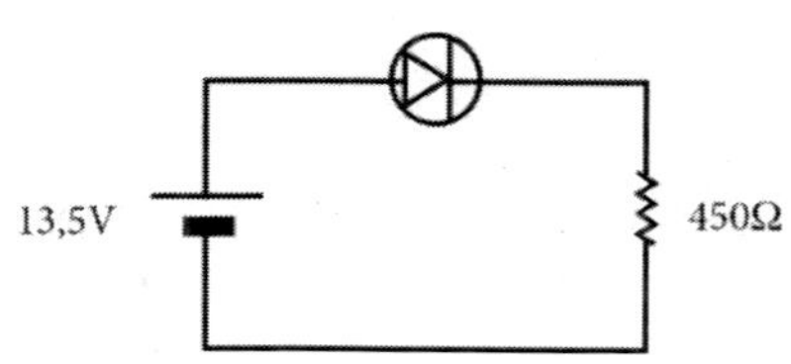

Fig.1.10(a)

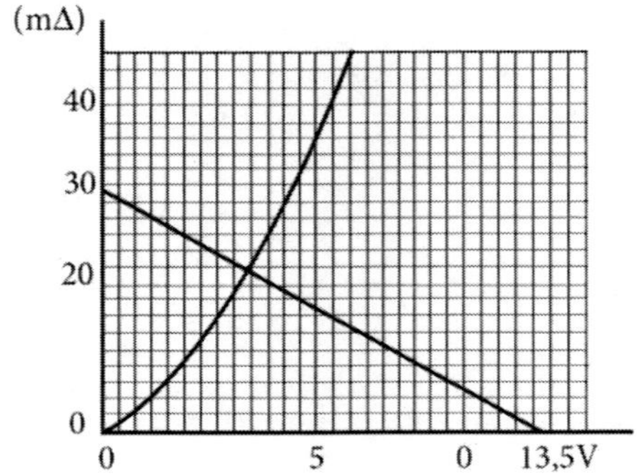

Fig.1.10(b)

Temos a corrente elétrica no resistor:

$$I_{PP} = \frac{13{,}5\ V}{450\ \Omega} = 30\ mA$$

junto com ε_{PP} = 13,5 V, obtém-se Q (4,5 V; 20 mA), ou seja, V_P = 4,5 V e I_P = 20 mA, que se confirma por (1.2d):

$$I_P = -\frac{4{,}5\ V}{450\ \Omega} + 30\ mA = 20\ mA$$

donde a potência quiescente

$$P = (4{,}5\ V)(20\ mA) = 90\ mW$$

Obviamente não se pode calcular I_P por (1.2c) porque não se conhece α.

(5) Variação do Potencial Elétrico

A variação do potencial elétrico em função da distância d entre o cátodo e a placa é analisada como se segue: com o cátodo à temperatura 0 K e a placa a um potencial elétrico V_o, tem-se entre os elétrodos um campo elétrico uniforme, fig. 1.11(a); aumentada a temperatura do cátodo para $T_1 > 0$, a formação de carga elétrica espacial no cátodo faz diminuir a intensidade do campo elétrico, já que algumas linhas de força não chegam ao cátodo, fig.

1.11(b); com o cátodo a $T_2 > T_1$, a intensidade do campo elétrico enfraquece mais um pouco, visto que as linhas de força terminam nos elétrons a meio caminho da placa, não mais atingindo o cátodo, fig. 1.11(c); e, finalmente, com o cátodo a $T_3 > T_2$, forma-se nas proximidades do cátodo do campo elétrico oposto ao original cujas linhas de força terminam nos elétrons que são atraídos pelo cátodo, que se tornou positivo, enquanto na placa tem-se o efeito de saturação da corrente fig. 1.11(d). Estas situações também podem traduzidas em termos dos potenciais elétricos como na fig. 1.11(e).

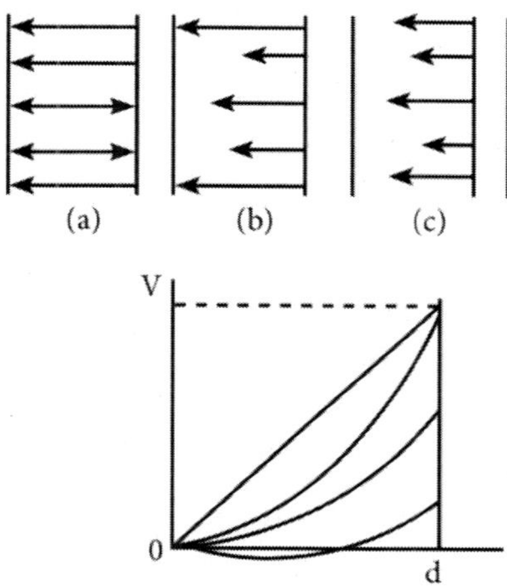

Fig.1.11

1.2. Válvula de Três Elétrodos ou Tríodo

Em 1906, Lee De Forest (1873-1961), inventor norte-americano, teve a ideia de inserir uma grade eletrônica (à guisa de uma pequena malha ou fio em hélice) no díodo de vácuo, criando assim um terceiro elétrodo entre o cátodo e a placa, fig. 1.12(a), representado esquematicamente na fig. 1.12(b), onde estão indicadas as duas fontes de tensão elétrica, a fonte de tensão elétrica de grade, ε_C, que tem a função de manter a grade sempre a potencial negativo em relação ao cátodo, e que controla a fonte de tensão de placa, ε_P, e subsequentemente, também a corrente elétrica de placa, I_P.

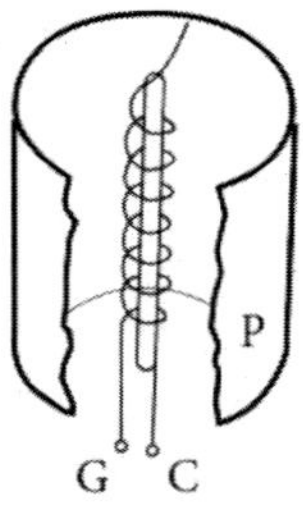

Fig.1.12(a)

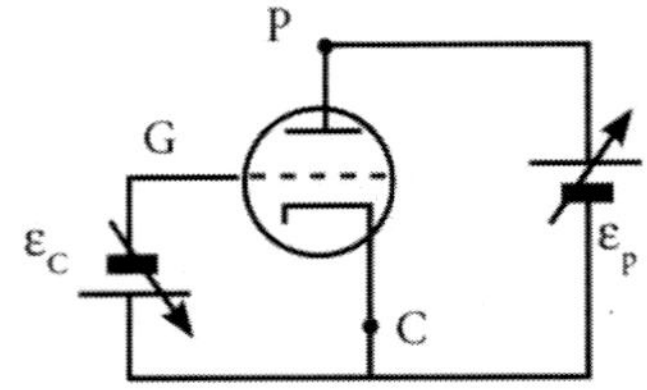

Fig.1.12(b)

Comercialmente o tríodo é designado por um código do fabricante composto de algarismos e letras maiúsculas, por exemplo, 6 C 5, 12 AX 7, com significado análogo ao do díodo.

Verifica-se que à medida que ε_C torna-se mais negativa, a corrente de placa I_P diminui, enquanto tensão elétrica de placa, ε_P, aumenta, e reciprocamente, razão por que o tríodo é considerado um dispositivo eletrônico amplificador. Por conseguinte, a corrente de placa I_b torna-se função de ambas as fontes de tensão elétrica, e podemos escrever implicitamente

$$I_P = f(\varepsilon_P, \varepsilon_C) \qquad (1.3a)$$

A interdependência dessas três variáveis possibilita que tenhamos igualmente a função, $\varepsilon_P = f(I_P, \varepsilon_C)$, assim como $\varepsilon_C = f(\varepsilon_P, I_P)$. A equação da corrente elétrica de placa, estabelecida experimentalmente, tem a forma

$$I_P = \alpha\,(\varepsilon_P + \mu\,\varepsilon_C)^{3/2} \qquad (1.3b)$$

onde μ é um parâmetro a ser definido e α a constante geométrica do tríodo. Para cada tríodo a inter-relação corrente e tensões é estabelecida por via experimental que oferece uma família de curvas características de ε_C, como na fig. 1.13(a), que faculta o seu estudo pelo método gráfico. Neste, elege-se um ponto de trabalho estático ou dito quiescente, Q (ε_P, I_P) em curva característica escolhida, a partir do qual são estabelecidas as relações entre os parâmetros. Alternativamente pode se usar a família de curvas características de placa, ε_P, fig. 1.13(a), onde se tem I_P em função de ε_C.

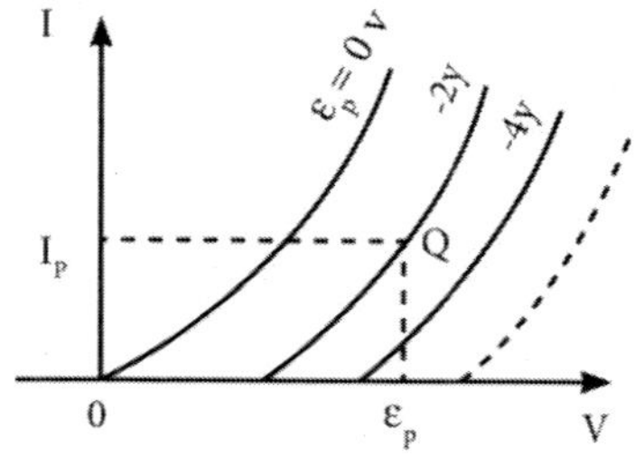

Fig.1.13(a)

Para o funcionamento do tríodo com corrente variável de placa, i_P, função das tensões instantâneas da placa e_p e de grade e_c, a equação supra toma a forma alternativa

$$i_p = \alpha\,(e_p + \mu\, e_c)^{3/2} \tag{1.3c}$$

[1] Parâmetros do Tríodo

Da inter-relação das variáveis, I_P, ε_P e ε_C, são estabelecidos os seguintes parâmetros do tríodo:

(1) Mantendo ε_C = constante, define-se a resistência dinâmica que varia de ponto a ponto, como a derivada parcial seguinte:

$$r_P = \frac{\partial\, \varepsilon_P}{\partial\, I_P}\Big|\, \varepsilon_{C\,=\,cte} \tag{1.4b}$$

No uso de gráfico com as curvas características de ε_C, usa-se tomar os incrementos respectivos em torno de dado ponto Q sobre dada curva de ε_C, fig. 1.14(a), $r_P \cong \Delta\varepsilon_P/\Delta I_P$.

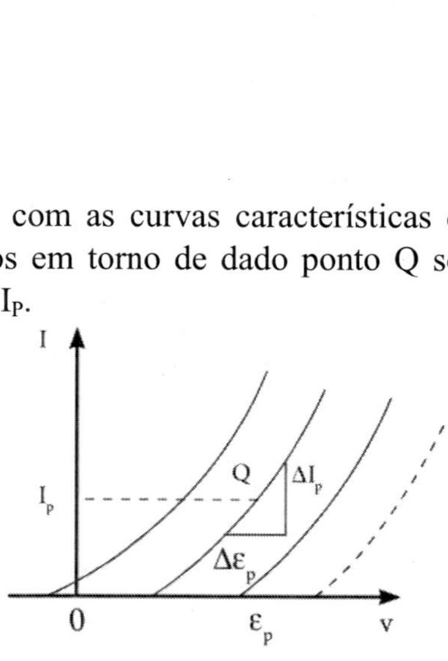

Fig.1.14(a)

(2) Provocando pequena variação ε_P mediante variação de ε_C, de modo a se ter $I_P =$ cte, define-se fator de amplificação como a derivada parcial

$$\mu = -\frac{\partial \varepsilon_P}{\partial \varepsilon_C}\Big|_{I_P = cte} \qquad (1.4a)$$

Contudo, na prática toma-se a aproximação da razão incremental pertinente, $\mu \cong -\Delta\varepsilon_P/\Delta\varepsilon_C$, fig. 1.14(b), onde o sinal (-) indica que os incrementos têm variações opostas.

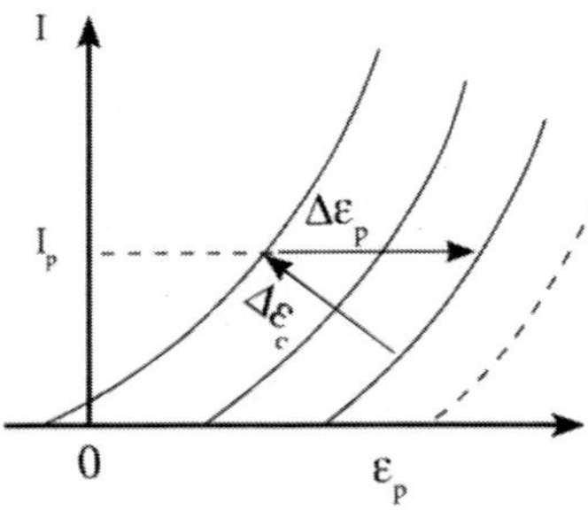

Fig.1.14(b)

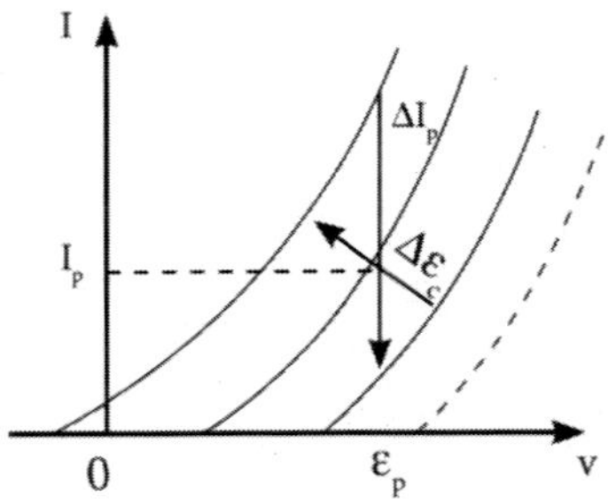

Fig.1.14(c)

(3) E para $\varepsilon_P =$ cte define-se condutância mútua ou transcondutância,

$$g_m = \frac{\partial I_P}{\partial \varepsilon_C}\Big|_{\varepsilon_P = cte} \qquad (1.4c)$$

ou em termos de razão incremental, fig. 1.14(c), $g_m \cong \Delta I_P/\Delta\varepsilon_C$.

[2] Circuito Equivalente de Thevenin e Norton

A função implícita $\varepsilon_P = f(I_P, \varepsilon_C)$ é dada pela diferencial total

$$d\varepsilon_P = \frac{\partial \varepsilon_P}{\partial I_P} dI_P + \frac{\partial \varepsilon_P}{\partial \varepsilon_C} d\varepsilon_C$$

ou convindo expressá-la em termos de incrementos,

$$\Delta\varepsilon_P = \frac{\Delta\varepsilon_P}{\Delta I_P}\Delta I_P + \frac{\Delta\varepsilon_P}{\Delta\varepsilon_C}\Delta\varepsilon_C$$

Substituindo acima as relações anteriores, e trocando a ordem das parcelas, obtemos

$$\Delta\varepsilon_P = -\mu\,\Delta\varepsilon_C + r_P\,\Delta I_P \qquad (1.5a)$$

Para o tríodo da fig. 1.15(a), esta expressão diz que o circuito anódico dele pode ser substituído pelo circuito equivalente Thevenin, fig. 1.15(b), tendo entre P e C um gerador de tensão de valor, $\mu\,\Delta\varepsilon_C$, em série com a resistência dinâmica r_P, supondo as fontes de tensões contínuas curto-circuitadas.

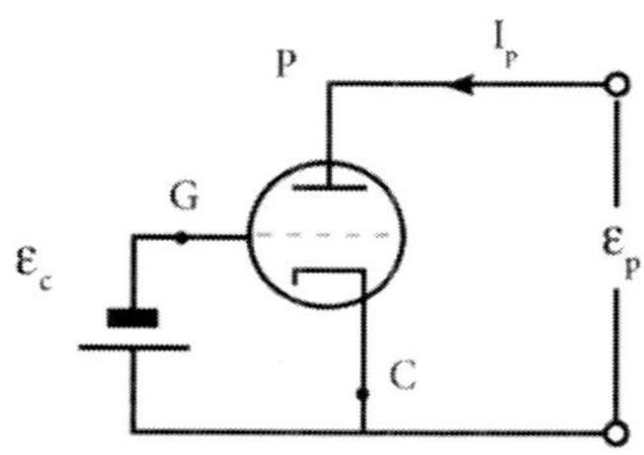

Fig.1.15(b)

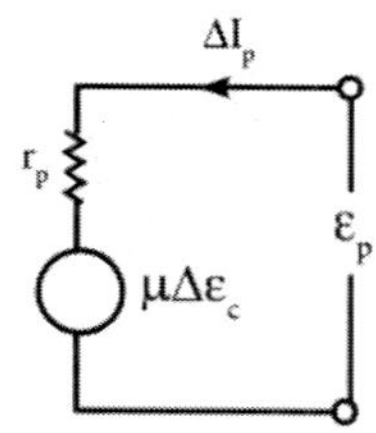

Fig.1.15(b)

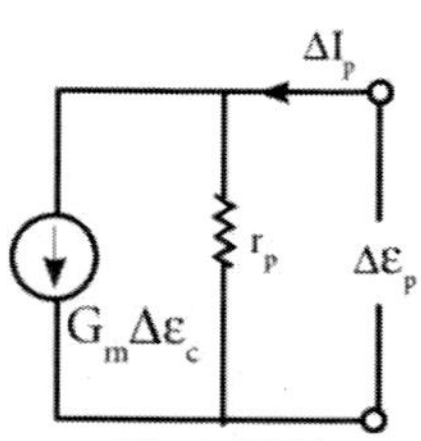

Fig.1.15(c)

Analogamente, a função implícita $I_P = f\,(\varepsilon_P, \varepsilon_C)$ é dada pela diferencial total

$$dI_P = \frac{\partial I_P}{\partial\varepsilon_P}d\varepsilon_P + \frac{\partial I_P}{\partial\varepsilon_C}d\varepsilon_C$$

ou convindo expressá-la em termos de incrementos,

$$\Delta I_P = \frac{\Delta I_P}{\Delta \varepsilon_P} \Delta \varepsilon_P + \frac{\Delta I_P}{\Delta \varepsilon_C} \Delta \varepsilon_C$$

Substituindo acima as relações anteriores e alterando a ordem das parcelas, obtemos

$$\Delta I_P = g_m \Delta \varepsilon_C + \frac{1}{r_p} \Delta \varepsilon_P \qquad (1.5b)$$

Para o mesmo tríodo, fig. 1.15(a), a expressão supra aplicada ao circuito anódico pode ser substituída pelo circuito equivalente Norton, fig. 1.15(c), tendo entre P e C um gerador de corrente de valor, $g_m \Delta \varepsilon_C$, em paralelo com a resistência dinâmica r_P, supondo as fontes de tensões contínuas curto-circuitadas.

Por outro lado, com r_p e g_m constantes sob a condição de $I_p = 0$, resulta à relação (1.5b)

$$g_m \, r_P = - \frac{\Delta \varepsilon_P}{\Delta \varepsilon_C}$$

E, portanto,

$$g_m \, r_P = \mu \qquad (1.5c)$$

Com o tríodo funcionando com corrente e tensões variáveis, i_p, e_p e e_c, também valem todas as definições retroestabelecidas.

Exemplo 1.3

. Para o ponto quiescente, Q(85 V; 4 mA), do gráfico do tríodo, fig. 1.16, determinar os parâmetros respectivos do mesmo.

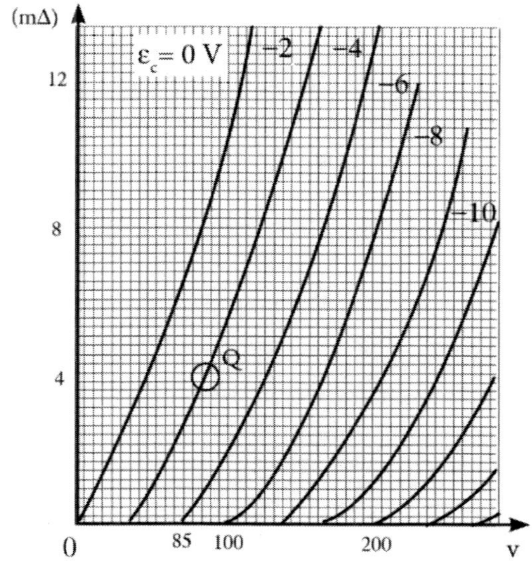

Fig.1.16

Da fig. 1.16, para $I_P = 4x10^{-3}$ A, temos

$$r_p = \frac{(100 - 85)V}{(5{,}5 - 4{,}0)10^{-3}\,A} = 10^4\,\Omega$$

$$\mu = -\frac{\Delta\varepsilon_P}{\Delta\varepsilon_C} = -\frac{(130 - 50)\,V}{[-4 - (0)]V} = +20$$

$$g_m = \frac{\Delta I_P}{\Delta\varepsilon_C} = \frac{(0{,}8 - 8{,}8)10^{-3}\,A}{[-4 - (0)]V} = 2x10^{-3}\,\Omega^{-1}$$

Observe-se que os resultados cumprem a relação (1.4d).

1.3. Tríodo Amplificador de Tensão

Uma tensão variável no tempo aplicada num ponto de entrada de um circuito elétrico pode ser traduzida como um sinal elétrico de excitação que produz no ponto de saída do mesmo uma resposta ampliada desse sinal elétrico com a mesma frequência. No tríodo a entrada é o circuito grade-cátodo e a saída é o circuito cátodo-placa. Para um tríodo funcionar como amplificador(1) de um sinal elétrico, é necessário que se intercale no circuito da entrada um gerador de tensão variável no tempo.

(1) Além do tríodo amplificador de tensão existe também o tríodo amplificador de potência.

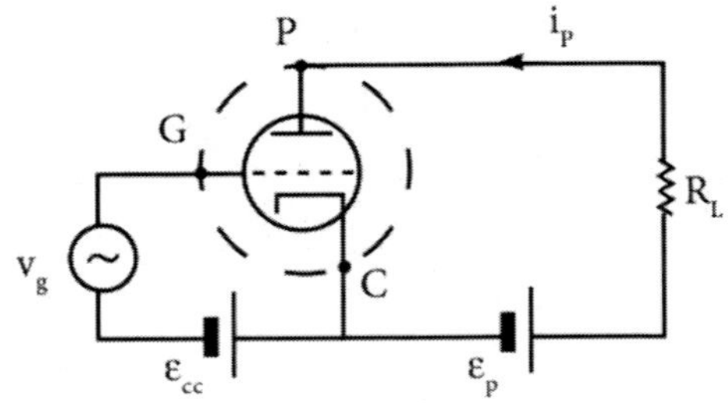

Fig.1.17

Seja o tríodo amplificador de tensão padrão, esquematizado na fig. 1.17, onde ε_{CC} é a tensão de polarização do cátodo. Aplicando-se-lhe à entrada a tensão alternada, $v_g = V_{gm}$ sen ωt, esta alterará a tensão elétrica da saída, cuja resposta é tensões alternadas de placa, $v_{P'} = - V_{P'm}$ sen ωt, defasada de 180º de v_g, e subsequentemente a corrente de placa, $i_{P'} = I_{P'm}$ sen ωt, em fase com v_g, as quais são sobrepostas às respectivas componentes contínuas, ε_P e I_P, compondo as respostas senoidais de saída, v_P e i_P, que são as incógnitas da questão juntamente com v_C. As relações entre essas quantidades podenm ser encontradas pelo método gráfico ou por via analítica.

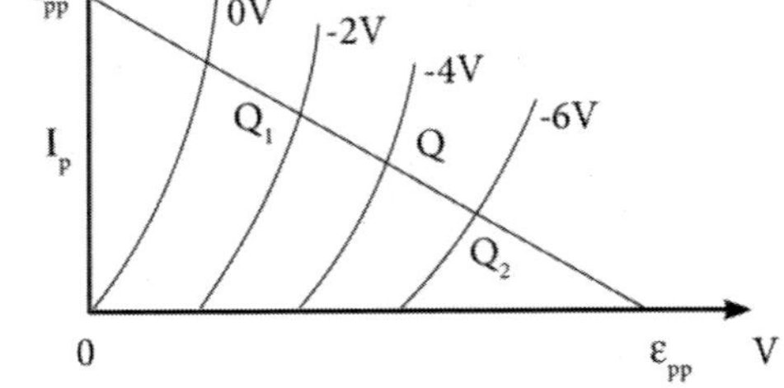

Fig.1.18

[1] Método gráfico: dada o gráfico do tríodo, fig. 1.18, onde se traçou (1) a reta de carga estática, recorrendo a (1.2d) sob as condições previstas, e (2) fez-se a escolha do ponto quiescente, Q (ε_P, I_P), em torno do qual se pode trabalhar dentro do intervalo Q_1 e Q_2, para estudo das variações do sinal de entrada e de saída.

Na fig. 1.19(a) indica-se a tensão alternada instantânea grade-cátodo, cuja composição é dada por

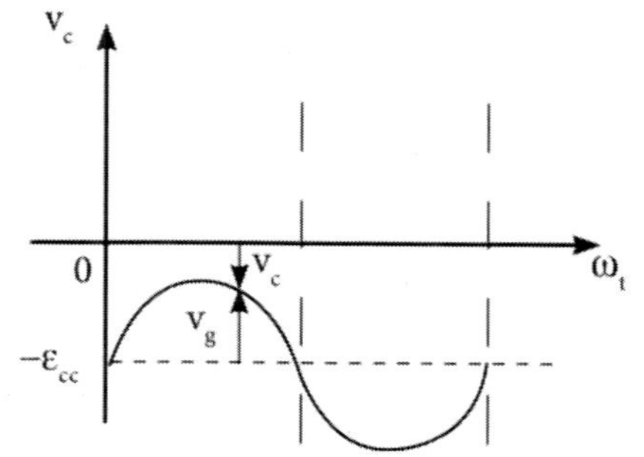

Fig.1.19(a)

$$v_C = - \varepsilon_{CC} + v_g \tag{1.6a}$$

Na fig. 1.19(b), a tensão alternada instantânea cátodo-placa, cuja composição dada por

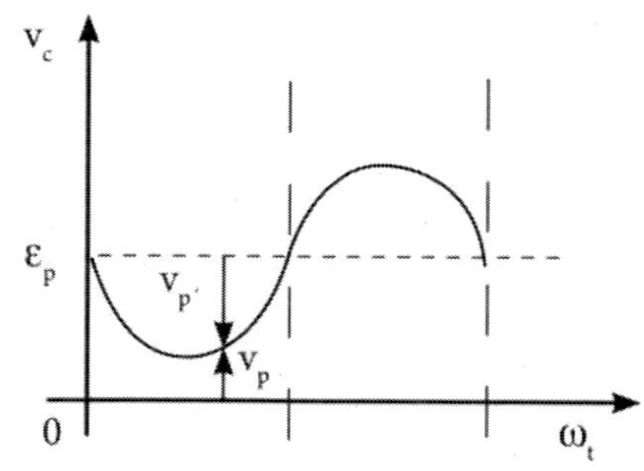

Fig.1.19(b)

$$v_P = \varepsilon_P - v_{P'} \tag{1.6b}$$

Note-se que, quando o sinal de v_g é positivo, o sinal de v_P é negativo e reciprocamente.

Finalmente na fig. 1.19(c), tem-se a corrente alternada de placa, cuja componente instantânea é dada pela superposição da componente contínua, I_P, com a componente senoidal de placa, $i_{P'}$, isto é,

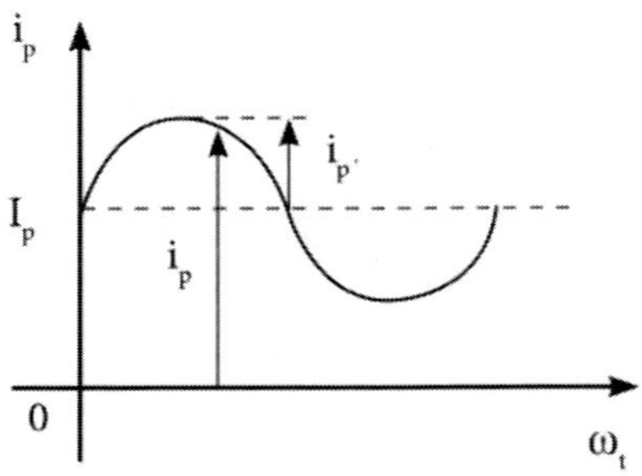

Fig.1.19(c)

$$i_P = I_P + i_{P'} \tag{1.6c}$$

Note-se que, quando $v_C = \varepsilon_C = 0$, a corrente de placa tem o valor máximo da componente contínua, $I_{Pmax.}$

A amplitude $I_{P'm}$ de i_P é dada por

$$I_{P'm} = \frac{I_{Pmax} - I_{Pmin}}{2} \tag{1.7a}$$

e o seu valor eficaz por

$$I_{P'} = \frac{I_{Pmax} - I_{Pmin}}{2\sqrt{2}} \tag{1.7b}$$

Também estabelece-se para o valor eficaz da amplitude da componente variável $v_{P'}$

$$V_{P'} = \frac{V_{Pmax} - V_{Pmin}}{2\sqrt{2}} \qquad (1.7c)$$

E de igual modo o valor eficaz da amplitude da componente variável v_g

$$V_g = \frac{V_{gm}}{\sqrt{2}} \qquad (1.7d)$$

• Ganho ou Amplificação de Tensão

Define-se ganho ou amplificação de tensão do tríodo amplificador de tensão, símbolo, A_v, como a relação modular entre a componente alternada da tensão elétrica de saída, v_P, e a componente alternada da tensão elétrica de entrada, v_g, ou mais praticamente entre os valores eficazes das suas respectivas amplitudes, isto é,

$$A_v = \left| \frac{V_{P'}}{V_g} \right| \qquad (1.8a)$$

[2] Método analítico: para o circuito eletrônico da fig. 1.17 ser convertido no circuito equivalente de Thevenin (que vale apenas para as componentes variáveis), devemos aplicar dois requisitos: (1) considerar curto-circuidadas as fontes de tensões constantes; e (2) como a corrente cátodo-grade é nula, $I_C = 0$, entre estes pontos a impedância tem valor infinito ou equivale ao circuito aberto, como na fig. 1.20, para a qual se aplica a relação (1.5a) [que corresponde à 2ª lei de Kirchhoff], ou seja,

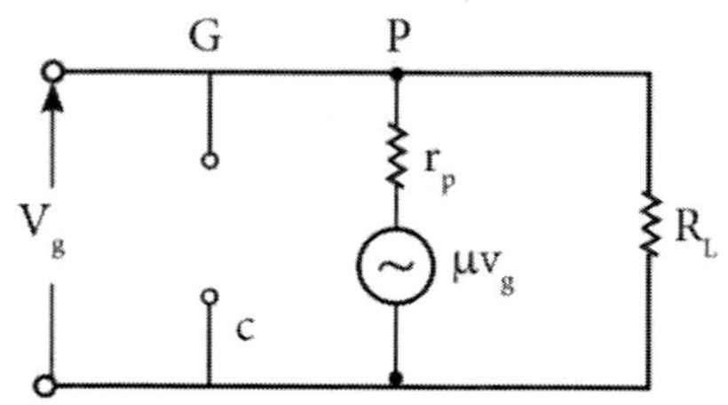

Fig.1.20

$$- v_{P'} = - \mu\, v_g + r_P\, i_{P'}$$

como $v_{P'} = R_L\, i_{P'}$, podemos concluir que

$$i_{P'} = \frac{\mu\, v_g}{r_P + R_L}$$

multiplicando ambos os membros por R_L, obtemos

$$v_{P'} = \frac{\mu\, R_L}{r_P + R_L}\, v_g$$

E por definição de ganho temos

$$A_v = \frac{\mu\, R_L}{r_P + R_L} \qquad (1.8b)$$

Exemplo 1.3

. O circuito eletrônico que opera como amplificador de tensão tem sinal de entrada, $v_g = 4$ senωt, fontes de tensões constantes, $\varepsilon_{CC} = -4$ V e $\varepsilon_{PP} = 240$ V e $R_L = 30$ kΩ, fig. 1.21. O gráfico do tríodo é dado na fig. 1.22 e sobre a reta de carga estática tomou-se o ponto quiescente Q (125V; 3,8mA). Achar o ganho do amplificador, pelo método gráfico, esboçando as curvas das tensões e corrente, e pelo método analítico, usando o circuito equivalente de Thevenin.

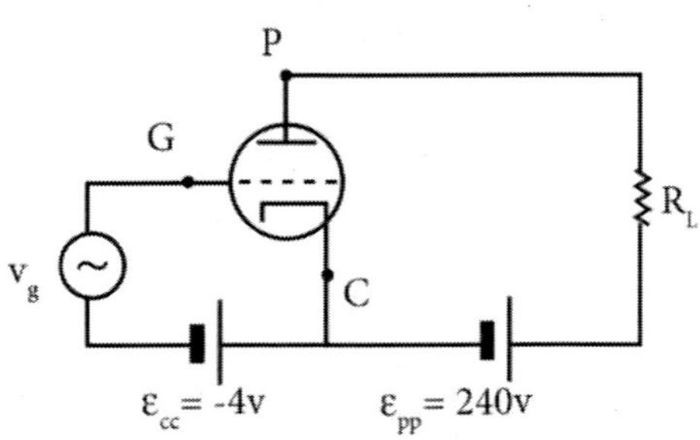

Fig.1.21

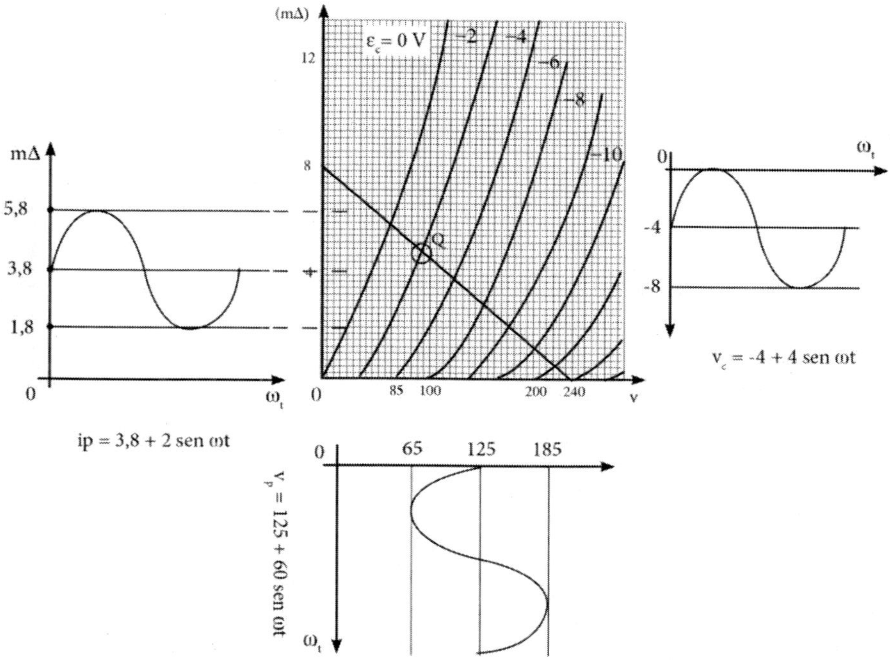

Fig.1.22

[1] As curvas das tensões e corrente são esboçadas junto ao gráfico, fig. 1.22.

[2] Do gráfico da fig. 1.22, tiramos

$$r_P = \frac{(159 - 125)\text{V}}{(6{,}3 - 3{,}8).10^{-3}\ \text{A}} = 10.000\ \Omega \quad \text{e} \quad \mu = -\frac{(165 - 125)\ \text{V}}{[-6 - (-4)]} = +20$$

(1) Componentes variáveis e suas amplitudes:

$$i_{P'} = \frac{\mu\ v_g}{r_P + R_L} = \frac{20\ (4\ \text{sen}\omega t)\ \text{V}}{(10 + 30)\text{k}\Omega} = 2\text{x}10^{-3}\ \text{sen}\ \omega t\quad (\text{A})$$

$$I_{P'} = \frac{2}{\sqrt{2}} \cong 1{,}41\quad (\text{A})$$

$$v_{P'} = (2x10^{-3} \text{ sen } \omega t \text{ A})(30x10^{3}\ \Omega) = 60 \text{ sen } \omega t \text{ (V)}$$

$$V_{P'} = \frac{60}{\sqrt{2}} \cong 42{,}43 \text{ (V)}$$

$$V_g = \frac{4}{\sqrt{2}} \cong 2{,}83 \text{ (V)}$$

(2) Ganho

$$A_v = \frac{42{,}43V}{2{,}83\ V} \cong 15$$

valor este que deve ser sempre menor que $\mu = +20$. Usando (1.8b), temos,

$$A_v = \frac{20(30\ k\Omega)}{(10+30)\ k\Omega)} = 15$$

(3) Composição dos valores instantâneos:

$$i_P = I_P + i_{P'} = 3{,}8 + 2 \text{ sen}\omega t \text{ (mA)}$$

donde se tiram, $i_{Pmax} = 3{,}8 + 2 = 5{,}8$ (mA) e $i_{Pmin} = 3{,}8 - 2 = 1{,}8$ (mA).

$$v_P = \varepsilon_P + v_{P'} = 125 + 60 \text{ sen}\omega t \text{ (V)}$$

donde, $V_{Pmax} = 125 + 60 = 185$ (V) e $V_{Pmin} = 125 - 60 = 65$ (V).

1.4. Aplicações Importantes

[1] Canhão de Elétrons

Uma aplicação importante do efeito termoeletrônico com o tríodo de placas planas e paralelas, adequado a um tubo de raios catódicos, é dada na fig. 1.23, onde estão indicados: F, filamento, C, cátodo, G, grade, P_1 e P_2, ânodos ou placas (omite-se a fonte de tensão elétrica), E e H, os campos elétrico e magnético. O feixe de elétrons produzido é colimado por P_1 e P e depois desviado por E e H atingindo o plano fosforescente do tubo, o quel funciona como um canhão de elétrons.

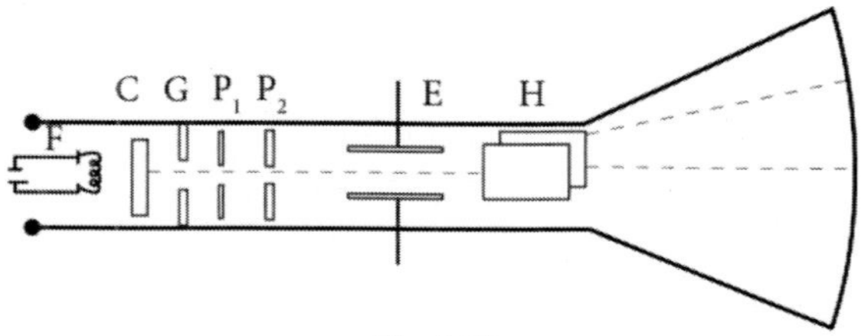

Fig.1.23

No processo, a energia cinética do elétron, adquirida através das placas, é igual à energia potencial perdida por ele ao passar do cátodo ao ânodo, isto é,

$$\frac{1}{2} m_e v^2 = eV$$

Donde

$$v = \sqrt{\frac{2e}{m_e} V}$$

Substituindo os valores conhecidos de e e m_e, virá

$$v = \sqrt{\frac{2x1,602\ 177\ 33x10^{-19}}{9,09\ 389\ 7x10^{-31} kg}} V^{1/2} \cong 5,93x10^5 \sqrt{V} (m/s)$$

$$v \cong 600 \sqrt{V} \quad (km/s)$$

Por exemplo, para V = 100 V, v ≅ 6.000 km/s; contudo, para V = 10.000 V, v ≅ 60 000 km/s, que representa cerca de 0,2 % da velocidade da luz no vazio, portanto, o elétron com essa velocidade já enseja correção relativística de massa e velocidade. O canhão de elétrons tem várias aplicações tecnológicas que vão desde os tubos de TV, osciloscópios, bétatron, ao microscópio eletrônico.

De Forest construiu um válvula de quatro elétrodos (hexáodo), a qual ensejou o aparecimento de outras de múltiplos elétrodos (pentodo, etc.) cujo estudo foge ao escopo desta revisão. De resto, vale lembrar aqui que De

Forest, em 1923, descobre o processo de gravar som e imagem e exibe a público o 1º filme sonoro.

[2] Efeito Fotoelétrico

Hertz, nas suas experiências de 1887-8, para a produção de ondas eletromagnéticas com um circuito oscilante, observou que a faísca elétrica entre duas esferas metálicas polidas ocorria com maior facilidade, quando elas eram iluminadas pela luz do centelhamento das outras duas esferas metálicas (vide item 28.1 da nossa Ondas Eletromagnéticas). No ressoador a faísca elétrica acontecia quando ele concatenava o máximo fluxo magnético da onda eletromagnética gerada pelo circuito oscilante, fato que comprovava que a radiação eletromagnética provocava a emissão elétrons entre as pequenas esferas metálicas.

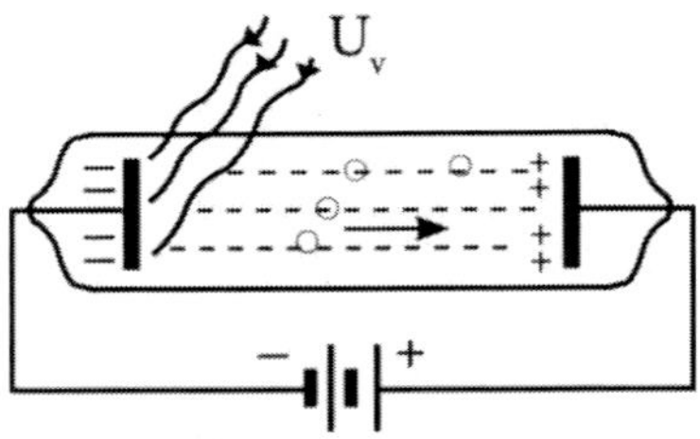

Fig.1.24

O fenômeno de emissão eletrônica provocada pela incidência de luz monocromática sobre placa metálica (ânodo do tubo de Crookes), fig. 1.24, inicialmente batizado de efeito fotoeletrônico, foi retomado por Philipp Eduard Anton Von Lenard (1862-1947), físico húngaro-alemão, que em 1902 interpreta-o classicamente e sintetizou suas experiências nos seguintes itens:

(1º) Cada metal possui uma frequência crítica, ν_c (fixa para cada substância), abaixo da qual não há a emissão de elétrons com a luz incidente; (2º) energia cinética do elétron liberado é determinada pela frequência da radiação, fig. 1.25, e não pela intensidade da luz sobre ele; (3º) o número de elétrons emitidos por segundos é proporcional à intensidade da luz incidente, mas não aumenta o conteúdo energético dos mesmos. Este último item Lenard não conseguiu explicar.

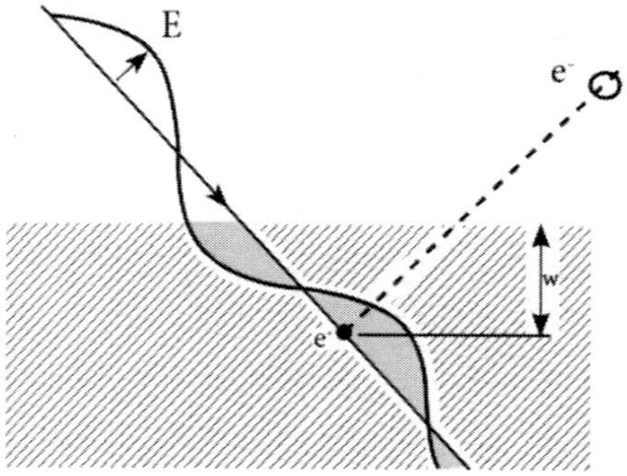

Fig.1.25

Em 1905 Einstein publica na Annalen der Physik 17 (p.132-148) o seu 5º Artigo – "Sobre o ponto de vista heurístico da produção e transformação da luz", cujo item 8 - "Sobre a Geração de Raios Catódicos por meio da Iluminação de Corpos Sólidos", trata do efeito fotoelétrico, o então efeito fotoeletrônico, e aplica pela 1ª vez a Teoria de Planck, para explicá-lo.

Pouco tempo depois, o termo *quanta* foi substituído pelo termo *fóton*, devido a Compton, e aplicado à radiação em geral, e diz-se fóton de luz, fóton de raios X, etc.

Como Planck, Einstein supõe que os fótons de luz são constituídos de diminutas concentrações de energia, à guisa de corpúsculos ou "pacotes", de conteúdo energético hν, e dar a seguinte explicação para o efeito fotoelétrico: um fóton de luz incidente numa placa de metal transfere a sua energia hν para o elétron que está ligado ao metal por forças atrativas, representa-se por W, chamada de função trabalho; então, o elétron com máxima energia cinética K escapará do metal, fig. 1.26, conforme a equação de Einstein do efeito fotoelétrico,

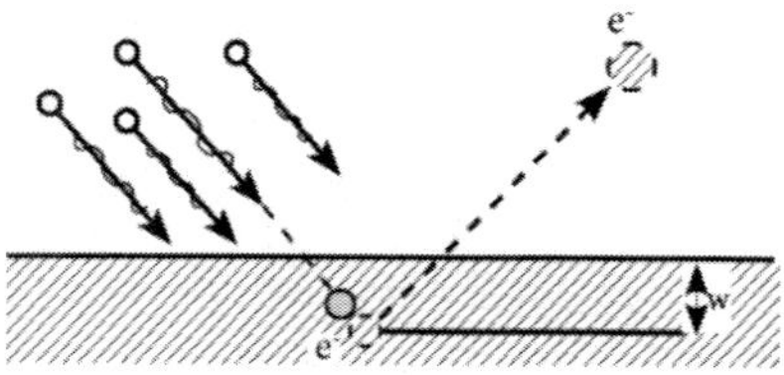

Fig.1.26

$$K = h\nu - W \qquad (1.9a)$$

significando que cada elétron liberado ganha a energia cinética K e perde a energia potencial W. Na Tabela 1 são dadas as funções trabalho de algumas substâncias; sendo W = E, a frequência crítica ou de corte ν_c é dada por

Tabela 1

Substância	**Função W (eV)**
Alumínio	4,1
Bário	2,5
Cálcio	2,7
Césio	2,0
Chumbo	4,1
Cobre	4,7
Estrôncio	2,7
Ferro	4,1
Lítio	2,4
Prata	4,7
Sódio	2,3
Tungstêncio	4,5
Zinco	5,3

$$\nu_c = \frac{W}{h} \qquad (1.9b)$$

E sendo o comprimento de onda crítica ou de corte, $\lambda_c = c/\nu_c$, virá

$$\lambda_c = \frac{hc}{W} \qquad (1.9c)$$

Deste novo ponto de vista, altera-se o item 3º de Lenard, sendo reformulado para: (3º) mais fótons de luz de frequência superior a crítica, aumenta o número de elétrons liberados mas não aumenta a energia cinética deles; e acrescentamos:

(4º) absorção do fóton de luz pelo elétron é praticamente instantânea (10^{-8} s), e ele dá o salto quântico, já que no processo não há acumulação de energia.

Retomando o experimento do efeito fotoelétrico no tubo de Crookes, dando a bateria um potencial invertido, chamado de potencial frenador V_f, fig. 1.27, diminui-se o fluxo de elétrons para o cátodo, e apenas alcançam este os elétron mais energéticos, com $K \geq V_f .e$; pode-se variar V_f de modo a anular o fluxo de elétrons, e temos

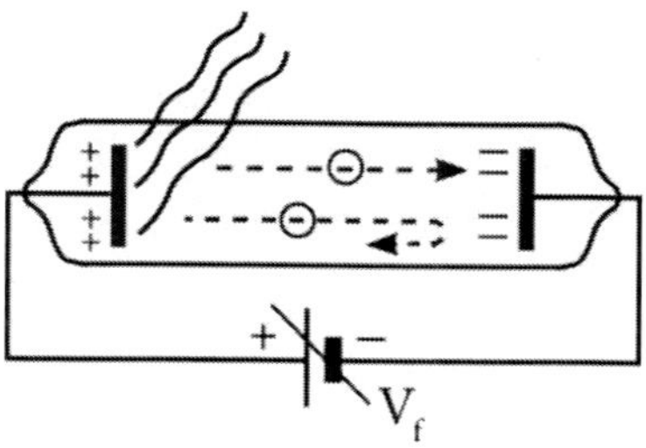

Fig.1.27

$$\tfrac{1}{2}\, m_e\, v_{max}^2 = V_f .e \qquad (1.9d)$$

Em 1921 Einstein recebe o Prêmio Nobel de Física pelas explicações do efeito fotoelétrico.

[3] Efeito Compton

Num experimento de 1923 Compton comprovou que raios X que interagem com elétrons comportam-se como corpúsculos dotados de quantum de energia (efeito de Compton) quando ele propôs que quantum fosse chamado de fóton (de conteúdo energético hν); a partir da aceitação do termo, a expressão *efeito fotoeletrônico* foi substituída por efeito fotoelétrico. Desta sorte, (1.9a) passa a ser chamada de equação fotoelétrica de Einstein, e passa-se a dizer: fóton de luz, fóton de raios X, etc.

1.5. Raios X (conforme item 1.8[2], da nossa Física Moderna)

Wilhelm Konrad Röentgen (1845-1923), físico alemão, quando repetia experiências de Lenard e Crookes para estudar a luminescência que os raios catódicos produziam ao incidir sobre superfícies recobertas com certas substâncias químicos, descobriu, em 5 de novembro de 1895, uma nova radiação que batizou de raios X, que possuem as seguintes características:

(1ª) É invisível e altamente penetrante em superfícies; (2ª) é capaz de ionizar gases, inclusive o ar; (3ª) não é desviada por campos elétrico ou magnético (o que indica que os raios X são da mesma natureza eletromagnética como as demais radiações e da luz; (4ª) passa facilmente pelos tecidos moles do corpo humano mas penetra com dificuldade nos ossos, onde é absorvido (logo aplicado à área médica como instrumento de diagnósticos; já a exposição prolongada dele pode causar leucemia); (5ª) tem frequência que se situa na faixa espectral de frequência de 10^{16} e 10^{18} Hz (ou comprimento de onda de 10 a 0,1 nm) e transporta energia da ordem de 10^2 a 10^4 eV. Os raios X são produzidos por átomos excitados por choques de elétrons de alta energia que causam transições dos seus elétrons mais internos. Este processo é inverso do efeito fotoelétrico, durante o qual também podem aparecer outras radiações.

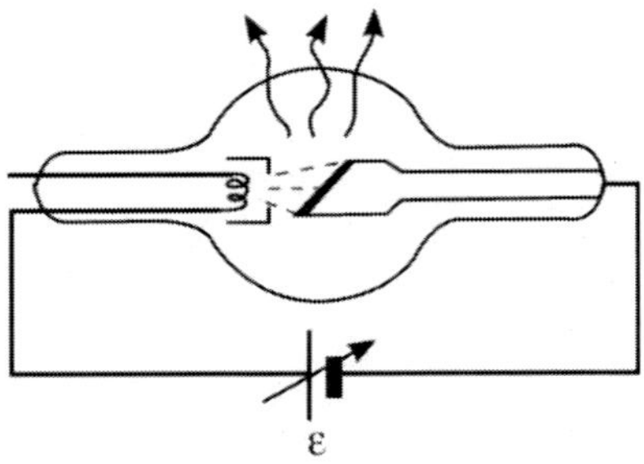

Fig.1.28

No tubo de raios X, fig. 1.28, o cátodo aquecido e submetido à elevada tensão elétrica emite elétrons acelerados de alta energia que se chocam com o ânodo (recoberto por produto químico) provocando a excitação dos elétrons dos átomos que liberam raios X. No processo, um feixe de elétrons de alta energia, ao colidir com o ânodo (mediante interação coulombiana), produz dois tipos de espectros de raios-X: os de linhas espectrais características que dependem da substância do ânodo, cujos elétrons excitados emitindo fótons de raios-X, de radiações descontinuas, junto com os espectros contínuos (bremsstrahlung, em alemão) quando elétrons acelerados são retardados antes de se chocarem com a superfície do ânodo, cujos átomos, como pequenos osciladores, respondem emitindo radiações eletromagnéticas, e, portanto, não dependem da substância do ânodo, mas apenas da energia dos elétrons incidentes. Ambas os espectros estão distribuídos no gráfico da fig. 1.29, onde os picos H_α, H_β, L_α e L_β são as linhas características. Em ambos os casos, despreza-se W e tem-se $E = h\nu$.

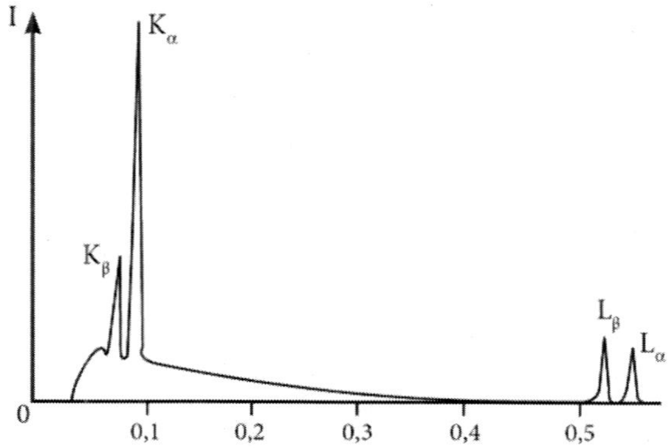

Fig.1.29

Obviamente os raios-X fazem parte do espectro eletromagnético e como tais detêm as propriedades de interferência e difração; em propagação, quando absorvidos, produzem o efeito fotoelétrico; quando dispersam, o efeito Compton. Quando um fóton de raios X porta energia cinética igual ou maior que 1,02 Mev, em interação com a matéria, pode produzir o par elétron-pósitron (e^-, e^+), que é o fenômeno inédito de transformação de energia pura em massa, com a conservação da carga elétrica, $e^- + e^+ = 0$.

Exemplo 1.4

. Um feixe de elétrons acelerados é lançado contra a superfície de cristal onde eles são absorvidos, e em seguida são emitidos fótons de raios X. Estabelecer a equação que fornece o comprimento mínimo de fótons de raios X. Aplicar à equação obtida a tensão de 50 kV, para achar o comprimento de onda do fóton de raios X.

A energia do fóton de raios X é igual à energia cinética do elétron incidente, de modo que temos

$$h\nu = \tfrac{1}{2} m_e v^2 = eV$$

E por ser $\lambda = c/\nu$, resulta

$$\lambda_{min} = \frac{hc}{eV} \text{ (nm)} \qquad (1.4a)$$

Substituindo os valores conhecidos, obtemos

$$\lambda_{min} = \frac{1.240}{V} \text{ (nm)} \qquad (1.4b).$$

Para 50 kV, v irá

$$\lambda_{min} = \frac{1.240}{50.000} = 0,0248 \text{ nm}$$

1.6. Descarga Luminescente

Com um tubo de raios catódicos com gases rarefeitos e submetido à dada tensão elétrica crítica, produz-se ionização por choques (íons positivos que se dirigem ao cátodo e elétrons livres que buscam o ânodo, processo que pode ser automantido) com a subsequente emissão de radiação infravermelha, ultravioleta e luz visível, sem elevação significativa de temperatura.

Durante a descarga de gás, forma-se junto ao cátodo uma coluna de luz vermelha seguida do espaço escuro de Crookes, depois luz azulada (eflúvio negativo) seguida pelo espaço escuro de Faraday, e no final uma coluna de luz violeta/avermelhada (eflúvio positiva) junto ao ânodo, fig. 1.30. Tal fenômeno foi aproveitado à fabricação de lâmpadas de descarga a gás, e em especial da lâmpada fluorescente cujo tipo mais comum, fig. 1.31, é constituído de uma ampola que tem a superfície interna recoberta de substância fluorescente contendo vapor de mercúrio a baixa pressão (0,01 mm Hg) que absorve a radiação ultravioleta gerada e a reemite como luz visível.

Fig.1.29

Fig.1.29

APÊNDICE 2

A) ALFABETO GREGO

α β γ δ ε ζ η θ ι κ λ μ ν ξ ο π ρ σ τ
υ φ χ ψ ω

Α Β Γ Δ Ε Ζ Η Θ Ι Κ Λ Μ Ν Ξ Ο Π Ρ Σ Τ
Υ Φ Χ Ψ Ω

B) DO SISTEMA MÉTRICO

PREFIXOS ÀS POTÊNCIAS DE 10

Prefixos	Símbolo	Potência
Iota	Y	10^{24}
Zeta	Z	10^{21}
Exa	E	10^{18}
Peta	P	10^{15}
Tera	T	10^{12}
Giga	G	10^{9}
Mega	M	10^{6}
Quilo	k	10^{3}
hecto	h	10^{2}
deca	da	10
unidade de base	-	10^{0}
deci	d	10^{-1}
centi	c	10^{-2}
mili	m	10^{-3}
micro	μ	10^{-6}
nano	n	10^{-9}
pico	p	10^{-12}
femto	f	10^{-15}
atto	a	10^{-18}
zepto	z	10^{-21}
iocto	y	10^{-24}

Impressão e acabamento
Gráfica da Editora Ciência Moderna Ltda.
Tel: (21) 2201-6662